新能源材料系列
规 划 教 材

信息功能器件

主 编 石永敬

副主编 陈 敏 陈玉华

U0243783

化学工业出版社

·北京·

内容简介

《信息功能器件》论述了从材料效应到功能器件的逻辑关系，系统地阐述了信息功能材料的基本效应、材料特性以及信息功能器件的原理、结构及应用。全书共9章，第1章介绍信息功能材料和信息功能器件，信息功能器件的研究内容以及信息功能材料和器件的发展态势；第2章讲解掺杂半导体材料和器件的基础知识；第3章到第9章依次讲述掺杂半导体材料的力敏器件、热敏器件、压敏器件、湿敏器件、光敏器件、气敏器件和磁敏器件的相关知识。

本书主要适用于功能材料本科专业作为教材使用，同时适用于相关或相近的半导体材料、器件及信息等专业的教学，也可以作为研究生及教师的参考用书，还可供从事掺杂半导体材料器件相关工作的科研和工程技术人员参考使用。

图书在版编目（CIP）数据

信息功能器件/石永敬主编. —北京：化学工业出版社，2020.5

新能源材料系列规划教材

ISBN 978-7-122-37519-3

Ⅰ.①信…　Ⅱ.①石…　Ⅲ.①半导体功能器件-教材
Ⅳ.①TN389

中国版本图书馆 CIP 数据核字（2020）第 148799 号

责任编辑：金　杰　闫　敏　杨　菁　　　　　　文字编辑：于潘芬　陈小滔
责任校对：宋　玮　　　　　　　　　　　　　　装帧设计：张　辉

出版发行：化学工业出版社（北京市东城区青年湖南街 13 号　邮政编码 100011）
印　　装：三河市双峰印刷装订有限公司
787mm×1092mm　1/16　印张 19¼　字数 477 千字　2020 年 8 月北京第 1 版第 1 次印刷

购书咨询：010-64518888　　　　　售后服务：010-64518899
网　　址：http://www.cip.com.cn
凡购买本书，如有缺损质量问题，本社销售中心负责调换。

定　　价：59.80 元

前　言

　　信息功能器件是功能材料专业的一门专业方向核心限选课，是以现代电子功能器件的基本原理、材料特性为主体的课程，《信息功能器件》是该课程的配套教材。学习本书前，学生应修完半导体物理、固体物理及材料科学基础等课程。

　　本书内容主要根据功能材料专业的教学大纲来设计，编写中结合了功能材料专业的教学要求、笔者的教学经验和体会，以满足实际的教学需求及培养应用型、创新型人才的目标需要。全书以掺杂半导体材料基本效应、材料特性及器件原理为主要脉络，系统讨论了半导体器件的基本原理及掺杂半导体材料的力敏、热敏、压敏、湿敏、光敏、气敏、磁敏的效应产生机制及器件的工作原理和应用。

　　通过本书的学习，学生能够基本掌握半导体掺杂器件物理、化学效应的基本原理，并掌握功能器件的基本结构、原理及特性；掌握功能器件的制备原理及制备工艺的理论知识，能够分析功能器件生产中的工程问题，识别和判断影响产品质量的关键因素，并提出相应的解决方案；能够运用功能器件的结构特性与制备原理，进行功能器件设计，提出功能材料相关领域生产工艺中复杂工程问题的解决方案；在熟练掌握功能器件原理及制备工艺的基础上，根据功能器件的应用领域，选择合适的制备工艺路线，并对器件的制备工艺路线进行优化；能够运用科学原理并采用科学方法，根据功能器件的基本特性及应用，提出功能材料研发的实验方案和技术路线并实施；能够根据已经掌握的功能器件的基本理论知识，提出器件的循环利用与再制造方案，并能够就生产中出现的环保问题提出解决思路。

　　本书由石永敬担任主编，陈敏、陈玉华担任副主编。石永敬策划全书的内容，进行统稿、校对，并编写本书的第 1 章；邸永江编写第 2 章；陈玉华编写第 3 章、第 9 章；陈敏编写第 4 章、第 5 章；张文达编写第 6 章、第 7 章；高荣礼编写第 8 章。

　　由于时间仓促，水平有限，存在的疏漏或不妥之处，敬请读者批评指正。

编者

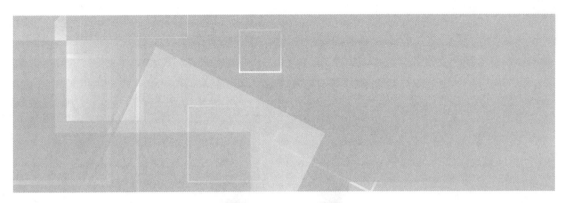

目 录

1 绪 论

材料技术是人类进步的里程碑，是各个历史时期技术革命的重要支柱。一种新型功能材料的诞生往往会推动社会发生巨大变革。随着社会科学与自然科学的高速发展，信息、能源及人工智能等高科技产业对新型功能材料的需求比以往更为迫切，对功能材料应用范围的广泛性、使用条件的复杂性和安全可靠性的要求也越来越高。所以，研究与开发各种性能优越的新型功能材料，发展功能材料与器件科学已成为一项重要而迫切的战略任务。

1.1 信息功能材料和信息功能器件

功能材料是 1965 年由美国贝尔实验室的莫尔顿（J. A. Morton）提出的，随后引起了广泛的关注。经过五六十年的发展，功能材料已成为当前工程学科发展的国际前沿，它是信息技术、人工智能技术、能源科学及生物技术等高技术领域和国防建设的重要基础材料[1-3]。功能材料是指通过光、电、磁、热、化学、生化等作用后具有特定功能的材料。材料功能涉及面广，具体包括光电功能、磁功能、形状记忆功能等。这类材料相对于普通的结构材料而言，除了具有机械特性外，还具有其他的功能特性。功能材料首先作为电子半导体材料得到广泛应用，随后延伸到微电子材料、光电材料、信息材料、能源材料及生物材料等。目前，已有部分功能材料"智能化"的发展趋势，要求材料本身具有生物所具有的高级功能，如感知周围环境和信息、自诊断、自适应和自修复功能等，赋予材料崭新的性能，使无生命的材料变得有多种"感觉"和"知觉"，能适应环境的变化。这种具备感知的新材料也具有执行功能。现在，智能材料已发展成为当代高新技术领域里的一项重要研究内容。同时，在功能材料的基础上，信息功能材料逐渐发展起来。

早期的信息功能材料往往是一种只具备单一功能的材料，比如光电转换、形状记忆、湿度检测等材料。随着科学技术的不断发展，尤其是传感技术和微电子技术的高速发展，信息功能材料的领域已得到扩展，具备多种功能的材料开始受到重视，如 TiO_2、SnO_2 等。部分多功能材料具有适应多种复杂环境的工作能力。工程师可以分别按需要进行设计，制造多种性能优越的功能材料。因此，这种功能材料可以被制成具备多种功能特性的器件。同时，工程师也可以根据需要在所使用的基体材料中融入某种新的材料或器件，这种融入的材料或器件一般具有某种或多种功能特性。因此，可以根据人们的需要来设计和制作具有多种功能属性的功能器件，它的功能特性不是在单一材料中予以表现，而往往是在最终结构体中才得以表征。

由信息功能材料的基本内涵可知，信息功能器件是在信息功能材料的基础上发展起来的，且具有特定功能的，服务于智能系统、计算机等系统的信息器件。信息功能器件是基于信息功能材料的功能特性设计的。首先获得发展的是半导体电子器件，特别强调的是电子器件，其是最近一个世纪以来发展极为迅猛的信息功能器件之一，例如二极管、三极管、场效应晶体管等。除了电子器件以外，还有一些湿度器件、温度器件、光电转换器件、磁电转换器件等，都属于信息功能器件。

1.2 信息功能器件的研究内容

信息功能器件的研究内容主要包括半导体器件、力敏器件、热敏器件、压敏器件、湿敏器件、光敏器件、气敏器件、磁敏器件等。

1.2.1 半导体器件

半导体器件是利用半导体材料的电子特性制成的电子器件，主要是硅、锗和砷化镓，以及有机半导体。金属半导体接触可追溯到 1874 年，布劳恩（Braun）发现了金属半导体接触时的电流传导非对称性。三十几年后，皮卡德（Pickard）用硅制作了点接触检波器，皮尔斯（Pierce）在制备各种半导体金属膜时，发现了二极管的整流特性。1935 年，硒整流器和硅点接触二极管已经可用作收音机的检波器。随着雷达的发展，整流二极管和混频器的需求量迅速上升。1942 年，贝特（Bethe）提出热离子发射理论。根据该理论，电流是由电子向金属发射的过程决定的，而不是由漂移或扩散过程决定的。半导体器件使用固态的电子传导，而不是高真空中的气态或热电子发射。半导体器件既可以作为单个分立器件制造和应用，也可以作为集成电路制造和应用，集成电路由多个到数十亿个在单个半导体衬底或晶片上制造和互连的器件组成。半导体材料的性能可以通过掺杂进行控制，例如半导体电导率可以通过引入电场或磁场、暴露于光或热，或通过掺杂的单晶栅格的机械变形来控制。半导体中的电流传导通过移动"自由"电子和空穴发生，这些"自由"电子和空穴统称为电荷载流子。用诸如磷或硼的小比例原子杂质掺杂诸如硅等的半导体，其"自由"电子或空穴的数量大大增加。当掺杂半导体包含多余的空穴时，其被称为"P 型"，当它包含过量的"自由"电子时，其被称为"N 型"。

半导体器件的研究已从半导体材料的制备、掺杂半导体到金属-氧化物-半导体场效应晶体管延伸到宽带隙材料，但都是以 Si 材料为基础的各种电力电子器件[4]。随着 Si 半导体材料电力电子器件逐渐接近其理论极限值，利用宽禁带半导体材料制造的电力电子器件显示出比 Si 半导体材料电力电子器件更优异的特性，给电力电子产业的发展带来新的生机。相比于 Si 材料，使用宽禁带半导体材料制造的新一代电子器件，可以变得更小、更快、更可靠和更高效。这将减少电力电子器件的质量、体积以及生命周期成本，允许设备在更高的温度、电压和频率下工作，使得电力电子器件用更少的能量实现更高的性能。最近，以 GaAs、SiC、InP 及 SiGe 等性能优良的新型化合物半导体材料制造的电力电子器件得到显著发展。例如：GaAs 具有很好的耐高温特性，有利于模块小型化，从而减小寄生电容，提高开关频率；SiC 可制作出性能更加优异的高温、高频、高功率、高速度、抗辐射器件。

1.2.2 力敏器件

力敏器件是包括压电和压阻两种效应的器件。法国物理学家雅克（Jacques）和皮埃尔·居里（Pierre Curie）于 1880 年发现压电性。压电性是在压电材料中发现的，是指在某些晶体或陶瓷材料中积累的电荷，以应对所施加的机械应力。压电是指压力产生的电荷，它源自希腊语，意思是挤压或按压，是一种古老的电荷生成方法。压电材料是一类具有压电效应的材料。具有压电效应的电介质晶体在机械应力的作用下将产生极化并形成表面电荷，若将这类电介质晶体置于电场中，电场的作用将引起电介质内部正、负电荷中心发生相对位移而导致形变。由于压电材料具有上述特性，故可实现传感器件与动作器件的统一，从而使压电材料广泛地应用于智能材料中，特别是可以有效地用于材料损伤自诊断、自适应及减振与噪声控制等方面。常用的压电材料主要是压电陶瓷，按其组成又可分为单元系、二元系和三元系压电陶瓷。压电复合材料是将压电陶瓷和聚合物按一定的比例、连通方式和空间几何分布复合而成，具有比常用压电陶瓷更优异的性能。

在压电材料研究的基础上，压电效应以压电器件的形式得到显著的应用发展。例如：声音的产生和检测、压电喷墨印刷、高压产生、电子频率产生以及光学组件的超细聚焦等。这构成了许多具有原子分辨率的科学仪器技术的基础，例如扫描探针显微镜或隧道显微镜。此外，其还具有其他的日常用途，如作为打火机的点火源、用于推入式丙烷烧烤以及用作石英表的时间参考源。最近，压电效应及器件已经开始向能源回收与利用的方向发展，如 Wang ZL 教授提出纳米压电发电机的概念，并开发一些自发电系统[5]。由此可见，未来几十年压电器件会有一个相当大的发展潜力。

压阻器件是应用压阻效应或压电效应等物理效应将机械力和加速度等物理量转换成电信号的器件，通常将应变片作为这种转换的敏感材料。一些金属、单晶半导体、氧化物半导体和半导体陶瓷等具备压阻效应或压电效应，可以用来制作力敏器件的应变片。

力敏传感器包括几何量、力学量和运动量传感器。几何量传感器指形变、位移传感器；力学量传感器指压力、应力、力矩和声敏传感器；运动量传感器是指加速度计和陀螺仪等惯性量传感器。力敏传感器有机械式、电阻式、电容式、电感式、电流式和压电式等多种形式。从敏感器件材料种类来看，有金属、半导体、有机复合体和压电体等多种。近年来，压电式力敏传感器的研发和应用份额明显扩大。

1.2.3 热敏器件

热敏器件是基于热电效应的器件。将不同材料连接起来，在不同材料接触结处会吸收或放出热量。热电效应可通过简单的试验来证实：用金属铋线和锑线构成结点，当电流沿某一方向流过结点时，结点上的水就会凝固成冰；然而当反转电流方向时，刚刚在结点上凝成的冰又会立即熔化。20 世纪 50 年代以后，随着一些具有优良热电转换性能的半导体材料相继被发现，热电制冷和热电发电迅速成为热门领域。最近，借助于纳米技术，美国 GMZ 能源公司开发了一款突破性的新型材料，它能够有效地将废弃的热能转化为电能，优化电冰箱及空调的制冷功能，并利用汽车尾气排放系统的热源产生动力。这将有助于制造新一代更加清洁、能效更高的产品，减少能源消耗和温室气体排放，从而为绿色消费品及工业品的发展铺平道路，推动未来的可持续发展。

1.2.4 压敏器件

压敏器件是一种依赖电压的半导体器件，具有典型的高非线性欧姆特性。近年来，纳米功能陶瓷材料的制备工艺已取得巨大进步，压敏器件已获得广泛的应用。例如：高梯度压敏电阻材料、阀片及更小型化的阀片可以被用来制造 GIS 型避雷器、轻质输电线路避雷器、$SrTiO_3$ 基压敏电阻器及具有高电位梯度的 SnO_2 及 ZnO 压敏器件等。在这些材料中，ZnO 是一种尤为出众的半导体材料，特别是在工艺、性能等方面，具有难以被取代的优势。许多新的表征技术直接从原子尺度探测材料，这对进一步理解压敏电阻效应形成机制大有帮助。然而从低压电线路到超高压电压保护，电压级高性能过压保护器件仍然是重要的研发内容。最近，压敏电阻的研究不仅仅注重电性能，也开始关注其他方面，如与器件高应力状态密切相关的力学性能等。

1.2.5 湿敏器件

湿敏器件是利用金属、半导体和绝缘材料等的电气性能或力学性能随湿度变化的特性而制成的。湿敏器件及由其构成的传感器在质量管理、环境保护及自动控制方面起着重要作用。初期，为了满足地面气象测量的需要，毛发湿度计及干球湿度计等简单的测湿仪器被开发。随着科研和生产对测湿要求的提高，特别是对湿度的测量要求准确和可靠，促使各种湿度敏感器件的发展。

目前，湿度传感器可分为湿敏电阻器、湿敏电容器和湿敏晶体管三类。根据使用材料的不同，制成的湿敏电阻器又可分为金属氧化物半导体湿敏电阻器、化合物湿敏电阻器、高分子湿敏电阻器等。高温烧结型湿敏陶瓷是在较高温度范围（900～1400℃）烧结的典型多孔陶瓷，气孔率高达 30%～40%，具有良好的透湿性能。目前较常见的是以尖晶石型的 $MgCr_2O_4$ 和 $ZnCr_2O_4$ 为主晶相系半导体陶瓷，以及新研究的羟基磷灰石湿敏陶瓷。低温烧结型湿敏陶瓷烧结温度较低，烧结后收缩率很小。典型材料有 $Si-Na_2O-V_2O_5$ 系和 $ZnO-Li_2O-V_2O_5$ 系两类。涂覆膜型湿敏陶瓷器件是将感湿浆料涂覆在已印刷并烧附有电极的陶瓷片上，经低温干燥而成。以 Fe_3O_4 为粉料的涂覆膜型湿敏器件，电阻值为 $10^4 \sim 10^8 \Omega$，可在全湿范围内进行测量，具有负湿敏特性，其电阻值随相对湿度的增加而下降。$ZnO-Cr_2O_3-Fe_2O_3$ 系湿敏陶瓷由 $ZnO-Cr_2O_3$ 和 $ZnCr_2O_4$ 两个主晶相组成，孔隙率达 30% 左右。这类器件具有电阻值低、响应快、重复性好、线性度好等优点。

1.2.6 光敏器件

近年来，由于折射率结构的直接光学图案化具有的多功能性，在锗硅酸盐玻璃中观察到的光敏性一直是人们关注的焦点。基于这种现象的器件对电信和遥感产业有影响。光敏折射率结构已经印在 Ge 掺杂的二氧化硅光纤和锗硅酸盐薄膜中。在纤维中，折射率调制深度和可获得的相应光学功能本质上受到材料表现出的光敏度的限制。鉴于氧气存在，锗硅酸盐玻璃中的锗结构缺陷和紫外光敏性趋势之间已建立联系，提高这些材料光敏响应的目的在于增加这些缺陷的数量。经氢气氛处理后，可观察到光敏响应的改善，其中材料经受高温或高温度下的压力以增加光敏缺氧 Ge 点缺陷的密度。在这种情况下，该方法需要通过所涉及的后合成工艺将氢引入玻璃结构中。此外，高压技术导致材料的紫外响应仅在氢气氛发生之前暂时增加。虽然这些处理确实成功地改善了材料光敏性，但伴随的光学损失的增加和加工条件本身限制了该方法的实用性。例如，为了将光敏器件集成到高密度、多功能光子电路中，理想的光敏材料合成策略将保持工艺和材料的兼容性，使处理步骤的数量保持最小，并仍然保持材料的光敏度。

1.2.7 气敏器件

由于人们对环境越来越重视，用于检测气体的气敏器件已获得充足的研究。由于微电子机械技术的迅猛发展需要有相当智能化、集成化的传感器，因此传感器的小型化和集成化已经成为传感器发展的方向。其中，将气敏传感器集成于硅片上已经成功地得到应用。气敏传感器必须经过 50 次循环稳定试验的测试。正是由于目前微结构气敏传感器已经逐渐成为传感器领域的一种主要结构形式，而质量型气敏传感器和质量-电量双参数气敏器件因其精度高、抗干扰、易与计算机相连实现电脑处理数据，因而成为气敏传感器发展的一个重要方向。此外，科技的发展以及电子"味觉"、电子"嗅觉"等的广泛应用也对气敏材料的发展起到了巨大的推动作用。

环境或工业生产中需要检测的气体种类很多，而所检测的气体的种类、组成、浓度不同，其检测方法也不大相同，如电化学法、光学法等。这些方法共同的缺点是检测设备复杂、成本高，所以人们开始寻求设备简单、灵敏度高、使用方便、价格便宜的方法。自从 1931 年布劳尔（Brauer）发现 Cu_2O 的电导率随水蒸气的吸附而改变至今，人们已经相继发现 ZnO、Fe_2O_3、MgO、SnO_2、$BaTiO_3$ 等材料具有气敏效应，并将其制成相应的气敏器件。目前，气敏传感器已经发展成为传感器领域的一大体系，其分类方式也有很多种，例如按被检测气体分类、按制作方式分类、按工作原理分类等。

气敏器件按照原理分主要有电阻式气敏器件、电容式气敏器件及伏安特性气敏器件三种。电阻式气敏传感器是一种研究时间较长、理论水平较高的传感器，其主要利用材料表面吸附气体后电阻值发生变化的原理来检测气体，制作方法有烧结型、厚膜型、薄膜型，代表材料有 SnO_2、ZnO、Fe_2O_3 和一些有机材料等。在这些材料中，研究较多的是 SnO_2，且其具有灵敏度高、物理化学稳定性好、对气体的检测可逆等特点，生产成本低、设施简单，是目前世界上产量最大、应用最广的气敏器件。电容式气敏传感器主要利用材料的电容量随周围气体浓度发生变化的原理制作而成，其代表材料有 CuO、$BaTiO_3$、$BaSnO_3$ 等。伏安特性气敏器件是根据金属和半导体接触时会产生接触电势差，而一定的气体将引起半导体的能带及金属的功函数发生变化的原理制成的，因此可以根据电压与电流的相对关系来测定气体的浓度。

1.2.8 磁敏器件

磁敏器件是一种将磁量直接转换为电量的传感器件，其种类很多，例如霍尔器件、磁敏电阻器、磁敏二极管、磁敏三极管、磁敏开关管、磁可控硅、磁阻抗器件、方向性磁电器件、霍尔集成电路等。磁敏传感器是将磁学物理量转换成电信号的传感器，是利用金属或半导体材料的电磁效应制作而成的对磁场敏感的传感器。这类传感器除了用于测量和感知磁场外，还可以做成某些物理量的传感器。半导体磁敏器件已在测量技术、模拟运算技术、无线电技术、自动化技术、生物医学技术等各个领域获得应用。

1.3 信息功能材料和器件的发展态势

为适应未来人工智能、能源、环境的要求，（信息）功能材料与器件逐渐在向小型化、轻量化、薄型化、数字化、多功能化的方向发展，现代社会要求功能器件的开发生产必须向小型化、高集成化、片式化和编带化发展。电子材料今后将尽可能适应电子元器件的这些要求。本节主要讨论现代社会功能材料和器件的发展态势。

（1）先进功能材料发展迅速

先进电子材料是指用于高新技术，具有高性能、新用途和新作用的各种电子材料。先进电子材料包括仿生智能材料、纳米材料、先进复合材料、低维材料、高温超导材料和生物电子材料等。这些材料将使今后的功能器件具有多功能化、智能化、结构功能一体化的特点，能使电子器件尺寸进一步缩小、功耗更小、运算速度更快，为分子器件、单电子器件、分子计算机和生物计算机的发展打下基础。目前各国的材料工作者和元器件工作者正相互配合，进行全方位的研究，并已取得很多成果。但要真正掌握这些技术还有许多工作要做，估计还需要相当长的一段时间。

（2）先进薄膜材料将成主流

未来功能器件的尺寸越来越小，无源器件占 70％以上。因此缩小电阻器、电容器的尺寸是当务之急。虽然在分立器件中独立电容器和电阻器尺寸正不断缩小，横截面已从 $0.5mm^2$ 缩小到 $0.125mm^2$。但是在电路安装时需要特殊的精密加工、焊接和封装工艺，这将使成本增加，成品率下降。所以只靠缩小尺寸并不是最终解决问题的途径。为了提高集成度，可以采用类似于独立电容器的制造工艺，其组装密度可由 $4 \sim 25$ 个/cm^2 增加到 $25 \sim 50$ 个/cm^2。如果要进一步提高集成度，必须用薄膜工艺。采用薄膜工艺，将电阻器、电容器和电感器等无源器件沉积在硅基片上，可以将集成度增大为 $100 \sim 150$ 个/cm^2，精度与可靠性也得到明显提高。如果再进行多层化，则集成度可有望进一步提高。

以半导体器件为例，在超大规模集成电路的发展中，以平面硅工艺为核心的集成电路通常是通过缩小线宽来提高集成度的，线宽的极限为 50nm 左右。为了增加集成度，研制三维电路也是目前集成电路的一个发展方向。所以，不论从硅集成化或半导体器件的角度来看，多层化也是今后电子器件与集成电路的共同发展方向。因此，薄膜材料是关键。实际上，薄膜工艺与多层布线和微电子工艺比较兼容，所以从近期的电子器件与集成电路的发展来看，薄膜材料应是电子材料的主流。为了增加电路的运算速度，这些薄膜介质材料还要有低的介电常数，与电阻材料、电容材料在高温时没有明显的互扩。因为 Al_2O_3 的介电常数较大，故不适合用于高速电路。目前已研制的材料有 SiO_2、聚酰亚胺、玻璃-陶瓷复合低烧介质材料、新型莫来石材料等。除了要满足现有集成电路的高导电和抗电迁移外，还要解决通孔时层与层之间的互连与低接触电阻的问题。一般的集成电路几乎都采用贵金属，为了降低成本，铜厚膜导体材料已研制成功，并已获得应用。随着集成度的提高，绝缘薄膜的厚度可能为几十纳米，如何减少缺陷，是提高介质性能的关键。但由于尺寸效应，当铁电薄膜到 100nm 左右时处于超顺电相，介电常数会明显减小。巨磁阻是一种层厚仅几十纳米的多层金属膜，如何防止这类超薄膜间原子的互扩散，也是一个尚未解决的问题。尽管目前已研制出许多薄膜敏感材料，单层膜的性能已比较理想，但在多层结构中，这些薄膜、敏感材料、半导体材料和低介电材料的兼容性还有待解决。在多层布线的三维电路中，影响元器件性能、可靠性、成品率的重要因素是薄膜材料之间的表面、界面相互作用。随着表面、界面理论的深入，以及分析技术的进步与成膜工艺的不断完善，薄膜电子材料有望获得更大的进展。

（3）多功能化是重要的趋势

在功能材料与器件高速发展的今天，由于复杂的应用环境，已经有越来越多的器件显示出多功能化的趋势，比如多气体探测器件、湿气多功能器件等。长期以来，许多功能材料研究的情况是，先致力于某一种功能特性，然后延伸到其他的特性，再根据具体的应用环境选择合适的功能材料及器件。材料特性的研究要依赖大量的试验，需要进行大面积的筛选，才能得到较好的敏感材料。这种研究方法带有很大的偶然性和盲目性，要消耗大量的人力、物质资源和时间，已不满足对高新材料研究的需要。许多科学家通过材料计算，先行设计出一些有效的敏感材料，再进行试验以降低研发成本。摆脱试验先行的研究方法，用较少的试验、较短的研制过程，就能获得较为理想的敏感材料。

（4）智能化是必然的选择

随着人工智能的发展，功能材料已有"智能化"的发展趋势，这是一项相当具有挑战性的课题。智能材料使材料本身带有生物所具有的高级功能，如对环境和各种信息的感知功能、自诊断和预警功能、自适应和自修复功能等。智能结构把高新技术的传感器或敏感器件和结构材料及功能材料结合在一起，从而赋予材料崭新的性能，使无生命的材料变得有"感觉"和"知觉"，能适应环境的变化，其不仅能发现问题，而且能自行解决问题。功能智能材料是一门交叉学科，其发展不仅是材料学科本身的需要，也是许多相关学科发展的需要。目前各国有大批各学科的专家和学者正积极致力于发展这一学科。

2 半导体器件

半导体材料是一种电子-空穴导电体，电阻率在室温下介于导体和绝缘体之间。除了电阻率与导体和绝缘体有差别以外，半导体的导电特性具有非常显著的特点：半导体的电导率依赖于材料纯度且对纯度非常敏感；半导体的电阻率受外界条件的影响很大，温度升高或受光照射时均可使其电阻率迅速下降，而某些特殊的半导体在电场和磁场作用下，电阻率也会发生显著变化。

2.1 半导体材料

2.1.1 本征半导体

原子的核外电子围绕着原子核运动，内层电子离核最近，受原子核束缚最强，能量最低；外层电子离原子核越远，受束缚越弱，能量越高。原子各层电子之间的能量差是量子化的，只有特定的能量值，不能任意连续变化。电子在原子中运动的量子态对应的能量值称为能级。当两个原子靠近时，原子上的电子会产生相互作用，相同层的电子可以相互转移，电子运动的波函数发生交叠。两个原子的同一能级由于波函数的相位差分裂成两个能级，并且这两个能级间距随原子间距减小而增加。由于晶体由很多原子构成，每个电子为晶体所共有，分裂的能级很多，使得能级间的间距很小，可近似看作一条具有一定宽度的能带。电子只能允许在特定能量的量子态之间转移，各层电子形成各自的能带。能带之间的间隙称为能隙或者禁带。费米能级是指在 $T=0\mathrm{K}$ 时高于所有被电子填充状态时的能量，而低于所有空状态的能量。导体、半导体和绝缘体的能带模型如图 2.1 所示。图中 E_F 表示费米能级，E_g 表示禁带宽度。在绝缘体中，电子恰好填满最低的一系列能带，更高的能带处于全空状态。价带上虽然存在很多电子，但价带上的电子是填满的，称为满带，这些满带电子不能导电，所以不产生电流。在金属导体和半导体中，情况有所不同，既有完全充满电子的一系列能带，又存在部分填充电子的能带，部分填充的能带起到导电的作用，称为导带。

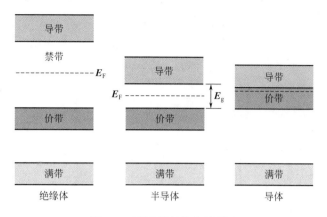

图 2.1 不同材料的能带模型

完全不含杂质并且没有晶格缺陷的纯净半导体称为本征半导体。实际上，半导体材料很难做到绝对纯净，本征半导体一般是指导电主要由材料的本征激发决定的纯净半导体。根据固体能带理论，半导体和绝缘体都属于非导体的类型。半导体材料具有一定的导电能力，是因为半导体材料存在一定的杂质，这些杂质改变了原有的能带结构，使得导带或价带中缺少部分电子，非满带中的载流子（主要是导带中的电子、价带中的空穴）能够导电。即使半导体中不存在任何杂质，也会由于热运动使少数电子从价带激发到导带底，从而导电，称为本征导电。本征半导体中激发的导电电子的数量与禁带宽度和温度密切相关。半导体和绝缘体的差别在于：半导体禁带宽度较窄，因而具有一定的本征导电性；而绝缘体的禁带宽度较宽，激发电子导电需要较高的能量，所以一般检测不到导电性。例如，金刚石禁带宽度约为5.4eV，而硅和锗的禁带宽度分别约为 1.2eV 和 0.7eV，尽管它们具有相同的晶体结构和键型，但是导电性质却完全不同。在常温下，金刚石为绝缘体，硅和锗则为半导体。只有在0K 时，硅和锗才会变为绝缘体，因为此时所有的价电子都在价带，价带填满，施加电场也很难使价带内的电子向高能态跃迁。价带一旦缺了少数电子就会产生带正电的空穴，也会具有一定的导电性。本征半导体的基本能带特点是：价带填满，导带全空，两者中间的禁带很窄，只需要不太高的热、电、磁或其他形式的外加能量，就可以使价带顶部的电子激发到导带底部，同时在价带中产生相对应的空穴。本征半导体的导电是依靠导带底部的少量电子以及/或者价带顶部的少量空穴实现的。

2.1.2 掺杂半导体

除去与能带对应的共有化状态之外，实际的半导体材料还存在一定的束缚状态。它们是由杂质或者空位、间隙原子及应力、位错等引起的晶格缺陷。电子可以被适当的杂质或者缺陷所束缚，如同电子被原子核所束缚一样，束缚电子也具有特定的能级，称为杂质能级。这种杂质能级可以处于禁带中，并对实际半导体的性能起到决定性的作用。根据对半导体导电性的影响，半导体中的杂质可分为施主杂质和受主杂质，产生的相应额外能级分别为施主能级和受主能级。

2.1.2.1 N 型半导体

当杂质能级可提供电子时，施主能级上的电子激发到导带远比价带上的电子激发到导带容易，如图 2.2 所示。图中 E_C 表示导带能级，E_V 表示价带能级，E_d 表示施主杂质能级，E_{FN} 表示 N 型半导体的费米能级。禁带宽度 E_g 定义为最小的导带能量与最大的价带能量差。因此，这类以施主杂质掺杂为主的半导体，其导电性往往是由施主电子热激发到导带所形成的。这种主要依靠施主产生的电子导电的半导体，或者导电电子浓度远远大于空穴浓度的半导体，称为 N 型半导体。

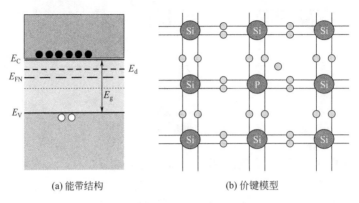

(a) 能带结构   (b) 价键模型

图 2.2   N 型半导体的能带与价键结构

2.1.2.2   P 型半导体

当杂质能级提供空穴时，价带上的电子激发到受主能级比其激发到导带容易得多，如图 2.3 所示。图中 E_{FP} 表示 P 型半导体的费米能级，E_a 表示受主能级。如果半导体主要含受主杂质，其价带中的电子容易激发到受主能级产生许多空穴，这种主要依靠受主产生的空穴导电的半导体，或者导电空穴浓度远大于导电电子浓度的半导体，称为 P 型半导体。

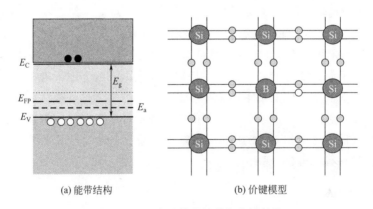

(a) 能带结构   (b) 价键模型

图 2.3   P 型半导体的能带与价键结构

施主离子和受主离子的束缚能很小，这对产生自由电子和空穴非常有利，它们往往是决定这些材料导电性的主要杂质。由于这类杂质的束缚能很小，所以施主或受主能级很靠近导带或价带，又称为浅能级杂质。在半导体中有些杂质和缺陷会在带隙中引入较深的能级。例如，金原子在硅中能够产生深能级。金在导带以下 0.54eV 处有一个受主能级，在价带以上 0.35eV 处有一个施主能级，这两个能级距离导带和价带较前述的施主能级和导带、受主能级和价带的距离远很多，称为深能级。深能级杂质大多是多重能级。它反映出杂质可以有不同的荷电状态，在这两个能级都没有电子填充的情况下，杂质元素金是带正电的；当受主能级上有一个电子而施主能级空着时，杂质元素金是电中性的；当施主能级与受主能级上都有一个电子的情况下，杂质元素金带负电。深能级杂质和缺陷在半导体中起着多方面的作用。例如，它可以是有效的复合中心，使得载流子的寿命大大降低；也可以成为非辐射复合中心，而影响发光效率；还可以作为补偿杂质，大大提高材料的电阻率。

2.1.3 载流子特性

2.1.3.1 载流子密度

由杂质能级或满带所激发的电子，使导带产生电子或使价带产生空穴，这些电子或空穴致使半导体导电，统称为载流子。半导体中电子的分布遵循费米-狄拉克分布的一般规律。在导带中的能级，电子占据的概率很低。导带上电子在导带各能级的分布概率很接近经典的玻尔兹曼分布。空穴所占据状态（电子的能量）能级越低，表示空穴的能量越高。空穴分布概率随能量的增加按玻尔兹曼统计的指数规律减小（即电子占据数越大）。

图 2.4 所示为分布函数曲线和能带的位置对比。图中 $n(E)$ 表示导带电子的分布，$p(E)$ 表示价带空穴的分布，$F(E)$ 表示费米分布函数，$N(E)$ 表示态密度，半导体中电子和空穴基本上服从玻尔兹曼统计分布，导带能级和价带能级都远离费米能级 E_F，所以导带接近于空带，价带接近于完全充满（空穴很少）。

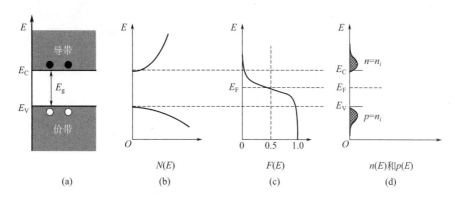

图 2.4 本征半导体的能带示意图 (a)、态密度 (b)、费米分布函数 (c)、载流子浓度分布 (d)

当在本征半导体中掺入少量施主杂质时，在一定温度下，部分电子获得能量，杂质离化成自由电子或自由空穴。电子和空穴的密度分别取决于费米能级 E_F 与导带底部、价带顶部的距离。对于 N 型半导体，在杂质激发的范围内，电子的数目远多于空穴，E_F 位于禁带的上半部，接近导带。对于 P 型半导体，空穴的数目远多于电子，E_F 位于禁带下部，接近于价带。在半导体中，导带电子越多，则空穴越少；如果空穴越多，则电子越少。例如，在 N 型半导体中，电子是多数载流子（多子），空穴是少数载流子（少子），施主越多，电子越多，则空穴越少。设 N_C 为有效能级密度，k 为玻尔兹曼常数，N_V 为价带的有效能级密度。每种材料都有确定的禁带宽度，电子浓度 n 和价带顶空穴浓度 p 的乘积只是温度的函数：

$$np = N_V N_C \exp\left(-\frac{E_g}{kT}\right) \tag{2.1}$$

2.1.3.2 非平衡载流子

半导体中有两种载流子：电子和空穴。N 型半导体主要依靠电子导电，但同时还存在少量的空穴，在这种情况下，电子被称为多数载流子（多子），空穴被称为少数载流子（少子）。而在 P 型半导体中，空穴是多数载流子，电子是少数载流子。不管哪种类型的半导体，电子浓度 n 和空穴浓度 p 的乘积均只与材料和温度有关［公式(2.1)］。对于本征半导体，在热平衡时，电子浓度 n_0 和空穴浓度 p_0 相等，由公式(2.1) 可表述为：

$$n_0 = p_0 = \sqrt{N_V N_C}\, e^{-\frac{E_g}{2kT}} \tag{2.2}$$

但在外界作用下，有可能使电子浓度和空穴浓度偏离平衡值。例如，在光照下，价带上的电子激发到导带产生电子-空穴对，使电子浓度增加 Δn，空穴浓度增加 Δp，多余的载流子称为非平衡载流子。在通常情况下，由于电中性的原则，非平衡电子和非平衡空穴浓度应当相等，即 $\Delta n = \Delta p$，但是非平衡载流子对于多子和少子的影响是不同的。多子的数量一般很大，非平衡载流子通常不会对多子的数目产生显著的影响。但是对于少子而言，其数量的变化（变化率）会非常显著。因此，在讨论非平衡载流子时，最关心的是非平衡少数载流子。

（1）非平衡载流子的寿命

非平衡载流子会自发地发生复合，导电电子由导带回落到价带，导致一对电子和空穴消失，这是一种由非平衡恢复到平衡的自发过程。所谓热平衡，实际上是电子-空穴不断产生和复合的动态平衡。当存在非平衡载流子时，这种动态平衡被破坏。在最简单的情形中，在恒定条件下，非平衡载流子的复合以一个固定的概率发生，若非平衡载流子寿命为 τ，单位时间、单位体积复合的数目可以用复合率 η 表示：

$$\eta = \frac{\Delta n}{\tau} \tag{2.3}$$

若在恒定光照下保持一定的非平衡载流子浓度 Δn_0 和 Δp_0，那么当撤去光照后，非平衡载流子会逐渐消失，此时：

$$\frac{d\Delta n}{dt} = \frac{\Delta n}{\tau} \tag{2.4}$$

求解上式得到：

$$\Delta n = \Delta n_0 \exp\left(-\frac{1}{\tau}\right) \tag{2.5}$$

此式表明，当光照撤去以后，非平衡载流子随时间呈指数形式衰减。对于光电导现象，τ 决定着在变化光强下，光电导反应的快慢。

实验证明，非平衡载流子寿命 τ 与材料所含杂质有关。对于同一材料，制备方法不同，τ 值相差很大。因为电子从导带回落到价带一般要通过杂质能级。电子先落入杂质能级，然后再由杂质能级落到价带中的空穴。有些杂质在促进复合上特别有效，成为决定非平衡载流子寿命的主要杂质，称为复合中心。

（2）非平衡载流子的扩散

在金属和一般半导体的导电过程中，载流子都是依靠电场的作用而形成电流，称为漂移电流。但半导体中的载流子还可以由于载流子浓度的差异形成另外一种形式的电流，称为扩散电流。扩散电流是由于载流子浓度分布不均匀而造成的扩散运动所形成的。对于非平衡载流子而言，扩散往往是最主要的运动形式。在通常的情况下，少数载流子的数量极少，与多数载流子相比，漂移电流微不足道，但是由于非平衡载流子的存在，使得可以在不破坏电中性的情况下形成载流子浓度的变化，从而形成显著的扩散电流。

考虑一维稳定扩散的情况，以均匀的光照射半导体表面，光在很薄的表面薄层内被吸收。半导体吸收光子产生的非平衡载流子通过扩散向半导体内部运动，一边扩散，一边复合。在稳定光照下，将在半导体内建立起稳定的非平衡载流子分布。

扩散运动是微观粒子热运动的结果，遵循扩散规律，粒子的扩散流密度 F 可表示为：

$$F = -D\frac{\mathrm{d}N}{\mathrm{d}x} \qquad (2.6)$$

载流子扩散流密度正比于载流子的浓度梯度，比例系数 D 为扩散系数，负号表明扩散运动总是从浓度高的地方流到浓度低的地方。式(2.6)乘以载流子电荷，就是扩散电流密度。非平衡载流子深入样品的平均距离 L（$L=\sqrt{D\tau}$）称为扩散长度。表面产生的非平衡少数载流子在扩散过程中随距离增加呈指数形式衰减。非平衡少数载流子的扩散和复合稳定以后，考虑到边界条件，非平衡少数载流子浓度 n 的特定解为：

$$n(x) = n_0 \mathrm{e}^{-x/L} \qquad (2.7)$$

2.1.4 导电特性

一般情况下，半导体的导电特性服从欧姆定律，电流密度 J 与电场 E 成正比，即 $J=\sigma E$。半导体可以同时有电子和空穴，而且它们的浓度根据样品和温度的不同，可以有很大的变化。半导体的电导率 σ 与电子和空穴的数目（n 和 p）之间存在如下关系：

$$\sigma = nq\mu_n + pq\mu_p \qquad (2.8)$$

式中，μ_n 和 μ_p 分别是电子和空穴的迁移率，q 是载流子的电荷。

电流密度 J 可表示为：

$$J = nq(\mu_n E) + pq(\mu_p E) \qquad (2.9)$$

式(2.9)表明，μE 表示在电场作用下载流子沿电场方向漂移的平均速度；迁移率表示单位电场作用下载流子的平均漂移速度。在杂质激发的范围，主要是多数载流子导电。载流子漂移运动是电场加速和不断碰撞散射的结果。迁移率与载流子的有效质量和散射概率成反比。迁移率的大小在实际工作中很重要，硅和锗的迁移率一般为 $0.1\,\mathrm{m}^2/(\mathrm{V}\cdot\mathrm{s})$。有效质量则取决于能带结构，有些化合物半导体的电子有效质量只有硅和锗中电子质量的 $1/100$ 左右，迁移率则可达硅和锗的数百倍。

散射可以由晶格振动引起，也可以由杂质引起。在温度较高时，晶格振动是散射产生的主要原因，散射随温度的升高而增加。在低温时，杂质散射是主要的散射方式。图 2.5 为 N 型掺杂的硅半导体样品的电导率随温度变化的结果。由图可知，样品在温度较低时，随着温度升高，电导率不断增加，这是由于杂质电离随温度升高而增大，$\ln\sigma$ 与 $1/T$ 之间存在线性

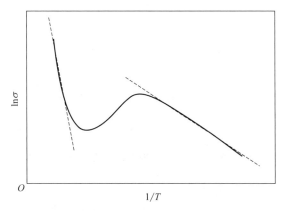

图 2.5 N 型掺杂硅半导体样品的电导率与温度的关系

关系。在高温时本征激发是主要影响因素，载流子数只取决于材料的能带结构，此时 $\ln\sigma$ 与 $1/T$ 之间也存在线性关系，但是斜率与低温下的不同。在中间温度范围，杂质已经全部电离，载流子的数目基本不变，而晶格散射随温度升高而增加，使得迁移率下降，电导率随温度的升高而降低。

电导率受多种因素的影响，其中电离的杂质浓度依赖于温度和杂质能级，所以半导体中杂质浓度可能与载流子浓度不同。为了直接测量载流子浓度和电导率，最直接的方法是利用霍尔效应。

2.2　半导体的 PN 结

2.2.1　半导体同质结

大多数半导体器件都至少有一个由 P 型半导体区与 N 型半导体区接触形成的 PN 结，半导体器件的特性与工作过程均与此 PN 结有密切联系。例如，稳压器与开关电路就是利用 PN 结二极管的基本特性来工作的。图 2.6(a) 所示的是一块单晶半导体材料 PN 结简化结构示意图，它的一部分掺入受主杂质原子形成 P 区，相邻的另一部分掺入施主杂质原子形成 N 区。分隔 P 区与 N 区的交界面称为冶金结。图 2.6(b) 所示为半导体 P 区与 N 区的杂质掺杂剖面示意图。理想突变结的主要特点是：每个掺杂区的杂质浓度都是均匀分布的，在交界面处，杂质的浓度有一个突然的跃变。P 区与 N 区刚接触时，在冶金结所处的位置，电子与空穴都有一个很大的浓度梯度。由于两边的载流子浓度不同，N 区的多子电子向 P 区扩散，P 区的多子空穴向 N 区扩散。若半导体没有接外电路，则这种扩散过程就不可能无限地延续下去。随着电子由 N 区向 P 区扩散，带正电的施主离子被留在 N 区。随着空穴由 P 区向 N 区扩散，P 区由于存在带负电的受主离子而带负电。N 区与 P 区的净正电荷与净负电荷在冶金结附近感生出一个内建电场，方向是由正电荷区指向负电荷区，也就是由 N 区指向 P 区。

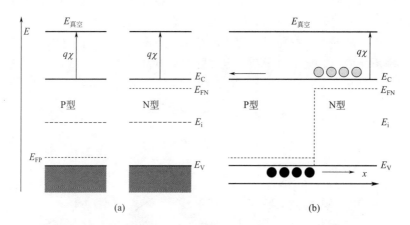

图 2.6　PN 结的简化结构示意图（a）和理想均匀掺杂 PN 结的掺杂剖面示意图（b）

半导体内部净正电荷与净负电荷区域分布，如图 2.7 所示。带正电荷区和带负电荷区统称为空间电荷区。在内建电场的作用下，空间电荷区内不存在任何可移动的电子与空穴，该区也称为耗尽区。在空间电荷区边缘处仍然存在多子的浓度梯度。由于浓度梯度的存在，多数载流子便受到一个"扩散力"。空间电荷区内的电场作用在电子与空穴上，这样便产生一个与上述"扩散力"方向相反的力。在热平衡条件下，每一种载流子（电子与空穴）所受的"扩散力"与"电场力"是相互平衡的。

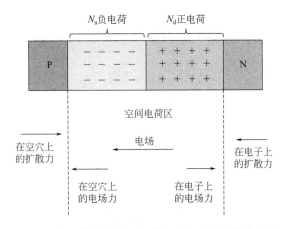

图 2.7　半导体内部净正电荷与净负电荷区域分布图

2.2.1.1　内建电势差

假设 PN 结两端没有外加电压偏置，那么 PN 结便处于热平衡状态，整个半导体系统的费米能级处处相等，且是一个恒定的值。图 2.8 为热平衡状态下 PN 结的能带图。因为 P 区与 N 区之间的导带与价带的相对位置随着费米能级位置的变化而变化，所以空间电荷区所在位置的导带与价带要发生弯曲。

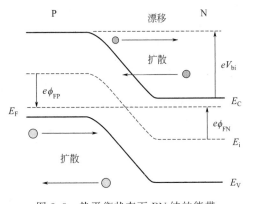

图 2.8　热平衡状态下 PN 结的能带

N 区导带内的电子在试图进入 P 区导带时遇到一个势垒。此势垒称为内建电势差，记为 V_{bi}。该内建电势差维持 N 区多子电子与 P 区少子电子之间以及 P 区多子空穴与 N 区少子空穴之间的平衡。由于外加探针与半导体之间也会产生相应的电势差，这个电势差会抵消 V_{bi}，因此用电压表不能够测出 PN 结的内建电势差值。V_{bi} 维持平衡状态，在半导体内不产生电流。

PN 结本征费米能级与导带底之间的距离是相等的，内建电势差可以由 P 区与 N 区内部费米能级的差值来确定。N_d 与 N_a 分别指 N 区与 P 区内的净施主与净受主浓度。假如半导体的 P 区是杂质补偿材料，那么 N_a 代表的就是 P 区内实际受主浓度与施主浓度的差值。定义 N 区的费米电势和 P 区的费米电势分别为 ϕ_{FN} 和 ϕ_{FP}，因此有：

$$V_{bi} = |\phi_{FN}| + |\phi_{FP}| \tag{2.10}$$

若 E_{Fi} 为本征费米能级，定义 N 区内的费米电势 ϕ_{FN} 为：

$$\phi_{FN} = E_{Fi} - E_F \tag{2.11}$$

本征载流子浓度为 n_i，施主浓度为 N_d，求解 ϕ_{FN} 可得：

$$\phi_{FN} = -\frac{kT}{e}\ln\left(\frac{N_d}{n_i}\right) \tag{2.12}$$

类似地，P 区的电势 ϕ_{FP} 表示为：

$$\phi_{FP} = \frac{E_{Fi} - E_F}{e} = +\frac{kT}{e}\ln\left(\frac{N_a}{n_i}\right) \tag{2.13}$$

式中，N_a 为受主浓度。

最后，突变结的内建电势差 V_{bi} 为：

$$V_{bi} = \frac{kT}{e}\ln\left(\frac{N_a N_d}{n_i^2}\right) = V_t \ln\left(\frac{N_a N_d}{n_i^2}\right) \tag{2.14}$$

式中，$V_t = kT/e$ 为热电压。

2.2.1.2 电场强度

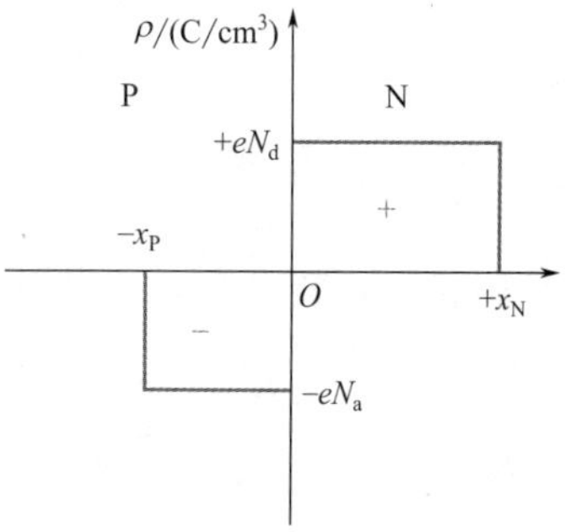

耗尽区电场的产生是由于正、负空间电荷的相互分离。图 2.9 显示在均匀掺杂及突变结近似的情况下，PN 结的体电荷密度分布。假设空间电荷区在 N 区的 $x = +x_N$ 处以及在 P 区的 $x = -x_P$ 处突然中止（x_P 为正值）。

半导体内的电场由一维泊松方程确定：

$$\frac{d^2\phi(x)}{dx^2} = \frac{-\rho(x)}{\varepsilon_s} = -\frac{dE(x)}{dx} \tag{2.15}$$

图 2.9 突变结近似均匀掺杂 PN 结的空间电荷

式中，$\phi(x)$ 为电势；$E(x)$ 为电场；$\rho(x)$ 为体电荷密度；ε_s 为半导体的介电常数。由图 2.9 可知，体电荷密度 $\rho(x)$ 为：

$$\rho(x) = -eN_a \qquad -x_P < x < 0 \tag{2.16}$$

与

$$\rho(x) = eN_d \qquad 0 < x < x_N \tag{2.17}$$

热平衡状态下没有电流通过半导体，因此可认为 $x < -x_P$ 的电中性 P 型区内电场为零。由于 PN 结不存在表面电荷密度，因此电场函数是连续的。在冶金结所在的位置 $x = 0$ 处，电场函数仍然是连续的。P 区内单位面积的负电荷数与 N 区内单位面积的正电荷数是相等的。在 $x = 0$ 处，可得：

$$N_a x_P = N_d x_N \tag{2.18}$$

图 2.10 显示耗尽区内的电场随位置变化的曲线。上述的曲线图中，电场方向由 N 区指向 P 区（或者说沿着 x 轴的负方向）。对于均匀掺杂的 PN 结而言，它的 PN 结区域电场是距离的线性函数，冶金结处的电场为该函数的最大值。即使在 P 区与 N 区没有外加电压的情况下，耗尽区内仍然存在着电场。

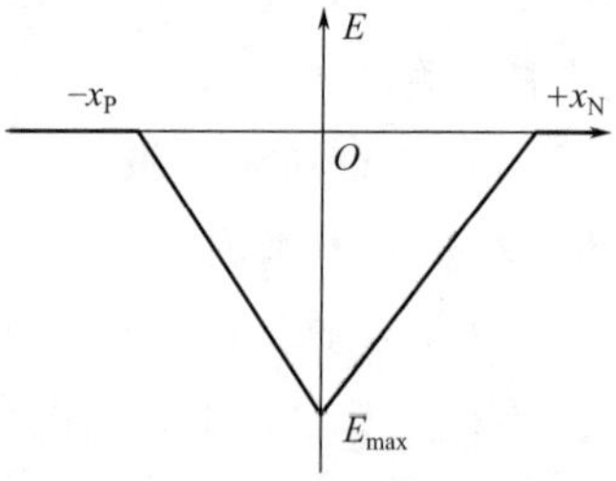

因此 P 区内的电势表达式可以写为：

图 2.10 均匀掺杂 PN 结空间电荷区的电场随位置变化的曲线图

$$\phi_P(x) = \frac{eN_a}{2\varepsilon_s}(x+x_P)^2 \quad (-x_P \leqslant x \leqslant 0) \tag{2.19}$$

同样,可以求出 N 区内的电势:

$$\phi_N(x) = \frac{eN_d}{\varepsilon_s}\left(x_N \cdot x - \frac{x^2}{x}\right) + \frac{eN_a}{2\varepsilon_s}x_P^2 \quad (0 < x \leqslant x_N) \tag{2.20}$$

图 2.11 为均匀掺杂 PN 结电势随距离变化的曲线。由图可知,电势为距离的二次函数。$x = x_N$ 处的电势大小与内建电势差的大小相同。电子电势能表达式为 $E = -e\phi$。电子电势能在空间电荷区内也是距离的二次函数。由式(2.20)可以推出:

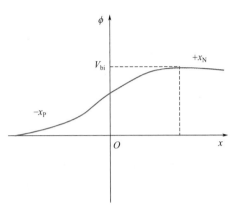

$$V_{bi} = |\phi_{x=x_N}| = \frac{e}{2\varepsilon_s}(N_d x_N^2 + N_a x_P^2) \tag{2.21}$$

2.2.1.3 空间电荷区宽度

我们可以计算空间电荷区从冶金结处延伸入 P 区与 N 区内的距离,即空间电荷区宽度。由式

图 2.11 均匀掺杂 PN 结空间
电荷区的电势与距离的关系

(2.18)解出 x_P,再代入式(2.21),在零偏置电压下,可求出 N 型区内空间电荷区宽度 x_N:

$$x_N = \left\{\frac{2\varepsilon_s V_{bi}}{e}\left[\frac{N_a}{N_d}\right]\left[\frac{1}{N_a+N_d}\right]\right\}^{1/2} \tag{2.22}$$

同理,在零偏置电压下,可求出 P 型区内的空间电荷区宽度 x_P:

$$x_P = \left\{\frac{2\varepsilon_s V_{bi}}{e}\left[\frac{N_d}{N_a}\right]\left[\frac{1}{N_a+N_d}\right]\right\}^{1/2} \tag{2.23}$$

总耗尽区的宽度(W)是 x_N 与 x_P 的和,即:

$$W = x_N + x_P = \left\{\frac{2\varepsilon_s V_{bi}}{e}\left[\frac{N_a+N_d}{N_a N_d}\right]\right\}^{1/2} \tag{2.24}$$

2.2.1.4 反偏

若在 P 区与 N 区之间加一个电势,则 PN 结就不能再处于热平衡状态,显然热平衡的条件不再满足图 2.12 显示的 N 区相对于 P 区加一个正电压时的 PN 结的能带图。当外加反偏电压时,即图示的 ϕ 方向,N 区费米能级的位置要低于 P 区费米能级的位置。二者费米能级的差值刚好等于外加电压的值乘以电子电量 $-e$。在外加反偏电压情况下,总电势差 V_T 增加。

若设 V_R 是反偏电压,V_{bi} 是热平衡状态下的内建电势差。若外加的电压为反偏电压,那么总电势差可以表示为:

$$V_T = |\phi_{FN}| + |\phi_{FP}| + V_R = V_{bi} + V_R \tag{2.25}$$

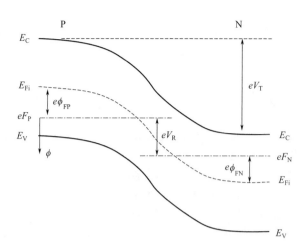

图 2.12　反偏下 PN 结的能带图

2.2.1.5　空间电荷区宽度与电场

图 2.13 给出外加反偏电压 V_R 时的 PN 结结构，并显示出外加电场 E_{app} 以及空间电荷区。电中性的 P 区与 N 区内的电场强度为零或者为可以忽略的很小值。这就意味着空间电荷区内的电场要比未加偏置电压时的电场强。这个电场始于正电荷区，终于负电荷区。也就是说，随着电场的增强，正、负电荷的数量也要随之增加。在给定的杂质掺杂浓度条件下，耗尽区内的正、负电荷的数量要想增加，空间电荷区的宽度就必须增大。假设电中性的 P 区与 N 区内电场为零，可以得出一个结论：空间电荷区随着外加反偏电压 V_R 的增加而变宽。

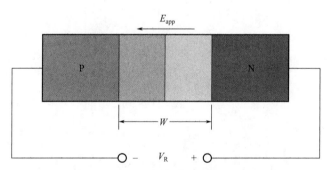

图 2.13　由 V_R 感生的电场和空间电荷区电场方向的反偏 PN 结

前述所有公式中的 V_{bi} 均可以由总电势差 V_T 代替。那么，由式（2.24）可知总空间电荷区宽 W 为：

$$W = \left\{ \frac{2\varepsilon_s (V_{bi} + V_R)}{e} \left[\frac{N_a + N_d}{N_a N_d} \right] \right\}^{1/2} \tag{2.26}$$

上式表明，空间电荷区宽度会随施加的反偏电压的增加而增大。将总电势差 V_T 代入式（2.22）与式（2.23），可发现 P 区与 N 区内空间电荷区的宽度也是外加反偏电压的函数。

当外加反偏电压时，耗尽区内的电场强度要增加，电场表达式仍然由式（2.26）给出，而且仍然是距离的线性函数。外加反偏电压后，x_N 与 x_P 均有所增加，电场也会随之增强。冶金结处的电场应仍为电场的最大值。

使用式（2.22）或式（2.23），并将 V_{bi} 换成 $V_{bi}+V_R$，冶金结处的最大电场为：

$$E_{max}=-\left\{\frac{2e(V_{bi}+V_R)}{\varepsilon_s}\left[\frac{N_aN_d}{N_a+N_d}\right]\right\}^{1/2}=\frac{-2(V_{bi}+V_R)}{W} \tag{2.27}$$

2.2.1.6　势垒电容

因为耗尽区内的正电荷与负电荷在空间上是分离的，所以 PN 结就具有电容的充、放电效应。图 2.14 显示当外加反偏电压为 V_R 与 V_R+dV_R 时耗尽区内电荷密度的变化。反偏电压增量 dV_R 会在 N 区内形成额外的正电荷，同时在 P 区内形成额外的负电荷。

势垒电容定义为：

$$C'=\frac{dQ'}{dV_R} \tag{2.28}$$

式中，$dQ'=eN_ddx_N=eN_adx_P$，dQ' 为微分电荷，C/m^2；C' 电容的单位就是 F/m^2，或者说是单位面积电容。

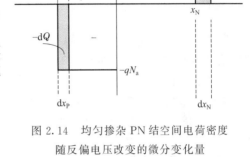

图 2.14　均匀掺杂 PN 结空间电荷密度随反偏电压改变的微分变化量

势垒电容 C' 也可表示为：

$$C'=\frac{dQ'}{dV_R}=eN_a\frac{dx_P}{dV_R}$$

$$=\left\{\frac{e\varepsilon_sN_aN_d}{2(V_{bi}+V_R)(N_a+N_d)}\right\}^{1/2} \tag{2.29}$$

比较耗尽区宽度的式（2.26）与势垒电容 C' 的表达式（2.29），可以得到势垒电容与耗尽区宽度的关系为：

$$C'=\frac{\varepsilon_s}{W} \tag{2.30}$$

由此可见，单位面积平行板电容器的电容表达式是相同的。由于空间电荷区宽度是反偏电压的函数，所以势垒电容也是加在 PN 结上的反偏电压的函数。

2.2.1.7　单边突变结

若 $N_a\gg N_d$，则这种结称为单边突变结或 P^+N 结。于是总空间电荷区宽度表达式（2.26）就可以化简为：

$$W\approx\left\{\frac{2\varepsilon_s(V_{bi}+V_R)}{eN_d}\right\}^{1/2} \tag{2.31}$$

考虑到 x_N 与 x_P 的表达式，对于 P^+N 结，$x_P\ll x_N$，则有 $W\approx x_N$。几乎所有的空间电荷区均扩展到 PN 结轻掺杂的区域，如图 2.15 所示。P^+N 结的势垒电容表达式也可以化简为：

$$C'=\left\{\frac{e\varepsilon_sN_d}{2(V_{bi}+V_R)}\right\}^{1/2} \tag{2.32}$$

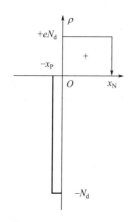

图 2.15　P^+N 结的空间电荷密度

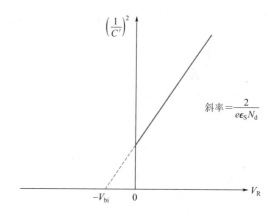

图 2.16　均匀掺杂 PN 结的 $(1/C')^2$-V_R 曲线

单边突变结的耗尽层电容是轻掺杂区掺杂浓度的函数，也说明势垒电容倒数的平方是外加反偏电压的线性函数，如图 2.16 所示。将图示的曲线外推，让它与横轴交于 $(1/C')^2 = 0$ 处，则该交点横坐标的绝对值即为半导体 PN 结的内建电势差 V_{bi}。曲线的斜率与轻掺杂区的掺杂浓度呈反比关系。通过实验的方法可以确定掺杂浓度。用于推导上述电容关系式的假设包括：P 区与 N 区均匀掺杂，突变结近似，以及平面结假设。

2.2.2　半导体异质结

两种不同的半导体材料组成的一个结，称为半导体异质结。

2.2.2.1　异质结的材料

一方面，组成异质结的两种材料具有不同的禁带宽度，因此在结表面的能带是不连续的。另一方面，存在一个 $GaAs$-$Al_xGa_{1-x}As$ 系统，x 值在相距几纳米的范围内连续变化，形成一个缓变结。改变 $Al_xGa_{1-x}As$ 系统中的 x 值，可以改变禁带宽度能量。

为了形成一个有用的异质结，两种材料的晶格常数必须匹配。如果晶格不匹配，会引起表面断层并导致表面态的产生，最终导致禁带中出现能级，所以晶格的匹配非常重要。例如，Ge 与 GaAs 晶格常数的差异约为 0.13%，GaAs 与 AlGaAs 系统晶格常数的差异不足 0.14%。

2.2.2.2　异质结能带图

由窄带隙材料和宽带隙材料构成的异质结中，带隙对准在决定结的特性中起重要作用。

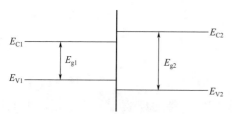

图 2.17　窄带隙和宽带隙能量的跨骑关系

宽带隙与窄带隙的能量关系有跨骑、交错及错层三种。图 2.17 显示宽带隙材料的禁带与窄带隙材料的禁带完全交叠的现象，这种现象称为跨骑，存在于大多数异质结中。

异质结存在 nP、Np、nN、pP 四种基本类型。掺杂类型变化的异质结称为反型异质结：如 nP 结或 Np 结，其中大写字母表示较宽带隙的材料。具有相同掺杂类型的异质结称为同型异质结，包括 nN 结和 pP 结。

图 2.18 所示为分离的窄带隙 N 型材料（Ge）和宽带隙 P 型材料（GaAs）在接触前的

能带图，以真空能级为参考能级。宽带隙材料的电子亲和能比窄带隙材料的电子亲和能要低，两种材料的导带能量差以 ΔE_C 表示，可定义为两种材料的电子亲和势差，即 $\Delta E_C = e(\chi_N - \chi_P)$。两种材料的价带能量差以 ΔE_V 表示，则可定义两种材料的禁带宽度差 $\Delta E_g = \Delta E_C + \Delta E_V$。在理想突变异质结中用非简并掺杂半导体，真空能级与两个导带能级和价带能级平行。如果真空能级是连续的，那么存在于异质结表面的相同 ΔE_C 和 ΔE_V 是不连续的。理想情况符合电子亲和准则。对于这个准则的适用性，仍存在一些分歧，但是它使异质结的研究工作有一个好的起点。

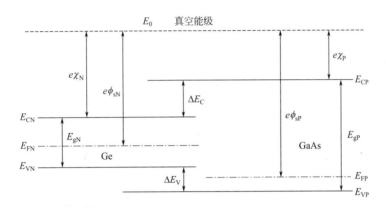

图 2.18　窄带隙材料和宽带隙材料在接触前的能带图

　　一个热平衡状态下的典型理想 nP 异质结如图 2.19 所示。为了使两种材料形成统一的费米能级，窄带隙材料中的电子和宽带隙材料中的空穴必须越过结接触势垒。这和同质结一样，这种电荷的穿越会在冶金结的附近形成空间电荷区。空间电荷区在 n 型区一侧的宽度用

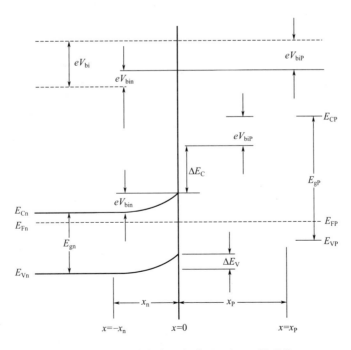

图 2.19　热平衡状态下的典型理想 nP 异质结

x_n 表示，在 P 型区一侧的宽度用 x_P 表示。导带与价带中的不连续性与真空能级上的电荷表示在图中。

2.2.2.3 二维电子气

图 2.20 显示热平衡状态下一个 nN 型 GaAs-AlGaAs 异质结的能带图。AlGaAs 适度地重掺杂为 N 型，而 GaAs 则是轻掺杂或者处于本征态。为了达到热平衡，电子从宽带隙材料 AlGaAs 流向 GaAs，在临近表面的势阱处形成电子的堆积。根据量子力学观点：电子在势阱中的能量是量子化的。二维电子气是指电子在一个空间方向上（与界面垂直的方向）有量子化的能级，同时也可以向其他两个空间方向自由地移动。

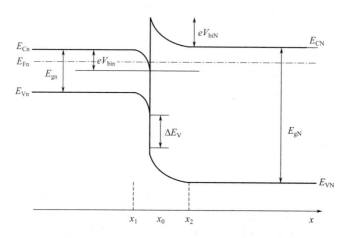

图 2.20 nN 异质结在热平衡状态下的能带图

表面附近的势函数可以近似为三角形的势阱。图 2.21(a) 显示导带边缘靠近突变结表面处的能带，图 2.21(b) 显示三角形势阱的近似形状，表示量子化的能级。

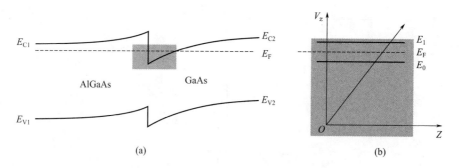

(a)

(b)

图 2.21 N-AlGaAs、n-GaAs 异质结的导带边缘图 (a) 和电子能量的三角形势阱 (b)

势阱中电子的定态分布表示在图 2.22 中。平行于表面的电流是电子浓度和电子迁移率的函数。由于 GaAs 为轻掺杂或是本征的，则二维电子气处于一个低杂质浓度区，因此杂质散射效应程度最小。在同样的区域中，电子的迁移率远大于已电离空穴的迁移率。电子平行于表面的运动受到 AlGaAs 中电离杂质库仑引力的影响，采用 AlGaAs-GaAs 缓变异质结时，这种作用将大大减弱。在 $Al_x Ga_{1-x} As$ 这一层中，克分子分数 x 随距离而变化。在这种情况下，本征层 AlGaAs 被 N 型 AlGaAs 和本征 GaAs 夹在中间。势阱中的电子远离已电离的杂质，因此电子迁移率比突变异质结中的迁移率要高很多。

2.2.2.4　静电平衡态

nP 异质结在空间电荷区的 n 型区和 P 型区一侧存在电势差，这些电势差相当于结两边的内建电势差。图 2.19 所示的理想情况下，内建电势差被定义为真空能级两端的电势差，内建电势差是所有空间电荷区电势差的总和。异质结内建电势差不等于结两端的导带能量差或价带能量差。

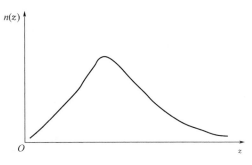

图 2.22　三角形势阱的电子浓度

实验得出的 ΔE_C 和 ΔE_V 的值与用电子亲和规则得出的理想值不同。这种情况的一个可能的解释是：在异质结中存在表面态。如果假定静电势在整个结中是连续的，那么由于表面电荷受限于表面态，则异质结中的电流密度是不连续的。表面态将像改变金属-半导体结的能带图那样改变半导体异质结的能带图。与理想情况不同的另一个可能的解释是：由于是两种材料形成异质结，其中一种材料的电子轨道与另一种材料的电子轨道相互作用，导致在表面处形成一个数埃的过渡区，能带隙通过这个过渡区变成连续的，对于两种材料都不存在差异。对于跨骑类型的异质结，虽然 ΔE_C 和 ΔE_V 的值与考虑电子亲和规则得到的理论值有所不同，$\Delta E_C + \Delta E_V = \Delta E_g$ 关系仍然成立。图 2.23 显示一个 Np 异质结的能带图，虽然在 nP 结与 Np 结中导带的形状一般不同，但同样存在着 ΔE_C 和 ΔE_V 的不连续现象，两个结能带图的不同将影响到 I-V 特性曲线。

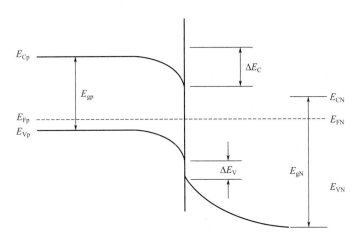

图 2.23　Np 异质结在热平衡时的能带图

另外两种异质结是 nN 和 pP 同型异质结，其中 nN 结的能带图如图 2.20 所示。为了达到热平衡，电子从宽带隙材料流入窄带隙材料。宽带隙材料中有一个正的空间电荷区，在窄带隙材料表面存在电子的堆积层。由于导带中存在大量允许的能量状态，所以窄带隙材料中的空间电荷宽度 x_N 和内建电势差 V_{bi} 愈小愈好。pP 型异质结达到热平衡时的能带图，如图 2.24 所示。为了达到热平衡，空穴从宽带隙材料流向窄带隙材料，在窄带隙材料表面形成一个空穴的堆积层。

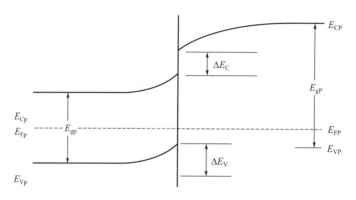

图 2.24　pP 型异质结在热平衡时的能带图

2.3 PN 结二极管

　　当外加正偏电压时，PN 结的势垒降低，允许电子与空穴流过空间电荷区。当空穴由 P 区穿过空间电荷区流向 N 区时，它们就变成 N 区内的过剩少数载流子，并且遵循过剩少数载流子扩散、漂移以及复合的过程。同样，当电子由 N 区穿过空间电荷区进入 P 区而成为 P 区内的过剩少数载流子时，它们也遵循过剩少数载流子的扩散、漂移及复合的过程。

　　当具有 PN 结结构的半导体器件作为线性放大器时，时变信号就会叠加在直流电流与电压上。加在 PN 结两端且叠加在直流电压上的小正弦电压信号会产生小正弦电流信号。正弦电流与电压的比值就是 PN 结的小信号导纳。正偏 PN 结的导纳包括电导分量以及电容形成的电纳分量，此处为扩散电容。当外加正偏电压时，PN 结内就会产生电流。

2.3.1 PN 结基本工作特征

　　图 2.25(a) 所示为零偏状态下的 PN 结及其对应的能带图。电子在扩散过程中遇到的势垒阻止高浓度电子流流向 P 区并使其滞留在 N 区内。同样，空穴在扩散过程中遇到的势垒阻止高浓度的空穴流流向 N 区并使其滞留在 P 区内。换言之，势垒维持热平衡。图 2.25(b) 所示为反偏状态下的 PN 结及其能带图。此时，N 区相对于 P 区的电势为正，所以 N 区内的费米能级要低于 P 区内的费米能级。总势垒要高于零偏置下的势垒。之前曾提出：增加的势垒高度继续阻止电子与空穴的流动，因此 PN 结内基本上没有电荷的流动，也就基本上没有电流。图 2.25(c) 所示为 P 区相对于 N 区加正偏电压时的 PN 结和能带图。此时，P 区的费米能级要低于 N 区的费米能级，总势垒高度降低。势垒高度降低，耗尽区内的电场也随之减弱，电场减弱意味着电子与空穴不能分别滞留在 N 区与 P 区。于是 PN 结内就有一股由 N 区经空间电荷区向 P 区扩散的电子流。同样，PN 结内就有一股由 P 区经空间电荷区向 N 区扩散的空穴流。电荷的流动在 PN 结内形成电流。注入到 N 区内的空穴是 N 区的少数载流子；注入到 P 区内的电子是 P 区内的少数载流子。这些少数载流子的行为可以用双极输运方程来描述。在这些区域内存在过剩载流子的扩散与复合，载流子的扩散意味着存在扩散电流。

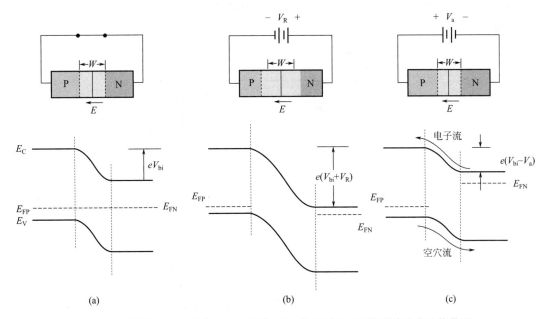

图 2.25 零偏 (a)、反偏 (b)、正偏 (c) 条件下的 PN 结及其对应的能带图

2.3.2 边界条件

理想 PN 结的电流-电压关系，以四个基本假设为基础：①耗尽层突变近似，空间电荷区的边界存在突变，并且耗尽以外的半导体区域是电中性的；②载流子的统计分布符合麦克斯韦-玻尔兹曼近似；③小注入假设；④PN 结内的电流值处处相等，PN 结内的电子电流与空穴电流分别为连续函数，耗尽区内的电子电流与空穴电流为恒定值。图 2.26 所示为热平衡状态下 PN 结导带的能量图。导带内 N 区的电子数量远远大于 P 区，内建电势差阻止 N 区的电子向 P 区流动，即内建电势差维持 PN 结两侧各区域载流子之间的分布平衡。

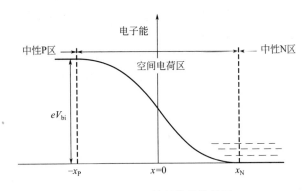

图 2.26 PN 结导带的能量图

当 P 区相对于 N 区加正电压时，PN 结内的势垒降低。图 2.27（a）所示为外加偏压为 V_a 时的 PN 结。电中性的 P 区与 N 区内的电场通常很小。所有的电压降都落在 PN 结区域。外加电场 E_{app} 的方向与热平衡空间电荷区电场的方向相反，所以空间电荷区的净电场要低于热平衡状态的值。热平衡状态时，扩散力与电场力的精确平衡被破坏。阻止多数载流子穿越空间电荷区的电场被削弱，N 区内的多子电子被注入到 P 区，而 P 区内的多子空穴被注

入到 N 区。只要外加偏压 V_a 存在，穿越空间电荷区的载流子注入就一直持续，PN 结内就形成一股电流。上述偏置条件称为正偏，正偏 PN 结的能带图如图 2.27(b) 所示。

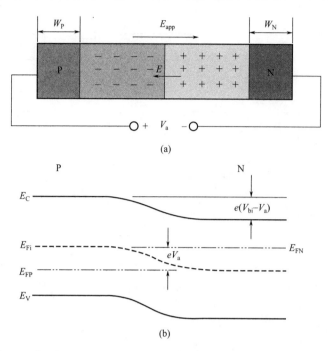

图 2.27　由正向电压感生的电场和空间电荷区电场方向的正偏 PN 结（a）和相应的能带图（b）

由于小注入假设，多子电子的热平衡浓度 n_{n0} 基本上保持不变。但是少子浓度 n_p 会偏离其热平衡值 n_{p0} 好几个数量级。正偏时，V_{bi} 可以由（$V_{bi}-V_a$）代替，少子浓度 n_p 可以表述为：

$$n_p = n_{n0}\exp\left(\frac{-eV_{bi}+eV_a}{kT}\right) = n_{n0}\exp\left(\frac{eV_a}{kT}\right) \tag{2.33}$$

当 PN 结外加正偏电压时，它就不会再处于热平衡状态。式(2.33)的左边为 P 区内少子电子的浓度，它比热平衡时的值大很多。正偏电压降低了势垒，这样就使得 N 区内的多子可以穿过耗尽区而注入到 P 区内，注入的电子增加 P 区少子电子的浓度。也就是说，P 区内形成过剩少子电子。当电子注入到 P 区时，这些过剩载流子进行复杂的扩散与复合过程。

正偏电压下注入到 N 区内的 P 区多子空穴也经历上述过程。N 区内空间电荷区边缘处少子空穴的浓度为 p_n 可以表示为：

$$p_n = p_{n0}\exp\left(\frac{eV_a}{kT}\right) \tag{2.34}$$

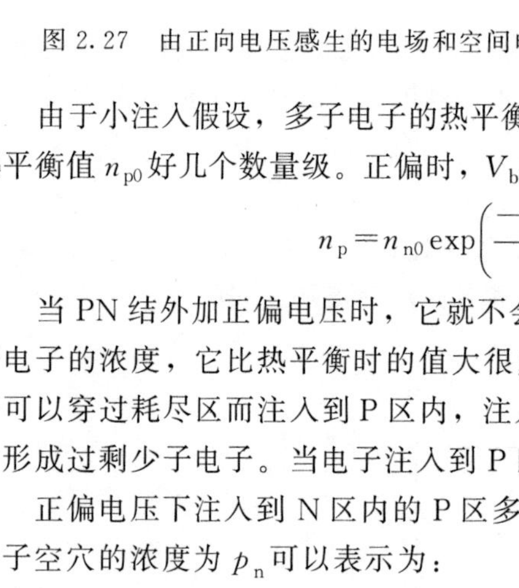

由正偏电压形成的空间电荷边缘处的过剩少子浓度，如图 2.28 所示。给 PN 结外加正偏电压，PN 结的 P 区与 N 区内均存在过剩少数载流子。

式(2.33)与式(2.34)给出的空间电荷区边缘处少子浓度的表达式，是在正偏电压 $V_a>0$ 的条件下推出的。但应该注意，V_a 也可以取反偏值。当反偏电压达到零点几伏时，空间电荷区边

图 2.28　由正偏电压形成的空间电荷边缘处的过剩少子浓度

缘处的少子浓度已经接近于零。反偏条件下的少子浓度低于热平衡值。

2.3.3 PN 结电流-电压关系

2.3.3.1 理想的 J-V 关系

为了推导 PN 结的电流公式，假设流过 PN 结的电流为电子电流与空穴电流之和。应该注意，假设流过耗尽区的电子电流与空穴电流为定值，由于 PN 结内的电子电流与空穴电流分别为连续函数，则 PN 结的电流即为 $x=x_N$ 处的少子空穴扩散电流与 $x=-x_P$ 处的少子电子扩散电流之和。如图 2.29 所示，少子浓度的梯度产生扩散电流。假设采用空间电荷区以外区域的电场为零，因此可以忽略任何少子漂移电流的成分。上述求 PN 结电流密度的方法如图 2.30 所示。

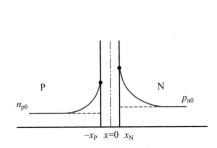

图 2.29　正偏条件下 PN 结内部的
稳态少子浓度

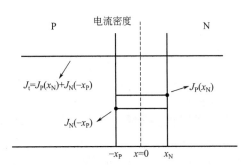

图 2.30　PN 结空间电荷区内电子
电流和空穴电流的密度

依照前述的假设，电子电流与空穴电流分别为连续函数，且空间电荷区的电子电流与空穴电流为常量。总电流为电子电流与空穴电流的和且为常量。图 2.30 同样显示上述电流的大小。

因此，PN 结的理想电流密度-电压关系式为：

$$J=J_s\left[\exp\left(\frac{eV_a}{kT}\right)-1\right] \tag{2.35}$$

定义参数 J_s 为：

$$J_s=\left[\frac{eD_p p_{n0}}{L_p}+\frac{eD_n n_{p0}}{L_n}\right] \tag{2.36}$$

式（2.35）称为理想二极管在很大电流与电压范围下 PN 结电流-电压特性的最佳描述，虽然是在假设偏压为正时 $(V_a>0)$ 推导出来的，但是允许 V_a 取反偏电压值。图 2.31 为 PN 结电流密度-电压关系的曲线图。假如 V_a 的值为负（反偏电压），比如几个热电压 (kT/ev)，那么反偏电流的大小就与反偏电压无关。此时，参数 J_s 称为理想反向饱和电流密度。很显然，PN 结的电流-电压特性是非对称的。

当式（2.35）中的正偏电压值大于几个热电压时 (kT/ev)，由于 $\exp\left(\frac{eV_a}{kT}\right)$ 远大于 1，可忽略式中的（－1）项。图 2.32 所示为正偏时的电流-电压曲线，其中电流采用对数坐标。理想情况下，当 V_a 大于几个热电压时，上述曲线近似为一条直线。正偏电流为正偏电压的指数函数。

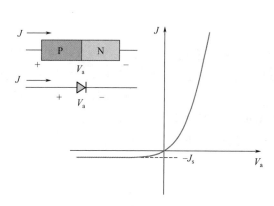

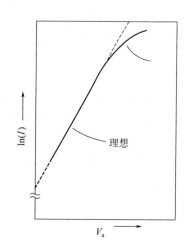

图 2.31　PN 结二极管的理想 J-V 特性曲线　　图 2.32　PN 结二极管的理想 I-V 特性曲线

2.3.3.2　温度效应

理想反向饱和电流密度 J_s 的表达式由式（2.36）给出，是热平衡少子浓度 n_{p0} 与 p_{n0} 的函数。少子浓度正比于 n_i^2，其中 n_i 是温度的函数。对于硅 PN 结而言，温度每升高 $10℃$，理想反向饱和电流密度 J_s 的大小就增大为原来的四倍。上述关系式既包括 J_s 项，又包括 $\exp(eV_a/kT)$ 项，这样正偏电流-电压关系也是温度的函数。随着温度的升高，用于维持相同二极管电流的电压值变小。假如电压保持不变，则随着温度的升高，二极管电流也会增大。正偏电流随温度的变化不如反向饱和电流的变化明显。

2.3.3.3　实际 J-V 关系

理想的电流密度-电压关系是在忽略空间电荷区内一切效应的条件下得到的。由于空间电荷区内有其他电流成分，实际 PN 结的 J-V 特性会偏离其理想表达式。对于反偏 PN 结，可以认为空间电荷区内不存在可移动的电子和空穴。相应地，在空间电荷区内，$n \approx p \approx 0$。实际上，在反偏电压下，空间电荷区内产生电子-空穴对。过剩电子与空穴的复合过程就是重新建立热平衡的过程。由于反偏空间电荷区的电子浓度与空穴浓度为零，复合中心能级产生了电子与空穴，这些电子与空穴试图重新建立热平衡。图 2.33 简要地显示上述的产生过程。电子与空穴一经产生，就被电场扫出空间电荷区，电荷流动方向为反偏电流方向，由空间电荷区电子与空穴的产生所引起的反偏产生电流，便叠加在理想反偏饱和电流之上。

总反偏电流密度为理想反向饱和电流密度与反向产生电流密度的和，即 $J_R = J_s + J_{gen}$。理想反向饱和电流密度 J_s 与反偏电压无关。但是，反向产生电流密度 J_{gen} 却是耗尽区宽度 W 的函数，而 W 是反偏电压的函数，因此，实际的总反偏电流密度就不再与反偏电压无关。反偏 PN 结空间电荷区内的电子、空穴都被电场扫出空间电荷区，因此 $n \approx p \approx 0$。但是，当 PN 结外加正偏电压时，电子与空穴会穿过空间电荷区注入到相应的区域，空间电荷区有过剩载流子。因此电子与空穴在穿越空间电荷区时有可能发生复合，并不成为少子分布的一部分。

利用关于寿命的定义，电子与空穴的复合率（R）为：

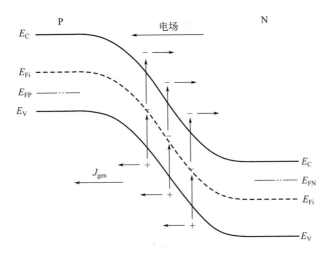

图 2.33 反偏 PN 结的产生过程

$$R = \frac{np - n_i^2}{\tau_{p0}(n + n') + \tau_{n0}(p + p')} \tag{2.37}$$

式中，n 为电子的浓度，cm^{-3}；p 为空穴的浓度，cm^{-3}；n'、p' 分别为电子、空穴的过剩载流子浓度，cm^{-3}；τ_{p0}、τ_{n0} 分别为空穴、电子平衡时的寿命；n_i 为本征载流子浓度，cm^{-3}。

图 2.34 为正偏条件下 PN 结的能带图。图中还显示本征费米能级的位置以及电子与空穴的准费米能级位置。

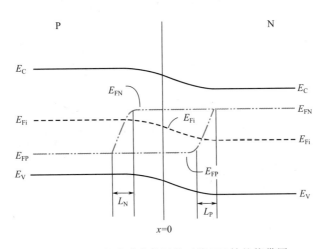

图 2.34 包括准费米能级的正偏 PN 结的能带图

总正偏电流密度为复合电流密度与理想扩散电流密度之和。由于复合作用，P 区要向空间电荷区注入额外的空穴，以建立 N 区的少子空穴浓度分布。图 2.35 显示电中性 N 区内的少子空穴浓度。该少子分布形成 PN 结的理想扩散电流密度，并且它是外加电压与少子空穴扩散长度的函数。注入 N 区的空穴形成上述的少子分布。现在，假设注入空穴在穿越空间电荷区时由于复合作用而损失一部分，那么 P 区就要额外地向 N 区注入空穴，以弥补上述的损失。单位时间内额外注入的载流子的流动形成复合电流。

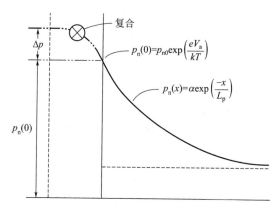

图 2.35 电中性 N 区内的少子空穴浓度

总正偏电流密度 J 为复合电流密度 J_{rec} 与理想扩散电流密度 J_D 之和，即：

$$J = J_{rec} + J_D \qquad (2.38)$$

其中 J_{rec} 及 J_D 表达式如下：

$$\ln J_{rec} = \ln J_{R0} + \frac{eV_a}{2kT} = \ln J_{R0} + \frac{V_a}{2V_t} \qquad (2.39)$$

$$\ln J_D = \ln J_s + \frac{eV_a}{kT} = \ln J_s + \frac{V_a}{V_t} \qquad (2.40)$$

图 2.36 显示以 V_a/V_t 作为变量的对数坐标上的复合电流密度与理想扩散电流密度。由图可知，两条曲线的斜率是不同的。总正偏电流密度如图中的虚线所示。正如前面所述，电流密度较低时，复合电流占主导地位；而当电流密度较高时，理想扩散电流占主导地位。

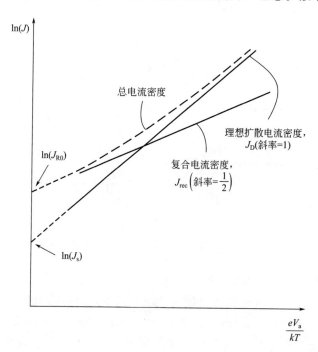

图 2.36 正偏 PN 结的理想扩散电流密度、复合电流密度以及总电流密度

一般来说，二极管的电流-电压关系为：

$$I = I_s \left[\exp\left(\frac{eV_a}{nkT}\right) - 1 \right] \tag{2.41}$$

式中，参数 n 为理想因子。在较大的正偏电压下，$n \approx 1$。在较小的正偏电压下，$n \approx 2$。而在过渡区域内，$1 < n < 2$。

2.3.4 结击穿

对于理想 PN 结而言，反偏电压在 PN 结内会形成一股很小的反偏电流。然而，加在 PN 结上的反偏电压不会无限制增长，在特定的反偏电压下，反偏电流会快速增大，发生上述现象时的电压称为击穿电压。形成反偏 PN 结击穿的物理机制有两种：齐纳效应和雪崩效应。重掺杂的 PN 结由于隧穿效应而在结内发生齐纳击穿，反偏条件下结两侧的导带与价带离得非常近，以至于电子可以由 P 区的价带直接隧穿到 N 区的导带。图 2.37(a) 显示上述齐纳击穿的物理机制。当电子或空穴穿越空间电荷区时，由于电场的作用，它们的能量会增加。当它们的能量大到一定程度并与耗尽区原子内的电子发生碰撞时，便会产生新的电子-空穴对。新的电子与空穴又会撞击其他原子内的电子，于是就发生雪崩效应。此时的击穿称为雪崩击穿。图 2.37(b) 显示雪崩效应发生过程。雪崩倍增效应发生时，在电场的作用下，新产生的电子与空穴会朝着相反的方向运动，于是新的电流成分形成，此时空间电荷区内的电子电流及空穴电流成分如图 2.38 所示。新电流成分叠加在现有的反向电流之上。对于大多数 PN 结而言，占主导地位的击穿机制是雪崩效应。

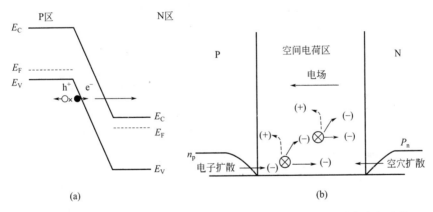

图 2.37 反偏 PN 结的齐纳击穿的物理机制（a）和反偏 PN 结的雪崩击穿过程（b）

若将 V_R 定义为击穿电压 V_B，则最大电场 E_{max} 相应地就应该是临界电场 E_{crit}。击穿电压可表示为：

$$V_B = \frac{\varepsilon_s E_{crit}^2}{2eN_B} \tag{2.42}$$

式中，N_B 为单边结中轻掺杂一侧的掺杂浓度。图 2.39 显示临界电场是掺杂浓度的函数。

前面讨论的是均匀掺杂的平面结。线性缓变结的击穿电压会下降。图 2.40 表示的是均匀掺杂结及线性缓变结的击穿电压随掺杂浓度变化的曲线，随着掺杂浓度的增加，其击穿电压均有降低趋势。假如把扩散结表面的曲率同样考虑进来，则击穿电压的值会进一步下降。

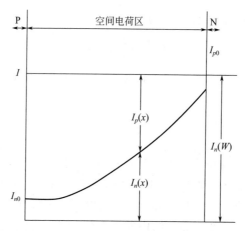

图 2.38 雪崩倍增效应发生时，空间电荷区内的电子电流及空穴电流成分

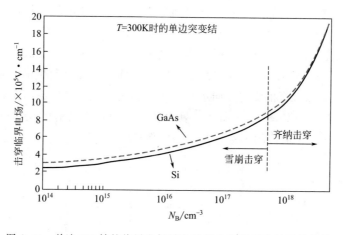

图 2.39 单边 PN 结的临界电场随杂质掺杂浓度变化的函数曲线

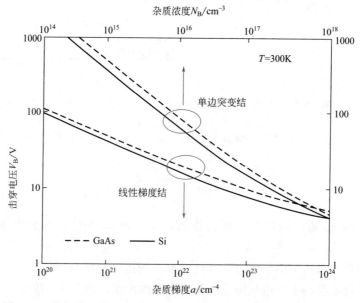

图 2.40 均匀掺杂结及线性缓变结的击穿电压随掺杂浓度变化的曲线

为了使二极管快速地关断，需要有较大的反偏电流 I_R 以及较短的少子寿命。因此，在进行二极管电路设计时，需要给瞬态反偏电流脉冲一个泄放路径，以使 PN 结二极管的开关速度较快。

2.4 肖特基二极管

肖特基二极管是一种重要的半导体器件。在过去的几十年中，肖特基二极管的研究及应用取得了巨大的进展。肖特基二极管是以德国物理学家沃尔特·肖特基的名字来命名的，又称肖特基势垒二极管或热载频二极管。它有一个低的正向电压降和一个非常快的开关动作。在早期无线行业中金属整流器中使用的猫须探测器，可以被认为是最原始的肖特基二极管。目前肖特基二极管已经延伸到光磁电等更为广泛的领域。

2.4.1 肖特基二极管的基本结构

肖特基二极管也即金属-半导体接触二极管，是将金属须与裸露的半导体表面轻触而形成的。多数情况下，整流接触发生在 N 型半导体中。肖特基二极管是单极器件。对于功率二极管，由于电子的高迁移率，实际中只使用 N 型掺杂硅。此外，SiC 基及 GaAs 基肖特基二极管也有重要的发展。GaAs 基肖特基二极管的基本结构及能带图如图 2.41 所示。常用的终端是场极板、势环或 JTE 结构，有时也通过场极板、势环或 JTE 结构的组合来实现整

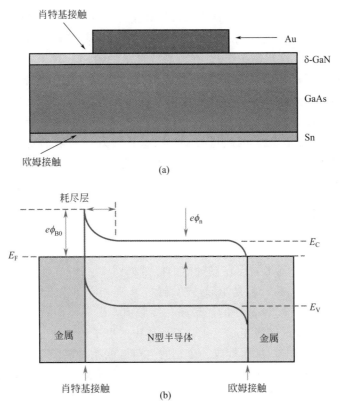

图 2.41　GaAs 基肖特基二极管的基本结构（a）及能带图（b）

流效应。

金属和半导体接触形成的结称为金属-半导体结，这种结形成了肖特基势垒，而不是传统二极管中的半导体-半导体结。典型的金属有钼、铂、铬或钨，以及某些硅化物、钯硅化物和铂硅化物，而半导体通常是 N 型硅。金属侧为阳极，N 型半导体为二极管的阴极，这意味着传统的电流可以从金属端流向半导体端，但不能反向流动。这种肖特基势垒导致了非常快的开关动作和低的正向电压降。

金属和半导体组合的选择决定二极管的正向电压。N 型和 P 型半导体都能形成肖特基势垒。然而，P 型通常具有更低的正向电压。由于反向漏电流随着正向电压的降低而急剧增大，所以正向电压越低越好，通常使用的范围在 $0.5 \sim 0.7V$。在 CMOS 工艺中，钛硅化物和其他难熔硅化物能够承受源极/漏极退火工艺时的温度，但它们的正向电压通常过低，因此这些硅化物通常不能生产出高质量的肖特基二极管。

随着半导体掺杂的增加，耗尽区宽度减小。在一定宽度以下，载流子可以通过耗尽区隧道。在掺杂水平非常高的情况下，结不再作为整流器，而成为欧姆接触。这可以用于同时形成欧姆触点和二极管，因为在硅化物和轻掺杂 N 型区域之间会形成二极管，在硅化物和重掺杂 N 或 P 型区域之间会形成欧姆触点。轻掺杂的 P 型区域存在一个问题：因为产生的触点对于一个好的欧姆触点来说电阻太高，但是对于一个好的二极管来说正向电压太低，反向泄漏太高。由于肖特基触点的边缘相当锋利，它们周围会出现高电场梯度，这就限制了反向击穿的电压阈值。人们采用各种技术策略，从保护环到金属化重叠，以分散场梯度，保证较高的反向击穿电压阈值。保护环需要消耗宝贵的模面积，主要用于较大的高压二极管，而金属化重叠主要用于较小的低压二极管。

肖特基二极管是肖特基晶体管中常用的抗饱和箝位器件。由于其正向电压较低（必须低于集电极结的正向电压），由钯硅化物（PdSi）制成的肖特基二极管表现优异。肖特基温度系数低于 B-C 结的系数，这限制了 PdSi 在较高温度下的使用。对于功率肖特基二极管，埋设 $n+$ 层和外延 N 型层的寄生电阻变得非常重要。外延层的电阻比晶体管的电阻更重要，因为电流必须穿过它的整个厚度。然而，功率二极管 PN 结作为整个区域分布压载电阻的结，在通常情况下，需要防止局部热失控。与功率 PN 二极管相比，肖特基二极管不那么坚固。该结与热敏金属直接接触，因此肖特基二极管在失效前耗散的功率要小于等效尺寸的 PN 结二极管对应的深埋结。肖特基二极管正向电压较低的相对优势会在较高的正向电流下减弱，此时电压降受串联电阻控制。

2.4.2 肖特基势垒

2.4.2.1 基本特征

一种特定的金属与 N 型半导体在接触前的能带如图 2.42(a) 所示。真空能级作为参考能级，参数 ϕ_m 是金属功函数，ϕ_s 是半导体功函数，χ 是电子亲和能。图 2.42(b) 显示理想的金属与 N 型半导体结（$\phi_m > \phi_s$）的能带图。接触前，半导体的费米能级高于金属的费米能级，热平衡时为了使费米能级连续变化，半导体中的电子流向比它能级低的金属中，带正电荷的空穴仍留在半导体中，从而形成一个空间电荷区或耗尽层。

参数 ϕ_{B0} 是半导体接触的理想势垒高度，金属中的电子向半导体中移动形成势垒。该势垒就是肖特基势垒，由下式给出：

$$\phi_{B0} = (\phi_m - \chi) \tag{2.43}$$

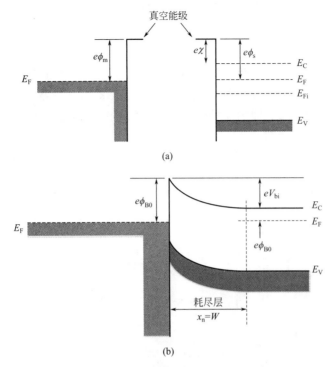

真空能级

(a)

耗尽层

$x_n = W$

(b)

图 2.42 接触前的金属-半导体能带图（a）和理想的金属与 N 型
半导体结（$\phi_m > \phi_s$）的能带图（b）

在半导体一侧，V_{bi} 是内建电势差。这个势垒
类似于 PN 结势垒，从导带中的电子来看，此势
垒是由导带中的电子运动到金属中形成的势垒。
内建电势差表示为：

$$V_{bi} = \phi_{B0} - \phi_n \qquad (2.44)$$

它使得 V_{bi} 是半导体掺杂浓度的函数，类似
于 PN 结中的情况。

如果在半导体与金属间加一个反向电压，半
导体-金属势垒高度增大，而理想情况下 ϕ_{B0} 保持
不变，这种情况就是反偏，如图 2.43（a）所示，
图中 V_R 表示反偏电压值。如果在金属与半导体
间加一个正电压，半导体-金属势垒高度会减小，
而 ϕ_{B0} 依然保持不变。由于内建电势差的减小，
电子很容易从半导体流向金属，这种情况就是正
偏，如图 2.43（b）所示，其中 V_a 表示正偏电
压值。

施加电压后的金属-半导体结的能带图与 PN
结的非常类似。肖特基势垒二极管中的电流主要
取决于多数载流子电子的流动。正偏时，半导体
中电子形成的势垒减小，因此作为多子的电子更

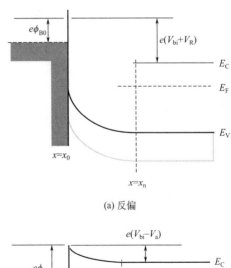

(a) 反偏

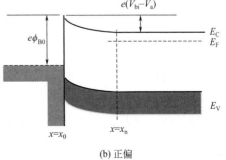

(b) 正偏

图 2.43 有偏压时理想金属-半导体结的能带图

容易从半导体流向金属。正偏电流的方向是从金属流向半导体，电流是正偏电压 V_a 的指数函数。

2.4.2.2 影响因素

有些因素会使实际的肖特基势垒高度偏离其理论值。第一种因素是肖特基效应，即势垒的镜像力降低效应。在电介质中距离金属 x 处的电子能够形成电场，电场线与金属表面必须垂直，与一个置于距金属表面同样距离（在金属内部）的假想正电荷（+e）形成的电场线相同，这种假想的影响如图 2.44(a) 所示、对电子的作用力取决于假想电荷的库仑引力（$F = -eE$）。

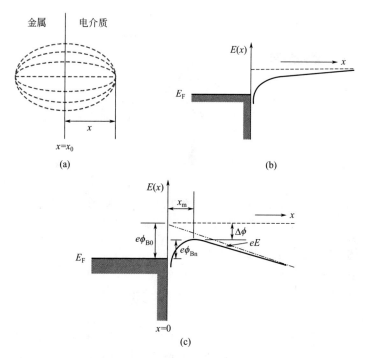

图 2.44　金属-电介质表面想象的电场线（a）和零电场时的电势能曲线（b）
及恒定电场时的电势能曲线（c）

电势的表达式为：

$$-\phi(x) = \frac{-e}{16\pi\varepsilon_s x} \tag{2.45}$$

图 2.44(b) 是假设不存在其他电场时的电势能曲线。当电介质中存在电场时，电势表达式修正为：

$$-\phi(x) = \frac{-e}{16\pi\varepsilon_s x} - Ex \tag{2.46}$$

在恒定电场影响下，电子的电势能曲线如图 2.44(c) 所示。势垒的峰值减小了，这种势垒减小的现象就是肖特基效应。

肖特基势垒减小 $\Delta\phi$，电子的电势能为 $-e\phi(x)$；最大势垒对应的 x_m，可由下式求得：

$$\frac{\mathrm{d}[e\phi(x)]}{\mathrm{d}x} = 0 \tag{2.47}$$

得出：

$$x_m = \sqrt{\frac{e}{16\pi\varepsilon_s E}} \tag{2.48}$$

而：

$$\Delta\phi = \sqrt{\frac{eE}{4\pi\varepsilon_s}} \tag{2.49}$$

GaAs 和 Si 的肖特基二极管的势垒高度与金属功函数的关系如图 2.45 所示。它们之间呈线性变化。金属-半导体结的势垒高度由金属功函数以及半导体表面和接触面的状态共同决定。

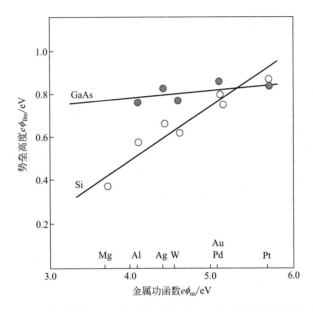

图 2.45　GaAs 和 Si 的肖特基二极管的势垒高度与金属功函数之间的关系（实验值）

在热平衡状态下，金属与 N 型硅接触的能带图及表面态如图 2.46 所示。假定在金属与半导体之间存在一条窄的绝缘层，这一层能够形成电势差，但是电子在金属与半导体之间可

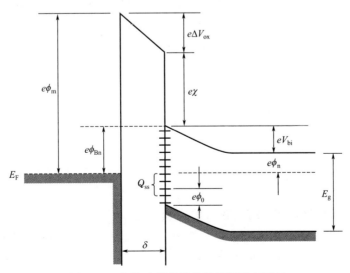

图 2.46　金属-半导体结的能带图及表面态

以自由流动。在金属与半导体的接触表面，半导体也呈现出表面态分布。假定在表面势 ϕ_0 以下的状态都是施主态，如果表面出现电子，则其将被中和；如果没有电子，则其呈现正电性。又假定 ϕ_0 以上的状态都是受主态，如果没有电子，则其将被中和；如果有电子，则其呈现负电性。

在 ϕ_0 以上 E_F 以下的一些受主状态能够吸收电子呈现负电性，如图 2.46 所示。假定表面态密度是一个常数并且等于 D_{it} 态，则表面势、表面态密度以及其他半导体参数的关系如下：

$$(E_g - e\phi_0 - e\phi_{Bn}) = \frac{1}{eD_{it}}\sqrt{2e\varepsilon_s N_d(\phi_{Bn} - \phi_n)} - \frac{\varepsilon_i}{eD_{it}\delta}[\phi_m - (\chi + \phi_{Bn})] \qquad (2.50)$$

上式可出现两种极限情况：

① 使 $D_{it} \to \infty$。在这种情况下，式（2.50）右边为零，则有

$$\phi_{Bn} = \frac{1}{e}(E_g - e\phi_0) \qquad (2.51)$$

势垒高度由禁带宽度和 ϕ_0 决定，与金属功函数和半导体电子亲和能无关。费米能级被固定在表面，此时表面势为 ϕ_0。

② 使 $D_{it}\delta \to 0$。式（2.50）变为 $\phi_{Bn} = (\phi_m - \chi)$，即原始的理想表达式。

在半导体中，由于势垒降低的影响，肖特基势垒高度是电场强度的函数。同时势垒高度也是表面态的函数，由此，理论势垒高度值得以修正。由于表面态密度无法预知，所以势垒高度是一个经验值。

2.4.2.3 电流-电压关系

金属-半导体结中的电流输运机构不同于 PN 结中少数载流子决定电流的情况，而是主要取决于多数载流子。N 型半导体整流接触的基本过程是电子运动通过势垒，这种现象可以通过热电子发射理论来解释。热电子发射现象源于势垒高度远大于 kT 这一假定，在这个假定下，可以近似应用麦克斯韦-玻尔兹曼理论，即在这一过程中热平衡不会受影响。图 2.47 显示加正偏电压 V_a 时的一维空间势垒和两种电子电流密度能带图。$J_{s \to m}$ 是电子从半导体扩散到金属中的电流密度，$J_{m \to s}$ 是电子从金属扩散到半导体中的电流密度。电流密度符号的下标指出了电子流动的方向。常规电流的方向与电子电流的方向刚好相反。

势垒高度的变化 $\Delta\phi$ 随着电场强度以及反偏电压的增大而增大，图 2.48 所示为肖特基势垒二极管加反偏电压时的典型 I-V 曲线，反向电流随着反偏电压的增加而增大是由于势垒降低的影响。该图也可以用于表示肖特基势垒二极管击穿特性。

由 W-Si 和 W-GaAs 的正偏电流密度 J_F 和 V_a 的关系图 2.49 可见，钨-硅二极管和钨-砷化镓二极管的反向饱和电流密度相差两个数量级，这两个数量级的差别将在有效理查德森常数（A^*）中反映出来（假定两个二极管中的势垒高度相同）。有效理查德森常数的定义包含有效电子质量，硅和砷化镓的有效电子质量是明显不同的。事实上，在理查德森表达式中，有效电子质量是热电子发射理论中应用有效状态密度函数的直接结果。最后的结果是，硅和砷化镓中的 A^* 和 J_{sT} 的值有明显的不同。

2.4.2.4 肖特基二极管与 PN 结二极管的比较

尽管理想肖特基二极管的电流-电压关系形式上与 PN 结二极管的相同，但是肖特基二极管与 PN 结二极管之间有两点重要的区别：第一是反向饱和电流密度的数量级，第二是开关特性。

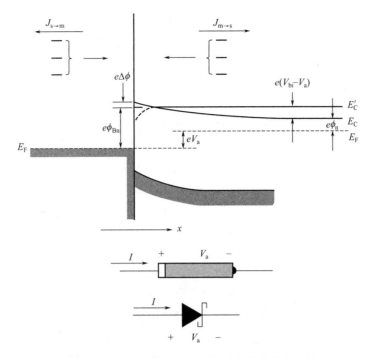

图 2.47 施加正偏电压的金属-半导体结的能带图

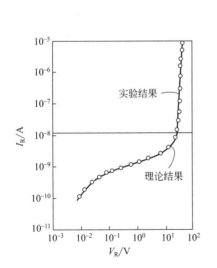

图 2.48 PtSi-Si 二极管的反偏电流的理论值和实验值的曲线

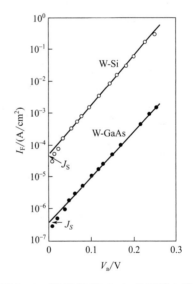

图 2.49 W-Si 和 W-GaAs 的正偏电流密度 J_F 和 V_a 的关系

肖特基势垒二极管的反向饱和电流密度：

$$J_{sT} = A^* T^2 \exp\left(\frac{-e\phi_{Bn}}{kT}\right) \tag{2.52}$$

式中，A^* 为热电子发射过程的有效理查德森常数，$A^* = \dfrac{4\pi e m_n^* k^2}{h^3}$，（$e$ 为电子电荷；k 为玻耳兹曼常数；m_n^* 为有效质量；h 为普朗克常数）单位为 A/(cm² · k²)；T 为热力学温度；k 为玻耳兹曼常数；e 为电子电荷；ϕ_{Bn} 通常即为理想情况下的肖特基势垒高度 ϕ_{B0}。

理想 PN 结二极管的反向饱和电流密度表示如下：

$$J_s = \frac{eD_n n_{po}}{L_n} + \frac{eD_p P_{no}}{kT} \tag{2.53}$$

式中，P_{no} 表示 N 型区的空穴浓度；n_{po} 表示 P 型区的电子浓度；L_n 为少数载流子电子的扩散长度；D_p 与 D_n 分别表示对应区域的扩散系数，单位为 cm^2/s。

两个公式的形式有很大区别，两种器件的电流输运机构是不同的。PN 结中的电流是由少数载流子的扩散运动决定的，而肖特基势垒二极管中的电流是由多数载流子通过热电子发射跃过内建电势差而形成的。

已知硅 PN 结二极管中的反偏电流由产生电流支配。典型的产生电流密度约为 10^{-7} A/cm^2

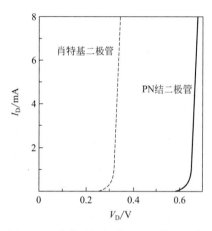

图 2.50　肖特基二极管和 PN 结二极管的正偏 I-V 特性曲线比较

时，比肖特基势垒二极管的反向饱和电流密度小 2～3 个数量级，如图 2.50 所示。产生电流同样存在于反偏肖特基势垒二极管中；总之，产生的电流相对于 J_{sT} 值来说可以忽略不计。

开启电压不同的主要原因是，金属-半导体接触与 PN 结中的掺杂具有不同的势垒高度函数，但还存在着其他主要的不同。肖特基势垒二极管和 PN 结二极管的第二个主要不同点在于频率响应，即开关特性。肖特基二极管中的电流主要取决于多数载流子通过内建电势的发射电流。图 2.42 的能带图表明，金属中的电子能够直接进入邻近半导体中的空位，如果电子从半导体价带流入金属，这种结果相当于空穴被注入到半导体中，这种空穴的注入会在 N 型区域中产生过多的

少数载流子空穴。然而，计算和测量的结果表明，大多数情况下少子空穴电流占总电流的比率相当小。

肖特基势垒二极管是一个多子导电器件，这表明肖特基二极管加正偏电压时不会随之产生扩散电容，不存在扩散电容的肖特基二极管相对于 PN 结二极管来说，是一个高频器件。当肖特基二极管从正偏转向反偏时，也不存在 PN 结二极管中发生的少数载流子的存储效应。由于不存在少数载流子存储时间，肖特基二极管可以用于快速开关器件，通常肖特基二极管的开关时间在皮秒数量级，而 PN 结二极管的开关时间通常在纳秒数量级。

2.4.3　金属-半导体的欧姆接触

任何半导体器件或是集成电路都要与外界接触，其通过欧姆接触实现。欧姆接触即金属与半导体接触，不是整流接触。欧姆接触是接触电阻很低的结，且在金属和半导体两边都能形成电流的接触。理想情况下，通过欧姆接触形成的电流是电压的线性函数，且电压要很低。有两种常见的欧姆接触：第一种是非整流接触，另一种是利用隧穿效应原理在半导体上制造的欧姆接触。

2.4.3.1　理想非整流接触势垒

图 2.42 考虑了在 $\phi_m > \phi_s$ 情况下金属与 N 型半导体接触的理想情况。图 2.51 是同样的理想接触，但是在 $\phi_m < \phi_s$ 的情况下，图 2.51(a) 是接触前的能带图，图 2.51(b) 是热平衡

后的能带。为了达到热平衡，电子从金属流到能量状态较低的半导体中，这使得半导体表面更加趋近于 N 型化。存在于 N 型半导体表面的过量电子电荷会形成表面电荷密度。如果在金属表面加正电压，就不存在使电子从半导体流向金属的势垒。如果在半导体表面加正电压，使电子从金属流向半导体的有效势垒高度将近似为 $\phi_{Bn} = \phi_n$，这对于重掺杂的半导体来说作用甚微。在这种偏压下，电子很容易从金属流向半导体。

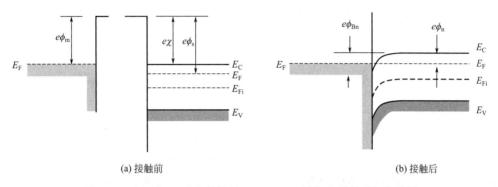

(a) 接触前   (b) 接触后

图 2.51 金属与 N 型半导体结（$\phi_m < \phi_s$）欧姆接触的理想能带图

图 2.52（a）是在金属与半导体间加一正电压时的能带图，电子很容易向低电势方向流动，即从半导体流向金属。图 2.52（b）是在半导体与金属间加一正电压时的能带图，电子很容易穿过势垒从金属流向半导体。这种金属与半导体形成的结就是欧姆结，它们的非整流接触为欧姆接触。

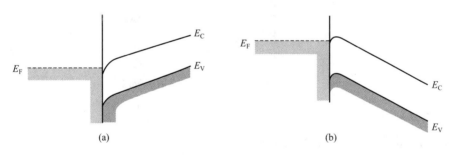

(a)   (b)

图 2.52 金属与半导体形成的欧姆接触能带图

图 2.53 是金属与 P 型半导体欧姆接触的理想情况。图 2.53（a）是在 $\phi_m > \phi_s$ 情况下接触前的能级图。接触形成以后，电子从半导体流向金属实现热电子发射，在半导体中留下很多空状态，即空穴。表面过量的空穴堆积使得半导体 P 型程度更深，电子很容易从金属流向半导体中的空状态，这种电荷的转移相当于空穴从半导体流进金属中。还可以想象空穴从金属流向半导体的情形，这种结也是欧姆接触。

图 2.51 和图 2.53 中的理想能带图未考虑表面态的影响，假定半导体带隙的上半部分存在受主表面态，那么所有的受主态都位于 E_F 之下，如图 2.51（b）所示，这些表面态带负电荷，将使能带图发生变化。如果假定半导体带隙的下半部分存在施主表面态，则正如图 2.53（b）所示，所有的施主状态都带正电荷，带有正电荷的表面态也将改变能带图。因此，对于 $\phi_m < \phi_s$ 的金属与 N 型半导体接触和 $\phi_m > \phi_s$ 的金属与 P 型半导体接触，其无法形成良好的欧姆接触。

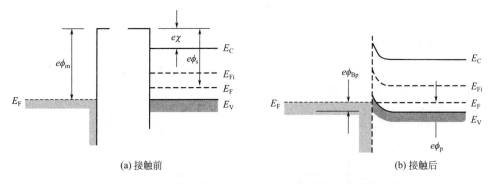

图 2.53　金属与 P 型半导体结（$\phi_m > \phi_s$）欧姆接触的理想能带图

2.4.3.2　隧穿效应

金属-半导体接触的空间电荷区宽度与半导体掺杂浓度的平方根成反比，耗尽层宽度随着半导体掺杂浓度的增加而减小；因此，随着掺杂浓度的增加，隧穿效应会增强。图 2.54 为金属与重掺杂外延层接触结的能带图。隧道电流随着掺杂浓度的增加而呈指数增大。

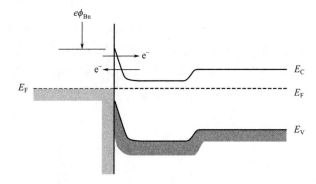

图 2.54　金属与重掺杂半导体结的能带图

2.4.3.3　比接触电阻

欧姆接触的优值因子为比接触电阻 R_e。这个参数的定义是在零偏压时电流密度对电压求偏导的倒数，即：

$$R_e = \left(\frac{\partial J}{\partial V} \right)^{-1} \bigg|_{V=0} \quad (\Omega \cdot \mathrm{cm}^2) \qquad (2.54)$$

欧姆接触的 R_e 愈小愈好。

对于由较低半导体掺杂浓度形成的整流接触来说，结中的热发射电流起主要作用。这种情况下的单位接触电阻随着势垒高度的下降迅速减小。对于具有高掺杂浓度的金属-半导体结来说，隧穿效应起主要作用。单位接触电阻为：

$$R_C \propto \exp \left[\frac{+2\sqrt{\varepsilon_s m_n^*}}{h} \cdot \frac{\phi_{Bn}}{\sqrt{N_d}} \right] \qquad (2.55)$$

式中，ϕ_{Bn} 为肖特基势垒高度；N_d 为施主杂质的浓度；ε_s 为半导体介电常数；m_n^* 为有效质量；h 为普朗克常数。

表明单位接触电阻是强烈依赖于半导体掺杂浓度的函数。

图 2.55 是 R_C 随半导体掺杂浓度变化的一系列理论值。当掺杂浓度约大于 $10^{19}\,\mathrm{cm}^{-3}$ 时，隧穿效应占主导地位，R_C 随 N_d 呈指数规律变化；当掺杂浓度较低时，R_C 值由势垒高度决定，与掺杂浓度基本无关。图中还绘出了硅化铂-硅结与铝-硅结的实验数值。式（2.55）是隧道结的单位接触电阻，它和图 2.54 中的金属与 N^+ 型半导体接触的情况相符。同样，由于伴随着 $\mathrm{N}^+\mathrm{N}$ 结存在一个势垒，所以 $\mathrm{N}^+\mathrm{N}$ 结也存在单位接触电阻。对于 N 区适度轻掺杂，这个单位接触电阻将决定结的总阻值的大小。

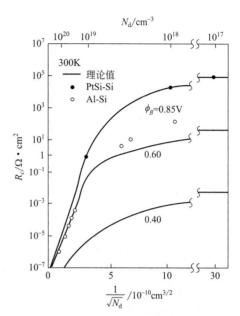

图 2.55　接触电阻随掺杂
浓度变化的理论值曲线

形成欧姆接触在理论上很简单。实际形成一个良好的欧姆接触，需要生成一个低势垒，并且在半导体表面重掺杂。然而，局限于实际的制造工艺水平，欧姆接触在实际生产中的实现没有理论上那样容易，在能带较宽的金属上实现良好的欧姆接触将更加困难。通常，在这些金属上难以形成低势垒，所以表面重掺杂的半导体必须利用隧穿效应的原理形成欧姆接触。隧道结的形成要通过扩散、离子注入或者生长一层外延层实现，半导体表面的掺杂浓度受限于杂质的固溶度，对于 N 型 GaAs 来说，杂质固溶度约为 $5\times 10^{19}\,\mathrm{cm}^{-3}$。表面掺杂浓度的不均匀也会使欧姆单位接触电阻难以达到理论值。实际形成良好的欧姆接触之前，仍需大量的实践经验。

2.5　双极晶体管

双极晶体管是一种电压控制的电流源，有三个掺杂不同的扩散区和两个 PN 结，包含电子和空穴两种极性不同的载流子运动。通过和其他电子器件相互连接，实现放大电流、放大电压和放大功率的目的。因此，晶体管称为有源器件，而二极管称为无源器件。晶体管的基本工作原理是在器件的两个端点之间施加电压，从而控制第三端的电流。

2.5.1　工作原理

NPN 型双极晶体管和 PNP 型双极晶体管的基本结构以及它们的电路符号如图 2.56 所示。三个端子分别称为发射极、基极和集电极。相对于少子扩散长度，基区的宽度很小。（＋＋）号和（＋）号表示通常情况下双极晶体管三个区掺杂浓度的相对大小，（＋＋）号表示非常重的掺杂，而（＋）号表示中等程度的掺杂。发射区掺杂浓度最高，集电区掺杂浓度最低。采用这种相对杂质浓度以及窄基区的原因，将会随着推导双极晶体管的理论而变得明晰起来，PN 结的结论将直接应用于双极晶体管的研究。

图 2.57(a) 显示了在集成电路工艺中制造的 NPN 型双极晶体管的截面图，图 2.57(b) 显示了用更为先进技术制造的 NPN 型双极晶体管的截面图。显然，双极晶体管的实际结构

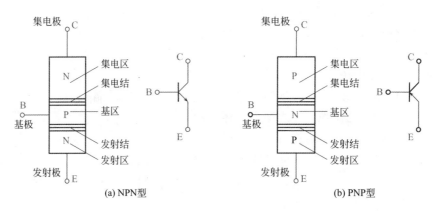

图 2.56　NPN 型和 PNP 型双极晶体管的基本结构及电路符号

更为复杂。原因之一是各端点引线要做在表面上；为了降低半导体的电阻，必须有重掺杂的 N^+ 型掩埋层。另一个原因是在一片半导体材料上要制造很多双极晶体管，晶体管彼此之间必须隔离起来，因为并不是所有的集电极都在同一个电位上。添加 P^+ 区形成反偏的 PN 结，可将器件隔离开来，使用大的氧化物区也可以实现隔离。需要注意的一点是，双极晶体管不是对称的器件。虽然晶体管可以有两个 N 型掺杂区或两个 P 型掺杂区，发射区和集电区的掺杂浓度是不一样的，而且这些区域的几何形状可能有很大的不同。

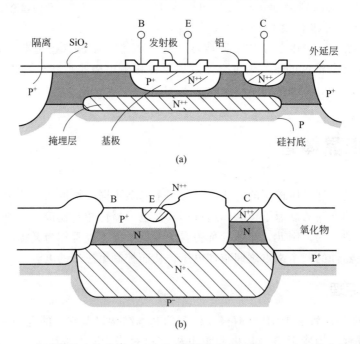

图 2.57　集成电路中的常规 NPN 型双极晶体管截面图（a）和氧化物隔离的
NPN 型双极晶体管截面图（b）

NPN 型和 PNP 型晶体管是互补的器件。以 NPN 型晶体管来推导双极晶体管的理论，但其基本原理和方程式也适用于 PNP 型器件。图 2.58 表示的是在所有区都均匀掺杂的情况下，NPN 型双极晶体管中理想化的杂质浓度分布，图中发射区、基区和集电区的典型掺杂浓度分别是 $10^{19}\,\mathrm{cm}^{-3}$、$10^{17}\,\mathrm{cm}^{-3}$ 和 $10^{15}\,\mathrm{cm}^{-3}$。

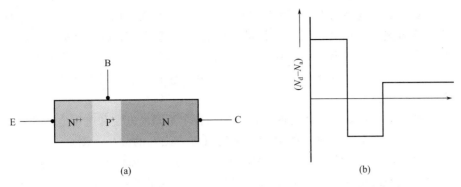

图 2.58 均匀掺杂的 NPN 型双极晶体管的理想化掺杂浓度分布图

如图 2.59(a) 所示，在通常情况下，B-E 结是正偏的，B-C 结是反偏的。这种情况称为正向有源模式：由于发射结正偏，电子就从发射区越过发射结注入到基区。B-C 结反偏，所以在 B-C 结边界，理想情况下少子电子的浓度为零。可以想象到，基区中的电子浓度分布如图 2.59(b) 所示。电子浓度梯度表明从发射区注入的电子会越过基区扩散到 B-C 结的空

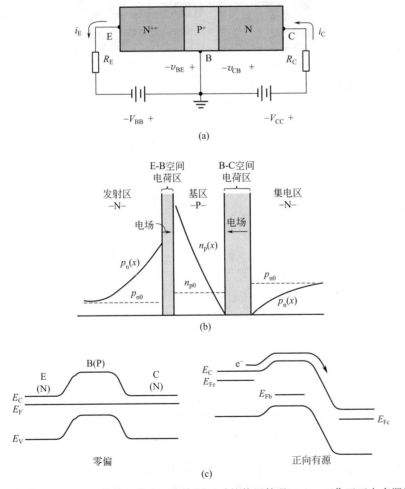

图 2.59 NPN 型双极晶体管工作在正向有源区时的偏置情况（a）、工作于正向有源区时
NPN 型双极晶体管中少子的分布（b）和在零偏和在正向有源区时
NPN 型双极晶体管的能带图（c）

间电荷区中，那里的电场会把电子扫到集电区中。希望尽可能多的电子能到达集电区而不和基区中的多子空穴复合。因此，同少子扩散长度相比，基区宽度必须很小。若基区宽度很小，那么少子电子的浓度是 B-E 结电压和 B-C 结电压的函数。这两个结距离很近，称为互作用的 PN 结。图 2.60(a) 显示在 NPN 型晶体管中，电子从 N 型发射区注入和电子在集电区中被收集的截面图。

做一个简化的分析后，对晶体管的工作原理及各个不同的电流和电压之间的关系有一个基本的了解，之后将对双极晶体管的物理机制进行更为细致的分析。图 2.60(b) 表示偏置于正向有源模式下的 NPN 型双极晶体管中的少子浓度分布。理想情况下，基区中少子电子的浓度是基区宽度的线性函数，这表明没有复合发生。电子扩散过基区，然后被 B-C 结空间电荷区的电场扫入集电区。

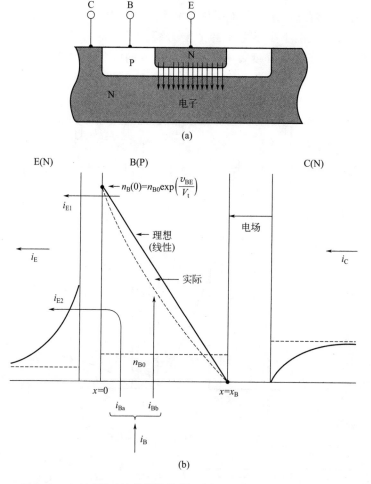

图 2.60 NPN 型双极晶体管的截面图（a）和正偏 NPN 型双极
晶体管中的少子分布和极电流（b）

集电极电流：假定在基区中，电子为理想化的线性分布，电子的扩散沿 $+x$ 方向，因此习惯上电流沿 $-x$ 方向。仅考虑大小，集电极电流可以以扩散电流的形式写出：

$$i_C = I_S \exp\left(\frac{v_{BE}}{V_t}\right) \tag{2.56}$$

式中，V_t 是热电压。

集电极电流由基极和发射极之间的电压控制；也就是说，器件一端的电流由加到另外两端的电压控制。这就是晶体管的基本工作原理。

发射极电流如图 2.60(b) 所示，发射极电流的一个成分 i_{E1}，是由从发射区注入到基区的电子电流形成的。因为 B-E 结是正偏的，基区中的多子空穴越过 B-E 结注入到发射区。这些注入的空穴形成 PN 结电流，这只是 B-E 结电流 i_{E2}，所以发射极电流中的该成分不是集电极电流的组成部分。由于 i_{E2} 是正偏 PN 结电流。总发射极电流是这两个组分之和，可写成：

$$i_E = i_{E1} + i_{E2} = i_C + i_{E2} = I_{SE} \exp\left(\frac{v_{BE}}{V_t}\right) \tag{2.57}$$

因为在式(2.57) 中所有的电流成分都是 (v_{BE}/V_t) 的函数，所以集电极电流与发射极电流之比是一个常数。若称 α 为共基极电流增益，则有 $\alpha = i_C/i_E$。由式(2.57) 可看出，$i_C < i_E$ 或是 $\alpha < 1$。由于 i_{E2} 不是晶体管基本工作原理所需要的电流，所以希望这个电流成分越小越好，从而共基极电流增益可以尽可能地接近 1。

由图 2.59(a) 和式(2.57) 可知，发射极电流是 B-E 极电压的指数函数，而集电极电流 $i_C = \alpha i_E$。首先做一个近似，只要 B-C 结是反偏的，集电极电流就与 B-C 电压无关。因而可以粗略地画出共基极特性，如图 2.61 所示。双极晶体管就如同一个恒流源。

图 2.61 理想化双极晶体管的共基极电流-电压特性

基极电流如图 2.60(b) 所示，因为发射极电流成分 i_{E2} 是 B-E 结电流，所以它也是基极电流的一个成分，记做 i_{Ba}。该电流正比于 $\exp(v_{BE}/V_t)$。基极电流还有第二个成分。前面考虑的是理想情况，此时在基区中没有少子电子与多子空穴的复合。然而，实际上会有一些复合。既然多子空穴在基区中消失了，所以必须有一股正电荷流入基极作为补给，这些电荷在图 2.60(b) 中表示为电流 i_{Bb}。基区中单位时间内复合的空穴数直接依赖于基区中少子电子的数量。于是，电流 i_{Bb} 也正比于 $\exp(v_{BE}/V_t)$。总的基极电流是 i_{Ba} 与 i_{Bb} 之和，正比于 $\exp(v_{BE}/V_t)$。

由于二者均正比于 $\exp(v_{BE}/V_t)$，因此集电极电流与基极电流之比是常数。可以写为：

$$\beta = i_C/i_B \tag{2.58}$$

此处 β 称为共发射极电流增益。通常，基极电流相对较小，所以，共发射极电流增益远大于 1，数量级为 100 或更大。

图 2.62 为共发射极电路中的 NPN 型晶体管。这种组态下，晶体管可以偏置在三种工作模式下。如果 B-E 电压为零或反偏（$V_{BE} \leqslant 0$），那么发射区中的多子电子就不会注入到基

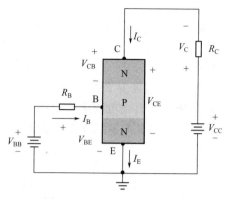

图 2.62 共发射极电路中的
NPN 型双极晶体管

区。由于 B-C 结也是反偏的；于是这种情况下，发射极电流和集电极电流是零。这种情况称为截止状态——所有的电流均为零。

B-E 结变为正偏后，就产生了发射极电流，正如前面所讨论过的，电子注入基区从而产生集电极电流。沿 C-E 环路，基尔霍夫电压（KVL）方程为：

$$V_{CC} = I_C R_C + V_{CB} + V_{BE} = V_C + V_{CE} \quad (2.59)$$

如果 V_{CC} 足够大，而 V_C 足够小，那么 $V_{CB} > 0$，意味着 B-C 结反偏。这种状态就是工作在正向有源区。随着 B-E 结电压的增大，集电极电流会增大，从而 V_C 也会增大。V_C 的增大意味着反偏的 C-B 电压降低，于是 $|V_{CB}|$ 减小。在某一点处，集电极电流会增大到足够大，而使得 V_C 和 V_{CC} 的组合在 B-C 结零偏。过了这一点，集电极电流 I_C 的微小增加会导致 V_C 的微小增加，从而使得 B-C 结变为正偏（$V_{CB} < 0$），这种情况称为饱和。工作于饱和模式时，B-E 结和 B-C 结都是正偏的，并且集电极电流不再受控于 B-E 结电压。

图 2.63 显示晶体管以共发射极组态连接、基极电流为定值时，I_C 与 V_{CE} 的关系。在一阶理论中，当 C-E 结电压足够大而使 B-C 结反偏时，集电极电流是一个定值。C-E 结电压较小时，B-C 结电压变为正偏。

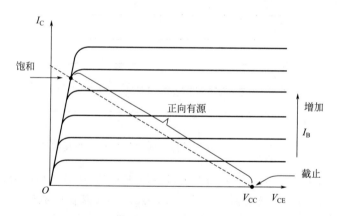

图 2.63　双极晶体管共发射极的电流-电压特性

对 C-E 环路，基尔霍夫电压方程为：

$$V_{CC} - I_C R_C = V_{CE} \qquad (2.60)$$

由此可见，C-E 结电压和集电极电流之间存在线性关系。这种线性关系称为负载线，如图 2.63 所示。添加到晶体管特性曲线上的负载线，可以用来观察晶体管的偏置状态和工作模式。$I_C = 0$ 时，晶体管处于截止区；当基极电流变化时，集电极电流没有变化，则处于饱和区；当关系式 $I_C = \beta I_B$ 成立时，晶体管处于正向有源区。

双极晶体管有可能有第四种工作状态。称为反向有源工作状态的工作模式，出现在 B-E 结反偏而 B-C 结正偏时。这种情况下晶体管的工作情况是颠倒的。发射极和集电极的角色翻转，前面已经说过，双极晶体管是非对称结构的器件，因此，反向有源特性和正向有源特性是不一样的。图 2.64 显示四种工作模式下结电压情况。

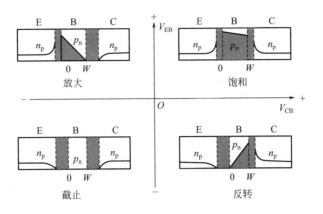

图 2.64 双极晶体管四种工作模式的结电压条件

双极晶体管放大电路。双极晶体管和其他的器件相连，可以实现电压放大和电流放大的目的。图 2.65 为工作于共发射极组态的 NPN 型双极晶体管。直流电压源 V_{BB} 和 V_{CC} 把晶体管偏置在正向有源区。电压源 v_i 代表一个需要放大的时变输入电压。

假定 $v_{\sin}$ 是正弦电压，正弦电压 $v_{\sin}$ 产生一个附加在基极静态电流上的正弦电流。因为 $i_C = \beta i_B$，那么在静态集电极电流上就附加上一个相对较大的集电极电流。时变的集电极电流导致在电阻 R_C 上有随时间变化的电压，根据基尔霍夫电压定律，在双极晶体管的集电极和发射极之间存在一个附加在直流电压之上的正弦电压。在电路中，集电极和发射极部分的正弦电压，要比输入信号电压大，所以

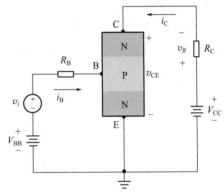

图 2.65 NPN 共发射极 B-E 结中包含时变电压

该电路对时变信号有电压增益。因此，该电路又称为电压放大器。

2.5.2 非理想效应

在前面所有的讨论中，晶体结的均匀掺杂、小注入、发射区和基区宽度恒定、禁带宽度为定值、电流密度为均匀值都在非击穿区的晶体管。如果这些条件中的任何一个偏离了理想情况，那么晶体管特性就会与已知的理想情况下的有所出入。

2.5.2.1 基区宽带调制效应

之前，已经默认中性基区宽度 x_B 为恒定值，但实际上基区宽度是 B-C 结电压的函数，因为随着结电压的变化，B-C 结空间电荷区会扩展进基区。随着 B-C 结反偏电压的增加，B-C 结空间电荷区宽度增加，使得 x_B 减小。中性基区宽度的变化使得集电极电流发生变化，如图 2.66 所示。基区宽度的减小会使得少子浓度梯度增加，这种效应称为基区宽度调制效应（厄尔利效应）。

在图 2.67 所示的电流-电压特性曲线中，可以观察到厄尔利效应。多数情况下，恒定基极电流与恒定的 B-E 结电压是等效的，集电极电流与 B-C 结电压无关，所以曲线斜率为零，

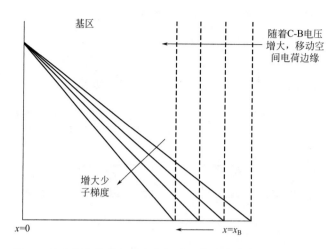

图 2.66　随 B-C 结空间电荷区宽度变化，从区宽度的变化及少子浓度梯度的变化

于是晶体管的输出电导为零。然而，基区宽度调制效应，使曲线斜率和输出电导不为零。如果反向延长集电极电流特性曲线使集电极电流为零，那么曲线与电压轴相交于一点，该点被定义为厄尔利电压。厄尔利电压只考虑其绝对值，它是描述晶体管特性时的一个共有参数。厄尔利电压的典型值在 $100 \sim 300 \mathrm{V}$。

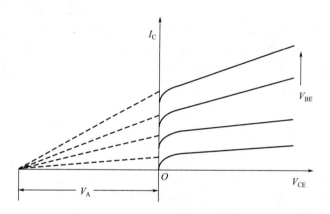

图 2.67　电流-电压特性曲线

由图 2.67 可得：

$$I_C = g_0(V_{CE} + V_A) \tag{2.61}$$

式中，I_C 为集电极电流，mA；V_{CE} 为反向集电结电压，V；V_A 为厄尔利电压，V；g_0 为放大系数。

2.5.2.2　大注入效应

确定少子分布时所用的双极输运方程默认采用小注入。随着 V_{BE} 的增加，注入的少子浓度开始接近，甚至变得比多子浓度还要大。如果假定准电荷中性，那么 P 型基区中在 $x=0$ 处，由于过剩空穴的存在，多子空穴浓度将会增加，如图 2.68 所示。在大注入时，晶体管中发射极注入效率会降低。大注入时，$x=0$ 处的多子空穴浓度增加，而 B-E 结正偏，则会有更多的空穴注入到发射区。注入空穴的增加使 J_{pE} 增加，而 J_{pE} 的增加会降低发射极注入效率。所以大注入时，共发射极电流增益下降。图 2.69 显示一个典型的共发射极电流增益随集电极电流变化的曲线。小电流时增益较小是因为复合系数较小，而大电流时增益下降则是由于大注入效应的影响。

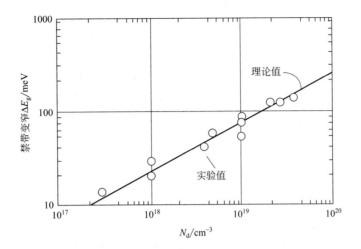

图 2.68　硅中施主浓度与禁带变窄因子的关系

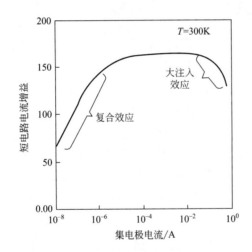

图 2.69　共发射极电流增益随集电极电流变化的曲线

2.5.2.3　发射区禁带变窄

另一个影响发射极注入效率的现象是禁带变窄。由前面的讨论中可知，随着发射区掺杂浓度与基区掺杂浓度比值的增加，发射极注入效率增加并接近于 1。随着硅变得重掺杂，N型发射区中的分立施主能级会分裂为一组能带。随杂质施主原子浓度的增加，施主原子的距离变小。施主能级的分裂是由于施主原子之间的相互作用。随掺杂浓度的持续增加，施主能带变宽、变得倾斜，向导带移动，并最终同它合并在一起。此时，有效禁带宽度减小。图2.68 显示随杂质掺杂浓度的增加，禁带宽度的变化。

禁带宽度的减小，增加了本征载流子浓度 n_{i}^2。发射区中热平衡少子浓度 p_{E0} 可表示为：

$$p_{\mathrm{E0}} = \frac{n_{\mathrm{i}}^2}{N_{\mathrm{E}}} \exp\left(\frac{\Delta E_{\mathrm{g}}}{kT}\right) \qquad (2.62)$$

随着发射区掺杂浓度的增加，禁带变窄因子 ΔE_{g} 将会增加；这实际上会使 p_{E0} 增加。随

p_{E0}的增加，发射极注入效率会减小；这会导致晶体管增益下降，如图 2.69 所示。发射区掺杂浓度很高时，由于禁带变窄效应，电流增益比预期的要小。

2.5.2.4 电流集边效应

通常情况下流过基极的电流比流过集电极或发射极的电流小得多，但基极电流对晶体管的性能起着决定性的作用。图 2.70 为 NPN 型晶体管的截面图，该图给出了基极电流的分布及基区中的横向电压降。基区宽度的典型值小于 $1\mu m$，所以基极电阻相当大。基极电阻导致发射区下面存在横向电势差。对于 PN 型晶体管，电势从发射极边缘向中心减小。发射区是重掺杂的，因此可以近似认为发射区是等电位区。

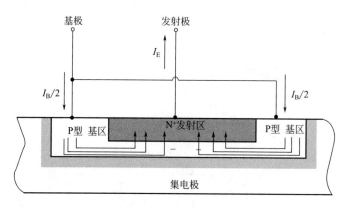

图 2.70　NPN 型双极晶体管的截面图

从发射区中注入到基区中的电子与 B-E 结电压呈指数关系。由于基区中从边缘到中心存在横向电压降，相比于中心会有较多的电子从边缘注入，从而使发射极电流集中在边缘。电流集边效应如图 2.71 所示。发射区边缘处的电流密度较大，这会导致局部过热，同时也会导致局部的大注入效应。发射极电流不均匀会导致发射区下的横向基极电流不均匀。由于基极电流不均匀，所以为计算实际的横向电压降随距离的变化，需要进行二维分析。另一种方法是把该晶体管设想成一组并联的晶体管，将各晶体管的基极电阻等效成一个外部电阻。

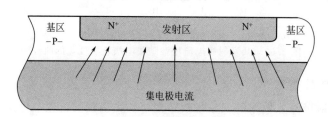

图 2.71　电流集边效应

处理大电流的功率晶体管为了能够承受较大的电流密度，需要很大的发射区面积。为避免电流集边效应，这些晶体管的发射极通常设计得较窄，并做成叉指结构。图 2.72 显示其基本的几何结构。实际运用中，会将许多窄发射极并联起来，以得到所需的发射极面积。

2.5.2.5 击穿电压

在双极晶体管中，有两种击穿机制。第一种称为穿通。随着反偏 B-C 结电压的增加，B-C 空间电荷区宽度扩展进中性基区中。B-C 结耗尽区穿透基区到达 B-E 结，这种现象称为穿通。图 2.73(a) 显示的是热平衡下的能带图，图 2.73(b) 显示的是两种 B-C 结施加反偏电

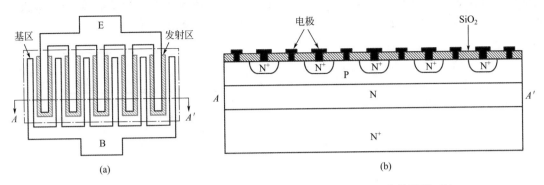

图 2.72 相互交叉的 NPN 型双极晶体管的顶视图（a）和截面图（b）

压 V_R 时的能带图。当 B-C 结电压较小时，B-E 结势垒还未受到影响，于是晶体管的电流几乎还是为零。当反偏电压 V_{R2} 较大时，耗尽区向基区扩展，B-E 结势垒由于 B-C 结电压而降低。B-E 结势垒的降低会使得电流随 B-C 结电压的微小变化有一很大变化，这种现象称为穿通击穿。

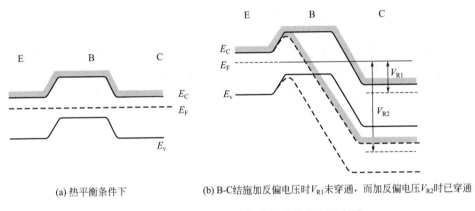

(a) 热平衡条件下　　　(b) B-C结施加反偏电压时V_{R1}未穿通，而加反偏电压V_{R2}时已穿通

图 2.73 NPN 型双极晶体管的禁带宽度示意图

图 2.74 显示计算穿通电压时所用的几何尺寸。假定 N_B 和 N_C 分别是基区和集电区中的均匀掺杂浓度。W_B 为基区（冶金）宽度，x_{dB} 是 B-C 结延伸进基区中的空间电荷区宽度。如果忽略 B-E 结在零偏或是正偏时的空间电荷区宽度，那么 $x_{dB} = W_B$ 时会出现穿通。

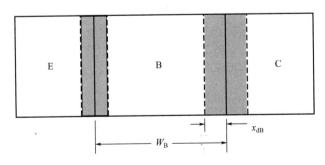

图 2.74 计算穿通电压时所用的双极晶体管的几何尺寸

第二种击穿机制为雪崩击穿，与晶体管的增益有关。图 2.75(a) 是饱和电流为 I_{CBO} 的

开路发射极模式。电流 I_{CBO} 是反偏结电流。图 2.75（b）是饱和电流为 I_{CEO} 的开路基极模式。这种偏置条件会使得 B-C 结反偏。这种偏置模式下晶体管中的电流记为 I_{CEO}。

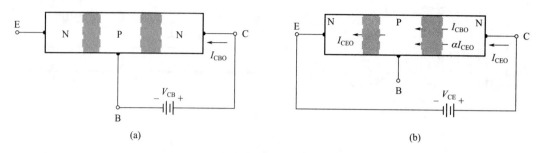

图 2.75　饱和电流为 I_{CBO} 的开路发射极模式（a）和饱和电流为 I_{CEO} 的开路基极模式（b）

图 2.75（b）中的电流 I_{CBO} 是反偏 B-C 结电流。它的一部分是由从集电区流向基区中的空穴形成的。进入基区的空穴流使基区相对于发射区显正电性，从而使 B-E 结正偏。正偏的 B-E 结产生电流 I_{CEO}，从发射区注入到基区中的电子电流是其主要部分。注入的电子越过基区向 B-C 结扩散。这些电子会遇到双极晶体管中所有可能的复合过程，当电子到达 B-C 结时，其电流成分为 αI_{CEO}，其中 α 为共基极电流增益。于是有：

$$I_{CEO} = \alpha I_{CEO} + I_{CBO} \tag{2.63}$$

当晶体管偏置在发射极开路模式时，结击穿时的电流 I_{CBO} 变为 MI_{CBO}，这里 M 是倍增因子。倍增因子 M 可表示为：$M = 1/[1 - (V_{CB}/BV_{CBO})^n]$，其中 n 是经验常数，通常介于 3 与 6 之间，BV_{CBO} 是发射极悬空时的 B-C 结击穿电压。当晶体管偏置在基极悬空、B-C 结击穿时，B-C 结电流倍增，击穿时对应的条件是 $\alpha M = 1$。

基极悬空时，C-E 两端点间的击穿电压 BV_{CEO} 可表示为：

$$BV_{CEO} = BV_{CBO}\sqrt[n]{1-\alpha} \tag{2.64}$$

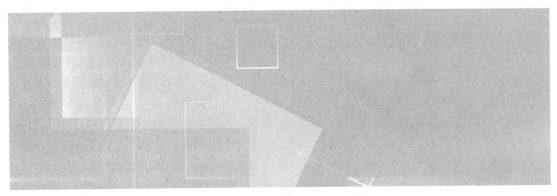

3 力敏器件

本章主要论述材料的机械能与材料的电阻、电压之间的转换效应，包括压电材料及器件、压阻材料及器件两部分内容，其中压电器件主要涉及氧化物压电器件，压阻器件主要涉及金属及半导体材料。

3.1 力敏效应

3.1.1 压电效应

压电效应是由晶体材料中的机械和电子状态之间的线性机电相互作用产生的，没有反转对称性。所以，压电效应是一种机械能与电能相互转换的功能效应。压电效应是可逆过程，表现出正压电效应的材料也可以表现出逆压电效应，内部产生由施加电场引起的机械应变。例如，当锆酸铅的静态结构形变约为原始尺寸的 0.1％时，它将产生可测量的压电性。相反，当外部电场施加到材料上时，相同的晶体将改变其约 0.1％的静态尺寸。逆压电效应用于产生超声波。一般来讲，对某些电介质晶体材料施加机械应力，导致介质两端表面上出现符号相反的束缚电荷，电荷密度与外力成正比，这种由于机械力的作用而使电介质晶体产生极化并形成晶体表面电荷的现象叫正压电效应。在晶体上施加电场，将产生与电场强度成正比的应变或机械应力，这种现象称之为逆压电效应。正压电效应和逆压电效应统称为压电效应，具有压电效应的材料就叫压电材料。各种压电电子器件的特性几乎都是通过设计适当的电能与机械能之间的转换方式实现的。在同一器件中，这种转换可能要进行多次。转换方式的具体描述，则需同时引入机械力学参量（应变 S 或应力 T）及电学参量（电位移 D 或电场强度 E）。以下是基于薄膜与陶瓷材料，达米亚诺维奇（Damjanovic）对正压电效应及逆压电效应进行的详细推导[6]。

取一块压电陶瓷长条片，设其长度 l 沿直角坐标系 1 方向，宽度 l_w 沿 2 方向，厚度 l_t 沿 3 方向，且 $l \geqslant l_w$、$l \geqslant l_t$。压电陶瓷的电极面与 3 方向垂直，极化方向沿 3 方向，如

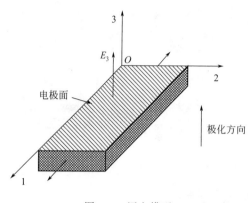

图 3.1 压电模型

图 3.1 所示。

只考虑沿 1 方向的伸缩应力 T_1 的作用，而将另外两个伸缩应力分量 T_2、T_3 和切应力分量 T_4、T_5、T_6 规定为零。同时，只考虑沿 3 方向电场 E_3 的作用，而将电场分量 E_1 和 E_2 规定为零。在应力 T_1 和场 E_3 的作用下，压电陶瓷片会发生形变。

当电场 $E_3 = 0$，应力 $T_1 \neq 0$ 时，压电陶瓷片在 T_1 的作用下产生弹性应变 $S_1^{(1)}$，即：

$$S_1^{(1)} = s_{11}^E T_1 \qquad (3.1)$$

式中，s_{11}^E 为弹性柔顺常数；上标 E 表示电场 $E = 0$ 或 $E =$ 常数。式(3.1) 就是描述固体弹性形变的虎克定律。

当电场 $E_3 \neq 0$，应力 $T_1 = 0$ 时，压电陶瓷片在 E_3 的作用下，通过逆压电效应产生的压电应变 $S_1^{(2)}$ 为：

$$S_1^{(2)} = d_{31} E_3 \qquad (3.2)$$

式中，d_{31} 为压电应变常数。

当应力 $T_1 \neq 0$，电场 $E_3 \neq 0$ 时，压电陶瓷片在 T_1 和 E_3 的共同作用下，产生的应变为弹性应变与压电应变之和 S_1，即：

$$S_1 = S_1^{(1)} + S_1^{(2)} = s_{11}^E T + d_{31} E_3 \qquad (3.3)$$

在电场 E_3 和应力 T_1 的作用下，压电陶瓷片也会产生电位移。当电场 $E_3 \neq 0$，应力 $T_1 = 0$ 时，压电陶瓷片在电场 E_3 作用下产生的介电电位移 $D_3^{(1)}$ 为：

$$D_3^{(1)} = \varepsilon_{33}^T E_3 \qquad (3.4)$$

式中，ε_{33}^T 为介电常数，上标 T 表示应力，$T = 0$ 或 $T =$ 常数。

当电场 $E_3 = 0$，应力 $T_1 \neq 0$ 时，压电陶瓷片在应力 T_1 的作用下，通过正压电效应产生的压电电位移 $D_3^{(2)}$ 为：

$$D_3^{(2)} = d_{31} T_1 \qquad (3.5)$$

当电场 $E_3 \neq 0$，应力 $T_1 \neq 0$，在 E_3 与 T_1 的共同作用下，压电陶瓷片产生的电位移为介电电位移与压电电位移之和 D_3，即：

$$D_3 = D_3^{(1)} + D_3^{(2)} = \varepsilon_{33}^T E_3 + d_{31} T_1 \qquad (3.6)$$

因此，完整地描述极化方向为 3 方向、电极面与 3 方向垂直、仅受应力 T_1 和电场 E_3 作用的薄长片中电学参量与机械力学参量间关系的方程组为：

$$\begin{cases} S_1 = s_{11}^E T + d_{31} E_3 \\ D_3 = \varepsilon_{33}^T E_3 + d_{31} T_1 \end{cases} \qquad (3.7)$$

式(3.7) 即为压电方程组的一个特例。该类方程组以 T、E 为自变量，S、D 为因变量。其边界条件为机械自由和电学短路。机械自由，是指用夹具把压电陶瓷片的中间夹住，边界上的应力为零，压电陶瓷片可以自由形变。在机械自由的条件下，E_3 作用所产生的应变不受阻碍，就不会产生附加的应力，所给定的 T_1 才保持不变。电学短路，是指两电极间外电路的电阻比压电陶瓷片的内阻小得多，可以认为外电路处于短路状态。这时，电极面所积累的电荷由于短路而流走。在电学短路条件下，T_1 作用产生的电荷被短路，不会积累电荷，电场强度 E_3 才能保持不变。在方程组中出现的弹性柔顺常数为短路弹性柔顺常数 s_{11}^E，出现的介电常数为自由介电常数 ε_{33}^T（上标 E、T 分别表示电学短路和机械自由边界条件）。

压电方程组的一般形式可用矩阵表示为：

$$S = s^E T + d^T E \tag{3.8}$$

$$D = dT + \varepsilon^T E \tag{3.9}$$

其中

$$S = \begin{bmatrix} S_1 \\ S_2 \\ S_3 \\ S_4 \\ S_5 \\ S_6 \end{bmatrix}, \quad T = \begin{bmatrix} T_1 \\ T_2 \\ T_3 \\ T_4 \\ T_5 \\ T_6 \end{bmatrix}, \quad E = \begin{bmatrix} E_1 \\ E_2 \\ E_3 \end{bmatrix}, \quad D = \begin{bmatrix} D_1 \\ D_2 \\ D_3 \end{bmatrix} \tag{3.10}$$

$$s^E = \begin{bmatrix} s_{11}^E & s_{12}^E & s_{13}^E & s_{14}^E & s_{15}^E & s_{16}^E \\ s_{21}^E & s_{22}^E & s_{23}^E & s_{24}^E & s_{25}^E & s_{26}^E \\ s_{31}^E & s_{32}^E & s_{33}^E & s_{34}^E & s_{35}^E & s_{36}^E \\ s_{41}^E & s_{42}^E & s_{43}^E & s_{44}^E & s_{45}^E & s_{46}^E \\ s_{51}^E & s_{52}^E & s_{53}^E & s_{54}^E & s_{55}^E & s_{56}^E \\ s_{61}^E & s_{62}^E & s_{63}^E & s_{64}^E & s_{65}^E & s_{66}^E \end{bmatrix} \tag{3.11}$$

$$d = \begin{bmatrix} d_{11} & d_{12} & d_{13} & d_{14} & d_{15} & d_{16} \\ d_{21} & d_{22} & d_{23} & d_{24} & d_{25} & d_{26} \\ d_{31} & d_{32} & d_{33} & d_{34} & d_{35} & d_{36} \end{bmatrix} \tag{3.12}$$

$$\varepsilon^T = \begin{bmatrix} \varepsilon_{11}^T & \varepsilon_{12}^T & \varepsilon_{13}^T \\ \varepsilon_{21}^T & \varepsilon_{22}^T & \varepsilon_{23}^T \\ \varepsilon_{31}^T & \varepsilon_{32}^T & \varepsilon_{33}^T \end{bmatrix} \tag{3.13}$$

式中，s^E 为短路弹性柔顺常数矩阵；ε^T 为自由介电常数矩阵；d 为压电应变常数矩阵；d^T 为 d 的转置矩阵。

3.1.2 压阻效应

固体产生压阻效应的原因有两个：金属产生压阻效应的主要原因是固体外形变化，即长度和截面积变化带来的电阻变化；锗、硅等半导体则是应力引起的固体电导率本身发生变化而形成的电阻变化。电阻率改变的程度可用压阻系数表示，压阻系数是单位面积上施加单位外力所引起的电阻率的相对变化。压阻系数与材料的晶面有关。金属材料是各向同性，压阻系数也是各向同性的；半导体材料一般为各向异性，压阻系数也是各向异性的，Si 和 Ge 是最早被发现具有压阻效应的材料，后来又陆续发现 Te、Se 等材料。Te、Se 晶体结构都属于三角晶系，在晶轴 C 的方向施加压力时，电阻率变化不大；当垂直于晶轴 C 施加压力时，电阻率的变化显著。Te 的最大压阻系数大约是 Si 和 Ge 压阻系数的 5 倍，而 Se 的压阻系数大约是 Si 和 Ge 的 15 倍，所以 Te、Se 是制造压阻器件非常理想的材料。

3.1.2.1 金属压阻效应

压阻材料是指材料在受外力作用时其电学特性发生明显变化的材料，最常用的有金属应变电阻材料和半导体材料。利用金属应变电阻材料制出的典型金属应变计器件如图 3.2 所示。

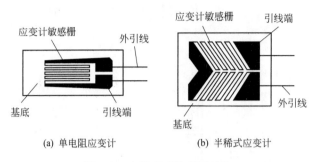

(a) 单电阻应变计　　　　(b) 半稀式应变计

图 3.2　金属应变计典型结构

对金属压阻器件来说，主体材料是指器件中能实现力电转换的电阻材料，其性能指标是灵敏系数，表达式为：

$$K = \frac{\Delta R}{R} / \varepsilon \qquad (3.14)$$

式中，K 为金属灵敏系数；R 为无外力作用时的电阻值；ΔR 为外力引起的电阻值变化量；ε 为线应变量。K 值越大，表示 $\Delta R/R$ 越大，即材料对应变的反应能力越高或力电转换能力越高。对一个具体材料而言，K 是常数。金属丝的电阻为：

$$R = \rho l / S \qquad (3.15)$$

式中，R 为导线的原电阻；l 为导线长度；S 为导线截面积；ρ 为原电阻率。

当电阻线受外力作用变形后，导体的电阻率 ρ、长度 l、截面积 S 都会发生变化，从而引起电阻值 R 的变化，通过测量电阻值的变化，检测出外界作用力的大小。电阻线受轴向力作用时形变情况如图 3.3 所示，若轴向拉长 Δl，径向缩短 Δr，电阻率增加，电阻值的变化为 ΔR，将引起电阻的相对变化为：

$$\frac{\Delta R}{R} = \frac{\Delta l}{l} - \frac{\Delta S}{S} + \frac{\Delta \rho}{\rho} \qquad (3.16)$$

轴向应变（ε）为：

$$\varepsilon = \frac{\Delta l}{l} \qquad (3.17)$$

截面积相对变化量约为：

$$\frac{\Delta S}{S} = \frac{2\Delta r}{r} \qquad (3.18)$$

在弹性范围内材料的泊松比可表示为材料受力时的轴向应变和径向应变关系，即：

$$\mu = -\frac{\Delta r / r}{\Delta l / l} \qquad (3.19)$$

横向变形系数为：

$$\frac{\Delta r}{r} = -\mu \frac{\Delta l}{l} \qquad (3.20)$$

将泊松比与横向变形系数代入式(3.16) 得：

$$\frac{\Delta R}{R}=\frac{\Delta l}{l}(1+2\mu)+\frac{\Delta \rho}{\rho}=(1+2\mu)\varepsilon+\frac{\Delta \rho}{\rho} \tag{3.21}$$

或用单位应变引起的相对电阻变化表示为：

$$\frac{\Delta R/R}{\varepsilon}=1+2\mu+\frac{\Delta \rho/\rho}{\varepsilon} \tag{3.22}$$

灵敏系数为：

$$K_0=\frac{\Delta R/R}{\varepsilon}=1+2\mu+\frac{\Delta \rho/\rho}{\varepsilon} \tag{3.23}$$

根据材料的弹性变形关系可进一步得到如下关系式：

$$K=1+2\mu+\frac{\Delta \rho}{\rho}/\varepsilon \tag{3.24}$$

因此，影响 K 的因素有两个：一个是电阻线的泊松比 μ，另一个是电阻率的相对变化量与应变量之比 $(\Delta \rho/\rho)/\varepsilon$。金属应变电阻材料的灵敏系数主要取决于式中的前两项，而半导体压阻材料的灵敏系数主要取决于最后一项。由于半导体压阻材料在受外力作用时，电阻率的相对变化量与所受应力之比远大于前两项之和，所以用半导体压阻材料制成的应变计，其灵敏系数都高于金属型应变计。

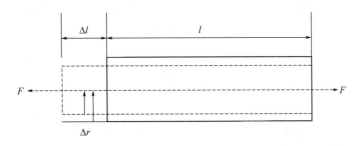

图 3.3　电阻丝受轴向力作用时形变情况

3.1.2.2　半导体压阻效应

半导体压阻效应是指在外力作用下半导体材料的电阻率随外力发生显著变化的现象。由压阻系数表示。利用压阻效应制成的经典半导体应变器件如图 3.4 所示。

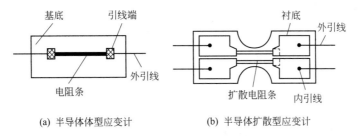

(a) 半导体体型应变计　　　　　(b) 半导体扩散型应变计

图 3.4　半导体应变器件典型结构

压阻系数 π 随应力方向和电流方向的变化而改变，半导体的压阻效应具有明显的各向异性特征，可用矩阵表示，即：施力方向和电流方向相同时，称纵向压阻系数 π_1；施力方向和电流方向垂直时，称横向压阻系数 π_e。压阻系数共有四阶张量 π（i、j、k、l），81 个分量。当硅膜很薄时，三维向量可简化为二维，如图3.5所示。应力作用下膜电阻变化近似与纵向和横向应力有关，可表示为：

$$\frac{\Delta R}{R} = \pi_l \sigma_l + \pi_e \sigma_e \tag{3.25}$$

式中，σ_l为纵向应力；σ_e为横向应力。

半导体的电阻率取决于有限数量载流子的迁移率，加在定向单晶上的外应力引起半导体能带变化，使载流子的迁移率发生大的变化。电阻率的相对变化量与轴向所受力之比为常数，半导体的电阻率变化与压阻系数π关系，可表示为：

$$\frac{\Delta \rho}{\rho} = \pi\sigma = \pi E \varepsilon \tag{3.26}$$

式中，π为半导体材料的压阻系数；E为弹性模量。

半导体应变器件的灵敏（度）系数K_0为：

$$K_0 = \frac{\Delta R / R}{\varepsilon} = (1 + 2\mu) + \pi E \tag{3.27}$$

由式(3.27)可以看出，半导体材料的灵敏系数K_0受到两个因素的影响：一个是受力后材料几何尺寸的变化；另一个是材料受力后电阻率的变化，即$(\Delta \rho / \rho) / \varepsilon = \pi E$。金属电阻丝的电阻率变化很小，可以忽略不计，而半导体材料受力后，几何形状的变化远小于电阻率的变化，即$(1 + 2\mu) \ll (\Delta \rho / \rho) / \varepsilon$。半导体材料的灵敏系数可近似表示为：

$$K_0 = (\Delta \rho / \rho) / \varepsilon \tag{3.28}$$

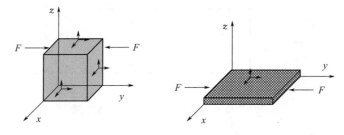

图3.5　三维向量转化为二维向量

3.2　力敏材料

3.2.1　压电材料

压电材料的发展已取得巨大的进步，苏珊·特罗利-麦金斯特里（S. Trolier-McKinstry）等人对此作出较为全面的评述[7]。压电单晶材料主要有单晶、含Pb陶瓷（包括锆钛酸铅及织构陶瓷）、无铅压电材料、高温压电材料及薄膜压电材料等。

3.2.1.1　单晶

由于没有晶界，单晶显示出优于多晶陶瓷的特性、使用非铁电压电材料的能力以及利用强各向异性特性的可能性。石英首先于1880年被发现有压电效应，具有优异的电阻率、超高机械品质因数Q_m、低压电系数（$d_{11} \approx 2.3pC/N$）。其α-β相变温度为573℃，最高温度使用范围进一步受到 300℃ 机械孪晶的限制。电气石由复杂的铝-硼硅酸盐组成，$d_{33}=1.8\text{pC/N}$，具有良好的热稳定性（$<600℃$），但其应用受强热电效应的串扰限制[8]。罗息盐晶体的铁电性和压电性在 1921 年得到证实，$d_{33}=2700\text{pC/N}$（20℃）。但是罗息盐具有吸湿性和强烈的温度依赖性（$T_C=23℃$）。磷酸二氢钾和磷酸二氢铵（ADP）晶体具有相对较强的压电活性，分别为 23pC/N 和 49pC/N。ADP 晶体非常适合用于高功率声换能器，以取代罗息盐。直到 1945 年，主要的超声换能器材料还是天然石英和 ADP 晶体[9]。

在 20 世纪 40 年代早期，钙钛矿铁电体的使用取得突破。第一个 $BaTiO_3$ 晶体在 1947 年生长出来，d_{33} 为 86pC/N。不幸的是，由于氧化锆的折射特性和不一致的熔化行为，锆钛酸铅（PZT）晶体生长很困难。PZT 晶体最近开始由 $PbZrO_3$ 和 $PbTiO_3$（PT）两种固溶体制备[10]。$LiNbO_3$ 和 $LiTaO_3$ 的压电单晶具有钛铁矿结构，并且其低声学损耗是众所周知的。因此，它们是制备声表面波（SAW）器件的优良材料。$LiNbO_3$ 具有许多晶体切割方式，如 36° 旋转 Y 切割和 163° 旋转 Y 切割。四硼酸锂（$Li_2B_4O_7$）晶体于 1986 年首次被报道，因为某些取向对于 SAW 和体声波应用表现出谐振频率的零温度系数，$d_{33}=19.5\text{pC/N}$。另一个重要的压电族是具有极性纳米区（PNR）的弛豫基钙钛矿铁电体，具有极大的介电常数，例如铌酸铅镁（PMN）。在一些弛豫-PT 晶体中，样品可以极化为畴结构，其中电场与多个域中的极化成等效角度。在这种情况下，畴在施加的电场下能量上是简并的，并且畴壁运动对于大的压电响应不是必需的。具有畴结构的 PMN-PT 单晶显示压电系数 $>2000\text{pC/N}$，机电耦合系数 >0.9，远远优于现有的铁电 PZT 陶瓷[11]。

（1）石英晶体

石英晶体是应用历史最久且仍被广泛使用的压电晶体。早期的压电晶体材料都选择天然石英。在 20 世纪 50 年代后，水热法合成的优质人造石英取代了天然石英。石英晶体 x、y、z 轴方向上的物性大为不同，y、z 轴方向无压电效应，x 轴方向压电效应最显著，x 轴称为电轴。作为压电材料，石英晶体最突出的优点是 Q_m 值高（$10^5 \sim 10^6$）和谐振频率温度特性好，并且石英振子的性能特点和切型与所用振动模式密切相关，一般斜切晶片的特性更好些。

（2）$PbTiO_3$ 铁电晶体

在过去的 20 多年中，弛豫-PT 晶体的研究已经经过三代。第一代晶体具有高机电耦合和压电系数，相比于最先进的多晶体，它具有更大带宽、更高灵敏度（+12dB）和更高源极水平（+12dB），这些晶体已在医用超声换能器中商业化。第二代晶体将高机电特性扩展到更宽的温度、电场和机械应力范围，减少了对热量分流的需求，增加了允许的电场。具有较高 T_C 和较高矫顽场的晶体属于该类别。因为存在内部偏压，第三代晶体有因为添加掺杂剂导致的、比第一代晶体更高的 Q 因子。表 3.1 汇总了三代弛豫-PT 晶体的性质[9,12-15]。

表 3.1　弛豫-$PbTiO_3$ 单晶的性质

特性	$T_C/T_{R\text{-}T}$ /℃	d_{33} [/(pC/N)]/k_{33}	E_C /(kV/cm)	Q_m	d_{33} [/(pC/N)]/k_{33}	Q_m	d_{32} [/(pC/N)]/k_{32}	d_{36} [/(pC/N)]/k_{36}	d_{15} [/(pC/N)]/k_{15}
畴结构		$4R$[001]极					$2R$[011]极		
第一代	135/90	1540/0.91	2.3	150	1050/0.90	600	−1500/0.89	2030/0.81	2800/0.90
第二代	191/125	1510/0.92	5.0	180	930/0.91	500	−1420/0.91	2350/0.82	2900/0.90
第三代	193/119	1120/0.90	6.0	810	1050/0.90	1000	−1500/0.90	2100/0.80	2990/0.92

单晶表现出多晶陶瓷无法实现的性能。极化多晶陶瓷具有 ∞ m 对称性。相反，弛豫-PT 单晶在分别沿其 [001]、[011] 和 [111] 方向极化时具有 4mm、mm2 或 3m 的宏观对称性，这导致其功能的各向异性。与不同的菱形（R）、正交（O）和四方（T）相一起，具有不同宏观对称性的畴结构可以通过沿特定结晶方向的极化来实现[16,17]。特别重要的是，极化 R 晶体的 2R 工程畴构型同时表现出高纵向、厚度剪切和横向压电活性。Q_m 也表现出各向异性行为，高 d_{33} 和 Q_m 可以在 2R 畴结构中获得，这有利于高功率压电应用。此外，在旋转的 2R 晶体中也可以实现具有高 d_{36} 的面剪切振动模式。与传统的厚度剪切 d_{15} 相比，面剪切振动模式可以复极化，即极化电极与有源电极相同，这可以更加有效地驱动该取向的晶体。与高 d_{36}、k_{36} 和 s_{66}^E 一起，面剪切振动模式对于基于低频共振的压电装置是有用的[18,19]。表 3.1 显示第三代晶体同时具有高耦合和 Q_m，具有高功率换能器所需的高 Q_m[20]。这种行为与已知的钙钛矿陶瓷形成对比，其中在耦合和 Q_m 之间存在固有的折衷。弛豫-PT 晶体的特征是 PNR 的存在，它负责高介电和压电特性。PNR 可以作为"种子"以促进宏观极化旋转，并占室温介电/压电特性的 $50\%\sim80\%$[21,22]。

3.2.1.2 含 Pb 陶瓷

（1）锆钛酸铅

PZT 陶瓷在传感、驱动、信号处理和电力变压器领域具有广泛的应用。这个优势归功于两个原因：①PZT 陶瓷在 $x=0.48$ 处的准同型相界（MPB）附近具有大的、与相对温度无关的压电电荷和耦合因子；②PZT 陶瓷具有通过控制外在贡献的成分变化来定制软、硬压电响应之间的性质。PZT 是 T 铁电钙钛矿 $PbTiO_3$（空间群 P4mm，$T_C=490℃$）和 O 反铁电钙钛矿 $PbZrO_3$（空间群 Pbam，$T_C=200℃$）之间的完全固溶体[23]。在 T_C 之上，钙钛矿晶胞是立方相（空间群 Pm3m）。在低于 T_C 时，材料根据 T 和 x 呈现出许多不同的对称性。相图显示反铁电相在室温下持续至 $x\approx0.08$ 处。$0.08<x<0.48$ 时，材料通过 R3c 和 R3m 的 R 相。R3m 和 R3c 相间的边界特征在于氧八面体的 $a^-a^-a^-$ 倾斜。倾斜似乎与内在极性特性弱耦合，但可以显著影响外在过程[24]。在 $x=0.48$ 处，存在从 R 对称性（R3m）到称为 MPB 的 T 对称性（P4mm）的几乎与温度无关的变换。$x>0.48$ 时没有其他相变，因为电荷系数、介电常数、顺应性和耦合因子均表现出接近 MPB 的最大值，MPB 是 PZT 相图中最重要的结构特征。对这种行为的传统理解是：①在软模式驱动的转变附近，极化率上升，导致顺应性增强、介电常数和电荷系数增大；②T 和 R 相具有相似的能量，因此很容易在两者之间切换，从而切换极化方向和自发应变，以有利于施加场和应力；③畴壁能量非常低。

结构表征技术复杂性的逐步提高导致 PZT 相图的一系列修订，重新解释了压电性能如何受结构影响。第一次偏离规范描述是识别单斜相（空间群 C_m），标记为 M_A，接近 MPB，并进行许多修订，重新分配 R 和 M_A 相的对称性包括具有 R 和 M 相混合物的附加相场[25-28]。结构表征的模糊性可能在未来一段时间内被争论，如在具有阳离子无序的固体解决方案中，单位晶胞水平的对称性可能与平均宏观对称性不同。因此，通过实验分配的对称性取决于所采用的结构探针的相干长度。一个关键问题是表征技术是否能够区分真正的单斜相和由精细、高对称（R 和 T）域构建的自适应结构[29]。

就对性质的影响而言，在 MPB 中存在较低对称相，如 M_A 及来自弛豫-PT 单晶的数据，或许已经产生 M_A 对称性，不将阳离子限制在特定的威科夫（Wyckoff）位置，为极化在（110）平面内旋转提供低能量路径，从而对压电产生很大的内在贡献。PZT 陶瓷压电响应的一个重要因素被认为是非 $180°$ 的畴壁运动[30]。硬质 PZT 掺杂有低价阳离子，而软质 PZT 掺杂有高价阳离子。与半导体类似，这些分别称为受主和施主掺杂剂。由于 PbO 在正常热处理条件下具有挥发性，纯 PZT 具有铅和氧空位，可以使用 Kröger-Vink 表示法表示[31]。

$$PbO_s \rightarrow PbO_v \uparrow + V''_{Pb} + V_{\ddot{O}} \tag{3.29}$$

通常，向陶瓷中添加过量的 PbO 或控制烧结过程中的 PbO 活性来降低 V''_{Pb} 浓度[32]。但是，$V_{\ddot{O}}$ 也可以独立于 V''_{Pb} 形成：

$$O^X_O \rightarrow \frac{1}{2} O_2 \uparrow + V_{\ddot{O}} + 2e' \tag{3.30}$$

与微电子学中的半导体相比，PZT 等陶瓷并不纯净，除非采取极端措施，否则这种陶瓷总是携带陆地上最常见的元素杂质（例如：Mg、Fe、Al、Si），其中大部分作为受主掺杂剂。例如，在铁的情况下，Ti 位置的取代可以通过产生 $V_{\ddot{O}}$ 来补偿：

$$FeO \rightarrow Fe''_{Ti} + O^X_O + V_{\ddot{O}} \tag{3.31}$$

硬质 PZT 的缺陷化学性质具有较高浓度的受主掺杂剂（原子百分比约为 1%）和补偿 $V_{\ddot{O}}$。此外，强有力的证据表明，掺杂 $PbTiO_3$ 的受体 $V_{\ddot{O}}$ 对由于两者之间的强静电吸引而形成，形成具有偶极矩的缺陷复合物[33]。在烧结温度冷却期间，这种缺陷对可以定向为最低能量配置。$V_{\ddot{O}}$ 跳跃的激活能量足够低，即使在室温下也可能发生明显的重排。因此，缺陷对倾向于使它们自身定向，使得它们的偶极子平行于局部 P_S 的方向。虽然通过陶瓷中畴壁运动引起的极化方向变化的时间常数约为毫秒，但偶极缺陷对的重新取向在室温下约为数小时或数天[34]。由于存在偶极缺陷对，畴壁迁移率降低；受体浓度越大，偶极缺陷浓度越大[35-37]。因此，受主掺杂材料往往具有较低的压电电荷系数、介电常数和顺应性。但是介电和机械损耗降低并且 Q_m 增加，使这些材料适合于高功率或谐振器应用。

PZT 材料的施主掺杂（例如，A 位上的 La 或 B 位上的 Nb）可以通过降低 $V_{\ddot{O}}$ 浓度和产生额外的 V''_{Pb} 来补偿：

$$Nb_2O_5 + V_{\ddot{O}} \rightarrow Nb^{\cdot}_{Ti} + 5O^X_O \tag{3.32}$$

和

$$2PbO + Nb_2O_5 \rightarrow Pb^X_{Pb} + 2Nb^{\cdot}_{Ti} + 6O^X_O + PbO \uparrow + V''_{Pb} \tag{3.33}$$

与 $V_{\ddot{O}}$ 相关的偶极缺陷对的数量的减少允许更大的畴壁迁移率，而在施主和铅空位之间形成的任何缺陷对不太可能与局部极化对齐，因为两个缺陷在相对固定的低温情况下相对不稳定。因此，软材料对压电性能具有更高的外在贡献，其特征在于有大的电荷系数、介电常数和顺应性，以及具有相对大的损耗和低 Q 值，适用于致动器应用。通过降低 T_C，施主掺杂剂倾向于具有额外的软化效果。添加复杂的钙钛矿如 $Pb(Ni_{1/3}Nb_{2/3})O_3$，可以进一步降低 T_C，并产生超软材料[38]。

对压电效应的可逆和不可逆贡献可以通过瑞利定律来量化，瑞利定律适用于磁性材料[39]。用于直接压电效应：

$$d = d_{init} + \alpha\sigma \tag{3.34}$$

$$P = d_{init}\sigma + \alpha\sigma^2 \tag{3.35}$$

其中 d 是作为振荡应力 σ 大小的函数测量的，α 是不可逆的瑞利系数。d_{init} 是对电荷系数的可逆非滞后贡献，而 $\alpha\sigma$ 是来自不可逆过程贡献的量度。通常，瑞利定律适用于极化样本，其应力幅度低于矫顽应力值的一半。根据这些分析，估计畴壁对 PZT 的电荷系数的贡献在 30%～50%。类似的方程也可用于估计畴壁对间接效应和介电常数的贡献。

考虑到室温下氧离子跳跃具有相当长的时间常数，硬质压电材料的性质受到强对数老化规律的影响；随着极化缺陷的取向在极化或温度偏移之后平衡，畴壁对性质的贡献每十倍时间减少几个百分点。由于循环应力或电场操作引起的性能变化，压电材料也会疲劳。基尼可（Genenko）等人全面回顾了老化和疲劳过程[40]。

（2）织构陶瓷

$Pb(Zn_{1/3}Nb_{2/3})O_3$-$PbTiO_3$ 和 PMN-PT 单晶中特别大的压电活性不能在相同组成的随机取向陶瓷中复制，这种差异意味着电场与晶体 [001] 方向的对准必须在相当窄的立体角内，以观察到大的 d_{33} 值所需的极化旋转；错误取向的晶粒可能严重钳制良好对齐畴的响应。鉴于晶体生长的相对较高的成本，已经开发出更具成本效益的生产具有强的优选取向的多晶材料的方法，如 Messing 等人所述[41]。该过程中的关键步骤是使用具有形态的颗粒模板，该模板允许在流延过程中、在精细的随机取向的基质内对准（001）轴。定制的烧结过程导致基质通过称为模板化晶粒生长（TGG）的过程呈现模板的取向，生产具有有限不对称性的钙钛矿的板状颗粒（如 PMN-PT）是困难的。其中一个更为成功的方法是通过 $PbBi_4Ti_4O_{15}$ 的拓扑化学转化生产 $(Na_{1/2}Bi_{1/2})TiO_3$-$PbTiO_3$ 小板[42,43]。由于生产模板的多步骤工艺，TGG 陶瓷的成本高于标准陶瓷，因此开发了采用 PMN-PT 促进晶粒生长的工艺来提供模板，但单元操作数量只有少量减少[44]。通过两种技术均获得了 $850 \sim 1000pC/N$ 的 d_{33} 值，得到性能较好的 PZT 陶瓷和 PMN-PT 单晶。

3.2.1.3 无铅压电材料

含铅钙钛矿具有优异的性能，且具有易于加工和低成本等优点。然而，对铅的健康和环境问题需要无铅替代品，理想情况下不会牺牲性能。2004 年，斋藤（Saito）等人获得在织构化（K，Na）NbO_3 基陶瓷中 $d_{33}=416pC/N$[45]。这一结果迅速引发人们对无铅压电材料的爆炸式研究，d_{33} 的记录值已达到 $570pC/N$，甚至在具有随机取向晶粒的（K，Na）NbO_3 基陶瓷中也是如此[46]。在追求无铅陶瓷中的高 d_{33} 时，该研究仍未达到在各种压电器件中找到 PZT 替代品的初始目标[47-49]。许多出版物只关注一种特定属性，通常是 d_{33} 或电场诱导的应变，而不评估其他方面也是实际应用的关键[50]。例如，大多数无铅组合物在室温或接近室温下具有相变，并且它们的"优异"压电性能表现出强烈的温度依赖性，因此有必要改善其热稳定性[51]。无铅压电陶瓷可以通过组成或其预期的操作模式进行分类。当比较它们的 d_{33} 和 T_C 时，三种无铅固溶体之间的区别很明显。一般而言，$BaTiO_3$ 基陶瓷具有最高的 d_{33} 值，但 T_C（约 100℃）低。改性 $(K_{1-x}Na_x)NbO_3$ 组合物具有高压电系数和中等 T_C（>200℃），但存在加工和再现性问题。$(Bi_{1/2}Na_{1/2})TiO_3$ 的多晶陶瓷产生巨大的电场诱导应变，但在高应用场中显示出相当大的滞后现象。

（1）$BaTiO_3$ 基陶瓷

大颗粒 $BaTiO_3$ 具有适度的压电性能。在通过两步烧结程序制备的晶粒尺寸为 $1.6\mu m$ 的陶瓷中，实现 $d_{33}=460pC/N$；在晶粒取向陶瓷中，$d_{33}=788pC/N$[52,53]。这些高性能 $BaTiO_3$ 陶瓷具有小畴尺寸并使用水热合成的粉末。小畴尺寸的必要性可通过畴壁运动对压电的贡献清楚地知道。最近，有报道 $Ba(Ti_{0.8}Zr_{0.2})O_3$-$(Ba_{0.7}Ca_{0.3})TiO_3$ 伪二元体系在无结构多晶陶瓷中具有更高的 MPB 和 $d_{33}=620pC/N$。其高压电性能最初归因于存在一个三临界点[54]。原子模型暗示中间 O 阶段是高响应的起源[55]，TEM 显示 O 相在多晶晶粒中以单畴状态存在[56]。但其单晶中的小信号 d_{33} 为 $2000pC/N$ 的预测仍有待实验证实。在非织构陶瓷中，电场引起的应变在 $5kV/cm$ 时达到 0.112%（$d_{33}^*=2240pm/V$）是所有无铅陶瓷中最高的[57]。强 [001] 织构增强 d_{33} 至 755pC/N；$d_{33}*$ 在 10kV/cm 时为 2030pm/V，具有低滞后[58]。这些最新发展支持这种无铅合成系统在共振和非共振驱动应用中的潜力。然而，在实际器件的设计中，由于该系统 T_C（<100℃）低，热稳定性差，矫顽力极低（约 10MPa），断裂韧度极低（约 0.6MPa·m$^{1/2}$），因此需要谨慎采用[59]。BaTiO$_3$ 基陶瓷的有限使用温度范围可通过高 T_C 化合物的固溶体得到缓解，最近在 BaTiO$_3$-BiFeO$_3$ 系统中得到证实[60]。优化的组合物具有约 450℃ 的 T_C，但具有显著的 $d_{33}=402$pC/N。遗憾的是，在烧结之后需要水淬火步骤以抑制导电性。

（2）$(K_{1-x}Na_x)NbO_3$ 基陶瓷

$(K_{1-x}Na_x)NbO_3$ 族中的基础组成 $(K_{0.5}Na_{0.5})NbO_3$ 没有显示出令人印象深刻的压电性能。具有强 [001] 织构的 Li，Ta 和 Sb 的组合掺杂诱导 $d_{33}=416$pC/N 和 $T_C=253$℃。考虑到 TGG 方法的复杂性和成本，大多数陶艺家专注于随机多晶的化学改性。最近，无纹理陶瓷的 d_{33} 有所增加：2014 年 d_{33} 达到 490pC/N，2016 年达到 550pC/N 和 570pC/N[61,62]。具有强 [001] 织构的多晶陶瓷中增强的 d_{33} 是 O-T 多晶相转变温度 T_{O-T} 在室温附近移动的结果[63]。在 $(K_{1-x}Na_x)NbO_3$ 基陶瓷中，T_{R-O} 的 O 相和低温 R 相之间存在另一种多晶相变。然而，将 T_{R-O} 向上移动到室温并不会产生令人印象深刻的 d_{33} 值。除了 Li$^+$、Ta^{5+} 和 Sb^{5+} 之外，发现 Bi^{3+} 和 Zr^{4+} 都能有效地改变转变温度并增强压电效应。复合组成消除了中间 O 相形成 R-T 相界，并将 T_{R-T} 调节至更接近室温。这些 R-T 相界组合物不仅具有优异的 d_{33} 值（>500pC/N），而且还表现出 T_C 小于 200℃。

然而，这些 R-T 相界组成经历异常的晶粒生长并且可能具有较低的密度。此外，R-T 相变主要是从介电曲线的异常推断出来的。TEM 分析支持 R 相和 T 相的存在，但没有详细说明 R 相（R3c 或 R3m）的空间群。畴尺寸和 d_{33} 值之间的相关性似乎是人为的，因为在 $(K_{1-x}Na_x)NbO_3$ 基陶瓷极化期间重写畴结构[64]。因此，需要进一步研究以验证性质的再现性并发现超高 d_{33} 值的机制。$(K_{1-x}Na_x)NbO_3$ 基陶瓷与碱性金属电极的共烧对于压电器件具有实际意义[65,66]。在考虑这些 R-T 相界陶瓷应用之前，仍然需要进一步改进。最近，在其他 $(K_{1-x}Na_x)NbO_3$ 基组合物中敏感电场诱导应变的温度结果可能会促进发热稳定性问题的解决[67]。理论上，预期多态性相界表现出 d_{33} 的弱组成依赖性。例如，d_{33} 从优化的组合物中快速衰变，在 $(1-x-y)K_{1-w}Na_wNb_{1-z}Sb_zO_3-xBiFeO_{3-y}Bi_{0.5}Na_{0.5}ZrO_3$ 中组成仅有 0.1% 的变化。这种强烈的组成依赖性将使大规模生产复杂化，但优选其中简化组合物能得到更加稳定的 R-T 相界陶瓷性质。此外，需要在各种载荷和温度下评估机械和断裂性能。

（3）$(Bi_{1/2}Na_{1/2})TiO_3$ 基陶瓷

$(Bi_{1/2}Na_{1/2})TiO_3$ 基陶瓷是处于未极化状态的弛豫物，在极化期间产生压电性[68-70]。它们的矫顽应力约为 300MPa，约为 $(K_{1-x}Na_x)NbO_3$ 的 6 倍，约为 Ba(Ti$_{0.8}$Zr$_{0.2}$)O$_3$-(Ba$_{0.7}$Ca$_{0.3}$)TiO$_3$ 的 30 倍。在 $(1-x)(Bi_{1/2}Na_{1/2})TiO_3-xBaTiO_3$ 二元体系中的富 $(Bi_{1/2}Na_{1/2})TiO_3$ 侧，在原始状态下存在三个相界：$x=0.03\sim0.04$ 的 Cc/R3c，$x=0.05\sim0.06$ 的 R3c/P4bm，$x=0.10\sim0.11$ 的 P4bm/P4mm[71]。电极化消除了 Cc 和 P4bm 相。极化引起的 MPB 在 $x=0.06\sim0.07$ 处发生并产生最大 d_{33}。该 MPB 的 $d_{33}<200$pC/N，去极化温度约为 100℃。制造高密度 $(Bi_{1/2}Na_{1/2})TiO_3$ 基陶瓷可以容易地实现，并且可以施加高电场。在 80kV/cm 时，实现 0.45% 的高电子应变，比其他无铅陶瓷的电场诱导应变高两到三倍[72]。然而，对于大行程致动器，需要改进以显著减小驱动场，增加 d_{33}^* 并抑制应变滞后。由于巨大的应变

与可逆弛豫-铁电相变相关，弛豫基质具有铁电晶种的复合物是非常有用的[73]。另一种方法是采用核/壳微结构[69,70]，在 $0.96[Bi_{1/2}(Na_{0.84}K_{0.16})_{1/2}(Ti_{1-x}Nb_x)O_3]-0.04SrTiO_3$ 中，调节 Nb 浓度导致在 50kV/cm 下的应变为 0.438%，对应的 $d_{33}*=876pm/V$[74]。用该组合物制成的 10 层多层致动器在 50kV/cm 下显示出 0.36% 的应变。组成和热处理的进一步优化导致在 50kV/cm 下的 0.70% 的巨大应变。该应变值与无铅单晶和最佳含铅陶瓷的应变值相比是有利的。抑制电循环后的性能退化和降低应变滞后将是未来研究 $(Bi_{1/2}Na_{1/2})TiO_3$ 基陶瓷的主题。在 $(Bi_{1/2}Na_{1/2})TiO_3$ 基陶瓷中添加 ZnO 可以增加由于空间电荷效应引起的热去极化温度，这些复合材料可能具有低静电性[75]。具有高静电的 $(Bi_{1/2}Na_{1/2})TiO_3$ 基陶瓷需要低于室温的热去极化温度。

3.2.1.4　高温压电材料

（1）高温非铁电压电材料

大多数机电设备的工作温度范围为 $-50 \sim 150℃$。基于高温非铁电压电材料制备出的高温压电传感器具有成本低的优势，适用于航空航天、汽车、发电厂和材料加工等领域。传感器具有尺寸更紧凑，更强大，更快的响应时间。相对于其他高温传感器，信号调节更简单。不能重新定向极化使得传感器具有更好的稳定性，所以非铁电材料对于高温压电材料是具有吸引力的[76-80]。

$GaPO_4$ 是 α-石英的类似物，具有较高的电阻率和 Q_m，在高达 970℃ 的条件下也具有较高的机电耦合和压电常数[81]。$La_3Ga_5SiO_{14}$（LGS）晶体具有通式 $A_3BC_3D_2O_{14}$。LGS 和同晶型 $La_3Ga_{5.5}Ta_{0.5}O_{14}$（LGT）都是部分无序的，其中 La^{3+} 阳离子占据 A 位点，而 Ga^{3+} 占据 B、C 和部分 D 位点，Si^{4+} 或 Ta^{5+}/Nb^{5+} 占据剩余的 D 位点。有序的 LGS 晶体在高温下表现出高的 Q_m 值和高电阻率，如 $Ca_3TaGa_3Si_2O_{14}$，但具有较差的压电性能[82,83]。

氧硼酸盐晶体 $ReCa_4O(BO_3)_3$（缩写为 ReCOB，其中 Re 为稀土元素）在其熔点以下没有相变，具有优良的高温压电性及很高的电阻率（在 500℃，YCOB 约为 $10^{11}\Omega \cdot cm$）。相对于其他 ReCOB 对应物，PrCOB 和 NdCOB 显示出最高的 d_{26}（约 16pC/N）、较低的室温电阻率（约 $10^{14}\Omega \cdot cm$）和 Q_m（约 3800）。相反，YCOB 和 ErCOB 晶体的 d_{26} 较低，为 8pC/N，但电阻率和 Q_m 值分别为 $10^{17}\Omega \cdot cm$ 和 9000 左右。令人特别感兴趣的是，硅钛钡石（$Ba_2TiSi_2O_8$）晶体具有 4mm 对称性，d_{15} 约 17.5pC/N。与大多数具有 4mm 和 6mm 对称性的压电材料相比，它们具有大的内部泊松比应力。正 d_{31} 使得 ZXl50° 切割的 d_{33} 更高，约 9.1pC/N，这与高电阻率（$4\times10^9\Omega \cdot cm$）一起使硅钛钡石晶体成为一种很有前景的高温压电材料。

α-BiB_3O_6 的 $d_{22}=40pC/N$，同时具有低的 ε_{22r}（8.4）和高压电电压系数 $g_{22}=0.538$（V·m）/N。α-BiB_3O_6 的温度使用范围受其低熔点温度的限制（726℃）。以黄铜矿为例，它们具有良好的压电性能，但电阻率相对较低，应将其使用温度限制在 500℃。

对于高温应用，高电阻率很重要。对于传感器，压电不仅必须在机械应力/应变时产生电荷，而且还必须保持足够长的电荷以便由电子系统检测。图 3.6 给出了非铁电压电晶体的电阻率随温度的变化，其中 $YCa_4O(BO_3)_3$ 和 $GaPO_4$ 具有最高的电阻率。大多数非铁电压电晶体具有 100pC/N 的压电系数，但是高电阻率和没有铁电相变使得它们在制备高温加速度计、声表面波传感器、声发射传感器和换能器等领域具有广泛应用的前景[84-87]。

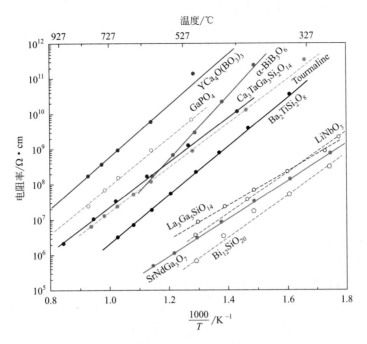

图 3.6 非铁电压电晶体的电阻率随温度的变化

（2）高温压电陶瓷

在寻求 $T_C > 400℃$ 的高压电系数材料时，焦点一直放在具有 MPB 的钙钛矿上。基于离子大小参数的 $BiScO_3-PbTiO_3$ 鉴定可能是该领域多年来最重要的发展[88]。T_C 在 R 和 T 钙钛矿相间的类 PZT 的 MPB 中被证明是约 450℃，室温 d_{33} 为 460pC/N。但其两个缺点是高温下的电阻率低（在 277℃ 时为 $2 \times 10^6 \Omega \cdot m$ 和在 350℃ 时为 $10^5 \Omega \cdot m$）和 Sc_2O_3 的价格昂贵。第一个问题已经通过掺杂 Mn 得到部分解决，电阻率增加 100 倍以上，但压电性能有所下降。如果 T_C 为 450℃ 左右，则可以预期这种材料最多可在 350℃ 的温度下应用。

在 MPB 处 T_C 为 635℃ 时，$BiFeO_3-PbTiO_3$（BF-PT）具有更高温度操作的潜力。因为在 T 和 R 钙钛矿相间存在 MPB，虽然相图类似于 PZT 和 $BiScO_3-PbTiO_3$，但也存在一些差异。首先，在室温下，R 相在 MPB（70% $BiFeO_3$）处具有空间群 R3c 而不是 R3m。其次，自发应变 $[x_s = (c/a) - 1]$ 在边界的最大值处最大化（> 18%）[89,90]。在冷却时，从立方相转变为 T 相会引起较大内应力，不良的陶瓷完整性直接导致 BP-PT 为压电的前景备受抑制。然而，通过仔细控制晶粒尺寸，BF-PT 相图显示产生了坚韧而致密的陶瓷相[91]。所得材料在很宽的组成范围内表现出混合的 R-T 钙钛矿相，一部分高应变 T 相转变为 R 相，这是内应力释放机制的结果。未改性的 BF-PT 陶瓷具有高矫顽场，并难以极化。然而，场致应变可以与纯 PZT 一样大，对应于 MPB 组合物高达 160pC/N 的高场 d_{33}。虽然 La^{3+} 掺杂使压电材料软化，从而将低场 d_{33} 增加到有用值，但它也将 T_C 降低到高温应用所需的范围之下[92]。

通过与高 T_C 的 T 钙钛矿（$K_{1/2}Bi_{1/2}$）TiO_3（缩写为 KBT，$T_C = 437℃$）合金化来软化 BF-PT 是另一种更加有效的制备方法，可获得 $T_C > 500℃$ 和 d_{33} 约 200pC/N 的效果[93]。可能有人认为简单的二元 BF-KBT 也会产生高 T_C 的 MPB 化合物，但它实际上会产生低失真，具有弛豫特性的假立方相和接近室温的去极化温度[94]。合金化 BF 与 KBT 强调了 $PbTiO_3$

在其他低相干极化系统中维持远程铁电有序的能力[95]。钨青铜结构化合物铅偏铌酸盐的 T_C 为 570℃，具有约 100pC/N 的竞争能力[96]。

奥里维里斯（Aurivillius）化合物具有通式 $(Bi_2O_2)(A_{n-1}B_nO_{3n+1})$。该结构具有 $[Bi_2O_2]^{2+}$ 层，与钙钛矿块交错，厚度为八面体层。这些化合物具有高 T_C（440～790℃）的特点，但其室温压电系数较低（<20pC/N）。由于这些结构倾向于在平面中以极性方向结晶为板状颗粒，因此纹理陶瓷有机会将压电系数至少增加 50%[97]。尽管有些化合物具有特别高的 T_C，但 $Bi_4Ti_3O_{12}$ 作为有应用潜势的材料仍会继续在科学和工程领域引起最大的关注[98-100]。

3.2.1.5 薄膜

在过去的几十年中，高性能压电薄膜领域迅速发展[101]，主要有三个系列：用于谐振器的减薄单晶；用于传感器、谐振器和能量采集器的纤锌矿结构薄膜；用于执行器、传感器和能量收集的钙钛矿薄膜。

（1）键合晶体

第一类压电"薄膜"系是块状单晶，它被粘合到另一个基板上，然后通过机械抛光或晶体离子切片变薄。采用这种形式已经制备出 $LiNbO_3$、$LiTaO_3$ 和石英，并且正在探索用于诸如 SAW 或高耦合体声波器件领域。通过压电晶体表面上的光刻交叉电极激发、检测 SAW[102]。块状单晶的使用为显著改善样品质量提供可能性，以及为通过使用晶体中固有的各向异性来定制性质提供机会。SAW 器件提供低噪声频率源，具有出色的温度稳定性和高品质因数。通过选择具有低热膨胀系数的基板，可以将器件谐振频率的温度系数设计得非常低（0～-20×10^{-6}/℃）。

（2）基于纤锌矿的薄膜

压电 AlN 的第二个主要族系具有纤锌矿晶体结构[103]。该结构可以看作是一系列具有交替的 Al 和 N 原子叠加的褶皱六角环。通常溅射生长 AlN 膜具有强（001）取向水平，存在所有以 Al 为中心的四面体取向。在施加的电场下，该四面体的变形产生适度、又非常稳定的压电系数。AlN 薄膜已被用于几个领域，如手机的薄膜体声波谐振器（FBAR），施加电场使得 AlN 薄膜层以厚度模式振荡[104]。谐振和反谐振频率周围的声阻抗的强烈异常被用于构建梯形滤波器，双工器通过分离例如频域和谐振传感器中的信号来允许同时发送和接收功能。滤波器的理想特性包括宽带宽（由厚度伸缩机电耦合系数 k_t 控制）、低插入损耗（可能在 GHz 范围内具有高 Q_m）和良好的温度稳定性。该要求排除了使用目前可用的铁电薄膜，因为畴壁运动引起的损耗使得品质因数低于在 AlN 中实现的品质因数。相对于 SAW 器件，FBAR 顶部和底部电极的使用使它拥有更好的功率处理能力。

未来的手机可能需要利用可重新配置的无线电，理想情况下可以检测可用频谱，并为给定条件选择最佳的无线电，即认知无线电。该应用要求单个芯片上具有多个频率，这可以通过使用谐振器的横向尺寸来控制谐振频率实现。AlN 的低介电常数也产生传感器和能量收集系统所关注的大压电电压系数[105]。在谐振和反谐振两种情况下，弯曲模式将共振频率调节到所需范围。特别地，对于能量收集，装置相对较大以能够在与环境机械振动源相关的低频率下进行。

正在进行的主要研究工作是通过固体溶液增加纤锌矿结构化薄膜的压电系数，该固溶体具有较大的阳离子，产生强烈变形和可变形的四面体。例如，$Al_{1-x}Sc_xN$ 薄膜的弹性刚度随合金化程度增加而下降，压电常数相应增加[106,107]。在 Mg 和 Nb 共掺杂的 AlN

中，观察到可比较的增强，其中较大的阳离子增加了压电响应[108]。该领域中存在的开放问题是较高的 $d_{33,f}$ 和 k_t 系数是否可以与高 Q_m 配对，或者是否在 Q_m 和 $d_{ijk,f}$ 之间存在固有的权衡。

（3）用于压电应用的铁电薄膜

对于在给定电压下需要较高位移的应用，薄膜中需要较高的压电系数[109]。如上面对块状单晶和陶瓷所讨论的，通过使用基于诸如 PZT 或 PMN-PT 的组合物的铁电薄膜，可以实现高压电系数和高应变，性能在 MPB 附近上升，或者可以引入极化旋转或畴壁运动。实现高压电响应的关键是开发具有均匀组成的良好取向的薄膜，然而，相对于相同组成的不受约束的块状材料，由基底材料引起的强夹持倾向使得块状材料对铁电畴壁的外在贡献显著降低。也就是说，由于畴壁对响应的贡献，小信号和大信号特性不同[110]。与散装材料的情况一样，无铅压电薄膜也正在开发[111]。

3.2.1.6 压电材料性能

压电效应是由于晶体在机械力的作用下发生形变，从而引起带电粒子的相对位移，使晶体的总电矩发生改变。如果在晶体结构中存在对称中心，由于正负离子电荷中心不会因外力而发生相对位移，所以不会产生压电效应。无对称中心的晶体，存在极轴，机械力引起的形变可引起总电矩的变化，故有可能存在压电效应。根据晶体学，晶体的对称性可根据其结构中具有的对称要素的组合分为 32 种点群。在这 32 种点群中，有 11 种具有对称中心，该类结构的晶体不具有压电性；其他 21 种点群不具有对称中心，除 432 点群外，该类晶体有可能具有压电性。

上述描写材料压电性能的 d、e、h、g 矩阵中元素的独立分量数目及形式也取决于晶体的对称性。对称性越高，独立元素的数目越少。在适当的坐标系下，高对称性晶体的压电常数矩阵中零元素的数目也较多。432 点群晶体就是因为各元素均为零而不表现出压电性。压电陶瓷在极化前是各向同性的，只有在极化后才表现出宏观压电性，压电常数矩阵与 6mm 点群晶体的压电常数矩阵具有相同的形式。

除上述出现在压电方程组中的各类常数外，还经常使用机电耦合系数、机械品质因数等参数描述压电材料的性能。当对压电体施加机械力时，外力使压电体发生形变，并通过正压电效应产生束缚电荷。上述过程也可从能量转换角度来理解。外力所做的机械功，一部分因压电体的变形而以弹性能的形式储存在压电体中；另一部分则转换为电能，可以输出给压电体的电学负载。若对压电体施加外电场，外电场所做的电功中，将有一部分用来使压电体极化，以电能的形式储存在压电体中，另一部分将由于逆压电效应而转换为机械能，并输出给压电体的机械负载。

机电耦合系数 k 是用来描述压电体中机电耦合有效程度的参数。k 由下式定义：

$$k^2 = E_i / E_{ex} \tag{3.36}$$

式中，E_i 表示转换获得的能量；E_{ex} 表示输入的总能量。

转换获得的能量和输入的总能量分别为转换获得的电能或机械能和输入的机械能或电能。机电耦合系数与压电材料所常受外力或外电场的作用方式有关，也就是说，与压电振子的振动模式有关。常用的机电耦合系数有对应于圆片径向振动的 k_p，对应于厚度振动的 k_t，对应于圆柱体轴向伸缩振动的 k_{33}，对应于长方形薄片长度伸缩振动的 k_{31} 和对于厚度剪切振动的 k_{15} 等。可以证明：

$$k_{31}^2 = d_{31}^2 / (s_{11}^E \varepsilon_{33}^T) \tag{3.37}$$

$$k_{33}^2 = d_{33}^2 / (s_{33}^E \varepsilon_{33}^T) \qquad (3.38)$$

$$k_{15}^2 = d_{15}^2 / (s_{55}^E \varepsilon_{11}^T) \qquad (3.39)$$

$$k_p^2 = \frac{2}{(1-\mu)} k_{31}^2 \qquad (3.40)$$

$$k_t^2 = e_{33}^2 / (\varepsilon_{33}^S c_{33}^D) \qquad (3.41)$$

式中，μ 为泊松比。

在交变电场下，压电体将产生机械振动。由于材料的内摩擦，将在压电体内部产生能量损耗。机械品质因数 Q_m 就是衡量压电体在谐振时机械内耗大小的参数，其定义为：

$$Q_m = 2\pi W_m / W_k \qquad (3.42)$$

式中，W_m 为谐振时振子内储存的最大机械能量；W_k 为谐振时振子每周期内机械损耗的能量。Q_m 也是与压电振子振动模式有关的量。Q_m 和 k 均可通过压电振子谐振时的频率特性而获得。

3.2.2 压阻材料

3.2.2.1 金属应变电阻材料

康铜应变合金是目前制造静负荷、长时间测量用金属应变计的一种较理想的敏感栅主体材料，其灵敏系数为 2 左右，有良好的力学性能，灵敏系数相对应力的稳定性高，在塑性范围内灵敏系数几乎不变，其灵敏系数与应变的关系见图 3.7。改变康铜合金的成分或对其进行热处理，都可起到调整灵敏系数和电阻温度系数的作用。康铜的耐辐射性较好，可用来制造耐辐射应变器件。但这种合金应变计的低温性能不好，在液氮温度下它的热电输出较大使得测量无法进行。

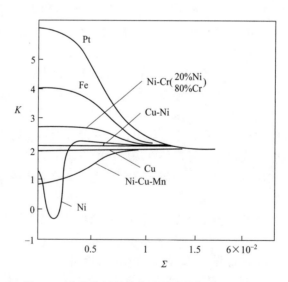

图 3.7　几种常用材料的灵敏系数与应变的关系

应变锰白铜是高精度应变计专用的一种合金材料，由白铜、锰、镍和少量的其他金属经真空熔炼而成。电阻温度系数小、化学稳定性较好。镍铬铝铁合金又称卡玛合金，是在镍铬中加入少量的铝和铁制成的，主要特点是电阻率高，灵敏系数大，电阻温度系数小，并且具有较高的抗拉强度，是制造静态应变计敏感栅的理想材料。镍铬合金是制造中温和高温应变计的一种常用材料，特点是电阻率高，工作温区宽，抗氧化能力强，最高使用温度可达 700℃。

铁铬铝合金是制造金属应变计敏感栅的较好材料，典型成分是 Fe70%、Cr25%、A15%，特点是灵敏系数大、电阻率高，当环境温度升高时材料的弹性基本不变，抗氧化性能好，并且材料的固有频率在一定温度范围内恒定。这种合金的应变计能在较宽的温度范围内工作，最高静态工作温度可达 700℃，动态工作温度可达 1000℃，而且低温性能也较好，是一种较为理想的高温应变材料。铂钨合金是目前高温应变计最常用的贵金属合金，合金成分是 Pt92%、W 8%。该合金的特点是抗氧化能力强，工作温度高，灵敏系数大，并且阻值和灵敏系数的稳定性都较好。尽管电阻温度系数较大，但随温度呈线性变化。

3.2.2.2 半导体压阻材料

作为半导体压阻材料使用的主要是单晶硅。当外力作用在单晶硅上时，单晶硅的电阻率发生显著变化，称为压阻效应。半导体压阻材料的力电转换指标是压阻系数 G。单晶硅的灵敏度系数 K 与压阻系数 G 和弹性模量 E 之间有以下关系：

$$K=1+2\mu+GE \tag{3.43}$$

金属材料的 GE 项很小，泊松比 μ 的数值为 $0.25\sim0.50$，故灵敏度系数 $K=1+2\mu=1.5\sim2.0$。半导体材料的 GE 项比 $(1+2\mu)$ 大得多，前项可以忽略。其压阻系数 G 值为 $(40\sim80)\times10^{-11}\,\mathrm{m^2/N}$，弹性模量 $E=1.67\times10^{11}\,\mathrm{Pa}$，灵敏度系数 $K=50\sim100$，故比金属材料的灵敏度系数大 50 倍左右。

单晶硅的压阻系数是各向异性的，在制作压阻传感器时，为了使灵敏度尽可能高，应使扩散电阻的方向与压阻系数大的晶向一致。P 型硅在 [111] 方向压阻系数最大，N 型硅在 [100] 方向压阻系数最大。单晶硅在常温下稳定，在高温下能与氧、氯、水蒸气等发生反应。处于熔融状态时，单晶硅能与氮、碳等元素反应，生成氮化硅和碳化硅。硅中的掺杂不仅影响材料的压阻系数，而且影响材料的温度特性和电阻率。轻掺杂的单晶硅的压阻系数较大，电阻温度系数也较大，由轻掺杂单晶硅制成的应变计的灵敏度系数也较大。高掺杂单晶硅则与此相反，这种矛盾只能依照实际需要来加以调整。提高杂质浓度是改善器件温度特性的一个重要工艺手段。但掺杂材料在硅单晶中有一定的固溶度，如图 3.8 所示，所以浓度不可能无限制地增加。

3.2.2.3 厚膜压阻材料

厚膜压阻传感器是利用厚膜电阻的压阻效应研制而成。这种压阻传感器具有使用温度范围大（$-40\sim125℃$）、量程宽（$20\mathrm{kPa}\sim20\mathrm{MPa}$）等优点。厚膜电阻是由导电相（$RuO_2$、Pd-Ag 合金、钌酸盐）与玻璃相（硼-硅-铅玻璃）组成的多相体系。微观结构为：导电相颗粒组成曲折的导电长链，并交织成网络。每条长链都可以看作是由表面层覆盖有玻璃相涂层的导电相颗粒连接起来的。在烧结过程中，玻璃相软化，形成厚约 10nm 的粘接层，将导电颗粒紧紧粘接在一起。这些导电长链相互交织形成导电网络。由于受拉伸或压缩应力影响，电阻体的几何形状发生变化，从而使厚膜电阻的电阻率发生变化。

厚膜压阻传感器中的应变电阻采用厚膜工艺将钌酸盐厚膜电阻直接印刷，烧结在陶瓷弹性体（高铝陶瓷基板）上，应变电阻体与陶瓷弹性体形成牢固的"整体"，不需要像金属应变片那样粘贴在弹性体中，即使长期承受压力，应变电阻与弹性体仍然保持为一个不可分割的"整体"。这就避免常用的金属应变片式力敏器件用黏结剂与弹性体连接，这种方法强度

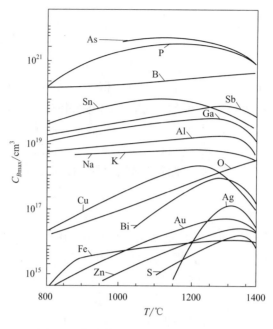

图 3.8　各种掺杂材料在硅中的固溶度

差，长期工作下往往因黏结剂的老化或变质引起力敏器件的性能劣化。厚膜应变系数大于金属应变片式压阻器件，温度特性也明显优于半导体压阻器件。耐酸、耐碱腐蚀性也较强，能在更严酷的环境下使用。

3.2.2.4　薄膜压阻材料

薄膜应变材料是用真空蒸发、溅射、离子镀等薄膜技术，将金属或合金材料直接淀积在衬底或基体上，不需要贴片工序，因而减少应变计的零漂、蠕变和机械滞后，增加了应变计的可靠性。

薄膜力敏材料应满足的条件为电阻率要高、电阻温度系数要小、材料与电极的接触电势要小和应变材料在测量范围内不发生相变。金属和合金一般电阻率较低，要制作应变计则要求它们有足够大的电阻值，这样在应力作用下电阻的变化率 ΔR 才比较明显。当阻值太小时，为了消除接触电阻的影响，会增加测量电路的复杂性。电阻温度系数 α_R 反映应变电阻随温度变化的灵敏程度，在测试压力过程中，环境的温度可能会发生变化。在压力冲击下，应变计的表面温度也可能发生变化。若 α_R 大，则以上这些因素会使应变计的电阻值发生显著变化，使测试精度和稳定性受到严重影响。应变计在受力作用时的电阻变化是通过电桥输出电压变化来测量的。若应变材料与电极接触时接触电势过大，则会造成测量误差。

一般要求电阻变化量与作用力有良好的线性关系，否则将无法进行压力测量。除了线性关系外，还要求灵敏系数大，这样灵敏度就高。许多合金材料，在压力不太大的情况下，电阻变化率与作用力有较好的线性关系。外力大到某种程度后，明显的塑性形变使上述线性关系不再存在，在高压力时还会发生相变，电阻率和应变的关系变得不连续。到目前为止，可用于 GPa 以上的应变计材料仅锰铜和镱两种。因为合金的温度系数比相应金属的小，所以很适合用于薄膜应变器件。但在淀积薄膜时，不同金属的蒸发速率或溅射速率差别较大，淀积出的薄膜一般不再是源材中的成分，所以在控制应变计的性能一致性方面，合金材料比单一成分要困难。

3.2.2.5　掺杂材料

掺杂材料是指为了调节器件灵敏系数、电阻值、温度性能等特性而掺入主体材料中的微量元素。对于金属应变材料，掺杂多在合金制备过程中进行。对于压阻材料，体型器件的掺杂是在晶体制备时进行的，而扩散型器件的掺杂是在器件的扩散工艺中通过热扩散方法实现的。扩散型力敏器件通常是用二氧化硅作为掩蔽膜，在选用掺杂物时要考虑杂质穿透掩蔽膜的能力。因为镓和铝穿透二氧化硅的能力很强，故不宜作扩散型掺杂物。相反，硼和磷在二氧化硅中扩散速度很慢，所以通常用这些元素作扩散杂质源。制造扩散型力敏器件常用的掺杂材料有硼微晶玻璃、氮化硼、三氧化二硼、溴化硼、三氯氧磷、含磷陶瓷、二氧化硅乳胶等。

压阻器件的基底材料通常是指支撑敏感体或将被测件表面的应变传递给应变计的材料。因此基底材料应具有较高的抗拉强度和抗剪切性能，并能与压阻部分牢固结合和实现应力传递，还要有较高的热稳定性、化学稳定性和绝缘性。目前主要的基体材料有高铝瓷、微晶玻璃、无碱玻璃纤维布和半导体材料等。制作压阻器件还需要一些辅助材料，如高纯氧气、高纯氮气及一些化学试剂。高纯氧气主要是对基体材料表面进行氧化，使制备出的氧化层致密、耐高压以及掩蔽杂质扩散。高纯氮气常用作半导体工艺中液相扩散源的携带气体，或气体扩散源的稀释气，并在扩散炉中作保护气，在光刻中作置换气。

3.3　力敏器件的类型

3.3.1　压电振子

压电振子是最基本的压电器件，是制备有电极的压电体，也称为压电谐振体。压电振子主要有压电晶体振子和压电陶瓷振子。压电振子可以被做成各种压电器件，如谐振器、滤波器及振荡器等。

3.3.1.1　压电振子的振动模式

压电振子在电场作用下，由于内部产生应力而形变，从而产生机械振动。压电体的电能与机械能之间的转换（耦合）是就一定大小和形状的振子在特定条件下，借助于振动来完成的。振子的振动方式即称为振动模式。压电体的机械振动模式有多种，经常采用的有伸缩振动、弯曲振动、面切变振动和厚度切变振动模式等。

压电振子振动模式的示意图如图 3.9 所示。图 3.9(a) 为伸缩振动模式，是沿压电体的长度方向振动的，其频率范围一般在 $15\sim200kHz$ 之间，是用得很多的一种模式；图 3.9(b) 为弯曲振动模式，是一种谐振频率较低的振动模式，其频率范围大致为 $0.5\sim100kH$；图 3.9(c) 是一种厚度切变振动模式，频率范围大致可达 $300\sim350000kHz$；图 3.9(d) 是一种面切变振动模式，频率范围大致为 $100\sim1000kHz$。还有一种振动能量主要限制在振子电极区域间的能陷振子，其相对带宽为 $4\%\sim6\%$，适用频率范围为 $3\sim30MHz$。压电振子的谐振频率和相对带宽取决于振子的尺寸、振动模式以及振子材料的机电耦合系数。在设计压电器件时，除了选择合适的压电材料以外，还需要选择合适的振动模式。

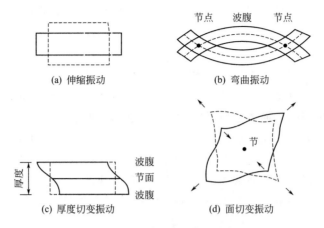

图 3.9　压电振子振动模式示意图

长度伸缩振动模式。图 3.10 所示为一种薄长片压电振子（对压电陶瓷振子而言，其极化方向与厚度方向平行，电极面与厚度方向垂直）的示意图，片的两端处于机械自由状态。在外加交变电场作用下，薄长片产生沿长度方向的伸缩振动。图中示出片内各点的振动方向和振动传播方向，二者皆与长度方向平行，是一个纵波。片中心的振幅等于零，是波节；片的两端振幅最大，是波腹。

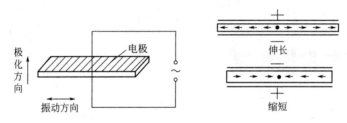

图 3.10　长度伸缩振动模式示意图

谐振频率 f_r 与片长 l 之间的关系为：

$$f_r = \frac{1}{2l}\sqrt[2]{Y/\rho} \quad \text{或} \quad f_r = N_1/l \tag{3.44}$$

式中，Y 为杨氏模量，与弹性柔顺常数 S_{11}^E 的关系为 $Y = 1/S_{11}^E$；ρ 为密度；N_1 为频率常数。

压电陶瓷振子的相对带宽可用下式表示：

$$W = 0.41 k_{31}^2 \quad \text{或} \quad W = \frac{0.41(1-\mu)}{2} k_p^2 \tag{3.45}$$

式中，μ 为压电陶瓷的泊松比；k_{31} 和 k_p 分别是压电陶瓷的横向和径向机电耦合系数。

石英振子的 f_r 与 l 的几何尺寸关系如下：

谐振频率：
$$f_r = K_f/l \tag{3.46}$$

宽度（mm）：
$$W = \gamma l \tag{3.47}$$

厚度（mm）：
$$t = \frac{L}{K_L}\gamma \tag{3.48}$$

式中，K_f 为晶体振子的频率常数，kHz·mm；γ 为晶体振子的边比；K_L 为晶体振子的电感常数，H/mm；L 为晶体振子的等效电感，H。

由此可知，长度伸缩振动模式的谐振频率与其长度成反比，片子愈长，谐振频率愈低，片子愈短，谐振频率愈高。但片子要有合适的长度，太长时制造有困难，太短时将失去长条片的特点。长度振动模式适用的频率范围约为 $15\sim200\mathrm{kHz}$。薄圆片的径向伸缩振动模式如图 3.11 所示，该振动模式是沿圆片的径向作伸缩振动，频率的适用范围大约在 $200\mathrm{kHz}\sim1\mathrm{MHz}$。厚度伸缩振动模式如图 3.12 所示，其谐振频率与厚度成反比，振子的厚度可以做得很薄，从而可以得到较高的频率。这种振动模式适用的频率范围约为 $3\sim10\mathrm{MHz}$ 或更高一些。

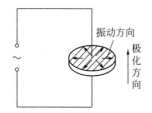

图 3.11　薄圆片的径向伸缩振动模式

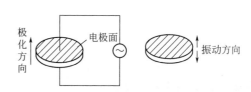

图 3.12　厚度伸缩振动模式

厚度切变振动模式如图 3.13 所示。从图中看出，外加电场为 1 方向，即厚度方向，极化为 3 方向（对压电陶瓷振子而言）。振动时 A_2 面产生切变，振动方向与 3 方向平行，而波的传播方向则与 1 方向平行，是横波。

对于压电陶瓷振子，厚度切变振动谐振动频率 f_r 与厚 t 的关系为：

$$f_r = N_{15}/t \qquad (3.49)$$

式中，N_{15} 为压电陶瓷振子的频率常数。

压电陶瓷振子的相对带宽为

对于 TS_1：$W = 0.405/\left(\dfrac{1}{k_{15}^2} - 0.810\right)$ $\quad(3.50)$

对于 TS_2：$W = 0.405/\left(\dfrac{1}{k_{15}^2} - 0.595\right)$ $\quad(3.51)$

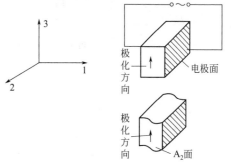

图 3.13　厚度切变振动模式

式中，TS_1 表示振子沿长度或宽度方向极化，沿厚度方向施加激励电场，波的传播方向垂直于极化方向（即厚度方向）的情况；TS_2 表示振子沿厚度方向极化，沿宽度或长度方向施加激励电场，波的传播方向和极化方向平行（即厚度方向）的情况。

压电陶瓷的 k_{15} 一般都较大，厚度切变模式比较容易被激励。其 f_r 与 t 成反比，所以常用于数兆赫以上的高频范围。AT 切型的厚度切变振动模式的晶体振子，一般也用于 $1\mathrm{MHz}$ 以上的频域。对于 $5\mathrm{MHz}$ 以下的晶体振子，常用倒边的办法，使晶片振子的中间为平面，边缘为弧面；而对 $5\mathrm{MHz}$ 以上的晶片振子，因晶片已经很薄，因而不需倒边。

宽度弯曲振动模式如图 3.14 所示。采用分割电极的方法如图 3.14(a) 所示，将振子主平面上的电极分割为两对，就可在振子内设置两个方向相反的电场，其中一个电场使振子的一部分伸长，另一个电场使振子的另一部分收缩，于是振子就能产生弯曲振动，如图 3.14 (b) 所示。对于两端自由的振子（片状），两个节点分别位于片端 0.224 处。在振动时，振子的中线（电极分割线）既不伸长也不缩短。

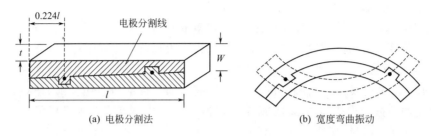

图 3.14　宽度弯曲振动模式

对于压电陶瓷材料做成的长条宽度弯曲振动模式的振子，其谐振频率可以写成如下形式：

$$f_r = N_{1W} \frac{W}{l^2} \tag{3.52}$$

式中，l 为振子的长度；W 为宽度；N_{1w} 为陶瓷振子的频率常数。

这种振动模式的相对带宽为：

$$W \approx 0.06 k_p^2 \tag{3.53}$$

陶瓷振子的尺寸的关系，一般为：

$$l \geqslant 3.5W, W = (4 \sim 10)t \tag{3.54}$$

式中，W 为宽度；t 为厚度。

在具体计算时，需要应用查曲线的方法确定晶体振子的几何尺寸。图 3.15 给出 +5°弯曲振动模式晶体振子频率常数 N_{f_1} 和边比 γ 之间的关系。该曲线是用实验的方法绘制的，在计算晶体振子的几何尺寸时十分有用。

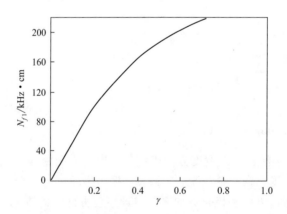

图 3.15　+5°弯曲振动模式晶体振子的 N_{f_1}-γ 曲线

若将两个径向模式压电陶瓷振子黏结起来，并根据两压电陶瓷片的极化取向相同或相反分别以并联或串联方式接入电源，即可产生厚度弯曲形变，在交变电场作用下即可产生厚度弯曲振动，其基音频率 f_s 为：

$$f_s = N_{rt} t/d \tag{3.55}$$

式中，N_{rt} 为该模式的频率常数；t 为厚度；d 为直径。其相对带宽为：

$$\frac{\Delta f}{f_s} = 0.24 k_p^2 \tag{3.56}$$

圆片厚度弯曲振动模式适用的频率范围为 2～70kHz。把压电陶瓷圆片与金属片粘接后也可激励厚度弯曲振动,压电陶瓷蜂鸣器工作于这种振动模式。其基音频率 f_s 为:

$$f_s = \frac{Ct}{d^2}\sqrt{\frac{Y_{11}^E}{\rho(1-\mu^2)}} \tag{3.57}$$

式中,t 为复合振子的总厚度;d 为直径;Y_{11}^E 为杨氏模量;ρ 为复合振子的平均密度;μ 为泊松比;C 为与固定方式有关的比例常数,在节点和周边固定时 C 值分别为 0.117 和 0.0583。

所采用的金属片的线膨胀系数应尽可能接近压电陶瓷的相应值。钛金属的性能最佳,但其价格昂贵,故常用金属片为黄铜和不锈钢。作为发声器件,当频率一定时,其输出声压取决于驱动复合振子的力:

$$F = k_p V \sqrt{\pi Y_{11}^E \varepsilon_{33}^T / \varepsilon_0} \tag{3.58}$$

式中,V 为激励电压;k_p 为平面机电耦合系数;Y_{11}^E 为杨氏模量。

当片状压电振子的电极面积相对于片状振子的面积很小时,适当的电极面积及其金属质量负荷就可以产生所谓的能陷现象,如图 3.16 所示。能陷发生以后,激发能量被局限在点电极之下,并向四周呈指数衰减,其能量分布如图 3.17 所示,这时点电极区域和附近边缘形成一个独立的振动系统。振动能量在电极外部能很快地被损耗掉,因而不会出现与轮廓振动的高次泛音以及与轮廓振动相耦合而产生的假响应,从而使振子得到良好的厚度振动响应。能陷振动模式实质上是一种厚度伸缩振动,在高频压电器件中得到广泛的应用。能陷振动模式振子的相对带宽,仍由压电材料的机电耦合系数决定。振子的谐振频率和振子的厚度、电极的半径以及电极质量负荷有关,因此可以通过改变能陷振子的厚度、电极大小和电极厚度来改变其谐振频率 f_r。

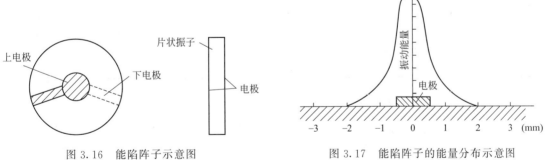

图 3.16 能陷阵子示意图   图 3.17 能陷阵子的能量分布示意图

综合以上所述,压电振子可以采取不同的振动模式和尺寸,以适应不同的频率要求。在压电器件的设计中,要根据电气指标、强度、体积、加工条件、经济价值等进行全面的考虑,选择合适的振动模式。表 3.2 和表 3.3 分别列出部分压电陶瓷振子、石英晶体振子的有关性能参数。

表 3.2　压电陶瓷振子的特性

振子名称	谐振频率	相对宽度	材料频率常数/kHz·mm	适用带宽/%	适用频率/kHz
长条厚度弯曲振子	$N_{1t}\dfrac{t}{l^2}$	$0.20k_{31}^2$	3740	0.25～3.0	0.5～2.0
圆片厚度弯曲振子	$N_{rt}\dfrac{t}{D^2}$	$0.24k_p^2$	11000	0.80～8.0	2～70

振子名称	谐振频率	相对宽度	材料频率常数/kHz·mm	适用带宽/%	适用频率/kHz
开槽环张闭式振子	$N_{rw}\dfrac{b}{D^2}$	$0.06k_p^2$	255	0.40~3.0	5~70
长条宽度弯曲振子	$N_{1w}\dfrac{b}{l^2}$	$0.06k_p^2$	3020	0.30~1.0	20~60
长条伸缩振子	$N_1\dfrac{1}{l}$	$0.41k_{31}^2$	1705	0.50~5.0	50~150
圆片径向振子	$N_r\dfrac{1}{D}$	$0.40k_p^2$	2600	1.6~15.0	100~1000
圆片环电极径向振子	$N_{rr}\dfrac{1}{D}$	$0.8k_p^2$	7050	0.5~4.0	1000~3000
圆片环电极二次泛音振子	$N_{rr2}\dfrac{1}{D}$	$0.06k_p^2$	10400	0.4~2.0	3000~6000
圆片全电极厚度伸缩振子	$N_t\dfrac{1}{t}$	$0.40k_p^2$	2150	1.0~4.0	1000~6000
厚度切变振子	$N_{15}\dfrac{1}{t}$		1200	15.0~25.0	1000~6000
点电极厚度伸缩振子	$N_{td}\dfrac{1}{t}$	$0.24k_p^2$	2350	4.0~9.0	3000~30000
点电极厚度伸缩三次泛音振子	$N_{td3}\dfrac{1}{t}$	$0.025k_p^2$	7050	0.6~1.0	6000~60000

表 3.3 部分石英晶体振子的性能参数

切割形式	边比 $\gamma=W/l$	振动形式	频率常数 K_f /(kHz/mm)	电感常数 K_L/(H/mm)	频率温度系数(TCF) /10^{-6}℃$^{-1}$	主要的寄生谐振频率
$+5°$	0.17	长度伸缩	2805	10.5	<-2	比主频低20%
MT	0.5	长度伸缩	2760	15.4	<2	比主频高20%
$-18.5°$	0.5	长度伸缩	2760	13.9	<-25	比主频高34%
$+5°$	0.17	二次泛音	2805	11.5	<1	
CT	1	面切变	3092	24.75	<2	比主频高96%
GT	0.855	分界切变	3293	17.0	<1	比主频低14%
HT	0.135	面切变	2585	4.4	<1	比主频高10%
AT		厚度切变	1665		<1	

3.3.1.2 压电振子的基本特性

压电振子既是机械谐振体，又是电谐振体，并且有一系列的谐振频率。频率由低到高，第一次出现的谐振频率称为基波频率，以后出现的谐振频率称为泛音频率。压电振子的等效阻抗随频率的变化规律如图 3.18 所示。需要指出的是在基波和泛音附近都可以用图 3.19 所示的等效电路和阻抗特性来描述，只不过等效电路中的参数不同而已。压电振子的谐振特性常用到三对频率，即六个特征频率，分别是谐振角频率 ω_r 和反谐振角频率 ω_a、最小阻抗

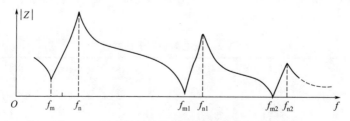

图 3.18 压电振子的等效阻抗随频率的变化规律

（即最大导纳）角频率 ω_m 和最大阻抗（即最小导纳）角频率 ω_n、串联谐振角频率 ω_s 和并联谐振角频 ω_p。

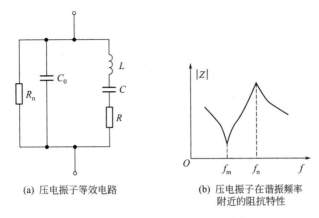

(a) 压电振子等效电路　　　(b) 压电振子在谐振频率附近的阻抗特性

图 3.19　实际长条振子的等效电路（a）及阻抗特性（b）

f_s 是等效电路中 $R=0$ 时的 LC 串联谐振角频率，即：

$$f_s=\frac{1}{2\pi\sqrt{LC}} \tag{3.59}$$

f_p 是等效电路中 $R=0$ 的 LC 串联和 C_0（静态电容）并联电路的并联谐振频率，即：

$$f_p=\frac{1}{2\pi\sqrt{L\dfrac{CC_0}{C+C_0}}} \tag{3.60}$$

在压电振子的等效电路中，若等效阻抗为纯电阻性，即电纳 $B=0$ 时，电路产生谐振，此时的频率为：

$$f_r=f_s\sqrt[2]{1+\frac{R^2C_0}{L}},\quad f_a=\sqrt[2]{1-\frac{R^2C_0}{L}} \tag{3.61}$$

式中，f_r 为谐振频率；f_a 为反谐振频率。

一般情况（$R\neq0$），f_r、f_s、f_m 是彼此不相等的，f_a、f_p、f_n 也是彼此不相等的。只有在忽略介质损耗和机械损耗的条件下，即 $R_n=\infty$、$R=0$ 时，才有：$f_r=f_s=f_m$，$f_n=f_p=f_a$。在实际工作中，当损耗不能忽略时，则采用一级近似进行换算。

根据 Q_m 的定义，Q_m 可表示为：

$$Q_m=2\pi\frac{W_0}{W_\alpha} \tag{3.62}$$

式中，W_0 表示谐振时振子内储存的机械能；W_α 表示谐振时每周内振子消耗的机械能。

经推导，得：

$$Q_m=\frac{1}{4\pi c_0R\Delta f} \tag{3.63}$$

$$Q_m=\frac{f_a}{2\Delta f}\sqrt{\frac{Z_a}{Z_r}} \tag{3.64}$$

式中，Z_r 为谐振阻抗；Z_a 为反谐振阻抗。

$$\Delta f=f_a-f_r \tag{3.65}$$

Q_m是描述振子机械损耗大小，谐振曲线尖锐程度的一个量。Q_m越高，振子的Z_r越小，Z_a越大，振子谐振曲线越尖锐。振子的Q_m越高，Z_a/Z_r也就越大。

根据机电耦合系数的定义：

$$k = \frac{U_1}{\sqrt{U_M U_E}} \tag{3.66}$$

式中，U_1为压电振子的压电能密度；U_M为压电振子的弹性能密度；U_E为压电振子的介电能密度。

机电耦合系数k是压电振子的重要参数之一，设计器件时，它是决定带宽的重要因素。机电耦合系数虽然是无量纲的物理量，但是由于压电振子的机械能取决于振子的形状和振动模式，所以不同的振动模式具有相应的机电耦合系数。压电陶瓷的机电耦合系数共有5个，即平面耦合系数k_p、横向耦合系数的k_{31}、纵向耦合系数k_{33}、厚度振动机电耦合系数k_t和厚度切变振动机电耦合系数k_{15}。

压电振子的振动不仅与材料性质有关，而且也与外形、尺寸有关，但频率常数却只与材料性质与振动模式有关。因此，压电振子由于材料和振动模式不同，频率常数也有差异。

长度伸缩振动的薄长片，该振子的频率常数为：

$$N_1 = f_r l \tag{3.67}$$

径向伸缩振动的圆片，该振子的频率常数为：

$$N_d = f_r d \tag{3.68}$$

式中，f_r为谐振频率；d为圆片的直径；l为薄长片振子的长度。

薄板厚度振动模式，其频率常数为：

$$N_t = f_p t \tag{3.69}$$

$$f_p = \frac{1}{2t}\sqrt{\frac{c_{33}^D}{\rho}} \tag{3.70}$$

式中，t为振子的厚度，m；ρ为振子密度，kg/m^3。

厚度切变振动模式，该振子的频率常数为：

$$N_{15} = f_p t \tag{3.71}$$

其中：

$$f_p = \frac{1}{2t}\sqrt{\frac{c_{44}^D}{\rho}} \tag{3.72}$$

式中，c_{44}^D为恒定电位移（开路）下的弹性刚度系数，N/m^2；ρ为体积密度，kg/m^3；t为振子的厚度，m。

与电场平行的棒长度伸缩振动模式，该模式振子的频率常数为：

$$N_{33} = f_p l \tag{3.73}$$

$$f_p = \frac{1}{2l}\sqrt{\frac{1}{\rho s_{33}^D}} \tag{3.74}$$

根据实践证明，在特定的振动模式条件下，谐振频率与其相应的线度尺寸成反比。对同一种材料不同振动模式的压电振子，频率常数间具有一定的关系，如$N_1 = 0.733N_d$，式中N_1为长度伸缩振动，N_d为径向振动。通常介质损耗用损耗的正切值$\tan\delta$来表示，并有两种等效电路和计算方法，如图3.20所示。

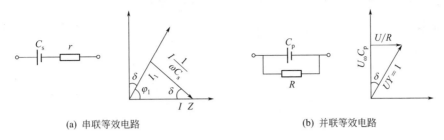

(a) 串联等效电路　　　　　　　　　　　(b) 并联等效电路

图 3.20　介质损耗等效电路图（Y 为导纳）

串联等效电路时，

$$\tan\delta = \omega C_s r \tag{3.75}$$

并联等效电路时，

$$\tan\delta = 1/(\omega C_p R) \tag{3.76}$$

式中，ω 为交变电场的角频率；C_s 和 C_p，r 和 R 分别为串联与并联时的静电容和损耗电阻。介质损耗 $\tan\delta$ 的倒数为 Q_e（电学品质因数）。$\tan\delta$ 和 Q_e 都是无量纲的物理量。

一般介质损耗越大，材料性能就越差。静电容 C_0 反映出压电振子材料介电系数的大小，是影响振子阻抗值的一个重要参数，其不仅与材料性能有关，而且还与振子的几何尺寸有关。

3.3.1.3　压电振子性能的稳定性

压电振子的谐振特性主要由振子的静电容 C_0、介质损耗电阻 R_n、机械品质因数 Q_m 值、相对带宽 $\Delta f / f$ 以及谐振频率 f_r 等参数来描述，这些量与压电材料参数及压电振子的振动模式有关。任何一种压电材料，其性能都随时间、温度等条件发生变化，所以用来描述压电振子谐振性的各参数（如 f_r、$\Delta f / f$、Q_m、C_0 等）都会随时间和温度发生变化，故必须考虑这些参数的时间稳定性和温度稳定性问题。

压电振子的时间稳定性与压电材料及老化条件有关。一般的变化趋势是，f_r 及 Q_m 随时间延长而增大，C_0 随时间延长而减小。这些参数随时间的变化率近似地与所经历时间的对数成比例。压电陶瓷振子的性能随着时间的延长而越来越稳定。另外，压电振子的不同制造工艺也会影响其老化性能。人工老化可以加速时间稳定的过程，也就是说，人工老化可以改善时间稳定性。

压电陶瓷振子常用的人工老化方法是高温处理和高低温循环处理，温度及时间的选择应随材料的成分及极化条件而定。高温处理的温度过高，将使振子的相对带宽严重下降，且时间稳定性不一定好；温度过低则收不到加速老化的效果。若用高低温循环的方法，一般说来，温差大时效果较好。石英晶体振子常采取提高石英晶片光洁度的措施来克服加工中的老化因素，减小表面吸附，防止电极区域的污染；加强退火与烘烤工艺，消除石英晶片表层及电极膜中的应力；消除其他形式的污染。

压电陶瓷材料都是铁电材料，在居里点以下，介电常数随温度的升高而增大，即压电陶瓷振子的静电容温度系数为正。压电陶瓷振子的 Q_e 值与介质损耗电阻 R_n 有关，随温度的升高，R_n 减小，Q_e 减小。机电耦合系数随温度升高而减小，振子的相对带宽随温度升高而变化。压电陶瓷振子的谐振频率与温度的关系比较复杂，与材料的成分、制造工艺及振动模式有关。大体来说，同一种陶瓷材料制作的振子，厚度振动的温度稳定性比较好，径向振动的温度稳定性次之，长度振动温度稳定性较差，弯曲振动温度稳定性更差一些。压电陶瓷振子谐振频率温度稳定性比晶体的差，但比 LC 谐振器件要好一些。必须指出，厚度弯曲振子的 f_r、Q_m 和 C_0 的温度稳定性与用来粘合振子的黏合材料的性质和厚度有关。

石英晶体振子的温度稳定性主要考虑决定其频率稳定的频率温度稳定性。与石英晶体密度、尺寸和弹性常数有关，各种切型和振动模式振子的频率温度特性也各不相同。振动模式不同，晶体振子的频率温度特性也不同。

3.3.1.4 压电振子的假响应

压电器件要求压电振子在谐振时，频率响应为平滑的曲线，如图 3.21 所示。实际上，振子的频率响应既有主要谐振峰，又有小的谐振峰，这使振子的响应特性出现波动特征，如图 3.22 所示。这些波动称为假响应，或称杂波。产生杂波的因素很多，但主要来自于振子的内部结构不均匀和外形不规则、寄生振动模式和泛音及力学夹持状态等几个方面。振子外形不平整、内部不均匀，振子便成为一个不均匀的分布参数系统，振动时振子各部门截面上应力不均匀。这种不均匀的分布参数系统将会导致振子的固有振动频率发生偏差，从而产生杂波。

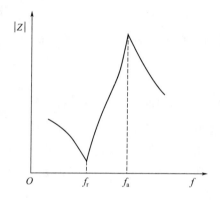

图 3.21　压电振子的谐振效应

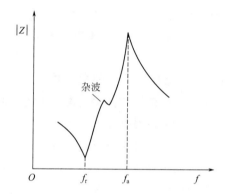

图 3.22　压电振子的杂波

一个特定形状的压电振子几何尺寸是有限的，对于有限的几何尺寸都有其固有的谐振频率。在外电场的激励下，压电振子会在各个方向上产生形变，当外电场的频率等于某个方向上的固有谐振频率时，在该方向上发生谐振的幅度最大。其他方向上的振动仍然存在，但幅度较小。根据需要利用振子的某一个方向上的振动，将沿该方向上的振动称为主振动，而其他方向上的振动是不需要的，我们称之为寄生振动。当振动的几何尺寸调整不合适时，寄生振动和其振动模式的高次泛音就会干扰主振动模式，这种对主振动模式的耦合和干扰就会导致杂波产生。压电振子的几何尺寸选择不恰当是产生杂波的重要原因之一。寄生振动是随电极尺寸的减小而减小的，所以常采用能陷振子来抑制寄生振动，但要精心设计能陷振子的电极。如果能陷振子的电极尺寸设计、调整得不合适，也会产生模式干扰而出现杂波。

压电振子处于自由振动状态时，振子上的某些点，其位移总是等于零，这些点称为节点。在支撑振子时，应该夹持在节点上，因为夹持在节点上才不影响振子的振动状态。如果夹持偏离节点，则相当于给振子施加一个外力，阻碍振子的自由振动，增大损耗并且迫使振子的谐振频率改变，夹持的位置不同，振子的谐振频率就不同。当支架和振子电极面的两个接触点对不齐时，每个接触点的影响不同，其谐振频率就会有差异，从而产生杂波。若采用焊接办法支撑振子，如果焊点偏离节点且不对称，也会产生杂波。压电振子的谐振频率和激励电平高低有关，随激励电平升高而谐振频率下降。过高的激励电平，还可能使振子衰老，性能变坏。强烈振动产生的超声辐射，也会给压电振子的应用带来一些不利影响。

3.3.2 声表面波器件

声表面波（SAW）泛指在弹性体自由表面产生并沿着表面或界面传播的各种模式的波，包括瑞利波、勒夫波等，通常依据声表面波的振动方式、向弹性固体内部的透入深度和所适应的边界条件来区分其类型与模式。瑞利波的特征是弹性体表面的质点在近表面沿椭圆轨迹运动，振幅随透入深度按指数衰减，能量也主要集中在表面下 1~2 个波长范围内。瑞利波的传播速度由传播载体的物理参数所决定，而与其振动频率无关。勒夫波是一种只有垂直于传播方向的水平运动而没有垂直运动的声表面波。可将勒夫波想象为一种槽波，衬底基片就是槽的上部边界。在槽两边的边界上会发生全反射，因此这些波代表通过多次反射面传播的能量。利用勒夫波制作的器件多应用在液体环境中。声表面波器件（SAWD）是利用沿固体表面传播的声表面波的原理及特点制成的器件，其基本器件是叉指换能器（IDT）。到目前为止，基于 IDT，已经研制成的表面波器件主要有延迟线、滤波器等。利用表面波还可制成多种微声器件，并组成微声电路，广泛应用于雷达、通信、电视、计算机、激光等许多领域。

叉指换能器是构成 SAWD 的基本组成器件，主要用于 SAW 的激励和检测，是影响和决定器件性能的重要因素。这种换能器是由在抛光的压电基片表面上沉积两组互相交错、周期分布的梳状金属条带（叉指电极）组成，每组电极跟一个称之为汇流条的总线相连。图 3.23 是叉指换能器的基本结构，其中 W 为换能器的孔径，a 为叉指宽度，p 为指间距，而 a 与 p 的比值 η 称为金属化率。这些参数不仅表征叉指换能器的结构特征，而且对换能器的电学和频率特性也有着重要影响，所以是设计各种声表面波器件的重要参数。叉指宽度 a、指间距 p 和孔径 W 都为常数，且将金属化率 $\eta=0.5$ 的 IDT 称为均匀换能器，而几何参数 a、p 或 W 随坐标变化的换能器则称为加权换能器。均匀换能器是最基本、最简单的

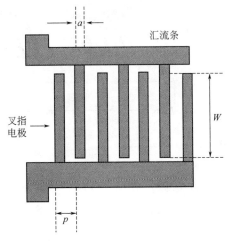

图 3.23 叉指换能器基本结构

IDT，下面主要以均匀换能器为例，介绍叉指换能器的工作原理和基本特性。

利用 SAW 来传播和处理信号的器件为 SAWD，其基本结构如图 3.24 所示，由具有压电特性的基片材料及其表面的两组 IDT 组成，分别作为输入和输出换能器。器件制作工艺与半导体集成电路的平面工艺兼容：在压电衬底上沉积一层一定厚度的金属薄膜，利用掩膜或投影曝光制备出 IDT 图形，然后采用化学湿法腐蚀或等离子体干法刻蚀出 IDT，可以直接激励和接收 SAW，当输入端输入电信号时，电信号通过压电基片的逆压电效应转换为机械能，并以 SAW 的形式在基片表面上传播；当 SAW 信号到达输出换能器时，再通过压电基片的压电效应转换为电信号输出，并通过 IDT 间的频率响应和脉冲响应来实现滤波、延时和传感等功能。

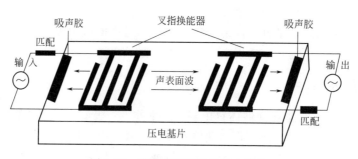

图 3.24　声表面波器件的基本结构

　　叉指换能器工作原理如图 3.25 所示，交变电压通过汇流条加在一组叉指换能器上，就会产生以一对叉指间隔为周期的电场分布，由于逆压电效应，压电介质表面附近会产生相应的弹性形变，从而引起固体质点的振动，并以伴有电场分布的弹性波形式从 IDT 末端传播出去。当该表面波传到压电介质的另一端时，又因为压电效应会在金属电极两端感应出电荷，从而可以利用另一组 IDT 输出交变电信号。这就是叉指换能器激励和检测声表面波的基本原理。值得注意的是，均匀 IDT 激励的声波会同时沿前后两个方向传播，故也称其为双向换能器。

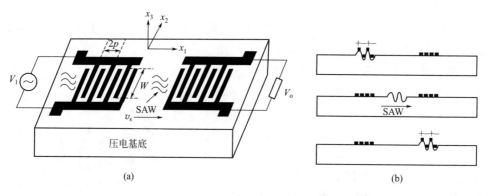

图 3.25　叉指换能器工作原理

　　IDT 激励声波时，表现为一列超声波源，每对叉指激励的声波会相互叠加，根据波的干涉原理，只有当指间距 p 等于 SAW 半波长（$\lambda_0/2$）的整数倍时，声波同相叠加，IDT 激励的 SAW 最强。也就是说，只有当外加激励电信号频率与 IDT 结构决定的声波频率 $f_0 = v_s/2p$（v_s 为 SAW 波速）相等时，IDT 发射的声波最强，所以 f_0 称为 IDT 的声同步频率或谐振频率。当偏离该频率的交变信号加于 IDT 上时，由于各叉指对激发的声波相位相消，所以叠加后总的声波幅度会减小。类似地，当入射的 SAW 频率等于 IDT 的声同步频率时，接收叉指换能器输出的电信号最强。

　　SAW 技术在使用过程中有很多的特点。声表面波的传播速度比电磁波小五个数量级，从而在同样频率时，声表面波的波长要比电磁波的波长小五个数量级。声表面波器件与电磁波器件相比，具有体积小、重量轻等优点。声表面波集中在固体表面传播，可以利用声表面波换能器随时随处引进或提取信号，对信号的处理很方便。声表面波器件的各种功能均在表面完成，制造这种器件所用工艺是半导体集成电路的平面工艺，所以声表面波器件可以满足平面集成化的要求，有可能做成新型的大规模集成电路。而半导体集成电路的先进工艺技术，为制造性能更优良的声表面波器件创造条件。

3.3.3 压阻器件

压阻器件是基于压阻效应将机械力和加速度等物理量转换成电信号的器件。我们已经知道一些金属和半导体材料具备压阻效应或压电效应，可以用来制作压阻器件。压阻传感器包括几何量、运动量和力学量传感器。几何量传感器指形变、位移传感器；力学量传感器指压力、应力、力矩和声敏传感器；运动量传感器是指加速度计和陀螺仪等惯性量传感器。从敏感器件材料来看，有金属、半导体、有机复合体和压电体等多种。电阻应变器件是一种将试件上的应变变化转换成电阻变化的传感器件。应变器件的敏感材料若由半导体材料构成则称半导体应变器件。

3.3.3.1 半导体应变器件

半导体应变器件在测量时产生误差的主要原因是温度变化时其产生零点漂移，温度自补偿半导体应变器件的工作原理是利用被测材料和应变器件的线膨胀系数不同产生热应变。这种利用自身具有温度补偿作用的应变器件称为温度自补偿应变器件。半导体应变器件的结构形式如图 3.26 所示。测试时将这种应变器件贴在被测试材料上。与被测材料接触的应变器件电阻温度系数 α 为：

$$\alpha = \alpha' + K_R(\alpha_m - \alpha_g) \tag{3.77}$$

式中，α' 为非接触时的应变器件电阻温度系数；α_m 为被测材料的线膨胀系数；α_g 为应变器件的线膨胀系数，K_R 为灵敏系数。

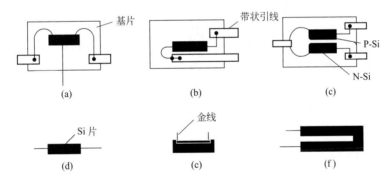

图 3.26　半导体应变器件的结构形式

如果选定 $\alpha = 0$，即 $\alpha_m = \alpha_g$ 的材料时，实现温度自补性能。通常 $\alpha_m > \alpha_g$，所以应使用 $K < 0$ 的半导体材料，即 N 型半导体材料。通常温度自补偿半导体应变器件在 $20 \sim 100℃$ 范围内补偿到电阻温度系数达到 $1 \times 10^{-6}/℃$，灵敏度系数为 105，非线性小于 2%，阻值 $50 \sim 500\Omega$。它可独自完成应力测量，做微型压力传感器的敏感器件以及电液伺服阀位移传感器敏感器件等。

将电阻温度系数相等的 P 型和 N 型两个应变器件粘贴在同一基板上组成的半桥式应变器件称为双器件温度补偿型半导体应变器件。在这种应变器件中，两个应变器件的应力变化是互相叠加的，但对温度变化却是相互补偿的，因此不产生零点漂移。这种应变器件还具有非线性补偿性能，灵敏度系数 K 可达 200，非线性小于 1.5% 时，阻值 $200 \sim 400\Omega$，补偿电阻温度系数为 $1 \times 10^{-6}/℃$。

3.3.3.2 电容式压阻传感器件

硅压力敏感电容器原理如图 3.27 所示。利用半导体腐蚀工艺，在玻璃基座上及硅膜内侧形成电极板，用静电封装工艺将玻璃基座同硅弹性膜封接在一起，形成一个有一定间隙的空气介质电容器。该电容器的电容量取决于电极板的面积和两极之间的间距。当硅弹性膜片的两边存在压力差时，硅膜片发生形变而使电容器的两极板的间距发生变化，因而引起电容量的变化。利用交流驱动信号把压力敏感电容器容量 C 的变化转化为直流输出电压。把力敏电容器与驱动及输出电路器件集成一体，就是一个较理想的电容式压力传感器。

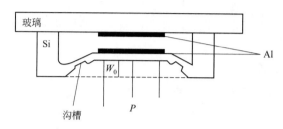

图 3.27　硅压力敏感电容器原理图

3.3.3.3 半导体压阻二极管

在半导体 PN 结上施加应力时，PN 结的结特性将随应力的变化而变化。利用这种现象制成的二极管叫半导体二极管。主要利用半导体 PN 结的单轴性压力效应的通用型 PN 结二极管种类较多。有的用金刚石探针在 PN 结上施加压力，这种局部集中力使禁带宽度和复合电流发生变化，从而引起伏安特性变化。有的在 PN 结附近加机械切口以改善压阻二极管电流-荷重特性的直线性。图 3.28 所示为压阻隧道二极管的伏安特性曲线及其受压力的影响。随着外加压力的增加，隧道电流也增加，特别是在特性曲线的负阻区，对压力变化很灵敏。利用这种特性可以制成压阻隧道二极管。在室温下 GaSb 是最好的力敏隧道二极管材料。

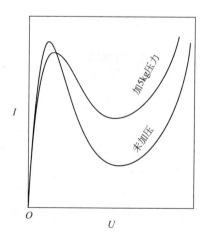

图 3.28　压阻隧道二极管的伏安
特性曲线及其受压力的影响

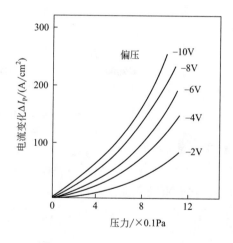

图 3.29　压阻肖特基二极管的
电流-压力特性曲线

压阻肖特基二极管的电流-压力特性曲线如图 3.29 所示。由图可见，正向电流随压力增加而增加，这是由于随着压力的增加，势垒高度减小的缘故，利用这种对压力敏感的特性可以制成压阻二极管。这种器件的灵敏度比通用型的 PN 结压阻二极管高两个数量级，频率特性达到100MHz。此外，在齐纳二极管上施加单轴应力时，该二极管可显示出对应力很敏感的伏安特性变化，因而也可制作出力敏齐纳二极管。采用集成电路工艺制作的薄膜型异质结压阻二极管的压力灵敏度非常高，应变灵敏度系数在1000左右。力-电压线性度较好。半导体压阻二极管可以用于无触点继电器、无触点开关、无触点电位器、半导体血压计、半导体加速度计、半导体话筒、拾音器等。还可以作为逻辑器件以及对力学敏感的其他传感器使用。

3.3.3.4 半导体压阻三极管

在晶体管的发射极和基极之间的PN结上施加局部压力时，晶体管的特性发生变化，特别是直流电流放大倍数变化显著。具有这种对压力敏感特性的晶体管称为压阻三极管。有两种方法对压阻三极管的发射极和基极之间的PN结施加局部压力：一是用尖端压针在PN结附近施加压力；二是把发射极和基极间结部分制成突起形状，然后在这个突起顶部的微小面积上用平面硬质加压体施加压力。第一种方法制作的器件结构简单，但局部压力过大时器件容易损坏，并且因加压位置的不同导致特性变化很大，因而器件特性的重复性差。利用第二种方法制作的压阻三极管的重复性和灵敏度较好。压阻三极管的灵敏度高、体积小，保持半导体三极管的特性，因此应用范围非常广。

图3.30所示为压阻三极管及其测量电路。调节电位器W的滑动触点可以设定三极管的基极注入电流，选择合适的工作点。被测压强的加入改变尖端压针作用于三极管发射结附近的压力，引起管子直流电流放大倍数的变化，进一步引起输出电压的变化。因此，由输出电压可以测量被测压强的大小。图3.31所示为利用压阻三极管对压力敏感的特性构成的脉宽调制（PWM）电路。作为调制用的压力加在压阻三极管T_1的尖端压针上，其他两只晶体管T_2和T_3均为普通双极型半导体三极管。压阻三极管的主要缺点是只有当所加应力大到接近其断点应力时，器件才有较高的灵敏度，这就要求必须给尖端压针设置一定的预应力，但这样使得封装变得困难，而且容易使器件因力过大产生不可逆的变化而失效。

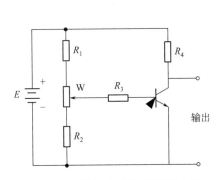

图 3.30 压阻三极管及其测量电路

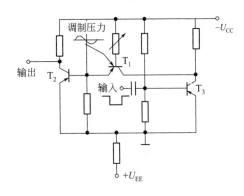

图 3.31 压阻三极管 PWM 电路

3.3.3.5 结型场效应压阻器件

结型场效应压阻器件的工作原理也是利用半导体的压阻效应。如图3.32所示，结型场效应管的S、G、D三个电极上外加一定的电压时，就会对应一定尺寸的沟道，即对应于一定数量的漏极电流I_D。整个沟道相当于一块半导体的电阻条。为了获得较大的压阻效应，沟道电阻的晶向（X、Y、Z）三轴需要有一定的选择。从半导体压阻理论分析表明，沟道电阻在应力作用下发生改变完全是由于载流子浓度和迁移率发生改变的结果。而对于不同晶向的迁移率的改变又是不一样的，压阻系数 π 在不同晶向有着不同的数值。在制造结型场效压阻器件时，选用压阻效应比较大的晶向，可以获得较高的灵敏度，结型场效应压阻器件的灵敏度比金属丝应变器件要高得多。

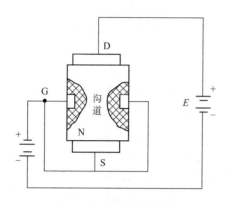
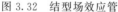

图 3.32　结型场效应管

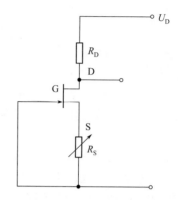

图 3.33　结型场效应压阻器件信号取出电路

图 3.33 所示为结型场效应压阻器件信号取出电路。直流稳压电源 U_D，负载电阻 R_D 接在漏极 D 上；源极 S 和栅极 U 之间有一只可变电阻 R_s，用以确定栅源电压 U_{GS}。当给结型场效应压阻器件施加一定大小的压力时，其漏极电流将随外力大小不同而发生变化，通过负载将电流的变化转换成电压的变化而输出。

半导体器件的最大缺点是对温度敏感，而结型场效应压阻器件最显著的优点就是对温度不敏感。图 3.34 所示为结型场效应压阻器件在不同温度下的转移特性曲线。由图可见，选择一定的栅源电压 $U_{GS}=U_{GSO}$，漏极电流 $I_D=I_{DO}$ 将不随温度的改变而变化，温度系数为零。这是由于温度增加时，载流子迁移率减小，沟道电流减小，漏极电流也减小；PN 结的势垒电压随温度的增加而减小，漏极电流却趋于增加，综合结果是 I_D 不变，器件的温度特性得到改善。对于 N 沟道管子，零温度系数工作的栅源电压和对应的漏极电流可用下式估算：

$$U_{GSO} \approx U_P + 0.64V \tag{3.78}$$

$$I_{DO} \approx I_{DSS}(0.64/U_P)^2 \tag{3.79}$$

式中，U_P 为夹断电压，对 N 沟道管子，U_P 是负值；I_{DSS} 为饱和漏极电流。

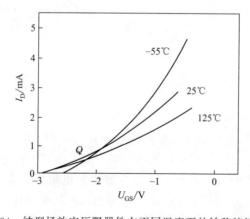

图 3.34　结型场效应压阻器件在不同温度下的转移特性曲线

单管结型场效应压阻器件在满量程（$1000\mu\varepsilon$，ε 为应变量）时，可输出数百毫伏的信号。灵敏度最高处是在 $U_{GS}=0$，此时漏极电流 I_D 最大，考虑到温度特性，一般应用器件时工作点不选此点。即使在零温度系数工作点时，也有数十毫伏的输出信号，能满足一般的使用要求。管子的跨导和灵敏度有关，跨导越大，零温度系数工作点的电流 I_{DO} 也越大，工作点的灵敏度也越高。改变栅源之间的电压大小，可以在 U_{GSO} 两侧得到负温度系数或正温度系数的不同温度系数的器件特性。因为器件工作在输出特性曲线的饱和区域，U_{DS} 改变时，I_D 几乎不变，所以结型场效应压阻器件对直流电源的要求不高。

3.3.3.6　MOSFET 压阻器件

金属（metal）-氧化物（oxide）-半导体（semiconductor）（简称 MOS）场效应器件在饱和区域工作时，沟道区表面存在导电的反型层，因此在源漏电压作用下有源漏电流出现。在源漏电压一定时，电流的大小反映表面反型层电阻的大小。MOS 器件的表面沟道电阻和体电阻一样是应力灵敏的，处于饱和区域工作的 MOS 器件源漏电流也是应力灵敏的。利用这一性质可以制作出 MOS 场效应管（MOSFET）压阻器件。MOSFET 压阻器件的压阻系数相当大，且具有可以通过改变栅源电压 U_{GS} 来调节其温度系数的好处，压阻器件的温度系数也较体材料的温度系数要小。解决器件参数的重复性和稳定性是这种器件应用的关键。

声电传感器件是一种压力-电传感器件，把声波的振动能量转换为电能，这种转换是可逆的。硫化镉、硒化镉、氧化锌等化合物半导体材料，不仅有压电性能，而且当声波能与电子耦合时具有放大信号的作用。砷化镓半导体在 $3.2kV/cm$ 以上的电场中时电子迁移率表现出微分负阻性能或具有负电导率，即产生强电场区，又将电气信号放大，还兼有压电性质，据此特性可制成有源的超声波传感器。半导体声电传感器件可用于超声波放大器件、超声波发生器、超声波探测器等。

3.3.3.7　电阻应变器件

利用压力电阻效应制作的电阻应变计是进行应力、应变测量的关键器件，电阻应变计也可以用来制造荷重、扭矩、加速度、位移、压力等传感器的感知器件。电阻应变器件有很多种类，若按制作的材料划分，可分为两大类：金属电阻应变计和半导体金属电阻应变计。金属电阻应变计的基本原理是利用金属在受到拉应力作用时，长度 L 增加，截面积 S 减小，电阻值增大；受压缩力作用时，长度 L 减小，截面积变大，阻值减小。金属电阻应变计的典型结构如图 3.35 所示，作为压力电阻的转换器件的金属丝被制成栅形，粘贴在弹性基片表面，并引出引线作为电极。做成栅形的金属

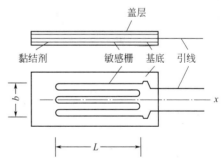

图 3.35　电阻应变计典型结构

丝，通常直径为 $0.05\sim0.15mm$，阻值为 $60\sim200\Omega$；或利用金属箔通过腐蚀而制成金属栅，箔膜厚在 $0.002\sim0.008mm$；也可以利用薄膜工艺真空蒸发镀膜或用溅射方法在基片上直接做成图形复杂的金属栅。这种薄膜型的金属电阻应变计由于金属膜层很薄，故灵敏度比金属丝或金属箔式要高得多。金属铋、锑以及锑镍铬合金、康铜等都是较好的金属电阻应变计材料。

硅压阻膜器件是以硅为材料制作的压阻传感器，核心部分是周边固定、上面扩散有硅应变电阻条的硅压阻膜或硅压阻芯。硅压阻膜的两种基本结构圆形膜和方形膜如图 3.36 所示。在 N 型硅压阻膜上用扩散工艺扩散四个 P 型电阻，连接成惠斯登电桥结构。电阻条的阻值、几何尺寸、位置及取向的配置都对传感器的灵敏度有很大的影响。

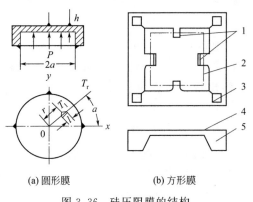

(a) 圆形膜　　　　(b) 方形膜

图 3.36　硅压阻膜的结构

1—压敏电阻；2—膜边缘；3—金属压点；
4—扩散压敏电阻；5—固支圈

（1）金属丝电阻应变片的主要特性

应变片是应变和应力测量的主要传感器件，如电子秤、压力计、加速度计、线位移装置等常使用应变片做转换器件。这些应变传感器的性能与应变片的性能如应变片灵敏系数、横向效应、温度误差及补偿方法等有很大的关系。金属丝做成应变片后，电阻应变特性与单根金属丝有所不同，应变片使用时通常是用黏结剂粘贴到弹性器件上的，结构特征如图 3.37 所示，应变测量时应变是通过胶层传递到应变片敏感栅上，工艺上要求粘合层有较大的剪切弹性模量，并且粘贴工艺对传感器的精度起着关键作用。所以，实际应变片的灵敏系数应包括基片、黏结剂以及敏感栅的横向效应。实验证明，金属丝粘贴到试件上以后，灵敏系数 k_0 必须用实验的方法重新标定。

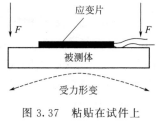

图 3.37　粘贴在试件上的应变片

实验按统一的标准，如受单向（轴向）拉力或压力，试件材料为钢，泊松比 $\mu = 0.285$。因为应变片一旦粘贴在试件上就不再取下来，所以实际的做法是：取产品的 5％进行测定，取其平均值作产品的灵敏系数，将此灵敏系数称为"标称灵敏系数"，也就是产品包装盒上标注的灵敏系数。如果实际应用条件与标定条件不同，使用时误差会很大，必须修正。实验表明，产品应变片的灵敏系数 k 小于电阻丝灵敏系数 k_0。

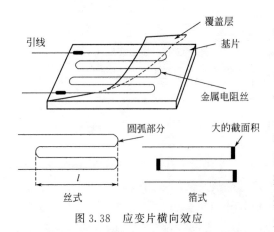

图 3.38　应变片横向效应

由图 3.38 可见，应变片粘贴在基片上时，敏感栅是由 N 条长度为 l 的直线和（$N-1$）个圆弧部分组成的。敏感栅受力时直线部分与圆弧部分状态不同，也就是说圆弧段的电阻变化小于沿轴向摆放的电阻丝电阻的变化，应变片实际变化的 Δl 比拉直时要小。直线电阻丝绕成敏感栅后，虽然长度相同，但应变不同，圆弧部分使灵敏度下降，这种现象就称为横向效应。敏感栅越窄，基长越长的应变片，横向效应越小，为减小因横向效应产生的测量误差，常采用箔式应变片。因为结构上箔式应变片圆弧部分横截面积尺寸较大，横向效应较小。横向效应的大小常用横向灵敏度的百分数表示，即：

$$C = \frac{k_y}{k_x} \times 100\% \tag{3.80}$$

式中，k_y 为纵向（轴向）灵敏系数，表示当纵向应变 $\varepsilon_y = 0$ 时，单位轴向应变所引起的电阻相对变化；k_x 为横向灵敏系数，表示横向应变 $\varepsilon_x = 0$ 时，单位横向应变所引起的电阻相对变化。

在讨论应变片特性时通常是以室温恒定为前提条件，而在实际应用中，应变片会在较恶劣的环境下工作，应变片工作的环境温度常常会发生变化。单纯由温度变化引起的应变片电阻值变化的现象称为温度效应。应变片安装在自由膨胀的试件上，在没有外力作用下，如果环境温度变化，应变片的电阻也会变化，这种变化叠加在测量结果中产生应变片温度误差。应变片温度误差的主要来源有两个：一是应变片本身电阻温度系数 α_t 的影响；二是试件材料线膨胀系数 β_t 的影响。当环境温度变化 Δt 时，电阻丝的阻值与温度关系为：

$$R_t = R_0(1 + \alpha_t \Delta t) = R_0 + R_0 \alpha_t \Delta t \tag{3.81}$$

式中，R_0 为 $\Delta t = 0$ 时的电阻值。

引起电阻丝的电阻变化为：

$$\Delta R_t = R_t - R_0 = R_0(\alpha_t \Delta t) \tag{3.82}$$

产生的电阻相对变化为：

$$(\Delta R_t / R_0)_1 = \alpha_t \Delta t \tag{3.83}$$

由于试件材料与电阻丝材料的线膨胀系数不同，试件使应变片产生的附加形变造成电阻值变化也不同，因此产生的附加电阻相对变化为：

$$(\Delta R_t / R_0)_2 = k(\beta_g - \beta_s)\Delta t \tag{3.84}$$

式中，k 为常数；α_t 为敏感栅材料的电阻温度系数；β_s 为试件的线膨胀系数；β_g 为敏感栅材料的线膨胀系数。

由于温度变化引起总的电阻相对变化可表示为：

$$(\Delta R_t / R_0) = \alpha_t \Delta t + k(\beta_g - \beta_s)\Delta t \tag{3.85}$$

并折合出温度变化引起的总的应变量输出为：

$$\varepsilon_1 = \frac{\Delta R_t / R_0}{k} = \frac{\alpha_t \Delta t}{k} + (\beta_g - \beta_s)\Delta t \tag{3.86}$$

由式(3.86)可以看出，因环境温度改变引起的附加电阻变化造成的应变输出由两部分组成：一部分为敏感栅的电阻变化所造成的，大小为 $\alpha_t \Delta t / k$；另一部分为敏感栅与试件热膨胀不匹配所引起的，大小为 $(\beta_g - \beta_s)\Delta t$，这种变化与环境温度变化 Δt 有关，与应变片本身的性能参数 k、α_t、β_s 有关，与试件参数 β_g 有关。

温度误差补偿的目的是消除由于温度变化引起的应变输出对测量应变的干扰，补偿方法较多，常采用温度自补偿法、电桥线路补偿法、辅助测量补偿法、热敏电阻补偿法、计算机补偿法等。本书主要讨论温度自补偿法。温度自补偿法是利用温度补偿片进行补偿。温度补偿片是一种特制的、具有温度补偿作用的应变片，将其粘贴在被测试件上，当温度变化时，与产生的附加应变相互抵消，这种应变片称为自补偿片。

根据自补偿片的制作原理，要实现自补偿的目的必须满足以下条件：

$$\varepsilon_t = \frac{\alpha_t \Delta t}{k} + (\beta_g - \beta_s)\Delta t = 0 \tag{3.87}$$

即

$$\alpha_t = -k(\beta_g - \beta_s) \tag{3.88}$$

通常被测试件是给定的，即 β_g、β_s、k 是确定的，可选择满足式(3.88)的应变片敏感材料。制作过程中可通过改变栅丝的合金成分，控制温度系数 α_t，使其与 β_s、β_g 相抵消，达到自补偿的目的。

(2) 压阻压力传感器件

固态压力传感器是以大气压力为传感器基准压力的压力传感器，其结构原理图如图3.39所示。压阻半导体压力传感器由硅压阻膜片、引线及壳体等组成。核心部分为圆形硅压阻弹性膜片，在膜片上扩散四个力敏电阻。圆形硅膜片背面由腐蚀方法直接加工成硅杯。硅膜片把传感器自然分成两个腔室，被测压力接高压腔，大气和低压腔相接。外力作用在膜片上时，膜片各点产生应力形变，四个桥臂电阻在应力作用下，阻值发生变化而使电桥失去平衡，并有相应的电压输出。通过此输出值得到作用压力的大小。

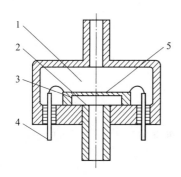

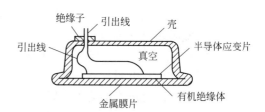

图 3.39 固态压力传感器结构原理图

1—低压器；2—高压腔；3—硅杯；4—引线；5—硅膜片

图 3.40 半导体应变片式绝对压力传感器结构

绝对压力传感器是以绝对真空为基准，所测出的压力称为绝对压力，与表压传感器的不同点在于其基准参考腔为真空（小于 10^{-2}Pa）。图3.40是一种简单的绝对压力传感器，是在金属弹性片上粘贴硅压阻应变片，组成一个桥式电路。用真空焊接技术把金属膜片封装于规定的真空要求的外壳中，并将桥电路用外引线引出。在环境的压力下，金属膜片发生形变，应力使得硅压阻应变片电阻值发生变化，桥路失衡，产生与外界压力成正比的电压输出。

图3.41是结构为悬臂梁的压阻加速度传感器，用硅材料制成悬臂梁，自由端装有敏感质量块，梁的根部附近扩散四个电阻成为桥电路。当悬臂梁的质量块受外界加速度的作用而

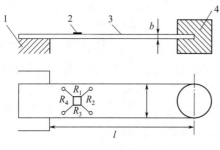

图 3.41 硅悬臂梁结构

1—硅梁基座；2—压组器件；

3—硅梁；4—质量块

转变为惯性力，使悬臂受到弯矩作用，产生应力时，梁根部上的扩散电阻条阻值发生变化，而使电桥失衡，输出与外界加速度成正比的电压信号。悬臂梁所受的应力与质量块的质量 m 及悬臂梁的长 L、宽 b、厚 h 有关，悬臂梁根部受的应力为 $t = (6mL/bh^2)a$，式中 a 为加速度。

压阻加速度传感器的结构简单、外形小巧、性能优越，尤其是可测低频加速度。除了在航空中用于飞行器风洞试验和飞行试验中多种振动参数的测试外，在工业部门可用于发动机试车台参

数的测试，特别是能很好地胜任从 0Hz 开始的低频振动。高速自动绘画仪笔架消振器，核心器件就是两只小型压阻加速度传感器。在建筑行业，压阻加速度传感器可用于监测高层建筑在风力作用下的摆动，大跨度桥梁的摆动。在体育运动和生物医学等方面，也需要大量的小型加速度传感器。

扭矩传感器是一种利用硅弹性膜片的压阻效应，把扭矩变成电信号的器件，结构示意图如图 3.42 所示。扭矩传感器由薄壁圆筒作为弹性器件，以半导体力电转换应变膜片作为敏感器件。当薄壁圆筒一端固定，另一自由端受到扭矩 T 作用后，发生形变，产生应变与应力，通过粘贴在薄壁圆筒上的半导体力电转换应变片，使扭矩变为电信号。应变片构成一个电桥电路，并且电阻条与薄壁圆筒的轴线成 45°角，用黏结剂贴牢，壳体是弹性器件即薄壁圆筒的支承体，同时也起保护作用。

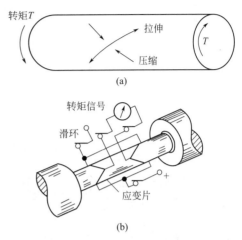

图 3.42 应变片式扭矩传感器

流体在管道中流过时，管道内设有节流孔板，流体流动中受孔板的阻力影响，流速发生变化，在孔板两侧产生一个压力差，此压力差可用压阻传感器检测出来。当流量一定时，管道的截面积与流体流速的乘积为一常数，因此流体流过节流孔板时，节流孔板两侧产生一个压力差，流量越大，则压力差越大，流量传感器通过检测压力差而检测流体的流量。

（3）压电力学量传感器

利用某些晶体的压电效应制成对力学量敏感的器件已得到广泛的应用。压电式力学量传感器具有灵敏度高、使用频带宽、信噪比高、结构简单、工作可靠等优点。随着电子技术的发展及与之配套的仪表、小电容、高绝缘电阻电缆的出现，使压电式力学量传感器使用更为方便。压电式力学量传感器主要应用于航空航天、工程力学、生物医疗、超声波及电声等方面。

图 3.43 是两种结构简单的微型加速度传感器，其中图 3.43(a) 是把钛酸钡圆片夹在重量块和基座之间，随外界加速度作用，质量块对压电晶片的压力发生变化，因而产生电信输出。图 3.43(b) 是一种有趣的结构，在和基座相连的薄金属圆盘上固定双压电晶片，不使用质量块。在外界加速度作用下，晶片挠曲像张开的伞，发生形变而输出电信号。

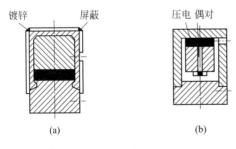

图 3.43 微型加速度传感器

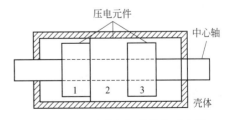

图 3.44 压电微螺杆的结构示意图

压电步进位移传感器也称为"压电微螺杆"，结构如图 3.44 所示。工作原理为逆压电效应，即在压电晶体上施以电压，晶体产生形变。先将电压加在压电管 1 上，使其径向收缩，卡紧主轴，接着把一个可变阶梯电压加到压电管 2 上，使其沿轴向伸长；然后电压加到压电管 3 上，同时去掉管 1 的电压，并使管 2 的阶梯电压开始下降使管卡复原。此时，由管卡 1 卡紧变为管卡 3 卡紧，主轴弹性回缩一个微小位移。如此重复作用，主轴就相对于外壳产生位移。若管 2 的伸长量 $0.006\mu m$ 为一级，产生微位移的分辨率为 $0.006\mu m$。

应用压电体的逆压电效应，可使电信号转换成机械振动信号，如此就可以使压电式传声器成为可能。图 3.45 是压电式传声器结构示意图。电信号使压电双晶片振动，带动共振喇叭而发声。图 3.46 是一种超声传感器，利用逆压电效应可以进行超声发射，利用正压电效应就可以接收超声信号。同样的原理可制成压电式话筒。

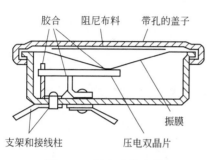

图 3.45　压电式传声器

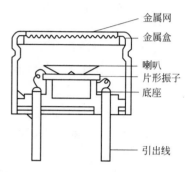

图 3.46　超声传感器

3.3.3.8　普通电声传感器

频率在 $20\sim20000Hz$ 的机械振动波传播到人的耳朵，引起听觉的是声波，一般频率低于 $20Hz$ 的机械振动波称为次声波，频率超过 $20000Hz$ 的机械波称为超声波。无论是一般的声传感器还是次声（水声）和超声传感器，作用机制都是一样的，都是将气体、液体或固体中传播的机械振动转换成电信号，因此也可将它们划入力敏传感器之列。磁性材料和压电陶瓷是主要的声敏材料，相对而言，压电陶瓷具有转换效率高、结构简单等优点，下面将分别介绍一些由压电陶瓷组成的普通声传感器、次声传感器和超声传感器。

压电陶瓷扬声器是一种锥体状直接辐射式压电陶瓷扬声器，属于结构简单、轻巧的电声器件，结构见图 3.47(a)，其中驱动系统为压电双膜片，振动系统为纸盆，耦合器件连接驱动系统和振动系统，把驱动系统的能量有效地传递给振动系统。用于驱动系统的谐振频率，压电双膜片结构与金属片的半径平方成反比，与粘合片的总厚度成正比。由在直径为 40mm、厚度为 0.1mm 的铜片两面上，各粘结一片直径为 38mm、厚度为 0.2mm 的压电陶瓷片构成，谐振频率为 800Hz。铜片边缘固定在纸盆架上。振动系统用 200mm 的指数型纸盆，谐振频率为 80Hz。两系统之间用耦合元件耦合后，再用定压法测得其频响特性，如图 3.47(b) 所示。非均匀度小于 20dB，频率在 $150\sim2000Hz$ 范围内，非线性失真度小于 10%。

在这种锥体状直接辐射式压电陶瓷扬声器中，压电双膜片作为驱动源，具有较高阻抗，构成电压驱动。设 K 为比例常数，力 F 和电压 V 之间的关系可表示为：

$$F=KV \tag{3.89}$$

设包括辐射阻抗在内的振动系统的机械阻抗为 Z（N·s/m），则振动速度为 v（m/s），即：

$$v=F/Z \tag{3.90}$$

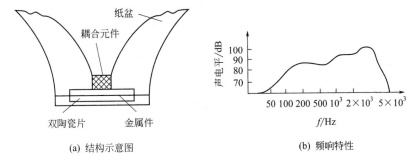

(a) 结构示意图　　　　(b) 频响特性

图 3.47　压电陶瓷扬声器

求出 v 后，远离振动膜中心轴 r（m）处的声压 P（0.1Pa）为：

$$|P| = \frac{10f\rho S}{r}|v| \tag{3.91}$$

式中，f 为频率，Hz；ρ 为介质的密度，kg/m³；S 为锥体的有效面积，m²。

将式(3.90)代入式(3.91)，得到：

$$|P| = \frac{10f\rho S}{r}\left|\frac{F}{Z}\right| \tag{3.92}$$

若压电陶瓷扬声器采用惯性控制，则有：

$$Z = i\omega m \tag{3.93}$$

式中，ω 为角频率，rad/s；m 为振动体的质量，N·s²/m。

将式(3.93)代入式(3.92)，得到：

$$|P| = \frac{10\rho S}{\pi r m i}|F| \tag{3.94}$$

灵敏度和频率没有直接关系。对于惯性控制，振动系统的谐振率选在放音频带的下限。灵敏度和谐振频率 f_r 是两个相互牵制的量。若 f_r 过低，将会严重影响灵敏度，而 f_r 过高，将会使频带变窄。为了得到优质的压电陶瓷扬声器，一方面要选择高机电耦合系数和低机械品质因数的陶瓷材料，介电常数大小可根据匹配情况，适当选择；另一方面，驱动系统与振动系统之间的耦合器件设计和纸盆设计的好坏，对改善压电陶瓷扬声器的音质和灵敏度也有很大关系。所以，只有全面考虑，兼顾瓷料和结构设计两个方面，才能制成优质的压电陶瓷扬声器。

现在已出现一种薄型压电陶瓷扬声器，根据结构和所用材料的不同，有边框型、非边框型及薄膜型三种类型。边框型压电陶瓷扬声器由压电陶瓷片（厚约 0.1mm）、圆形金属振动板（厚 0.05～0.1mm）、有机弹性体、塑料框架和引线等构成。这类薄型压电陶瓷扬声器主要用于能够发声的电子计算机、手表、自动售货机、电子翻译机以及电话机中。非边框型压电陶瓷扬声器由圆形压电陶瓷片（厚约 0.1mm），圆形金属振动板（厚 0.05～0.1mm）和引线等构成。这类压电陶瓷扬声器由于具有结构简单和成本低廉等特点，已用于收录机及其他类似的音响设备作高音喇叭。薄膜型压电扬声器是采用柔性复合压电材料制成的压电薄膜扬声器。

压电薄膜的制造方法有两种，一种是把高分子化合物溶解为液体，与一定量的陶瓷粉末充分混合后，倒在玻璃板上干燥而成；另一种是将高分子化合物加热软化，与一定量的陶瓷粉末混合，在加热的条件下压制而成。这种压电薄膜经人工极化处理后，将两块极性相反的薄膜，粘结成双膜片型结构扬声器。此种扬声器也可为平面型结构，除具有结构简单、所占空间小等优点外，还具有良好的低频率特性。

目前，压电陶瓷送话器的灵敏度为 0.3mV/0.1Pa，比一般碳粒送话器高一倍以上，固有噪声降低，传输质量有明显改善，失真系数下降为 3%。现在，压电陶瓷送、受话器还被制成小型潜水通信用的压差式送话器和接触式送话器，多用途的超小型压电陶瓷送话器以及供近距离（20～30km）通信使用、无需电源的压电陶瓷送话器，具有不怕电磁干扰，防潮性能好和体积小等优点。优质的压电陶瓷送话器，除了要求选择高机电耦合系数，低机械品质因数和适当的介电常数的瓷料外，还要有先进合理的结构设计。也就是说，寻找优质瓷料与改善结构设计是获得优质送话器的两个重要途径。在有线通信中，随着通话距离的增加，长电线对高频的衰减越来越大。若送话器的频响在 300～3400Hz 范围内是平坦的，则在远距离通信中，必然感到低频率过强，但送话器的低频频响不宜太高。再从抑制环境噪声方面来看，提高低频频响也是不利的。为了避免近距离通话时高音太强，高频范围的灵敏度也不宜太高，这就要求在设计时加以综合解决。

有线通信中使用的压电陶瓷送话器的驱动系统，一般都是采用两个圆形陶瓷片，中间粘以金属片，构成的双膜片振子；也有用一片压电陶瓷片与一片金属片黏合在一起构成的振子。双膜片振子中两片瓷片可以极性反向串联连接，或极性同向并联连接。采用前一种连接时阻抗较大，采用后一种连接时阻抗较小。金属片的半径可选择大于或等于陶瓷的半径。驱动系统的谐振频率与金属片的半径平方成反比，与总厚度成正比。

压电陶瓷送话器的结构如图 3.48 所示。驱动系统与压电双膜片振子并联连接，振膜与压电双膜片的中间金属片胶结后，周边与外壳连接固定。这种送话器的灵敏度在 1000Hz 处为 1mV/0.1Pa。在 300～3400Hz 频率范围内，具有比较好的频率响应。频响特性的好坏不仅与压电双膜片及金属片的谐振特性有关，而且还与振膜、振膜上的孔洞、膜后腔、前盖孔、阻尼布等有关。

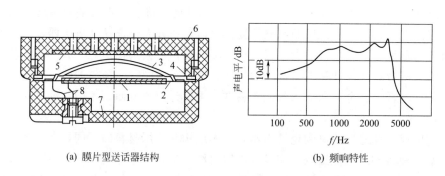

(a) 膜片型送话器结构 (b) 频响特性

图 3.48 压电陶瓷送话器结构及频响特性

1—压电双膜片振子；2—磷铜片；3—聚碳酸酯振膜；4—软橡皮；5—阻尼布；6—前盖；7—外壳；8—引线

压电陶瓷受话器结构如图 3.49 所示，通常采用电磁型或电动型，和一般电话用电磁受话器一样，由三个自由度音响振动系列构成。受话器腔体结构为：第一前气腔 5 与第一后气腔 6，第二前气腔 7（耳机）通过传声孔 3 与第一前气腔相通，第一后气腔由阻尼孔 4 与外空间相连。当交流信号由引线端 8 输入，并加于振动板时，振动板便随外加信号产生伸缩振动，其所产生的声压，由第二前气腔引出，即可听到声音。此种受话器的等效电路如图 3.49(b) 所示，其频响特性如图 3.50 所示，实线是没有泄漏时的特性，点划线是听筒贴紧耳朵压力为 700g 时的特性，虚线为 200g 时的特性。

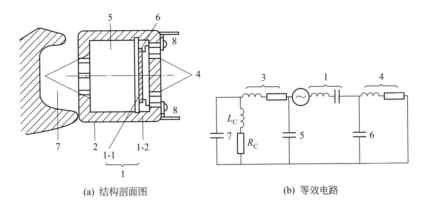

(a) 结构剖面图　　　　　(b) 等效电路

图 3.49　压电陶瓷受话器
1—振动板；2—框架；3—传声孔；4—阻尼孔；5—第一前气腔；6—第一后气腔；
7—第二前气腔；8—引线端

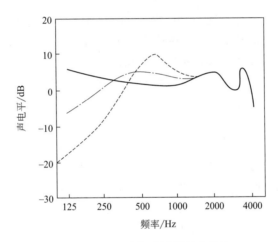

图 3.50　压电陶瓷受话器频响特性

3.3.3.9　压电换能器件

随着水文物理研究的不断深入，电子技术、信号处理和换能器技术的不断发展，水声设备的进展极为迅速。海洋的开发和利用正越来越引起人们的重视，水声设备也越来越普遍地应用于海洋地质地貌探测、海事工程及救捞、渔业生产及水中目标物的探测与识别等。多晶压电陶瓷在水声方面的应用已取得重大的进展，基本要求是在大功率驱动下损耗要小，承受的功率密度要大，对稳定性的要求更为突出。压电陶瓷的参数是时间、温度、应力和电场等多种因素的函数。随着低频大功率以及深水换能器的发展和应用，材料参数随静压力、电功率密度、时间或温度的变化等问题是换能器设计者十分关心的。

压电式换能器是目前水声技术领域应用最广泛的一类换能器。水声换能器的性能指标主要有工作频率、机电耦合系数、机电转换系数、品质因数、频率特性、阻抗特性、方向特性、振幅特性、发射灵敏度、接收灵敏度、发射器功率、温度和时间稳定性、机械强度以及质量等。作发射用的换能器与作接收用的换能器有不同指标要求。

发射声功率是一个标志发射器在单位时间内向介质辐射声能大小的物理量。发射声功率一般随工作频率而变化，在其机械谐振频率下可获得最大的发射声功率。根据用途不同，水声换能器的发射声功率一般在几瓦至几十千瓦。作为能量传输网络，效率的概念有三个，即机电效率、机声效率和电声效率。机电效率是指换能器中将电能转换为机械能的效率，它等于机械振动系统所取得的全部有用功率与输入换能器的总信号电功率之比。机声效率是指换能器的机械振动系统将机械能转换为声能的效率，它等于发射器的发射功率与机械振动系统所消耗的有用机械功率之比。电声效率是指换能器中将电能转换成声能的总效率，它等于发射声功率与输入换能器的总信号电功率之比。所以，换能器的电声效率等于它的机电效率与机声效率的乘积。换能器的效率与换能器的类型、结构和材料等多方面的因素有关，并且与工作频率有关。一般说来，压电换能器的电声效率最高，可达 90% 以上；磁致伸缩换能器的电声效率最低，一般在 20%～60% 的范围内。

发射器的灵敏度有电压灵敏度和电流灵敏度之分，是在换能器测量中常用的一个指标。发射电压灵敏度，是指在给定的方向上，离发射器有效声中心 1m 远处所产生的声压与输入端的信号电压之比。发射电流灵敏度是指在某一指定方向上，离发射器有效声中心 1m 远处所产生的声压与输入端的工作电流之比。在不同的方向上，距发射器的有效声中心均为 1m 远的地方所产生的声压大小是不同的，通常在测量换能器的性能时，都是测量换能器轴线方向上 1m 远处的声压与输入电流之比，单位为 0.1Pa/A。发射换能器的指标还有很多，例如发射器表面的振幅分布和非线性失真系数等，在此不做详细讨论。

水声换能器与发射换能器一样有电压灵敏度和电流灵敏度之分。电压灵敏度即自由场电压响应，是指接收器的输出电压与在声场中引入换能器前该点的自由声场的声压之比。接收电压灵敏度的单位为 mV/0.1Pa 或 V/0.1Pa，有时也用分贝（dB）表示。目前，一般水声换能器的接收灵敏度为 $10^{-3} \sim 10^{2}$ mV/0.1Pa，即 40～60dB。电流灵敏度即自由场电流响应，是指接收器的输出电流与声场中引入接收器前该点的自由声场的声压之比。

振幅特性是指当所接收的声信号的幅度从小逐渐增大时，相应的信号电压幅度的变化。

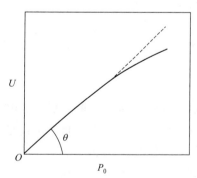

图 3.51 接收器的振幅特性曲线

图 3.51 所示为接收器的输出电压 U 与自由声压 P_0 的振幅特性曲线。从图 3.51 中可以看出，在小信号接收的情况下，接收器可以有很好的线性转换关系，很容易求出线性部分的接收电压灵敏度，而到大信号接收情况时，非线性转换关系就比较显著。

对换能器工作频率的选取应该与整个水声设备的工作频率相适应。对发射用的换能器而言，工作频率一般都选取在其本身的谐振基频上，这样可以获得最佳工作状态，取得最大的发射功率和效率。一般主动式声呐换能器的工作频率在几千赫到几万赫，而对专作接收用的被动式声呐换能器，其工作频率一般要求有一个较宽的频带，以保证换能器能有平坦的接收特性。

换能器的一些重要指标参数均参照其随工作频率变化的特性，例如，接收用的换能器就看它的灵敏度随工作频率的变化特性，一般都希望它的曲线尽可能平滑些；而对于发射用的换能器，要看它的发射功率和效率随工作频率变化的特性。对不同用途的换能器要提出不同的频率特性要求。

所谓换能器的机电耦合系数 k 是指换能器在能量转换过程中能量相互耦合程度的一个物理量，其定义如下。

发射器：
$$k^2 = E_1/E_2 \tag{3.95}$$
接收器：
$$k^2 = E_3/E_4 \tag{3.96}$$

式中，E_1 为机械振动系统因"力效应"获得的交变机械能；E_2 为电磁系统所储存的交变电磁能；E_3 为电磁系统因"电效应"获得的交变电磁能；E_4 为机械振动系统因声场信号作用而储存的交变机械能。

对各种具体形式的换能器，k 均有具体的表示式。在研究压电水声换能器时，人们习惯用 k 来描述和评价其性能。换能器的品质因数 Q_m 值的大小不仅与换能器的材料、结构和机械损耗大小有关，还与其辐射声阻抗有关，所以同一个换能器处于水中与处于空气中的 Q_m 值是不相同的。各种类型的换能器在各种具体振动形式下的 Q_m 值均有不同的计算方法。阻抗特性：由于换能器在电路上要与发射机的末级回路和接收机的输入电路相匹配，因此求出换能器的等效输入阻抗是很重要的。根据换能器的等效机械图和等效电路图，可以容易地求出换能器的等效电阻抗和等效机械阻抗。换能器的输入阻抗大小一般为几欧姆到数千欧姆。

压电陶瓷材料的纵向机电耦合系数最大，沿极化方向的伸缩振动的效果最好。水声传播的频率都比较低，如果采用圆柱形压电陶瓷制得频率为 50kHz 的换能器，其沿极化方向的厚度将要在 42~45mm 之间。制作厚度很大的压电陶瓷在工艺和技术上都十分困难，而郎之万型换能器可以克服这类困难。在一片压电陶瓷片两侧（极化方向与厚度方向平行）各粘结一个金属圆柱，就构成了郎之万型换能器，郎之万型换能器的整个厚度等于基波半波长。这种结构的优点在于既利用了压电陶瓷的纵向效应，又利于获得较低的谐振频率，而且阻抗也可做得比较低。郎之万型换能器的温度系数很小，换能器在有载情况下的 Q_m 值随金属圆柱的材料不同而改变：当使用钢之类相对密度较大的金属圆柱时，Q_m 值将变高；当使用像铝之类的轻金属圆柱时，Q_m 值将下降到用钢圆柱的 1/2 以下。郎之万型换能器实质上是复合棒式的振子，振动状态如图 3.52 所示。在基波振动时，辐射面中部振幅最大，由中心到四周振幅逐渐衰减；二次谐波振动的情况则相反，辐射面边缘的振幅力最大，而中心部位振幅最小。最早用于鱼群探测仪的郎之万型换能器，是用外径为 60mm、厚度为 5mm 的压电陶瓷片与厚度为 14mm 的两个钢柱黏结而成的，质量约为 700g，谐振频率为 50kHz，当作为发射、接收换能器使用时，结构如图 3.53 所示，用橡胶把换能器与电缆包封起来。声波通过厚度约为 1cm 的透声橡胶向水中辐射信号（橡胶引起的损失仅为 1dB，影响可以忽略），辐射面以外的换能器部分均用海绵橡胶包封，使声波仅向一个方向辐射。

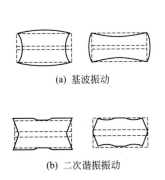

(a) 基波振动

(b) 二次谐振振动

图 3.52 郎之万型换能器的振幅波形

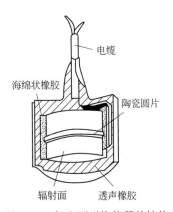

图 3.53 郎之万型换能器的结构

海底地貌仪也称为侧扫声呐，是一种高分辨率的海底地貌测量设备，采用一个长条形基

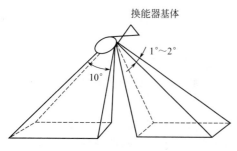

图 3.54　海底地貌仪的工作原理图

阵，在水平方向内具有很窄的波束宽度，在垂直方向内具有较宽的波束宽度。发射几毫秒的声脉冲，记录海底回波。当海底地形起伏时，回波信号的强度会相应地加强或减弱，从而在记录纸上获得图像。现代的海底地貌仪采用微处理机，修正声线弯曲和斜距带来的图像畸变，移去水深的高度，拼嵌出直观完整的海区地貌图。海底地貌仪是一种走航式的遥测仪器，图 3.54 是海底地貌仪的工作原理图，能测得航船下方几十米之内的地层剖面图。地层分辨率的理论极限可达 $0.1 \sim 0.15 \mathrm{m}$。换能器基阵采用两个不同的频率，分别发射和接收左右两侧的声波。每侧探测距离为 $750 \mathrm{m}$，每侧的频率分别为 $38 \mathrm{kHz}$ 和 $43 \mathrm{kHz}$，发射功率为 $2 \mathrm{kW}$，图像用记录纸记录并保存。垂直向下发射宽频带声脉冲信号，接收来自不同地层界面的反射，在记录纸上记录下来。为了有利于获得最佳的分辨能力，接收机可采用时变滤波器，使接收机带宽与来自不同深浅的信号频谱相匹配。为了减小发射器的全振对浅海"软底"回波的干扰，接收机中还采用数字余振抵消技术，提高浅水的探测能力。地层剖面仪还可以同时用于测探仪或海底反射系统的测量。

多普勒声呐主要应用在船上。船上装置 $2 \sim 4$ 个波束，在船体的前、后、左、右倾斜地向水中发射高频声脉冲，测量每个波束回波的多普勒频移，从而测得舰船的速度。在仪器性能允许的条件下，还能测得船只对海底的绝对速度；在探测能力不及的海区中，可测出船只相对某一水层的速度。导航计算机利用多普勒声呐的测量结果可以精确地测出船迹，大型油船往往利用多普勒声呐提供的数据精确地掌握本船不同部位的运动情况。图 3.55 是多普勒声呐的原理图，给出一个前后两种波束的多普勒声呐工作方式。

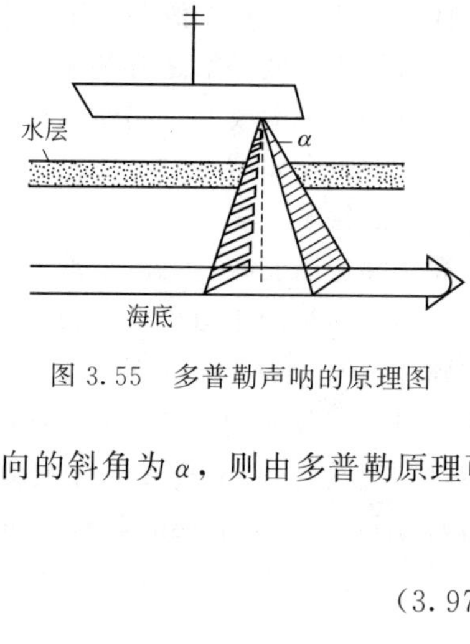

图 3.55　多普勒声呐的原理图

设声呐系统的发射频率为 F_0，前后两个波束所接收到的频率分别为 f_F 和 f_A，船速为 v_0，两个波束与垂直方向的斜角为 α，则由多普勒原理可得到：

$$f_\mathrm{F}=F_0 \frac{v_\mathrm{a}+v_0 \sin\alpha}{v_\mathrm{a}-v_0 \sin\alpha} \tag{3.97}$$

$$f_\mathrm{A}=F \frac{v_\mathrm{a}-v_0 \sin\alpha}{v_\mathrm{a}+v_0 \sin\alpha} \tag{3.98}$$

$$\Delta f=f_\mathrm{F}-f_\mathrm{A}=F_0 \frac{4 v_\mathrm{a} v_0 \sin\alpha}{v_\mathrm{a}^2-v_\mathrm{a}^2 \sin\alpha} \approx F_0 \frac{4 v_0 \sin\alpha}{v_\mathrm{a}} \tag{3.99}$$

式中，v_a 为声速。

因此，只要测出前后波束接收到的信号频率差，即可得到船速 v_0。可见多普勒声呐测速时，其精度与声速 v_a 有关。当声速 v_a 随不同水域而发生变化时，测量就可能出现误差。目前的多普勒声呐都采取措施，来补偿声速的误差。相关计程仪也称为相关测速声呐。这是近几年来出现的一种新型声学计程仪。图 3.56 是船用相关测速声呐的原理图。发射换能器

T_x 和接收换能器 R'_x、R''_x 沿船的首尾方向装在船底。R'_x 和 R''_x 到 T_x 的距离为 L，T_x 向海底发射频率为 F_0 的等幅连续波，两个接收换能器同时接收到来自海底的散射波。若航船以速度 v_0 向前航行，则 R'_x 接收到的散射信号 $S'(t)$ 可以看成是一个正弦波被随机信号 $x(t)$ 的调制，即

$$S'(t)=x(t)\sin2\pi F_0t \tag{3.100}$$

式中，$x(t)$ 反映海底散射的随机起伏性，是 t 时刻由 R'_x 和 T_x 共同照射的一块海底区域 Σ 所做的贡献。显然，经过一段时间 $\tau_0=L/v_0$ 之后，Σ 将成为 R''_x 和 T_x 的共同照射区域，因此 R''_x 接收到的信号可以写成：

$$S''(t)=x(t-\tau_0)\sin2\pi F_0t \tag{3.101}$$

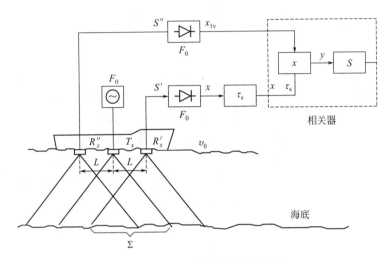

图 3.56　船用相关测速声呐原理图

接收机使前后通道的接收信号 $S'(t)$ 和 $S''(t)$ 分别通过变频器，给出 $x(t)$ 和 $x(t-\tau_0)$，这时相关函数为：

$$R_{xx}=\frac{1}{T}\int x(t)x(t-\tau_0)\mathrm{d}t \tag{3.102}$$

取得最大值时所对应的 τ 值，即为 τ_0，从而航船速度 $v_0=L/\tau_0$。显然，整个原理与声速无关，而仅与 L 和 τ_0 的大小有关。与多普勒计程仪相同，当水域深度较浅时，仪器测出对海底的绝对速度；当水域较深时，仪器可测得相对某一水层的航速。由于相关计程仪测量原理与声波在水介质中的传播速度完全无关，测量精度不受声速变化的影响，因此受到普遍的重视。压电陶瓷在水声传感设备中有着十分广阔的应用天地。

3.3.4　磁致伸缩压力器件

铁磁材料在磁场中磁化时，在磁化方向发生伸长（或缩短），在去掉外磁场后其又恢复到原来长度的现象称为磁致伸缩现象。该现象由英国科学家焦耳（Joule）于 1842 年首先发现，又称为焦耳效应。从外部对磁性体施加应力，则磁性体的磁化状态会发生变化，该现象称为逆磁致伸缩现象，也称为维拉利（Villari）效应。磁致伸缩材料的种类有很多，但总体来说可以分为：金属与合金，铁氧体磁致伸缩材料及稀土超磁致伸缩材料。镍、镍基合金（Ni-Co 合金、Ni-Co-Cr 合金）及铁基合金（如 Fe-Ni 合金、Fe-Al 合金、Fe-Co-V 合金等）

这类材料的饱和磁化强度高，力学性能好。掺杂 Ni、Co 之类的铁氧体材料的价格较低，且高频特性好。上述两类材料为传统磁致伸缩材料，其磁致伸缩系数都过小（$20 \times 10^{-6} \sim 80 \times 10^{-6}$），因此并未得到广泛应用。从 20 世纪 70 年代至今，以 Tb-Dy-Fe 等材料为代表的稀土超磁致伸缩材料得到显著发展。当对其施加外力作用时，其形成的磁化强度将发生变化，从而可感应出电压，此即逆磁致伸缩效应。利用超磁致伸缩材料的逆磁致伸缩效应可以制作超磁致伸缩传感器。采用该材料制备的冲击、振动、加速度、压力等传感器与同类传感器相比有大载荷、高强度、高灵敏度等特点，适用于恶劣的工作环境，信号处理简单方便，体积小，稳定性高。磁致伸缩的逆效应发生时，可以通过麦克斯韦电磁感应方式获得测量信号，而且不需要向磁致伸缩材料本身提供电能，具有无线无源传输特性，无需通过布置引线就可以测量到应变值，具有使用方便简单，能够实现高速旋转机械、复杂结构内部信号测量的目的。

图 3.57 所示为利用逆磁致伸缩效应设计的压力传感器结构。图 3.57 所示的磁敏单元主要由平面线圈和两层磁膜所组成（CoFeB 薄膜和 Si 隔板），平面线圈夹在这两层磁性薄膜之间。采用聚酰亚胺作为 CoFeB 薄膜和线圈之间的填充材料用以电气隔离。平面线圈、两层磁膜和聚酰亚胺层组合在一起构成了平面电感。线圈的匝数能够通过光刻技术进行控制以调节平面电感的初始电感 L_0。压力传感器的工作机制如图 3.58 所示，如图 3.58(a)，传感器在施加压力负载之前，其初始电感为 L_0。如图 3.58(b) 所示，传感器隔膜在施加压力载荷后会发生变形。变形膜片上的 CoFeB 磁性薄膜会受到应力 σ。依据逆磁致伸缩效应，CoFeB 薄膜的各向异性磁场 H_s 通过应力 σ 可表示为：

$$H_s = \frac{3\sigma\lambda}{M_s} \tag{3.103}$$

式中，λ 和 M_s 分别为 CoFeB 薄膜的磁致伸缩常数和饱和磁化强度（单位为 emu/cm^3）。此时磁膜的磁导率表示为：

$$\mu = \frac{4\pi M_s}{H_0 - H_s} \tag{3.104}$$

式中，H_0 是施加应力载荷之前的各向异性磁场。参数 H_0 可以通过薄膜沉积过程或者磁性薄膜的平面图案设计来进行调控。结合式（3.103）和式（3.104）可以得到磁导率 μ 和应力 σ 之间的关系表达式（3.105），即由于逆磁致伸缩效应，压力载荷会改变薄膜的磁导率。

$$\mu = \frac{4\pi M_s^2}{M_s H_0 - 3\sigma\lambda} \tag{3.105}$$

图 3.58(b) 中 CoFeB 磁膜（顶部和底部）的磁导率均可由式（3.105）确定。夹在顶部和底部 CoFeB 薄膜之间的平面线圈的电感可表示为：

$$L = \frac{\mu_0 W_t^2 N^2}{2T_i + \dfrac{T_i}{(L_m^2/W_t^2 - 1/2)} + \dfrac{\sqrt{2}W_t L_m}{8\mu_{eq} T_m}} \tag{3.106}$$

式中，W_t 为总线圈匝的宽度；T_i 为绝缘层厚度；L_m 为磁膜的长度；T_m 为磁膜厚度；μ_0 为真空磁导率；N 为线圈匝数；μ_{eq} 是 μ_{top} 和 μ_{bot} 耦合效应下所产生的等效磁导率。由式（3.105）可知，μ_{top} 和 μ_{bot} 分别随其所受应力变化而改变。因此，施加载荷前后的等效磁导率 μ_{eq} 将导致平面电感的变化（由 L_0 至 L_p），而压力载荷则能够通过平面电感 L 的变化进行检测。由式（3.106）可以看出，逆磁致伸缩效应与磁膜上的应力成正比，因此如果在磁性薄膜上施加更高的应力，则可以提高传感器的灵敏度。

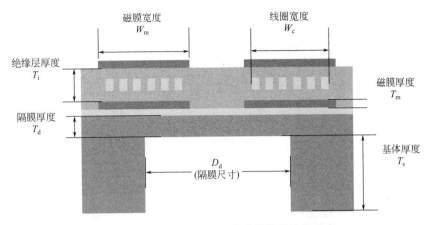

图 3.57 磁致伸缩式压力传感器件的结构示意

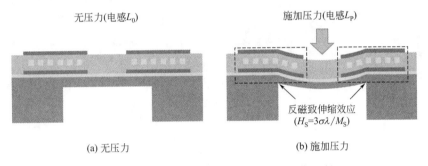

(a) 无压力

(b) 施加压力

图 3.58 磁致伸缩式压力传感器件的工作机制

铁镓合金属于另一种新型的磁致伸缩材料，与压电材料及稀土超磁致伸缩材料相比，铁镓合金材料具有脆性小、力学性能好的特点。该类材料有效克服了稀土超磁致伸缩材料的脆性问题，能够承受相对较大的正应力和切应力。该类材料已经在利用逆磁致伸缩效应的传感和换能器件中得到应用，例如压力传感器、位移传感器和振动发电器件等。图 3.59 所示为采用了铁镓合金磁致伸缩材料的典型压力传感器结构。传感器由 Fe-Ga 材料、永磁体、导磁体、探测线圈、弹簧、传动部件等组成。Fe-Ga 材料的一端固定在非导磁材料的

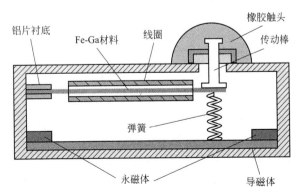

图 3.59 采用铁镓合金磁致伸缩材料的压力传感器结构

外壳上，并通过弹性铝片衬底进行保护，其另一端接受外部压力，形成悬臂梁结构。外部压力由橡胶触头和传动部件传递给悬臂梁。Fe-Ga材料外部环绕探测线圈，偏置磁场通过永磁体、导磁体和Fe-Ga材料形成回形通路，使得Fe-Ga材料主体部分的磁场能够均匀分布。

该类型压力传感器件的工作原理为：在压力作用下，Fe-Ga材料中的磁畴将产生运动，导致材料的磁化强度M发生改变，进而使材料中的磁感应强度B产生变化。由电磁感应定律可知，磁感应强度B的变化将使传感器探测线圈两端产生电压，该电压可以表示为：

$$u(t) = NA \frac{\mathrm{d}B}{\mathrm{d}t} \tag{3.107}$$

式中，N和A分别表示探测线圈的匝数和截面积；t为时间。压力传感器的输出电压与磁感应强度B随时间的变化率、探测线圈的匝数N和线圈的截面积A成正比。磁感应强

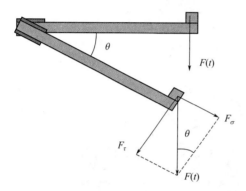

图 3.60　悬臂梁结构的受力分解图

度B可表示为$B = d\sigma + \mu H$，其中d为压磁系数，σ为材料所受正应力（Pa），μ为磁导率，H为施加磁场。σ与H较小时，可认为d和μ为常数。此时磁感应强度主要由Fe-Ga材料的正应力和磁场决定。对于图3.60中的悬臂梁结构，所受的外力为$F(t) = F_0 \sin\omega t$，$0 \leqslant \omega t \leqslant \pi/2$，其中$F_0$为外力的幅值。将外力分解为正向力$F_\sigma$和切向力$F_\tau$，正向力$F_\sigma$为$= F(t)\sin\theta = F_0\sin^2\omega t$，其中$\theta$为悬臂梁受力后的转动角度，可表示为$\theta = \omega t$，角速度$\omega = 2\pi f$。正应力$\sigma$可表示为$\sigma = F_\sigma/S$，式中$S$为Fe-Ga材料的横截面积。此时的磁感应强度$B$则可表示为$B = (F_0 d\sin^2\omega)/S + \mu H$，代入式（3.107）可得到传感器的输出电压：

$$u(t) = NA \left[\frac{F_0 d\omega}{S} \sin(2\omega t) + \mu \frac{\partial H}{\partial t} \right] \tag{3.108}$$

当传感器结构和压力频率确定时，式（3.108）中的参数N、A、d、ω和μ均为常数。在忽略磁场变化条件下，当角速度$\omega t = \pi/4$，即$t = 0.05$s时，输出电压取得峰值，且输出电压与施加的压力幅值F_0成线性关系。上述Fe-Ga材料压力传感器能够应用于机器人的指尖触觉力测试和其他领域的压力测量。

3.3.5　光纤式压力器件

光纤式压力器件是以光导纤维作为媒介，感知和传输外界（压力）信号的一种力敏传感器件。与普通传感器相比，该类型压力传感器具有如下的特点：①抗电磁干扰能力强、电绝缘性好、耐腐蚀性好、本质安全、化学稳定性好，即环境适应性强；②重量轻、体积小、可挠曲；③测量对象广泛；④对被测介质影响小，可以实现非接触、非破坏性的测量；⑤信号处理相对简便。光纤式压力传感器件的基本设计思路是利用光源发出的光信号，进入调制器与被测参量（压力等）发生相互作用，此区域传输光的特性将会发生改变，如光的强度、波长、相位、频率等参量。之后用光纤把光信号传输至光探测器，最后通过解调器对传输光进行解调并得到被测参量。

光纤式压力传感器具有多种类型：强度调制光纤压力传感器、频率调制光纤压力传感

器、相位调制光纤压力传感器及波长调制光纤压力传感器。

强度调制光纤压力传感器分为微弯型、透射型和反射型等类型。微弯型是当齿形板受外部扰动时，光纤的微弯程度随之变化，从而导致输出光功率发生改变，通过光检测器探测到的光功率变化间接地对外部压力大小进行测量，该类型传感器件的优点是结构简单，易于装配；缺点则是传感器的微弯结构周期要求严格，机械设计相当复杂。透射型是在发射光纤与接收光纤之间放置一个遮光片，对进入接收光纤的光束产生一定程度的遮挡，外界信号通过控制遮光片的位置来限制遮光程度，实现对入射光强的调节，其优点是灵敏度高，线性度好。反射型是利用弹性膜片在压力作用下变形从而调制反射光功率信号，压力的大小与发射光的强度成一定关系，该类器件的优点是结构简单、成本低、易于调制。

频率调制光纤压力传感器原理是硅谐振器在调制光的激励下会以固定频率振动，当压力影响了硅谐振器的频率之后，通过检测频率的变化就可以得到压力的大小。其优点是测量精度高，抗干扰能力强，采用频率输出，属于数字式传感器，减少了模数转换环节，具有较为广泛的应用前景。

相位调制光纤压力传感器原理是光纤内传播的光波相位在压力的作用下会发生变化，通过干涉测量技术能够把相位的变化转为光强度的变化，进而检测出待测的压力值。

波长调制光纤压力传感器的原理如下述。对于粘贴在形变体上的光纤布拉格光栅，当外界压力使其产生变形时，光纤光栅的有效折射率和光纤周期都将发生变化，光源发出的宽带光经发生形变的光纤光栅发射，布拉格波长将产生位移，通过光谱仪测量反射光的光谱，再依据公式即可得到压力数值。该类器件的优点是测量精度高，大量程测量分辨率高，测量结果具有很好的重复性。

图 3.61 所示为典型反射光纤压力传感器的工作原理和结构示意图。反射式光纤压力传感器是在反射式光纤位移传感器的探头前增加一个弹性膜片构成的，测量系统主要包括：光源、传输光纤、光纤接收器以及弹性膜片。

传感器件工作过程为：光源发射出的光信号进入入射光纤，之后光信号耦合进入传光束，接着经过反射耦合到接收光纤，最终由光敏探测器件来接收光信号。图 3.61 中 P 为施加在弹性膜片上的压力。在施加外力 P（$P \neq 0$）的情况下，膜片到测量光纤端 B 之间距离变化为 d。随膜片的弯曲程度的改变，测量探头接收到的光信

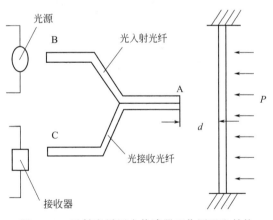

图 3.61　反射光纤压力传感器工作原理和结构

号强度也发生改变，最后通过检测光信号强度从而得到外界施加外力的大小。

图 3.62 所示为典型的 Fabry-Perot 腔光纤压力传感器的工作原理和结构示意图。图中传感器件由熔接在一起的单模光纤（SMF）和实心光子晶体光纤（PCF）组成，从而在光纤内部形成一个封闭的共聚焦的空气微腔。通过切割和抛光以减小实心光纤的厚度 h，并将这一部分充当有效半径为 c 的二氧化硅隔膜。此时在传感器中会形成两个物理空腔：空气空腔和二氧化硅空腔，两者的长度分别为 d 和 h。当隔膜上的压力发生变化时，空气空腔的长度 d 也会随之变化，并导致反射光谱中的波谷波长产生偏移。

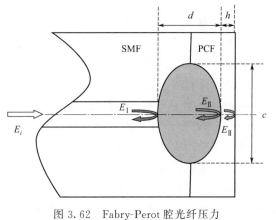

图 3.62 Fabry-Perot 腔光纤压力
传感器工作原理和结构

将隔膜的模型认为是圆形，根据弹性力学则能够得到其中心挠度的表达式，

$$y = \frac{3P(1-\mu^2)c^4}{16Eh^3} \quad (3.109)$$

式中，μ 为泊松比；E 为杨氏模量；c 为硅隔膜的有效半径；h 为硅隔膜的厚度。由式（3.109）可以看出，在一定压力下，隔膜中心挠度不仅与其有效半径 c 有关，还受到隔膜厚度 h 的影响。图 3.63 所示为中心挠度与压力的关系。由图 3.63（a）可知，有效半径 c 越大，传感器对压力的敏感性就越高（曲线斜率越大）。由图 3.63（b）可知，硅隔膜的厚度 h 越厚，传感器对压力的敏感性就越低。通过上述关系能够对隔膜的有效半径和厚度进行优化。由图 3.64 可知，在 $0\sim2\text{MPa}$ 的范围内，空腔灵敏度（9nm/MPa）和波谷波长灵敏度（190nm/MPa）都基本呈现出线性关系，因此，通过跟踪波谷波长的变化，能够对压力数值进行解调。

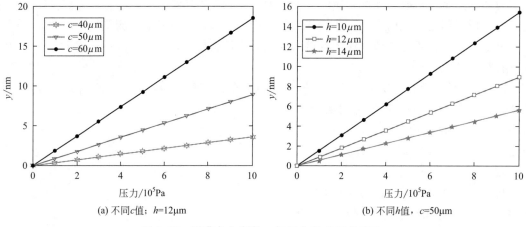

(a) 不同c值；h=12μm

(b) 不同h值，c=50μm

图 3.63　隔膜中心挠度 y 与压力 P 之间的关系

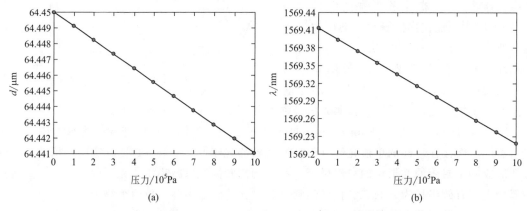

(a)

(b)

图 3.64　压力 P 分别与空腔长度 d 和波谷波长 λ 之间的关系

4　热敏器件

热敏器件在人类的生活及工业生产中具有重要的意义，主要是利用材料的热释电效应和热电阻效应制成的。热释电与压电具有密切关系。晶体学中有 32 种不同的介电材料。根据点群理论，其中涉及几个对称元素，包括对称中心、旋转轴、镜面等。在 32 种点群中，只有 20 种具有压电效应，有 10 种晶体具有热释电效应。这种具有热释电效应的介电材料在一定的温度范围内具有永久性的极化。随着温度的变化，极化变化的效应称为热释电效应。在热释电基的一个亚群中，存在自发极化的材料，通过外加电场可使极化逆转，这种现象被称为铁电效应。尽管铁电材料和热释电材料的极化看起来很相似，但还是有细微的差别。在不超过材料介电击穿的条件下，铁电极化对外部电场的响应具有可逆性。因此，铁电材料在外加电场作用下必须具有自发极化和可逆极化，同时具有比非铁电材料更强的热释电性能[6,112]。热释电效应是用来联系热能和电能的，曾主要用于探测器件的应用，但在可再生能源发电和环境保护方面的应用也得到广泛的探索[113-116]。与热电材料不同，热释电材料需要温度的时间变化，而不是温度梯度[117]。

4.1　热敏效应

4.1.1　热释电效应

4.1.1.1　热释电的定义

热释电被定义为与材料极化变化密切相关的效应，而极化变化是由温度波动引起的表面出现极化电荷的现象[118]。在单畴铁电材料中，由于排列的电偶极子，样品表面两端的局部电荷积累。当达到热平衡状态时，等数量的反电荷屏蔽了所有局域电荷。当温度发生变化时，材料的极化会发生变化以响应温度的变化。一些局域化的电荷将不会受到反电荷的屏蔽，表面会被充电，从而产生可用电场。其他带电粒子同样可以证明电场的形成。根据电荷的符号，粒子可以被热释电材料吸引或排斥。外部电路可以连接到热释电材料的表面，使电流流出。热释电材料加热和冷却时，电流方向明显不同。

　　热释电效应最早在电气石晶体中被发现，电气石晶体结构属三方晶系，具有唯一的三重旋转轴。晶体存在热释电效应的前提是具有自发极化，即在某个方向上存在固有电矩。热释电系数是表征热释电材料热释电效应的重要因素，代表材料的热释电效率。对于具有自发极化的晶体，当晶体受热或冷却后，由于温度的变化而自发极化强度变化，从而在晶体某一定方向产生表面极化电荷的现象称为"热释电效应"，可表示为式(4.1)。

$$\Delta P_s = P \Delta T \tag{4.1}$$

　　式中，ΔP_s 为自发极化强度变化量；ΔT 为温度变化；P 为热释电系数，单位为 $C \cdot m^{-2} \cdot K^{-1}$。$P$ 也可表示为：

$$p_m = \partial p_m / \partial T, m = 1, 2, 3 \tag{4.2}$$

　　根据压电晶体的压电轴，热释电系数有不同的符号。正极是指在张力作用下具有正电荷的晶体轴的末端。在热释电晶体加热过程中，当正极上存在正电荷时，热释电系数确定为正。相应地，如果在正极产生负电荷，热释电系数就变为负。通常，由于铁电材料在受热时自发极化减小，热释电系数通常为负。然而，在一些铁电材料中，如罗息盐，自发极化强度随着温度的升高而增加，其温度接近但不超过居里点（T_C）。考虑到所有热释电材料中的压电效应，当热释电材料因温度变化出现几何变形时，也会产生极化的变化，这对热释电效率也有贡献。因此，在表征热释电效应时，应考虑机械边界条件。热释电材料自发极化强度与温度的关系如图 4.1 所示。

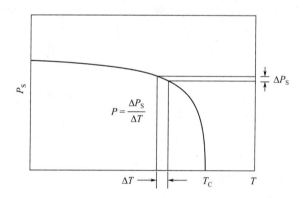

图 4.1　热释电材料自发极化强度与温度的关系

　　在给定的机械边界条件下，由于冷却或加热足够均匀，热释电效应可分为两类。例如，如果样品受到恒定的应变，热释电效应仅仅是由温度变化引起的极化变化。此时，热释电效应被称为原生热释电效应或恒应变热释电效应。但在实际应用中，热释电器件不能保持恒定应变状态。主热释电效应总是包含材料热膨胀引起的极化变化和伴随的机械作用的贡献。如果温度在材料内部均匀分布，则额外的热释电效应被称为二次热释电效应。在恒定应变下，热释电材料的热释电系数实际上是初级系数和次级系数的总和[119]。如果热释电材料加热或冷却不均匀，材料内部会产生应力梯度，由压电效应导致热释电效应。它被称为三次效应或假热释电效应，因为它实际上是不均匀加热或冷却的压电材料的固有特性。这种效应应该在所有的压电材料中被观察到，包括那些非热释电材料。因此，在热释电材料的表征过程中，均匀的加热或冷却对于减小或消除假热释电效应是非常重要的。

　　热释电晶体可以分为两大类：一类具有自发极化，但自发极化并不会受外电场作用而转向；另一类具有可为外电场转向的自发极化，即铁电体。由于热释电晶体在经过预电极化处理后具有宏观剩余极化，且其剩余极化随温度而变化，从而能释放表面电荷，呈现热释电效应。压电效应反映晶体电量与机械力间的关系，机械力可引起正、负电荷中心相对位移。但对于不具有中心对称的压电晶体而言，这种相对位移在不同方向并不相等，但可引起晶体总电荷变化而产生压电效应。与机械应力不同，热释电晶体中电荷的变化是由温度改变引起的，而温度变化引起晶体的胀缩被认为是无方向性的，各方向上的正、负电荷中心相对位移应相等。这样，对于一般压电晶体而言，即使某一方向上电矩有变化，也不产生热释电效应，仅当晶体结构上存在极化轴时，才会出现热释电效应。

4.1.1.2 热释电系数和电热系数

如果用温度 T、熵 S、电场 E、电位移 D、应变 X 和应力 x 等变量来表征弹性介质的热力学状态。T、E、X 是自变量，吉布斯自由能（G）可以用下面的特征函数来描述：

$$G = U - TS - X_i x_i - E_m D_m \tag{4.3}$$

式中，U 为热力学能；下标表示对应的分量，$m = 1 \sim 3$，$i = 1 \sim 6$。

结合第一和第二热力学定律：

$$dG = -x_i dX_i - D_m dE_m - S dT \tag{4.4}$$

因此，吉布斯自由能对于 T、E、X 有一个微分形式：

$$dG = \left(\frac{\partial G}{\partial X_i}\right)_{E,T} dX_i + \left(\frac{\partial G}{\partial E_m}\right)_{X,T} dE_m + \left(\frac{\partial G}{\partial T}\right)_{E,X} dT \tag{4.5}$$

根据式（4.4）及式（4.5），将会有：

$$\left(\frac{\partial G}{\partial E_m}\right)_{X,T} = -D_m \tag{4.6}$$

$$\left(\frac{\partial G}{\partial T}\right)_{E,X} = -S \tag{4.7}$$

$$\left(\frac{\partial^2 G}{\partial E_m \partial T}\right)_X = -\left(\frac{\partial D_m}{\partial T}\right)_{E,X} = -p_m^{E,X} \tag{4.8}$$

$$\left(\frac{\partial^2 G}{\partial E_m \partial T}\right)_X = -\left(\frac{\partial S}{\partial E_m}\right)_{E,X} \tag{4.9}$$

式（4.8）给出热释电系数的定义，式（4.9）给出外加电场引起的熵变，即电热系数。换句话说，电热效应（ECE）是反向热释电效应，结合式（4.8）和式（4.9）可知，在恒定电场和应变下，热释电系数值与恒定应变和温度下的 ECE 值相同。

假设 T、E、X 是独立自变量，电位移差可表示为：

$$dD_m = \left(\frac{\partial D_m}{\partial X_i}\right)_{E,T} dX_i + \left(\frac{\partial D_m}{\partial E_m}\right)_{X,T} dE_m + \left(\frac{\partial D_m}{\partial T}\right)_{E,X} dT$$

$$= d_{mi}^{E,T} dX_i + \varepsilon_{mi}^{E,T} dE_m + p_m^{E,X} dT \tag{4.10}$$

式中，下标的取值为 $m = 1 \sim 3$，$i = 1 \sim 6$，下标表明这些物理量具有常量值。m 和 i 分别与压电性能和介电性能有关，第三项代表热释电效应。

同样，考虑自变量 T、E、x，可以得到以下方程：

$$p_m^{E,x} = -\left(\frac{\partial S}{\partial E_m}\right)_{x,T} \tag{4.11}$$

这证实在恒定电场和应力下，热释电系数值实际上是恒定应力和温度下的 ECE 值。铁电材料的熵变归因于极化顺序的变化。较高的有序程度对应较低的熵值，反之亦然。当铁电材料去极化时，极化顺序的降低也会导致熵值增加。在绝热条件下，去极化会引起温度下降，可用于制冷。在这方面，电热效应实际上是全球范围内的一个重要研究课题。

4.1.1.3 一次和二次热释电系数

在恒定电场下，甚至在没有电场的情况下，电场位移会同时受到应变和温度的影响，应变可以由应力和温度来决定，因此有以下方程：

$$dD_m = \left(\frac{\partial D_m}{\partial x_i}\right)_T dx_i + \left(\frac{\partial D_m}{\partial T}\right)_x dT \tag{4.12}$$

$$dx_i = \left(\frac{\partial x_i}{\partial X_j}\right)_T dX_j + \left(\frac{\partial x_i}{\partial T}\right)_X dT \tag{4.13}$$

式中，j 表示位置。

如果 $dX_j = 0$，联立式(4.12) 和式(4.13)，可得：

$$\left(\frac{\partial D_m}{\partial T}\right)_X = \left(\frac{\partial D_m}{\partial T}\right)_x + \left(\frac{\partial D_m}{\partial x_i}\right)_T \left(\frac{\partial x_i}{\partial T}\right)_X \tag{4.14}$$

令压电应力常数 $e_{mi}^T = \left(\frac{\partial D_m}{\partial x_i}\right)_T$，热膨胀系数 $a_i^X = \left(\frac{\partial x_i}{\partial T}\right)_X$。因此，式(4.14) 可以表示为：

$$p_m^X = p_m^x + e_{mi}^T \alpha_i^X \tag{4.15}$$

其中，等式右边的后一项表示用压电应力常数乘以热膨胀系数推导出的二次热释电系数。

同时，式(4.14) 可以重新排列为：

$$\left(\frac{\partial D_m}{\partial T}\right)_X = \left(\frac{\partial D_m}{\partial T}\right)_x + \left(\frac{\partial D_m}{\partial X_i}\right)_T \left(\frac{\partial X_i}{\partial x_j}\right)_T \left(\frac{\partial x_j}{\partial T}\right)_X \tag{4.16}$$

所以总热释电系数为：

$$p_m^X = p_m^x + d_{mi}^T c_{ij}^T \alpha_j^X \tag{4.17}$$

式中，弹性刚度 $c = \frac{\partial X_i}{\partial x_j}$

等式右边的后一项表示二次热释电系数，其可以由压电应变常数、弹性刚度和热膨胀系数相乘得到。因此，初级热释电系数对热释电材料所表现出的热释电效应贡献最大。

4.1.1.4 三次热释电系数

由于不均匀的加热或冷却伴随着机械应力，有效热释电系数包含一次系数、二次系数和三次系数[120]。由于热应力是位置和时间的函数，所以很难描述。因此，准确测量三次热释电系数仍然是一个挑战。

以弹性吉布斯自由能 G_1 为特征函数，假设应力和电场为一维变量，在居里温度附近，电场为 0 且电位移 D 与饱和极化强度 P_s 相等，则有：

$$(P/\varepsilon_r) + \alpha_0 P_s = 0 \tag{4.18}$$

式中，$P = dD/dT$ 是热释电系数；$\alpha_0 = 1/C$，C 是居里常数，ε_r 为相对介电常数，所以有：

$$P/\varepsilon_r = P_s/C \tag{4.19}$$

因此，热释电系数与热释电材料的居里常数、自发极化和相对介电常数有关。热释电系数可大致由居里常数导出，反之亦然。然而，需要注意的是，这个公式只适用于相对狭窄的温度范围。有趣的是，尽管不同的热释电/铁电材料的热释电系数和介电常数可能有很大的不同，但是对于大多数铁电材料的热释电系数和介电常数来说，比率 $P\varepsilon_r^{-1/2}$ 几乎保持不变，在包括室温在内的瞬变电磁法范围内是有效的。这种现象可以用各种铁电现象理论来解释。

根据弹性吉布斯自由能 G_1，接近居里温度时，如果有 $E_0=0$ 和 $D=P_s$，在二阶相变情况下，$\beta>0$；如果 $T\approx T_0$，热释电系数对温度的表达式为：

$$P\varepsilon_r^{-1/2}\approx P_0(2CT_0)^{-1/2} \tag{4.20}$$

式中，P_0 为无电偏置时的热释电系数。

这个方程很好地解释了上面的讨论结果，同时也可作为热释电材料热释电效应评价的指标。

4.1.1.5 热释电效应与相变的关系

铁电、热释电材料通常有两个明显的相变，且热释电系数曲线上的峰值与温度有关[16,17]。铁电、热释电材料中最明显的相变是铁电-顺电转变，在此过程中，自发极化突然减小并随之消失。

在一阶铁电中，外加电场可用于稳定铁电相，温度略高于居里点 T_C。在这种情况下，使极化变化最大的是温度，即随着外加电场水平的增加，热释电系数峰值增大[121]。与电位移 D、电场 E、温度 T 一致，根据前面讨论的热释电系数的定义，推导出下式：

$$\frac{\partial D}{\partial T}=\left(4D-4D^3-\frac{E}{2D^2}\right)^{-1}=\frac{D}{6D^2-5D^4-T} \tag{4.21}$$

在具有二阶相变的铁电体中，外部电场不能诱导相变[122]。外加电场只是把电介质常数作为温度的函数。因此，热释电系数峰值的温度与外加电场无关。然而，随着电场强度的增加，热释电系数降低。

热释电系数可以改写为：

$$P=\left(\frac{\partial D}{\partial T}\right)_{E,X}=\frac{-\alpha_0 D_0}{\alpha_0(T-T_0)+3\beta D^2} \tag{4.22}$$

式中，D_0 为温度 T 下电场 E 诱导的电位移；β 为介电隔离率。在三种特殊情况下，有以下方程：

$$D_0\approx E[\alpha_0(T-T_0)]^{-1},T\gg T_0 \tag{4.23}$$
$$D_0\approx[\alpha_0\beta^{-1}(T_0-T)]^{-1/2},T\ll T_0 \tag{4.24}$$
$$D_0\approx(\alpha_0/\beta)^{1/3},T=T_0 \tag{4.25}$$

根据式(4.22)，如果 $T=T_0$，则没有电偏置时的热释电系数 P_0 可由下列公式表示：

$$P_0=E\alpha_0^{-1}(T-T_0)^{-2},T\gg T_0 \tag{4.26}$$
$$P_0=\frac{1}{2}\alpha_0^{1/2}\beta^{-1/2}(T_0-T)^{-1/2},T\ll T_0 \tag{4.27}$$
$$P_0=\frac{1}{3}\alpha_0/\beta^{-2/3}E^{-1/3},T=T_0 \tag{4.28}$$

在居里温度以下，热释电系数随温度升高而增大，为 $(T_0-T)^{-1/2}$；在居里温度以上，热释电系数为 $(T-T_0)^{-2}$，随温度升高而减小。在居里温度时，观察到热释电系数的峰值。当材料受到外界电场的作用时，该峰值被抑制，而峰值温度保持不变。在此过程中，自发极化的强度和方向最有可能发生变化。在某些铁电材料中，这样的相变并不影响极化方向。因此，与相变相关的参数不会发生显著变化，而热释电系数曲线保持峰值。因此，热释电系数可作为铁电材料中铁电-铁电相变的表征。

在冷却或加热过程中，接近极化的新平衡态需要一定时间，即热释电对温度变化的响应在一定程度上是滞后的，这与热释电材料的导热系数和热容量以及器件的尺寸和形状等因素有关。一般用热弛豫时间来表示这样的时间延迟：

$$\tau_T = \frac{L^2 C_e}{\sigma_T} \tag{4.29}$$

式中，C_e 为单位体积的热容，$J \cdot K^{-1} \cdot m^{-3}$；$L$ 为导热方向长度，m；σ_T 为导热系数，$J \cdot K^{-1} \cdot m^{-1} \cdot s^{-1}$。

4.1.1.6 热电品质因数

热释电材料的响应特性通常采用热释电品质因数 Q_m 进行评价，热释电器件在环境间达到平衡状态所需的时间 τ'_T：

$$\tau'_T = \frac{C}{G_T} \tag{4.30}$$

式中，C 为材料的热容，$J \cdot K^{-1}$；G_T 为材料与样品夹持器之间的导热系数，$J \cdot K^{-1} \cdot s^{-1}$。因此，减少响应时间的一种方法是增加 G_T 值，这可以通过使用热绝缘的试样夹或用保温层将试样和夹持器分开实现。τ'_T 与式(4.29) 中的弛豫时间 τ_T 不同，即热释电器件在材料内部达到平衡所需的时间。

在实际设备中，热释电单元通常与高输入阻抗放大器相连。将热释电单元的电容（c'_x）与放大器的输入电阻 R_g 和电容（c'_g）相关联，可以得到另一个参数——电时间常数：

$$\tau'_E = R_g (c'_x + c'_g) \tag{4.31}$$

对于不同的热释电探测器，应根据响应时间或频率依赖性等因素适当地选择热时间常数和电时间常数。一般来说，热时间常数为 $10^{-2} \sim 10 s$，而电时间常数为 $10^{-12} \sim 10^2 s$[123]。

入射功率为 W，η 为吸收入射功率的效率，热释电单元温度的变化 ΔT 可以表示为：

$$\Delta T = \left(\eta W - M \frac{dT}{dt} \right) G_T^{-1} \tag{4.32}$$

假设入射辐射可以描述为：

$$W_0 = \frac{W}{\exp(j\omega t)} \tag{4.33}$$

可以得到以下表达：

$$\Delta T = \eta W_0 (G_T + j\omega M)^{-1} \exp(j\omega t) \tag{4.34}$$

单元内产生的热释电荷为：

$$q = PA\Delta T \tag{4.35}$$

式中，P 为热释电系数；A 为单位实际面积。

此外，初始入射功率对感应电流的电流响应为：

$$R_i = \frac{i}{W_0} \tag{4.36}$$

式中，i 为热释电电流，即 $i = dq/dt$。如果工作频率远高于 $1/\tau'_T$，则有：

$$R_i = \frac{\eta P}{C'd} \tag{4.37}$$

式中，C' 为体积热容；d 为热释电单元厚度。

在式(4.37) 中，可以得到电流品质因数：

$$F_i = \frac{P}{C'}\tag{4.38}$$

相应地，电压响应由热释电电流和导纳获得。如果忽略热释电单元的导通，R_v 达到最大值，即：

$$R_v(\max) = \eta P A \frac{R_g}{G_T(\tau'_T + \tau'_E)}\tag{4.39}$$

在这种情况下，热释电单元和样品固定器之间的高绝缘意味着低 G_T，从而导致高电压响应。由于 $\omega \gg \tau'_E{}^{-1}$ 和 $\omega \gg \tau'_T{}^{-1}$，当 $c'_x \gg c'_g$，可得：

$$R_v = \frac{\eta P}{C'd(c'_x + c'_g)\omega} = \frac{\eta P}{C'dc'_x\omega}\tag{4.40}$$

在式(4.40)中，可以得到另一个材料参数，称为电压品质因数（F_v）：

$$F_v = \frac{P}{C'\varepsilon}\tag{4.41}$$

式中，P/ε 或 $P/\varepsilon_{r'}$ 是热释电器件的特性热释电性能指标。

由于在居里点附近自发极化急剧下降，所以热释电效应大。根据式(4.1)，在恒定应力及恒定电场作用下，一级热释电系数可表示为：

$$P_\sigma = P_s + P_1\tag{4.42}$$

式中，P_σ 为一级热释电系数，表示当温度变化时因系统的熵变产生自发极化而形成的热释电效应；P_1 为二级热释电系数，表示热应变产生应力后通过压电效应再对自发极化产生影响而形成的热释电效应。

4.1.2　热电阻效应

4.1.2.1　热敏电阻的工作原理

热敏电阻是由某些金属氧化物按不同的配方比例烧结制成的，是利用电阻随温度变化的特性测量温度的。热敏电阻的感温材料为半导体材料，优点是灵敏度高、体积小、响应快、功耗低；缺点是电阻值随温度呈非线性变化，器件的稳定性及互换性差。不同的热敏电阻材料，具有不同的电阻-温度特性，按温度系数的正负，将其分为正温度系数（PTC）热敏电阻、负温度系数（NTC）热敏电阻和临界温度系数（CTR）热敏电阻。各热敏电阻的温度特性曲线如图 4.2 所示。

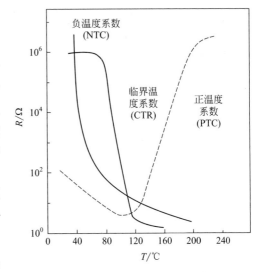

图 4.2　各热敏电阻的温度特性曲线

在一定温度范围内，NTC 热敏电阻的电阻随温度升高而降低，具有负的温度系数，电阻-温度特性可用如下经验公式描述：

$$R_T = R_{T_0}\exp\left[B_N\left(\frac{1}{T} - \frac{1}{T_0}\right)\right]\tag{4.43}$$

式中，R_T 为热力学温度为 T 时热敏电阻的阻值；R_{T_0} 为热力学温度为 T_0 时热敏电阻的阻值；B_N 为 NTC 热敏电阻器的热敏指数。

在一定温度范围内，PTC 热敏电阻的电阻随温度升高而增加，电阻与温度的关系可近似表示为：

$$R_T = R_{T_0} \exp[B_P(T - T_0)] \tag{4.44}$$

式中，B_P 为 PTC 热敏电阻器的热敏指数。

CTR 热敏电阻的特点是在某一温度时，电阻急剧降低，可作为温度开关。在温度测量方面，主要采用 NTC 和 PTC 热敏电阻，但使用最多的是 NTC 热敏电阻。热敏电阻与金属导体的差别，突出地表现在电阻与温度的变化关系上。对于大多数金属，其电阻-温度系数为 $(0.3 \sim 0.6) \times 10^{-2} ℃^{-1}$，热敏电阻的电阻-温度系数为 $(3 \sim 6) \times 10^{-2} ℃^{-1}$，显然热敏电阻对温度的灵敏度要高得多。金属的电阻-温度系数是正的，而 NTC 热敏电阻为负的。热敏电阻与金属电阻-温度特性的比较见图 4.3。

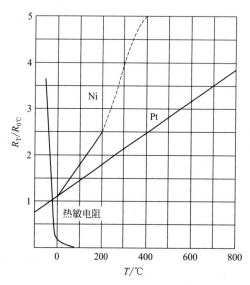

图 4.3 热敏电阻与金属电阻-温度特性的比较

半导体热敏电阻的导电机制和金属不同。金属导体是自由电子参加导电，而半导体中参加导电的是载流子，半导体载流子的数目比金属自由电子的数目少得多，所以半导体的电阻率大。当温度升高时，半导体中的价电子受热激发，跃迁到较高能级，导致新的电子空穴对产生，参加导电的载流子数目反而增加，引起电阻率降低。载流子数目随温度的上升呈指数规律上升，电阻率也随温度的上升呈指数规律下降。NTC 热敏电阻以半导体金属氧化物作为基体材料，所以它具有 P 型半导体特性。电阻率随温度的变化是由迁移率随温度变化引起的。

热敏电阻的结构及符号如图 4.4 所示。热敏电阻一般做成二端器件，但也有三端或四端的。二端和三端器件为直热式，即直接由电路中获得功率；四端器件的结构则是旁热式的。根据不同的要求，可以把热敏电阻做成不同形状的结构，其典型结构如图 4.5 所示。形状有十几种之多，但常用的有如下几种。

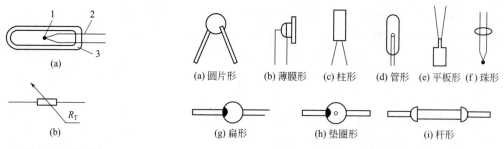

图 4.4 热敏电阻的结构（a）
　　　及符号（b）

图 4.5 热敏电阻的结构形式

圆片形结构通过粉末压制烧结成型，特点是体积大、功率大。大圆片形中央留一个大圆孔，就成为垫圈形，便于用螺钉固定散热片，增加功率。采用挤压工艺可制成杆形或管形，杆形可制成高阻值的器件；管形内部加电极，并可以调整电极大小，使阻值调整方便。珠形是在两根铂丝间滴上糊状热敏材料的珠粒后烧结而成的，铂丝作引出电极，最后用玻璃壳密封，特点是热响应快、稳定性好。薄膜形采用溅射或真空蒸法成型，因热容量、时间常数很小，一般用于红外探测和流量检测。

4.1.2.2 热敏电阻的主要特性

热敏电阻的电阻-温度特性如图 4.6 所示，应用最多的是 NTC 和 PTC 两类热敏电阻。

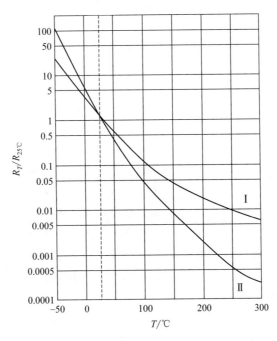

图 4.6 热敏电阻的电阻-温度特性

NTC 热敏电阻的制备工艺是：把一些过渡金属氧化物的粉料按一定比例混合后，用焙烧陶瓷工艺制成热敏电阻体，再烧银电极，焊上引线，涂上保护漆而成。改变成分及工艺条件，就可以获得不同测温范围、阻值及温度系数的 NTC 热敏电阻。热敏电阻阻值与温度的关系称热敏电阻的热电特性，是热敏电阻的测温基础。

如测试电流较小，则引起热敏电阻自身加热的情况可忽略，此时热敏电阻与温度的关系可用下式表示：

$$R_T = R_{T_0} \mathrm{e}^{B\left(\frac{1}{T} - \frac{1}{T_0}\right)} \tag{4.45}$$

式中，B 为热敏电阻的材料常数，可由实验获得，通常 $B = 2000 \sim 6000\mathrm{K}$。

式(4.45) 仅是一个经验公式，在温度小于 450℃时使用。热敏电阻的电阻-温度关系还可以用电阻温度系数 α_T 表示。

$$\alpha_T = \frac{1}{R_T} \frac{\mathrm{d}R_T}{\mathrm{d}T} \tag{4.46}$$

$$\alpha_T = -\frac{B}{T^2} \tag{4.47}$$

热敏电阻的测温灵敏度比金属电阻温度计高很多。如热敏电阻的 B 值为 4000K，当 $T = 293.15\mathrm{K}$（20℃）时，$\alpha_T = 4.7\%/℃$，约为铂电阻的 12 倍。NTC 器件端电压 U_T 和电流 I 之间满足下列关系：

$$U_T = IR_T = IR_{T_0} \exp B\left(\frac{1}{T} - \frac{1}{T_0}\right) \tag{4.48}$$

式中，T_0 为环境温度，K。

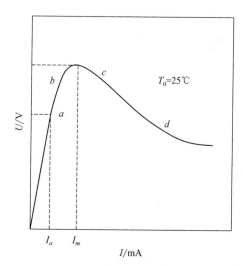

图 4.7　NTC 热敏电阻的伏安特性

热敏电阻在热平衡情况下的伏安特性曲线如图 4.7 所示。在一定温度下，当电流小于 I_a 时，电阻仍服从欧姆定律；当电流增加到 I_m 时，热敏电阻的温度升高，电压达到最大值，电阻已展现非欧姆特性；随着电流的继续增加，电阻阻值下降，热敏电阻发热剧烈，电阻值减少的速度超过电流增加的速度，电压降随电流增加而降低，并形成 cd 段负阻区；当电流超过最大允许值时，热敏电阻将被烧坏。

用掺杂微量稀土的 $BaTiO_3$ 材料制成的 PTC 热敏电阻具有多晶结构。$BaTiO_3$ 的要求纯度应高于 99.5%，平均粒径为 $0.1\sim0.15\mu m$，且具有化学活性晶粒内部为半导电性区，晶界为高阻层区。因而高阻晶界层分担了大部分外加电压降。由于晶界面存在一个势垒，当温度在居里温度 T_C 以下时，高阻晶界具有铁电性，势垒的高度与介电常数成反比，若势垒高度小，电子容易越过势垒，表现为材料电阻率小；当温度增加到高于 T_C 时，材料的晶格结构发生变化，铁电性消失；势垒随着进一步增高，电子很难越过势垒，电流变小，材料的电阻率变大，电阻温度系数显示为正。当热敏电阻的温度低于 T_C 时，呈现负阻特性，当达到 T_C 时，电阻急剧增大约 $10^3\sim10^7$ 倍，呈现正的电阻温度系数，所以称为 PTC 热敏电阻。

PTC 热敏电阻的电阻-温度特性如图 4.8 所示，当温度低于 T_{p1} 时，电阻温度系数是负的，当温度高于 T_{p1} 后，电阻值随温度升高呈指数规律增大，电阻-温度系数较大。在 $T_{p1}\sim T_{p2}$ 内存在 T_C，并有较大的电阻温度系数。PTC 热敏电阻的 T_C 可以通过掺杂来控制，如果在 $BaTiO_3$ 中加入少量的 Pb，T_C 要向高温方向移动；加入 Sr 元素，T_C 则向低温方向移动；加入 Mn、Fe，则提高 PTC 的敏感特性。

热敏电阻的伏安特性是指在 PTC 热敏电阻上加上电压，达到热平衡状态时电压和电流的关系，如图 4.9 所示。当缓慢增加电压时，PTC 热敏电阻温升不高，流过热敏电阻的电流与电压成正比，服从欧姆定律。随电压增加，电阻消耗功率增加，电阻体温度比环境温度愈来愈高，曲线开始弯曲。当电压增加到使电流 I_m 最大时，如电压再增加，电流反而减小，这

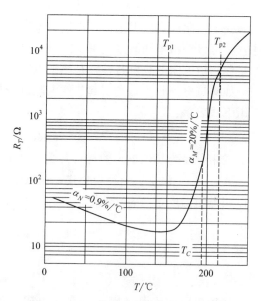

图 4.8　PTC 热敏电阻的电阻-温度特性

α_N 表示温度小于 T_{p1} 时的电阻温度系数；α_M 表示温度在 $T_{p1}\sim T_{p2}$ 时的电阻温度系数

是由于温升引起电阻值增加的速度超过电压增加的速度，曲线斜率由正变负。当电压很小时，尚不足以加热样品至居里点，这时电流几乎随着电压的增加而正比例增加。当电压增加至某一值时，PTC 器件的温度达到 T_C，这时电流达到最大值。再进一步增大电压，就会使 PTC 器件的温度超过 T_C，这时电阻迅速增大，电流减小，随着电压增大，电流则反比例减小，此时电压-电流特性曲线接近于恒定功率下的抛物线。这是因为 PTC 器件趋向于维持在 T_C，在稳定状态时，输入功率与耗散功率相等，为了

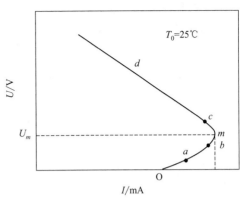

图 4.9　PTC 热敏电阻的伏安特性

维持恒定功率，当电压增加时，电流将反比例减小。I-V 曲线与其特殊的 R-T 曲线相关联。

　　PTC 热敏电阻的耐压特性是指 PTC 热敏电阻所能承受的最高电压 U_{max}。最高电压是指在 25℃ 环境温度时，于静止的空气中能连续地加在 PTC 器件上的电压上限值。当电压低于某一定值时，PTC 器件不会失去热控制作用，此电压值即耐压强度 (U_B)。PTC 热敏电阻电流-时间特性指非平衡的暂态过程中电流随时间的变化规律。当 PTC 器件加上电压时，通过器件的初始电流 I_0 很大，经过时间 t_0 后，PTC 器件的温度达到 T_C，电流即迅速降至稳定值。当 PTC 器件通过一定电流时，由于功耗其本身将发热，同时向周围环境散发一部分热量。

　　当稳定状态时，从 PTC 器件表面放出的热能 U_{PTC} 为：

$$U_{PTC}=i(T-T_a) \tag{4.49}$$

　　式中，T 为 PTC 样品表面温度，K；T_a 为环境温度，K；i 为放热系数，W·m^{-2}·K^{-1}。i 可由下式表示：

$$i=i_0(1+h\sqrt{v}) \tag{4.50}$$

　　式中，v 为风速，m/s；h 为与 PTC 器件形状有关的常数；i_0 为当 $v=0$ 时的 i 值。i_0 主要取决于 PTC 器件的有效表面积，有效表面积越大，i_0 值越大。PTC 器件放热特性与器件的几何形状、表面积、材料导热性能，以及环境温度、风速等因素有关。

　　CTR 热敏电阻又称临界温度系数热敏电阻，在某个特定的温度内，电阻值急剧变化。CTR 热敏电阻的温度系数是负的。工作温度范围不变，当温度接近某数值时，电阻突然减小 4~6 个数量级，这一特性非常适用于温度监测和温度控制。CTR 热敏电阻的原料是以 V_2O_5、P_2O_5、SiO_2 等氧化物为主要成分，添加 SrO、CaO 等，在还原的气氛中烧结成的。如在混合材料中加掺 Ti、Ge 等使 T_C 向高温方向移动；而掺杂 Fe、Co、Ni 等可使 T_C 向低温方向移动。除上述材料的热敏电阻外，还有 SiC 热敏电阻和有机材料为主体的热敏电阻。

　　标称电阻值 R 指环境温度 $(20\pm0.2)℃$ 时的电阻值。材料常数 B 用以描述热敏电阻材料的物理特性，B 值越大，灵敏度越高。B 值可表示为：

$$B=2.303\times(\lg R_2-\lg R_1)\bigg/\left(\frac{1}{T_2}-\frac{1}{T_1}\right) \tag{4.51}$$

式中，R_1、R_2 分别表示 1、2 各点处的电阻值；T_1、T_2 分别表示 1、2 各点处的温度。

时间常数 τ 表示热敏电阻对冷或热的响应速度。即当环境温度突然变化时，热敏电阻的变化量从起始到终变量 63% 所需要的时间。其大小与材料特性和几何尺寸有关。

$$\tau = \frac{C}{H} \tag{4.52}$$

式中，C 为热容，$J \cdot K^{-1}$；H 为耗散系数，$mV \cdot ℃^{-1}$。

耗散系数 H：热敏电阻与周围环境温度相差 1℃ 时，热敏电阻所耗散的功率。额定功率 P_s（使用功率）：在规定技术条件下，长期连续工作所允许的耗散功率。使用温度范围为热敏电阻允许的工作温度范围。对于 PTC 热敏电阻，根据它的应用场合，另外拟定技术条件，如居里点、工作电压、最大电压、最大电流等。

4.1.3 热电子效应

4.1.3.1 热电偶的工作原理

将两根性质不同的金属丝或合金丝 A 与 B 的两个端头焊接在一起，就构成热电偶，如图 4.10 所示：A、B 叫作热偶丝，也叫热电极。在闭合回路旁放置一个小磁针，当热电偶两端的温度 $T = T_0$ 时，磁针不动；当 $T \neq T_0$ 时，磁针就发生偏转，其偏转方向和热电偶两端温度的高低及两极的性质有关。上述现象说明，当热电偶两端温度 $T \neq T_0$ 时，回路中产生电流，这种电流称为热电流，其电势称为热电势，这种物理现象称为热电子效应。该效应在 1821 年被德国医生赛贝克发现，后来被称作赛贝克效应。放置在被测介质中的热电偶的一端，称为工作端，或称测量端。热电偶一般用于测量高温，所以工作端一般置于高温介质中，因而工作端也称热端；另外一端则称为参考端，也称自由端。热电偶测温时，参考端用来接测量仪表，如图 4.11 所示，其温度 T_0 通常是环境温度或某个恒定的温度，一般低于工作端温度，所以常称为冷端。

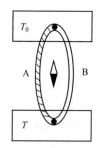
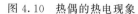

图 4.10 热偶的热电现象

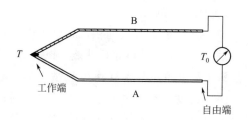

图 4.11 热电偶原理示意图

回路产生热动势的方向及大小仅与热电极的材料和工作端的温度有关，汤姆逊电势即由温度梯度产生的电势差，也称作温差电势。帕尔帖电势即由两根热电极接触点温度不同产生的电势差，也称作接触电势。金属的热电效应可概况为 3 个基本热电效应。

（1）帕尔帖效应

不同金属中自由电子浓度不同。在某一温度下，当两导体接触后，设导体 A、B 的自由电子浓度分别为 n_A 和 n_B，并且 $n_A > n_B$，自由电子便从浓度高的方向向浓度低的方向扩散，结果界面附近导体 A 失去电子带正电，导体 B 得到电子带负电。导体两接触点温度不同，接触点间将产生电势，回路中会出现电流，即帕尔帖效应。接触电势如图4.12所示。

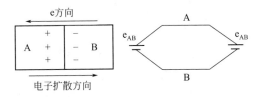

图 4.12　接触电势示意图

当电子扩散达到动态平衡时，两接触点的接触电势分别为：

$$E_{AB}(T) = \frac{kT}{e}\ln\frac{n_A}{n_B} \qquad (4.53)$$

$$E_{AB}(T_0) = \frac{kT_0}{e}\ln\frac{n_A}{n_B} \qquad (4.54)$$

式中，k 为玻耳兹曼常数，$k = 1.38 \times 10^{-23}$ J/K；T、T_0 为接触点处的绝对温度，K；e 为电子电荷，$e = 1.6 \times 10^{-19}$ C。

由式(4.53) 和式(4.54) 可以看出，当A、B材料相同（$n_A = n_B$）时，$E_{AB} = 0$。由于接触电势的存在，若沿AB方向通以电流，则接触点处要吸收热量。若从反方向通以电流，则接触点处要放出热量。

（2）汤姆逊效应

在一根金属导体上，如果存在温度梯度，导体中除了产生焦耳热外，也会产生电势。均质导体A的两端温度分别为 T 和 T_0，假设 $T > T_0$，因为温度不同，区域自由电子的运动速度不同，温度梯度的存在必然使形成自由电子运动速度的梯度，电子从速度快的区域向速度慢的区域扩散，造成电子分布不均，形成电势差。这种热电现象称为汤姆逊效应或温差电势。图4.13为温差电势示意图。

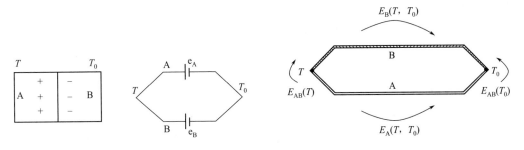

图 4.13　温差电势示意图　　　　图 4.14　热电偶的热电势回路

（3）赛贝克效应

当两种不同的金属或合金A、B联成闭合电路时，两接触点处温度不同。在图4.14所示的热电偶回路中，两电极接触处有接触电势 $E_{AB}(T)$ 和 $E_{AB}(T_0)$，A导体和B导体两端之间分别有温差电势 $E_A(T，T_0)$ 和 $E_B(T，T_0)$，如果 $T > T_0$，各电势方向如图4.14所示。回路中的总电势被称作赛贝克电势，这种现象称为赛贝克效应。

当A、B两种导体两端温度分别为 T、T_0 时，其温差电势分别为：

$$\begin{cases} E_A(T) = \displaystyle\int_{T_0}^{T} \sigma_A dT \\[2mm] E_B(T) = \displaystyle\int_{T_0}^{T} \sigma_B dT \end{cases} \tag{4.55}$$

式中，T、T_0 分别为高、低温端的绝对温度；σ 为温差系数，表示温差为 1℃ 时所产生的电势值，与材料性质及导体两端的平均温度有关。

通常规定，当电流方向与导体温度降低的方向一致时，σ 取正值；当电流方向与导体温度升高的方向一致时，σ 取负值。在如图 4.14 所示的回路中，如果结点温度 $T > T_0$，回路的温差电势等于导体温差电势的代数和，即：

$$E_A(T, T_0) - E_B(T, T_0) = \int_{T_0}^{T} \sigma_A dT - \int_{T_0}^{T} \sigma_B dT = \int_{T_0}^{T} (\sigma_A - \sigma_B) dT \tag{4.56}$$

由于回路中的接触电势 $E_{AB}(T)$ 和 $E_{AB}(T_0)$ 的方向相反，故回路的接触电势为：

$$E_{AB}(T) - E_{AB}(T_0) = \frac{kT}{e}\ln\frac{n_A}{n_B} - \frac{kT_0}{e}\ln\frac{n_A}{n_B} = \frac{k}{e}(T - T_0)\ln\frac{n_A}{n_B} \tag{4.57}$$

综上所述，当结点温度 $T > T_0$ 时，由热电极 A、B 组成的热电偶的总电势等于回路中各电势的代数和，用符号 $E_{AB}(T, T_0)$ 来表示，即：

$$E_{AB}(T, T_0) = \int_{T_0}^{T} \sigma_A dT - \int_{T_0}^{T} \sigma_B dT + \frac{kT}{e}\ln\frac{n_A}{n_B} - \frac{kT_0}{e}\ln\frac{n_A}{n_B} = E(T) - E(T_0) \tag{4.58}$$

式中，$E(T)$ 为热端的分热电势；$E(T_0)$ 为冷端的分热电势。

根据式（4.58）可以得出如下结论。

① 如果热电偶两电极的材料相同，则 $\sigma_A = \sigma_B$，$n_A = n_B$，无论两端温差多大，热电偶回路中也不会产生热电势。

② 如果热电偶两电极材料不同，而热电偶两端的温度相同，即 $T = T_0$，热电偶的闭合回路中也不产生热电势。

③ 如果热电偶两电极材料不同（材料分别为 A、B），且如果 T_0 保持不变，即 $E(T_0)$ 为常数，则回路热电势只是热电偶热端温度 T 的函数。即：

$$E_{AB}(T, T_0) = E(T) - C_{T_0} \tag{4.59}$$

这表明，热电偶回路的总热电势 $E_{AB}(T, T_0)$ 与热端温度 T 有单值对应关系，这是热电偶测温的基本公式。

4.1.3.2　热电偶的工作定律

自从热电偶产生以来，人们在长期的实践中对热电偶回路中的电势、电阻和电流等电学性能做了大量实验和测定，根据上述的电势产生原理，总结出了热电偶的三个基本定律[124]：均质导体定律、中间导体定律、中间温度定律。

（1）均质导体定律

由两种相同的均质导体构成的闭合回路，无论导体的尺寸、截面形状或者温度如何变化，回路中都不会有电流通过。图 4.15 所示的由均质导体 A 组成的闭合回路，由于两热电极材料相同（$n_A = n_B$），两结点处的帕尔帖电势等于零[125]。

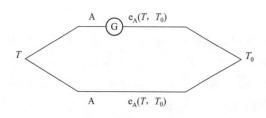

图 4.15　均匀导体回路示意图

此定律可用于对热电偶电极丝材质均匀性的检验。当热电偶的两电极材料是非均匀的导体时，材料的不均匀性越大，由此产生的偏差也将越大。将热电偶电极丝首尾相接，在任意位置加温，观测检流计的指针是否摆动。指针摆动，说明回路中有热电势，该电极丝材质不均匀。

（2）中间导体定律

用热电偶测量温度时，回路中总要接入仪表和连接导线，即插入第三种材料 C，如图 4.16 所示。在 A、B、C 三种导体构成的热电偶回路中，总热电势包括三个接触电势和三个温差电势：

$$E_{ABC}(T,T_0)=E_{AB}(T)+E_B(T,T_0)+E_{BC}(T_0)+E_C(T_0,T_0)+E_{CA}(T_0,T_0)-E_A(T,T_0) \tag{4.60}$$

当导体 C 两端温度相同时，导体 C 无温差电势。即：

$$E_C(T_0,T_0)=0 \tag{4.61}$$

导体 C 两端的接触电势为：

$$E_{BC}(T_0)+E_{CA}(T_0)=(kT_0/e)\ln(n_B/n_C)+(kT_0/e)\ln(n_C/n_A)$$
$$=(kT_0/e)\ln(n_B/n_A)=-E_{AB}(T_0) \tag{4.62}$$

将式（4.62）和式（4.61）代入式（4.60）可得：

$$E_{ABC}(T,T_0)=E_{AB}(T)-E_{AB}(T_0)+E_B(T,T_0)-E_A(T,T_0)=E_{AB}(T,T_0) \tag{4.63}$$

由此证明，在热电偶回路中接入测量仪表或插入其他第三种材料时，只要插入材料两端的温度相同，则插入后对回路热电势没有影响。利用中间导体定律，可以用第三种廉价导体将测量时的仪表和观测点延长至远离热端的位置，而不影响热电偶的热电势值。

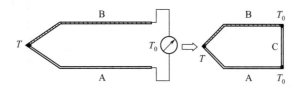

图 4.16　中间导体定律

（3）中间温度定律

任何两种均匀材料构成的热电偶，结点温度为 T、T_0 时的热电势等于此热电偶在结点温度为 T、T_n 和 T_n、T_0 的热电势的代数和，如图 4.17 所示，即：

$$E_{AB}(T,T_0)=E_{AB}(T,T_n)+E_{AB}(T_n,T_0) \tag{4.64}$$

式中，T_n 称为中间温度。

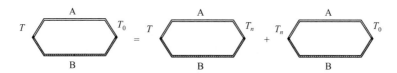

图 4.17　中间温度定律

中间温度定律是制定热电偶分度表的理论基础。热电偶的分度表都是以冷端为 0℃ 时做出的。而在工程测试中，冷端往往不是 0℃，这时就需要利用中间温度定律修正测量的结果。

4.2 热敏材料

4.2.1 热释电材料

热释电材料包括热释电单晶和热释电陶瓷。热释电单晶如 $LiNbO_3$、$LiTaO_3$、$(Ba，Sr)Nb_2O_6$ 及硫酸三甘肽（TGS）等。热释电陶瓷主要有铁电相变陶瓷 $Pb(Zr,Ti)O_3$、$BaTiO_3$、$PbTiO_3$，透明铁电陶瓷 $(Pb_{1-x}La_x)(Zr_yTi_z)_{1-x/4}O_3$、$Sr_{0.5}Ba_{0.5}Nb_2O_5$（SBN）、$PbScTaO_3$（PST）等。由于它们在强直流电场中进行预极化处理后，从各向同性变为各向异性，并具有剩余极化强度，从而也像单晶体那样，具有热释电效应。各种热释电体特性如表 4.1 所示。

表 4.1 各种热释电体的特性

材料名称	热释电系数 $P/[C \cdot cm^{-2} \cdot K^{-1}]$	电容 c/F	居里点 $T_c/℃$	$P/\varepsilon C'/(C \cdot cm \cdot J^{-1})$
TGS	4.8×10^8	35	49	4.6×10^{-10}
$LiTaO_3$	2.4	54	618	1.3
PZT	2.0	380	270	1.1
$PbTiO_3$	6.0	200	470	0.94
PVF_2	0.24	11	≈120	0.9
SBN	6.5	380	115	0.8
$LiNbO_3$	0.4	30	1200	0.46

4.2.1.1 硫酸三甘肽

TGS $[(H_2NCH_2COOH)_3H_2SO_4]$ 是所有铁电-热电材料中品质因数最高的热释电材料。单晶 TGS 通常是通过水溶液的晶体生长而形成的[126]。TGS 的居里温度 $T_C = 49℃$，超过此温度，TGS 是中心对称的，而在居里点以下处于极态点群 2，其中极轴方向仍然是沿着单斜 b 轴[127]。在 TGS 的晶体结构中，甘氨酸（H_2NCH_2COOH）基团是极性的。TGS 中的偏振发生在甘氨酸 I 基团绕晶体学 a 轴旋转，然后就变成镜像。为了开发性能更高的新型热释电材料，保留 TGS 的基本晶体结构，进行了改进 TGS 的工作。目前，已经成功合成出各种新的化合物，如氘化三甘氨酸硫酸盐（DTGS）和用氟硼酸取代硫酸、L-丙氨酸或 D-丙氨酸（ATGS）取代甘氨酸得到的氘化氟硼酸盐（DTGFB）的三甘氨酸氟硼酸盐（TGFB）[128]。在 ATGS 中，由于丙氨酸分子中增加的甲基阻碍晶格内分子的旋转，材料中产生"内部"电偏压，从而稳定自发极化。材料内部的偶极子在居里温度附近是固定不变的，这样 ATGS 晶体就可以穿过居里温度热循环，而不会在自发极化中变质。有报道指出通过加入丙氨酸和磷或砷酸的衍生物，如 TGSP 或 ATGSAS，获得了与 ATGS 相同的品质因数与极化 P_s[129,130]。

这些热释电材料具有不同的最佳操作温度，例如 TGS 的氘化能提高居里温度，扩大工作温度范围[131]。TGFB 居里温度为 61℃，掺杂后，电压品质因数（F_v）提高 30%。虽然 TGS 基热释电材料的 F_v 高于大多数氧基铁电材料或聚合铁电材料，但其介电损耗高，探测能力 F_D 值相对较低。TGS 的热释电材料由于其特殊的晶体结构，表现出较高的各向异性材料的介电常数张量。这为调整 P/ε（P 为热释电系数，ε 为介电常数）值提供一个很好的机会，从而使其热释电性能最大化[132,133]。如果晶体是在这样一种方式，即正常探测器的电极面不平行于极轴，可以获得一个高 P/ε 值，这是由于有效热释电系数依赖于有余弦函数的转动角以及介电常数有一个余弦平方函数。TGS 基热释电材料已克服了水溶性、吸湿性和脆性等关键问题，可适用于许多场合。

4.2.1.2 聚偏氟乙烯（PVDF）

聚合物铁电材料 PVDF 显示出高压电效应。分子具有一个基本的构建模块—CH_2—CF_2—，碳-氢键和电极性碳-氟键采用不同的构型，这与合成聚合物的过程密切相关。例如，如果熔体以足够慢的速度冷却，或者在丙酮溶液中进行冷却，就会得到 α 相，这是非压电相。分子结构具有反式-偏转-反式-偏转结构，从而导致非极性单位细胞堆积。当 α 相受到拉伸或电极化的影响时，可转换为 β 相。在 β 相中，所有的分子基团都以反式构型排列，形成极性单位晶胞。由于其铁电特性，β 相 PVDF 也具有热释电效应。与 TGS 组相比，PVDF 的热释电系数相对较低，品质因数大约是 DTGS 的 1/6；由于介电损耗高，PVDF 的 F_D 也比较低。虽然 PVDF 的居里温度高于熔点 180℃ 左右，但当温度超过 80℃ 时极化开始下降，从而限制这组热释电材料的工作温度。作为一种聚合物，PVDF 铁电材料具有高的柔韧性。与其他类型的热释电材料相比，具有较高的性价比。更重要的是，PVDF 基材料不需要机械研磨和抛光。PVDF 有多种衍生物，如偏氟乙烯和三氟乙烯（VDF-TRFE）的共聚物，这大大改善铁电性和热电性[134-136]。值得一提的是，基于 PVDF-TRFE 基的铁电体可以从熔体或溶液直接制成 β 相，而不需要拉伸过程[137]。因此，采用传统的沉积技术，如纺丝涂层和溶液涂层，可以更方便地制备薄膜器件。

4.2.1.3 钽酸锂

钽酸锂是一种重要的热释电材料，化学式为 $LiTaO_3$，属于氧化物家族。晶体结构中，氧离子层密排成近六方结构，Li^+ 和 Ta^{5+} 占据两层间三分之二的八面体间隙。常温下，$LiTaO_3$ 具有 $R\bar{3}m$ 点群（极性铁电体），在居里温度为 665℃ 时，变为 R3m（非极性顺电体）。熔融温度高且不溶于水，非常稳定，可以在很宽的温度范围内使用。在大多数情况下，$LiTaO_3$ 以单晶的形式出现，可以通过传统的单晶生长方法生长，如提拉法（Czochralski 法）。$LiTaO_3$ 晶体的介电常数和热释电系数均处于适中范围，产生响应品质因数约为 TGS 的 25%，有一个为 10^{-4} 的低介电损耗正切值，因此介电品质因数相当高，大约是 DTGS 值的 5 倍。然而，$LiTaO_3$ 有一个关键问题，高热扩散率导致其最小可解析温差减小，特别是在高频率下，这使得它不适合于像阵列这样的应用。为了解决这一问题，有必要通过使用离子束网状切割槽对检测器器件进行实质性的隔离。

4.2.1.4 铌酸锶钡

铌酸锶钡化学配方为 $Sr_xBa_{1-x}Nb_2O_6$（$0.25 < x < 0.75$），属于钨青铜铁电家族，具有较好的热释电性质[124]。晶体结构是通过 NbO_6 八面体的角点共享构造的，这导致三个间隙位点，其中 Ba 或 Sr 离子占据三个间隙位点中的两个。组成从 $x = 0.72$ 到 $x = 0.25$，T_C 从 195℃ 降低到 53℃，高于和低于 T_C 时，结构仍然保持正方。具有相同 Sr 和 Ba 含量的组成具有最佳的热电性能、最高的热释电系数、最大的介电常数、最低的介电损耗正切值。$Sr_xBa_{1-x}Nb_2O_6$ 的 T_C 可以通过 La 掺杂轻微改变，使其接近室温，但是热释电系数和介电常数都可以大大增加。它可以在接近 T_C 条件下操作，且没有明显恶化品质因数[138]。Czochralski 法也用于生长 $Sr_xBa_{1-x}Nb_2O_6$ 单晶。

4.2.1.5 钙钛矿结构的热释电材料

钙钛矿结构铁电材料具有 ABO_3 的化学式，B 离子被 6 个氧离子围成八面体结构，其中

A 阳离子有 12 个氧配位。A 和 B 位点都可以容纳各种阳离子，因此导致不同的晶体结构，包括菱形、四方形和正交。具有菱形结构的改性 $PbZrO_3$（PZO）和具有四方结构的改性 $PbTiO_3$（PTO）的热释电性能在文献中已有广泛的讨论。大多数研究集中在陶瓷材料上，因为几乎所有在单晶中预测的性能都可以在陶瓷中实现。更重要的是，在不改变晶体结构的情况下，陶瓷工艺在引入掺杂剂方面具有更多的灵活性。掺杂结果是与单晶对应物相比，热释电性能更容易优化。

PZO 是一种反铁电化合物，PTO 是一种典型的铁电化合物。PZO 和 PTO 可用于形成贯穿整个组分的固相溶液，具有丰富的晶体相。在 PZO-PTO 的二相图中，有一个 PZO_{90}：PTO_{10} 的相区域，称为 $F_{R(LT)}$ 相，具有菱形结构，与其他组分样品相比，介电常数相对较低。根据品质因数，这个相更适合热释电应用，热释电性质也可以使用各种掺杂来优化。因为介电常数基本不变，从低温 $F_{R(LT)}$ 到高温 $F_{R(HT)}$ 的相变会导致自发极化的阶梯变化及较高的 $dP s/dT$。由于热滞效应，作为一阶相变，热释电系数的有效可逆性略有恶化。为了解决这个问题，通常使用多组分材料。例如，一种三元化合物 $PbZrO_3$-$PbTiO_3$-$PbFe_{1/2}Nb_{1/2}O_3$ 在实际应用中具有足够高的热释电系数[139,140]。这些材料的热释电响应可以进一步增强，通过精细调整组成或各种掺杂，试图降低介电常数和介电损耗正切值。使用适当的掺杂剂，可以很容易控制材料的直流电阻率 ρ_{DC}，这使得热释电器件设计更加灵活。四方结构 PTO 具有 490℃ 的 T_C 和 $75\mu C \cdot cm^{-2}$ 的相当高的自发极化。通过采用常规的晶体生长方法，如顶部籽晶熔盐法，制备 PTO 的单晶也有报道。由于难以实现大尺寸单晶，大部分材料都集中在陶瓷上。由于具有大的 c/a 值（晶格常数之比），PTO 在冷却过程中经过居里点的高烧结温度时受到很强的应力，当冷却至室温时，烧结陶瓷会被破坏。因此，几乎没有纯 PTO 陶瓷可用。采用不同的掺杂剂对 PTO 基陶瓷进行改性，从而使 c/a 降低，以减小应力。

$PbTiO_3$ 是强电介质，具有居里点高、自发极化和电容率大的特性，有望作为高温、高频的压电材料。纯的 $PbTiO_3$ 烧结困难，而掺入 $Bi_{2/3}TiO_3$、$Pb Zn_{1/3}Nb_{2/3}O_3$ 等或使之与 La_2O_3 和 MnO_2 化合，则利于烧结。PTO 基材料的铁电热释电特性已经被报道[141]。PTO 陶瓷具有类似 PZO 基材料的热释电性能，但介电常数相对较低。PTO 基热释电材料具有较高的 F_v 值，而由于较高的介电损耗正切值，F_D 略低。通过特殊的烧结技术（如热压等）可以降低低介损耗值，增强致密化[141,142]。还有其他钙钛矿铁电体材料已进行热释电应用研究，如 $Ba_{0.85}Ca_{0.15}Zr_{0.1}Ti_{0.9}O_3$-$Sr_x$（BCZT-Sr）陶瓷[143]。结果显示，Sr 含量为 15% 时，极化增量从 $16mC \cdot cm^{-2}$ 增加到 $25mC \cdot cm^{-2}$，即 Ca 逐步被 Sr 取代。在室温、1mHz 条件下，介电常数从 2743 增加到 4040，居里韦斯温度（T_{cw}）从 357K 降低到 308K。优化后的样品在 308K 处的热释电系数为 $25\mu C \cdot cm^{-2} \cdot K^{-1}$，$F_v = 0.017m^2C^{-1}$，电流品质因数 $F_i = 600pmV^{-1}$，$F_D = 17.6\mu Pa^{-1/2}$。

PZT 陶瓷等热释电系数和介电常数几乎成正比关系，虽然在居里点附近热释电常数很大，但不能获得介电常数较小的热释电材料。由 dP/dE 的急剧上升而导致 ε 值突变，从而热释电第一优值（P/ε）不高，也不稳定。但当 $PbZrO_3$ 引入量较大（>65%）时，则具有相变后自发极化突变（$\Delta P_s \approx 0.5 \times 10^{-2}C/m^2$）、$\varepsilon$ 变化不大的优点，从而其很适合作为热释电材料，并被广泛用于单元和阵列红外探测器件。

通常使用的热释电材料，应具有较室温更高的居里点，如 PTO 的 $T_C \approx 490℃$。在制作高灵敏度红外焦平面摄像阵列时便无需制冷，免去一般半导体光量子探测器所需用的液氮制冷装置，从而减小体积和质量。该材料热释电系数大约为 $6×10^{-8}C\cdot cm^{-2}\cdot K^{-1}$，介电常数低于其他铁电体，实际使用温度范围宽，在 $-20\sim60℃$ 输出电压稳定，目前已应用在人造卫星的红外地平仪和辐射温度计上。最近，$(Ba_{0.84}Ca_{0.15}Sr_{0.01})(Ti_{0.90}Zr_{0.09}Sn_{0.01})O_3$ 无铅陶瓷引起关注。在室温条件下，热释电系数为 $1116.7\mu C\cdot cm^{-2}\cdot K^{-1}$，FOMs 值分别为：$F_D=18.1\mu Pa^{-1/2}$，$F_v=0.013m^2C^{-1}$，$F_i=479.3pmV^{-1}$[144]。热释电 FOMs 在 $100\sim 2000Hz$ 高度稳定，但随着温度的变化而变化，有待进一步改进。BCSTZS 无铅陶瓷具有良好的热释电性能，原因是在接近室温的条件下发生多态性相变。

4.2.2　热敏电阻材料

4.2.2.1　PTC 热敏电阻材料

热敏电阻是利用半导体的电阻随温度变化较显著的特点制成的一种热敏器件。热敏电阻通常采用金属氧化物材料，由特殊的陶瓷工艺制成。按照热敏电阻的电阻与温度关系的变化特性，分为正温度系数（PTC）热敏电阻、负温度系数（NTC）热敏电阻和临界温度系数（CTR）热敏电阻。热敏电阻与其他感温器件相比有许多优点，如灵敏度高、体积小、响应快、结构简单、使用方便，广泛用于测温、控测、温度补偿方面，甚至还用于风速、液体流速的测量，以及彩电消磁和报警领域。

热敏材料是对温度变化具有灵敏响应的材料。热敏材料可分为利用介电常数-温度敏感特性的铁电材料，利用电流-热量敏感特性的热释电陶瓷，利用电阻-温度敏感特性的半导体陶瓷和利用磁化强度-温度敏感特性的磁性材料。尽管用上述热敏材料制作的热敏器件均已得到研究和不同程度的开发，但实用的陶瓷型热敏器件绝大部分是利用电阻-温度敏感特性的热敏电阻器。因此在实际生产中，热敏材料主要是指电阻值随温度显著变化的半导体热敏电阻陶瓷。

根据电阻温度系数 α_T 的正负，可将热敏材料分为正温度系数（PTC）热敏材料、临界温度系数（CTR）热敏材料和负温度系数（NTC）热敏材料。线性阻温特性热敏材料被归纳到负温度系数热敏材料中。PTC 材料主要是以 $BaTiO_3$ 基材料为代表的热敏陶瓷，NTC 材料是以过渡金属氧化物基材料为代表的热敏陶瓷，CTR 材料主要是以 VO_2 基材料为代表的热敏陶瓷。PTC 热敏电阻材料主要为 $BaTiO_3$ 系陶瓷。

$BaTiO_3$ 系陶瓷是在高纯 $BaTiO_3$ 中加入微量的稀土元素后得到的。纯 $BaTiO_3$ 是一种绝缘体，但由于原子缺陷的存在，加入微量稀土后（如以三价的 La 置换二价的 Ba），母体金属离子的原子价由四价变为三价：$Ti^{4+}\longrightarrow Ti^{3+}$。$Ti^{4+}$ 的这种转换相当于离子捕获一个电子，该电子处于弱束缚状态，它能从一个 Ti^{4+} 跃迁到另一个 Ti^{4+} 上。在无外加电场的情况下，这种电子的跃迁方向是无规则的，因此不会形成电流。加上电压后，电子跃迁沿电场方向取向，且数量增多，越过晶界势垒进入另一个晶粒，从而形成电流。但是在居里点以上势垒急剧升高，因此电子跃迁变得困难，阻值剧增几个数量级以上，这个现象被称为 PTC 现象。$BaTiO_3$ 系半导体材料的杂质施主为 Sb、Nb、Y 等，改变居里点的掺杂材料为 Pb、Sn、Sr 等，提高工艺稳定性的掺杂材料有 Al、Si、Ti 等。为了形成适当的受主能级以提高 PTC 效应，常添加微量的 Mn、Cu、Fe、V、Si、Cr、Ni、Co、B 等。目前常用的施主-受主杂质元素为 Nb-Mn、Sb-Mn、Yb-Mn 等。图 4.18 给出添加物与居里点的关系。图 4.19 为不同添加物对 PTC 效应的影响。

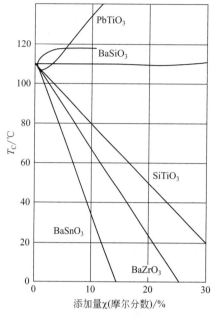

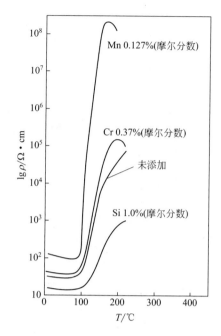

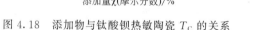

图 4.18　添加物与钛酸钡热敏陶瓷 T_C 的关系　　图 4.19　不同添加物对钛酸钡 PTC 效应的影响

为了进一步提高 PTC 热敏材料的性能，还需要掺入一定量的晶粒抑制剂，如 Al_2O_3、SiO_2、CaO、Li_2O 等。这些抑制剂在材料中形成玻璃相，既能降低系统的烧结温度，还能抵消系统中有害杂质的影响。工业制备 $BaTiO_3$ 系热敏电阻材料的方法主要有两种，一种是用高纯 TiO_2 和 $BaCO_3$ 合成 $BaTiO_3$ 后掺入施主杂质；另一种是将 $Ba(TiO)(C_2O_4) \cdot 4H_2O$ 热分解得到 $BaTiO_3$ 后再实施半导化。在制备过程中 Mn、Mg、Cu、Fe 等杂质含量应限制在 10^{-5} mol/L 以下。$BaTiO_3$ 热敏电阻的烧结工艺控制比较严格，烧结温度在 $1200 \sim 1400 ℃$，但温度波动常为 $\pm 1 ℃$，时间为 $5 \sim 60min$，升温速度最好小于 $300 ℃/h$。降温速度对 PTC 效应影响很大，降温速度越慢，PTC 效应越大，而直接淬火甚至得不到 PTC 效应。在氧化气氛中烧结或在高于 $900 ℃$ 的氧化气氛中热处理，才能获得 PTC 效应。在还原气氛中烧结，材料不出现 PTC 效应。烧结时要控制晶粒大小，一般的晶粒大小要控制在 $4 \sim 5 \mu m$。

提高 PTC 材料热功率的途径主要是提高材料的居里点和增加材料的散热系数。目前已开发出居里点在 $300 ℃$ 以上的 PTC 材料。增加材料的散热系数可通过将 PTC 发热器件做成蜂窝状或口琴状来实现。如果将蜂窝状 PTC 发热体与金属散热片组合，发热功率会更高。$BaTiO_3$ 系 PTC 热敏电阻用量最大的是家用电器。但是，$BaTiO_3$ 系热敏陶瓷的常温电阻率较高，这在一定程度上限制了 $BaTiO_3$ 系陶瓷在大电流领域的应用。

4.2.2.2　NTC 热敏电阻材料

通常将电阻随温度升高而下降的材料，称为负温度系数材料，简称 NTC 材料。NTC 热敏电阻器是研究较早、应用广泛的半导体陶瓷热敏器件之一。这类热敏电阻器大都是将 Mn、Co、Ni、Fe 等过渡金属氧化物按一定比例混合，采用陶瓷工艺制备而成的。其具有灵敏度高、热惰性小、寿命长、价格便宜等优点，因而深受欢迎。

（1）常温 NTC 热敏电阻材料

CuO-MnO-O_2 系平衡相图如图 4.20 所示，其主要化合物为 $CuMn_2O_4$。这种化合物是立方尖晶石结构，晶格常数 $a=0.808nm$，电导率 σ 为 $10^{-6}\sim10S\cdot m^{-1}$。在很宽的 Cu/Mn 原子比范围内，激活能 ΔE 变化很小，σ 却变化几个数量级，这给在生产中进行阻值控制带来了很大的便利，在温度系数比较一致的前提下可以得到阻值范围较宽的产品。具有实用意义的材料 Cu/Mn 原子比为 $0.08\sim0.57$，相应的 σ 为 $10^{-1}\sim10S\cdot m^{-1}$。$CuMn_2O_4$ 的导电机制并未获得统一的见解，一般认为是通过以下反应导电：

$$Mn^{4+}+Mn^{3+}\Longrightarrow Mn^{3+}+Mn^{4+} \tag{4.65}$$

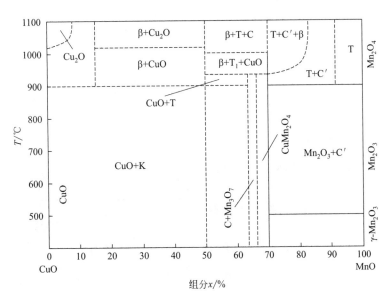

图 4.20 空气中 $CuO\text{-}MnO\text{-}O_2$ 系平衡相图

C—立方尖晶石结构 $CuMn_2O_4$；β—$Cu_2Mn_2O_4$；T_1—四方 $CuMn_2O_4$；T—Mn_2O_4；K—$CuMnO_4$；C'—Cu_2MnO_4

$CoO\text{-}MnO\text{-}O_2$ 系平衡相图如图 4.21 所示，其重要化合物有两种：$MnCo_2O_4$ 和 $CoMn_2O_4$。前者为立方尖晶石结构，晶格常数 $a=0.8268nm$；后者为四方尖晶石结构，晶格常数 $a=0.572nm$，$c=0.928nm$。电导率 σ 为 $10^{-3}\sim10^{-1}S/m$。在 Co 含量为 $40\%\sim78\%$ 时，材料的激活能 ΔE 比较稳定。具有实用意义的材料 Co/Mn 原子比为 $2\sim23.3$，相应的 σ 为 $10^{-1}S/m$，ΔE 为 $0.36\sim0.37eV$。这些组分形成以立方尖晶石 $MnCo_2O_4$ 为主晶相的化合物。当组分中的 Mn 含量超过 60% 以后，则形成立方尖晶石 $MnCo_2O_4$ 和四方尖晶石 $CoMn_2O_4$ 的固溶体，电导率随 Mn 含量的增加而降低。

$NiO\text{-}MnO\text{-}O_2$ 系平衡相图如图 4.22 所示，其主晶相为 $NiMnO_4$，全反向立方尖晶石结构，晶格常数 $a=0.837\sim0.399nm$，反向系数为 $0.74\sim0.93$。材料的烧结温度为 $1300℃$。Ni-Mn 系的电

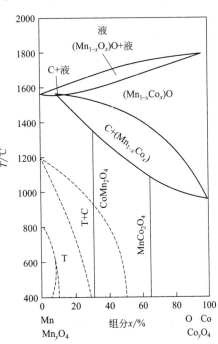

图 4.21 空气中 $CoO\text{-}MnO\text{-}O_2$ 系平衡相图
T—MnO_2；C—$MnCo_2O_4$

导率 σ （$10^{-5} \sim 5 \times 12^{-2}$S/m） 和 ΔE （$0.3 \sim 0.4$eV） 的变化范围比 Cu-Mn 系和 Co-Mn 系狭窄。当 Ni 含量为 $20\% \sim 50\%$ 时，体系形成以 $NiMnO_4$ 为主晶相的 NTC 陶瓷，且具有比较稳定的 σ 和 ΔE，其值分别为 5×12^{-2}S/m 和 0.35eV。材料的 σ 和 ΔE 与材料组分之间的关系见图 4.23。

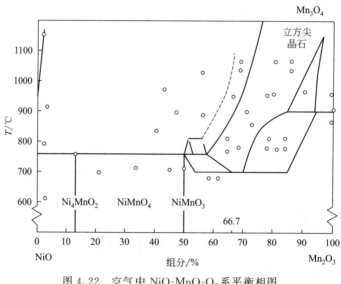

图 4.22　空气中 $NiO\text{-}MnO\text{-}O_2$ 系平衡相图

$$组分 = \frac{Mn}{Ni + Mn}$$

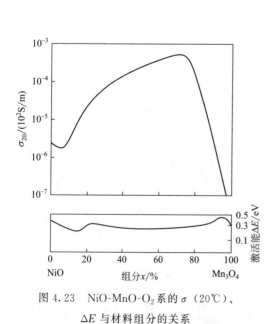

图 4.23　$NiO\text{-}MnO\text{-}O_2$ 系的 σ （20℃）、ΔE 与材料组分的关系

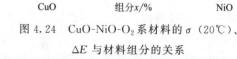

图 4.24　$CuO\text{-}NiO\text{-}O_2$ 系材料的 σ （20℃）、ΔE 与材料组分的关系

当 $NiO\text{-}CuO\text{-}O_2$ 系中 Ni 含量为 $30\% \sim 70\%$ 时，材料的电导率 σ 比较稳定，但激活能 ΔE 波动很大。性能对工艺的信赖性较大，所以难以控制。材料的 σ 和 ΔE 与材料组分之间的关系见图 4.24。

含 Mn 三元系 NTC 半导体陶瓷主要有 Mn-Co-Ni 系、Mn-Cu-Ni 系、Mn-Cu-Co 系等。含 Mn 三元系在一个相当宽的范围内能生成一系列结构稳定的立方尖晶石相 $CuMn_2O_4$、$CoMn_2O_4$、$NiMn_2O_4$。这些相的晶格常数比较接近，有较高的互溶度，并且电导率在比较大的组分范围内是相同的。因此，在三元系中能产生一致性、重复性、稳定性、电性能都很好的热敏电阻。

含 Mn 的多元系氧化物材料是一类能以廉价原料生产出的稳定性较好的热敏电阻材料。在该类材料中，比较成功的是含 Fe17%～50% 的 Mn-Co-Ni-Fe 四元系氧化物材料和含 Cu17%～30% 的 Mn-Co-Ni-Cu 四元系氧化物材料。这两种系列材料相应的电导率 σ 和激活能 ΔE 分别为 10^{-3}～10^{-2}S/m、0.34～2.26eV 和 1～10S/m、0.17～0.26eV。这类材料的导电过程主要是依靠八面体空隙中锰离子之间的价键交换，即 $Mn^{4+}+Mn^{3+}=\!=\!=Mn^{3+}+Mn^{4+}$。在三元系和四元系氧化物材料中也有不含 Mn 的材料。

（2）高温 NTC 热敏电阻材料

高温热敏电阻材料是指工作温度高于 300℃ 的热敏电阻材料，在高温下它的物理、化学、电学特性必须稳定。特别是在高温下它的时效变化应当很小，在使用温度范围内无晶态变化，而且尽量使其烧结体的线膨胀系数和所用的电极材料一致。按这些要求，目前使用和研究得较多的是以碱土金属氧化物制备的尖晶石型和钙钛矿型氧化物材料以及稀土氧化物材料。这些材料的性能见表 4.2。尖晶石型和钙钛矿型材料大多数都有较大的温度系数和较好的稳定性，而且材料的烧结温度也不太高。所以，在 1000℃ 以下使用的高温热敏电阻器绝大多数采用这种材料。

表 4.2　高温热敏电阻材料的性能

结晶形态	化学组成	使用温度/℃	烧结温度/℃
尖晶石	Al_2O_3-CoO-MnO_2-NiO-$CaSiO_3$	1000	1400～1500
	MgO-Cr_2O_3、MgO-Fe_2O_3、MgO-Al_2O_3	30～1000	
	$(Mg_{1-P}Ni_P)(Al_xCr_yFe_z)O_4$	300～1300	1500～1700
	ZnO-Bi_2O_3-CoO、ZnO-Sb_2O_3-CoO、ZnO-Bi_2O_3-Cr_2O_3	500	＜1400
	MgO-Al_2O_3-Cr_2O_3-LaO	300～1000	1600～1700
	Al_2O_3-Cr_2O_3＋MnO_2、CoO	1100	1670
	Al_2O_3-NiO＋SiO_2、La_2O_3、Y_2O_3	700～1100	1600
	ZrO_2-CeO	900	1400
	Fe_2O_3-Al_2O_3-MnO_2	300～1500	1600～1700
	ZrO_2-La_2O_3＋MgO	1100	1650（中性气氛）
单晶	β-SiC	700	
	B	700	
多晶压缩体	金刚石、SiC、c-BN（立方氮化硼）	−100～700	1300（＞10^6Pa）
A^{II}、B^{III}、C^V 化合物	ZnSiAs	1100	

大多数稀土元素只形成一种类型的氧化物 M_2O_3（其中 Ce、Pr、Tb 可以形成 M_2O 型），这些氧化物都具有很高的熔值，而且在高温下稳定，可用于制造在 20～1500℃ 温区工作的热敏电阻。但这些材料的原料来源少、价格贵，而且烧结温度一般都在 1600℃ 以上。在氧化锆中掺三价的 Sc、Y、Yb、Sm、Gd 等，可用作高温热敏电阻材料。

以 CeO 或 CeO$_2$ 为主要成分，适量添加 1～2 种附加成分所构成的材料，可以形成具有实用价值的配方系列，工作温度可由室温扩展到 1000℃ 附近。这些附加成分为：Li$_2$CO$_3$、BeO、MgO、CoO、NiO、ZnO、CuO、CaO、BaO、SrO、Al$_2$O$_3$、Y$_2$O$_3$、In$_2$O$_3$、Cr$_2$O$_3$、La$_2$O$_3$、TiO$_2$、SnO$_2$、HfO$_2$、MnO$_2$、ThO$_2$、Ta$_2$O$_3$、Nb$_2$O$_5$、UO$_3$、WO$_3$。比较理想的添加量为 1%～2%（摩尔分数）。附加成分为 Be、Al、Th、Sn、W 等氧化物，其工作温度为 400～1000℃；附加成分为 Cr、Li、Mg、Hf、Sr、Ba、Y 等氧化物，其工作温度为 200～1000℃；附加成分为 Ti、La、Zn、Mn、Co 等氧化物，其工作温度为 100～800℃；附加成分为 Ni、U、Nb、Ta、Cu 等氧化物，其工作温度为室温～600℃。除氧化物以外，一些非氧化物也可作为 NTC 高温热敏电阻，如 β-SiC、硼晶体、半导体化的金刚石、氮化硼等，但这类材料应用较少。

关于高温热敏电阻的质量问题需要解决的主要是高温直流负荷下性能的稳定性和随时间的老化。一般通过下列途径加以解决：首先要注意选择以过渡金属氧化物为主要原料的材料，因为它们在烧结后的冷却过程中以及在高温连续工作时对氧的再吸收少，可减少体内缺陷浓度的改变；其次尽量采用多种复合氧化物的配方，因为多组元的相互扩散可使组元性能互补，从而使高温稳定性有所提高；最后可考虑掺入高熔值的氧化物元素（如稀土元素），以改善高温老化特性。

（3）低温 NTC 热敏电阻材料

低温 NTC 热敏电阻材料的工作温度在 −60℃ 以下。这种材料主要有过渡金属氧化物系和锗、硅等，它们分别适合在 4～300K、1～40K 和 20～80K 下工作。氧化物系材料的主要优点是稳定性好、抗电磁场和抗带电粒子辐射，而且力学性能好。适合在 20～80K 和 77～300K 下工作的低温热敏电阻材料主要是掺 La 或 Nb、Nd、Pd 等的 Mn-Ni-Cu-Fe、Mn-Cu-Co 及 Mn-Ni-Cu 等过渡金属氧化物系材料。以银粉和钯粉为主体，添加无机黏结剂在氧气中进行烧结的材料，其工作温度可到 1K。采用传统的氧化物材料，添加钯粉、银粉或添加 RhO$_2$、银粉等形成的材料时也被用作低温热敏电阻材料。表 4.3 为部分低温热敏电阻的主要技术指标，图 4.25 为表 4.3 中低温热敏电阻的阻温特性。

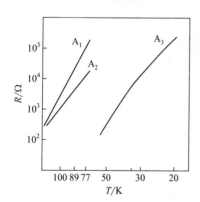

图 4.25　低温热敏电阻的阻温特性

表 4.3　部分低温热敏电阻的主要技术指标

型　　号	A$_1$	A$_2$	A$_3$
工作温度/K,77K	77～200	77～200	20～77
阻值范围/kΩ,77～89K	50～300	10～100	
B 值/K	1000	1000	
电阻温度系数 α/(%/K)	12	−11	−45
耗散常数/(mW/K)	5(液氮中)	10(液氮中)	15(液氮中)
时间常数/s	<0.1(液氮中)	<0.1(液氮中)	<0.1(液氮中)

4.2.2.3　CTR 热敏电阻材料

这类材料是指具有负电阻突变特性的材料，即临界温度系数（CTR）热敏电阻材料。

这种材料主要有 Ag_2S-CuS 系和 V 系。Ag_2S-CuS 系材料是将 Ag_2S 和 CuS 按一定比例配合，其临界温度 T_{C_0} 为 90～180℃，并依 CuS 含量配比的变化而变化，如 $Ag_{1.6}Cu_{0.4}S$ 的 T_{C_0} 为 100℃，$Ag_{1.2}Cu_{0.8}S$ 的 T_{C_0} 为 85℃。但是，该系统易出现残存游离 S 而导致电极腐蚀，并影响性能稳定性，所以这类材料的使用和发展受到很大限制。V 系材料主要是以 VO_2 为基本成分的多晶半导体陶瓷。V 系的各种氧化物在室温左右发生相变，由金红石结构转变为畸变金红石结构。在相变发生的同时，材料的电导率减少几个数量级，材料变为半导体，并且由顺磁性转变为反铁磁性。VO_2 的相变温度约为 50℃，其已被广泛用于电路过热保护、火灾报警、恒温箱控制等各个方面。

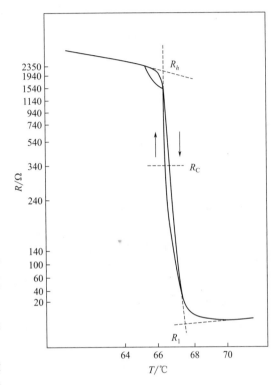

图 4.26　微晶 VO_2 烧结体的阻温特性

单晶和多晶 VO_2 在反复相变时性能劣化而导致老化现象，所以通常使用微晶 VO_2。使 VO_2 微晶化的方法是掺杂 B、Si、P 等酸性氧化物和 Mg、Co、Sr、Ba、La、Pb 等碱性氧化物，在弱还原气氛下烧结并急剧冷却。这些氧化物将形成玻璃相，把 VO_2 微晶黏结起来，缓和相变引起的形变，从而改善性能的稳定性。微晶 VO_2 的阻温特性如图 4.26 所示。

CTR 热敏电阻材料使用时，要求有陡峭的阻温特性和适中的电阻值。这两项性能可用 ϕ 值和 R_C 分别表征，即：

$$\phi = \lg R_h - \lg R_1 \tag{4.66}$$

$$R_C = (R_h R_1)^{1/2} \tag{4.67}$$

选择不同的配方可以制得具有不同 ϕ 值和 R_C 值的材料以适应不同的用途。图 4.27 显示各种（CTR）材料的阻温特性。由此可以看出，选择不同的组成可以获得 20～80℃不同 T_{C_0} 的材料，其对应的阻值为 R_C。在剧变温度附近，电压峰值有很大变化，这是可以利用的温度开关特性，可用以制造以火灾传感器为代表的各种温度报警器。

4.2.3　热电偶材料

理论上，任何两种不同导体或半导体都可以配置成热电偶，然而实际上并不是所有材料都能组成测温器件。一般能够满足快速热电偶电极材料的要求是：①测温时热电势与温度之间呈线性或接近线性的单值函数关系；②电阻温度系数小，电导率要高；③在测温范围内，热电性质稳定，有足够的物理、化学稳定性；④材料的力学性能高，制造工艺简单。热电偶通常分为标准化热电偶和非标准化热电偶两类。

4.2.3.1　标准化热电偶

标准化热电偶是指制造工艺比较成熟及应用广泛的热电偶，具有统一的分度表，同型号的标准化热电偶具有互换性。标准热电偶主要有 S 型热电偶、R 型热电偶、K 型热电偶、E

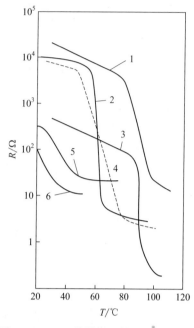

图 4.27　CTR 热敏电阻材料的阻温特性
1—$V_{75}Ge_{10}P_5Sr_{10}$；2—$V_{60}Ge_{20}Ag_{20}$；
3—$V_{70}Ge_{20}Ag_{10}$；4—$V_{60}Ni_{20}P_{20}$；
5—$V_{89}W_1P_{10}$；6—$V_{87}Mo_3P_{10}$

型热电偶、J 型热电偶及 T 型热电偶等。S 型热电偶又称为铂铑$_{10}$-铂热电偶，偶丝直径规定为 0.5mm。铂-铑合金正极含铑 10%，含铂 90%；负极为纯铂。S 型热电偶长时间使用可达 1300℃，短时间使用可达 1600℃。R 型热电偶即铂铑$_{13}$-铂热电偶，偶丝直径规定为 0.5mm。铂-铑合金正极含铑 13%，含铂 87%，负极为纯铂。K 型热电偶即镍铬-镍硅热电偶。负极的名义化学成分为 Ni∶Si＝97∶3，正极的化学成分为 Ni∶Cr＝90∶10。这种廉价金属热电偶长期使用的最高温度可达 900℃，短期使用的最高温度可达 1200℃。E 型热电偶又叫镍铬-康铜热电偶，正极为镍-铬$_{10}$合金，化学成分与 K 型热电偶正极材料相同，负极为铜-镍合金，化学成分为 55% 的铜及 45% 的镍。E 型热电偶的最大特点是在常用热电偶中其热电势最大。J 型热电偶即铁-康铜热电偶，正极的化学成分为纯铁，负极为铜-镍合金，名义化学成分为 55% 的铜和 45% 的镍以及少量的锰、钴、铁等元素。可在氧化性和还原性气氛中使用，在高温下铁热电极极易被氧化，在氧化性气氛中使用温度上限为 750℃，但在还原性气氛中使用温度可达 950℃。T 型热电偶即铜-康铜热电偶，正极是纯铜，负极为铜-镍合金，在−200～＋300℃范围内，廉价金属热电偶中它的准确度最高。

4.2.3.2　非标准化热电偶

非标准化热电偶是没有统一分度表的热电偶，主要用在一些特殊的工况条件下，如高温、低温、超低温、高真空和有核辐射以及某些在线测试等。主要的非标准化热电偶有钨-铼热电偶和铱-铑系热电偶。钨-铼热电偶最高使用到 3000℃，是还原、真空、高温环境下的主要热电偶，具有灵敏度高、温度-电势线性好等特点，现已标准化的钨-铼热电偶有 W5/26、W3/25 和 W5/20 三种分度号，且均已产业化生产。工业钨-铼热电偶由钨-铼合金热电极、绝缘物与保护管等组成。热电极组件不可以从保护管中取出。工业钨-铼热电偶按使用环境主要分为氧化物保护管工业钨-铼热电偶和钼及其他难熔金属保护管工业钨-铼热电偶。具体分类如下：①钨铼$_5$-钨铼$_{20}$热电偶；②钨铼$_5$-钨铼$_{26}$热电偶；③钨铼$_3$-钨铼$_{25}$热电偶。铱-铑系热电偶热电性能好，抗氧化性强，适用于真空、惰性气体及微氧化性气氛中。

薄膜热电偶是一种测量瞬态温度的传感器，具有热容量小、响应迅速的特点，与传统的丝状热电偶相比有很明显的优势[145]。首批薄膜热电偶被用于测量子弹射出后枪腔壁的温度变化[146]。薄膜热电偶的测温原理与普通丝状热电偶相似，由于薄膜热电偶的热结点多为微米级的薄膜，能够准确地测量出瞬态温度的变化。NASA 的 Lewis 研究中心及 Glenn 研究中心等系统研究了 NiCr-NiSi、PtRh-Pt、Pd、TaN 等功能薄膜材料。在镍基合金、Si_3N_4、SiC、Al_2O_3 和 CMC 衬底材料以及涡轮叶片上制备得到厚度为 $5\mu m$ 的 $Pt_{13}Rh$-Pt 薄膜热电偶，并在 1100℃的苛刻条件下测试出制备于镍基合金上的薄膜热电偶。制备在涡轮叶片上的 $Pt_{13}Rh$-Pt 薄膜热电偶如图 4.28 所示。中国科学院工程热物理研究所研制了铁-镍片状薄膜热电偶[147]，这种热电偶的外形与电阻应变片相似，被固定或粘贴在基片上，用于发动机壁面瞬变温度的测量。

图 4.28 应用于航空器主发动机涡轮叶片上的 Pt$_{13}$Rh-Pt 薄膜热电偶

由于贵金属薄膜的热应力会导致薄膜脱落现象，并在高温下存在挥发和氧化问题，陶瓷薄膜热电偶获得巨大发展。陶瓷薄膜具有与陶瓷基底相近的热膨胀系数、较强的结合力。同时在高温下化学性能稳定。巴塔（Bhatta）等人首次研制出 TiC-TaC 薄膜热电偶。TiC 和 TaC 薄膜通过溅射沉积法制备，最高测量温度可达 1000℃以上，并显示出良好的耐高温性能。有报道采用 CrSi$_2$ 和 TaC 作为薄膜热电偶的电极，与 Pt 和 PtRh 共同沉积在 Al$_2$O$_3$ 上，如图 4.29 所示。溅射沉积出的 N：In$_2$O$_3$、ZnO 能够在 SiC 基复合材料基底上承受极高的温度[148]。以氧化镁和氧化铝为原料合成的掺杂稀土氧化物的镁尖晶石（MgAl$_2$O$_4$）陶瓷，能够满足在 1600～2000℃下工作性能稳定的使用要求[149]。

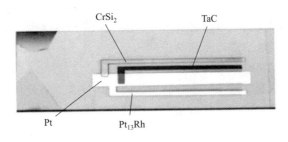

图 4.29 薄膜热电偶实物图

非金属热电偶用石墨和难以熔化的化合物做成热电极，主要用于测量 2000℃以上的高温，其工作稳定性好，热电势大，价格不高，具有取代贵重金属高温热电偶的开发价值。但这种热电偶复制性差，机械强度小、脆性大，使用场合受到很大限制。

4.3 热敏器件的类型

4.3.1 热释电红外探测器件

4.3.1.1 热释电红外探测器

利用热释电效应制成的热敏器件可以将由物体辐射的红外线作为热源以非接触方式进行检测。其特点有：以非接触、高灵敏度进行宽范围（−80～1500℃）的温度测定；对波长的依赖性小，可检测任意的红外线；可在常温下工作；能够快速响应。

红外探测器的原理是将外界辐射能量吸收并转变为易于测量的电信号，其是一种用来探测物体红外辐射能量的器件。红外探测器有光子探测器和热探测器两大类。热释电红外探测器利用材料的热释电效应探测红外辐射能量。它和其他热探测器（如热电偶、热电堆、热敏电阻器及气动探测器）一样，能够在很宽的光谱范围内具有相同的响应率。如果使用适当的黑体涂层来吸收辐射并将热量传递给敏感元，敏感元材料的光谱响应范围可得到拓展。

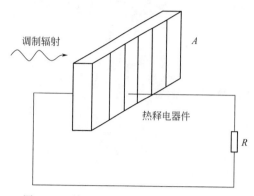

图 4.30　热释电红外探测器的原理示意图

热释电红外探测器的基本原理如图 4.30 所示。热释电探测器比光子探测器具有更宽的频带宽度，从 X 射线至微波波段均可适用，响应速度快，时间常数达纳秒甚至皮秒级，可测出脉冲激光器的脉冲信号，被测像元极小，可达 $1\mu m^2$。对于利用热释电效应、性能优良的红外线敏感器件材料，要求充分吸收入射的红外线。为了使与吸收的热能相对应的温度上升幅度大，应该使用体积比热容小并且使器件微型化或薄膜化加工方便的材料。与温度升高相对应的表面电荷变化大，即热释电系数 $P = dP_r/dT$ 大。当室温的剩余极化 P_r 大且 T_C 适当高时，P 变大。T_C 低、P 就大，但使用温度受到限制，且 P 的温度变化变大。此外还要求与表面电荷变化相应的电容小，且可产生大的电压。

关于红外吸收，像 TGS 那样的有机晶体，对于 $2\sim3\mu m$ 的长波光的吸收系数大，因而吸收没有问题，但对 $PbTiO_3$ 或 $Sr_xBa_{1-x}Nb_2O_6$ 等无机氧化物来说，必须注意直到 $10\mu m$ 附近的远红外区域多数仍是透明的。若在器件的两边蒸发上几十纳米厚金属膜电极，则产生由膜引起的红外吸收。为了获得足够的灵敏度，必须在表面附加红外吸收膜。

自发极化值的大小是温度的函数。具有自发极化的陶瓷其自发极化值在温度稍许变化时就有大的变化。因温度变化引起自发极化值变化的现象称为热释电现象。利用热释电现象的陶瓷称为热释电陶瓷。当温度长时间恒定时，由于自发极化，出现在表面的电荷与吸附存在于空气中符号相反的电荷产生电中和。若此时温度发生变化，自发极化值便发生变化，则此中性状态受到破坏而产生电荷的不平衡。若将此不平衡电荷作为电信号取出，则可用作红外传感器。与压电陶瓷相似，热释电陶瓷是利用自发极化将温度变化转换为电信号变化的陶瓷。单器件热释电传感器如图 4.31 所示，聚化膜吸收入射的红外线等电磁波并转变成热，此热量使热释电陶瓷的温度上升，从而自发极化发生变化，变化部分的电荷放出到外电路；为了在一定的电荷变化下得到较大的电压变化，则希望材料的电容率 c_r 要小。

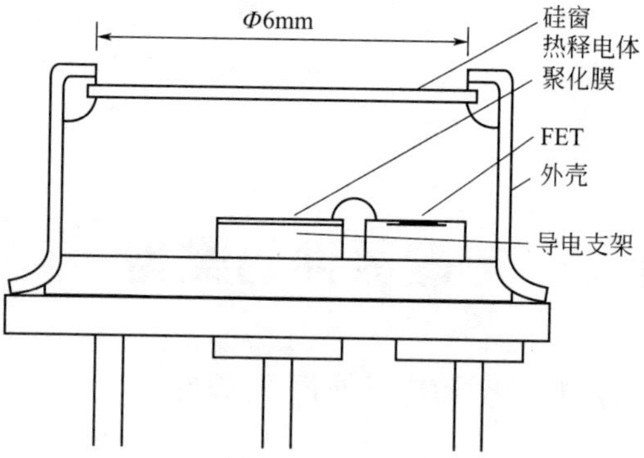

图 4.31　单器件热释电传感器

如果使图 4.31 中硅窗的光学波长特性仅让火焰产生的红外线通过，则可用作火焰检测器；如果与人体发出的波长相吻合，则可用于防盗装置和自动门开关；如果以全放射量为对象，则可用作温度测量仪。可将热释电陶瓷板用作电视光导摄像管的靶，从而可制成光导摄像管，并可进行两维热像摄影。还有与棱镜、衍射光栅、可变波长滤色片等组合的分光光度计的应用。热释电材料是氧化物，熔点高，即使在强脉冲激光下也不会受到损伤，可用于上升、下降快的强脉冲激光输出的测量。聚化膜不仅吸收红外线，还吸收毫米波等电磁波，也可用作毫米波检测器。

热释电红外探测器和光子探测器具有不同的使用特征。热释电红外探测器是响应于温度随时间的变化率来工作的,不需建立热平衡,只响应于斩波、脉冲或其他形式的调制辐射源,工作频率最宽,响应速度快。

理论上,光子探测器具有更快的响应速度和更高的比探测率,但在室温工作时需要致冷。某些铅盐光电导探测器无需致冷也能达到 $10^{10}\,\mathrm{cm\cdot Hz^{1/2}\cdot W^{-1}}$ 的比探测率,但其光谱响应宽度很窄。例如,PbS 光电导探测器就只适用于探测 $1\sim3\,\mu\mathrm{m}$ 的近红外波段的红外辐射。而热释电红外探测器在室温下对从紫外线到毫米波段的光都有相同的响应,这使它在使用选择性上优于室温光电导探测器和其他光子探测器。

热释电红外探外器既是一个热传感器,又是一个电容性器件,其由薄释电晶片和放大器组成,有面电极和边电极两种结构,极化轴均需要垂直于电极表面,如图 4.32 所示。经调制的入射辐射既可以由晶片吸收,也可由黑电极及其他吸收层吸收。热释电介质表面的束缚电荷在热平衡和电平衡条件下由杂散自由电荷所补偿,电极表面的总自由电荷可以表示为 $Q=AP_s$(A 为电极表面面积)。探测器吸收辐射后,介质的温度发生变化,直接导致晶体极化状态的改变。同时,晶片两电极面上的表面电荷也相应发生改变,并在回路中出现正比于入射功率的热释电电流 i,根据由此电流在负载上产生的电压信号,就可推算出红外辐射的功率。热释电电流 i 可表示为:

$$i=\frac{\mathrm{d}Q}{\mathrm{d}t}=A\,\frac{\mathrm{d}P_s}{\mathrm{d}T}\times\frac{\mathrm{d}T}{\mathrm{d}t}=Ap\,\frac{\mathrm{d}T}{\mathrm{d}t} \tag{4.68}$$

电压响应率 R_r 定义为单位入射功率在传感器上产生的电压均方根值,即:

$$R_r=\frac{V_0}{P'} \tag{4.69}$$

式中,P' 是入射功率的均方根值;V_0 是电压的均方根值。

探测器的比探测率定义为:

$$D^*(T,f,\Delta f)=R_V\sqrt{A\,\Delta f}\,/N \tag{4.70}$$

式中,N 为探测器噪声均方根电压;f 为调制入射频率;Δf 为放大器带宽;A 为电极表面面积。D^* 值越大,探测器性能越好。

选用适宜的热释电材料,是制作性能优良的热释电探测器的关键之一。通常采用以下两个参数评价热释电材料的性能。电压响应优值:

$$FOM_v=P/c_V\varepsilon_r \tag{4.71}$$

式中,P 为热释电系数;c_V 为材料的体积比热容;ε_r 为材料相对介电常数。

探测度优值:

$$FOM_m=P/\left[c_V(\varepsilon_r\tan\delta)^{\frac{1}{2}}\right] \tag{4.72}$$

式中,$\tan\delta$ 为材料介电损耗。

从上面的优值表达式可以看出,在选择制作热释电红外探测器材料时,要求具有较大的热释电系数,较低的介电常数、介电损耗和体积比热容。热释电探测器在红外技术中应用广泛。根据探测对象的不同,又可分为辐射测量和光谱测量。利用探测器的热成像可以实现景物红外图像的再现,热释电摄像管也可实现红外成像。安装在航天器上的热释电辐射计,可以测量大气的温度分布和水汽分布,确定地球表面的热辐射平衡特性。热释电探测器的应用正扩展到许多工程技术领域。

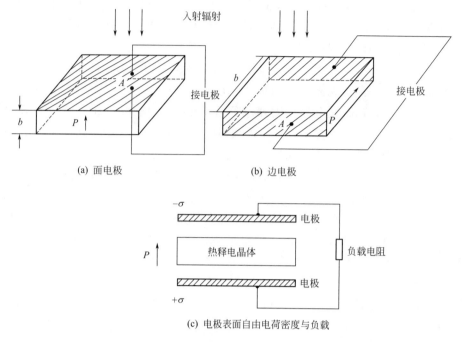

(a) 面电极   (b) 边电极

(c) 电极表面自由电荷密度与负载

图 4.32　热释电探测器的电极结构

4.3.1.2　薄膜型热释电红外探测器

理论分析表明，热释电敏感元厚度对探测器的灵敏度有显著影响，敏感元越薄，探测灵敏度越高。然而，将热释电单晶或陶瓷减薄是有技术极限的。近年来采用各种物理或化学方法制备热释电薄膜，并以此为基础制作薄膜型热释电红外探测器。常用的薄膜制备方法有溶胶-凝胶法、金属有机化合物热分解法、金属有机化合物气相沉积法、分子束外延法、溅射及脉冲激光沉积法等。热释电薄膜大体可分为无机薄膜和有机薄膜两大类。无机薄膜材料主要是钙钛矿型氧化物。其中 $PbTiO_3$ 系热释电薄膜是使用和研究最多的无机薄膜材料，主要包括 $PbTiO_3$ 及其掺杂改性材料。Nd 或 Nb 掺杂的 PZT 材料也应用于热释电器件的制备。钛酸锶钡则是一种非铅系钙钛矿型热释电材料，钨青铜结构的铌酸锶钡也是性能优良的无机热释电薄膜材料。

聚偏氟乙烯（PVDF）是近几年发展起来的有机薄膜材料，其主要优点是容易制备成任意大小和形状的薄膜，薄膜热应力小，无脆性，且工艺简单，成本低。虽然 PVDF 的热释电系数较无机材料低一个数量级，但由于介电常数小，电压响应优值并不低，但由于损耗较大，探测度优值较低。解决这一问题的一种方法是将有机材料和无机材料制成有机-无机复合热释电薄膜。调整配比，使制成的薄膜既具有较高的热释电系数，又具有较低的介电常数和介电损耗。

薄膜型热释电红外探测器的技术优势不仅仅是单个探测器敏感元性能的提高。由于采用薄膜技术，可以较容易地做成二维敏感元阵列，这种红外探测器阵列是诸如红外夜视仪等应用的关键技术。其次，热释电薄膜制备技术较易与半导体工艺兼容，从而可将半导体集成电路与热释电探测器集成在同一块半导体晶片上，完成信号的感应、放大、控制等全过程。这种集成化热释电探测器相比于传统型探测器具有巨大的优越性，也拓展了热释电探测器的应用。集成化热释电探测器一般选用硅单晶为基片。首先在硅晶片上制备半导体器件、隔离层、隔热层，然后制备敏感元，再进行刻蚀、互连，最后沉积保护成片封装。

4.3.2 热敏电阻器件

4.3.2.1 过热保护装置

电机损坏主要是由超负荷或断相引起的电机绕组发热导致的，当温度超过电机的最高允许值后，电机便烧毁。因此，可利用对温度变化灵敏度高的 PTC 热敏电阻对电机作过热保护。采用开关型 PTC 热敏电阻效果更好，因为在居里点以下时，其阻值随温度变化很小，超过居里点后阻值急剧上升，具有开关特性，更适于保护电路。将 PTC 器件与负载串联，可用于各种家用电器的限流器。正常情况下，PTC 器件允许流过某一安全电流，如因故障电路中流过反常大电流时，由于 PTC 器件的自热作用，其阻值大大增加，故障限制通过负载的电流。PTC 器件作为过热保护装置的电路连接如图 4.33 所示。当 PTC 传感器工作在常温时，电阻很小；若环境温度增加到高于 T_C 时，PTC 器件的电阻很大，这时大部

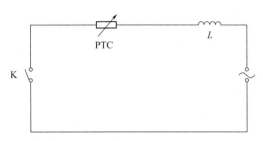

图 4.33 PTC 器件过热保护装置

分电压降落在 PTC 器件上，电路中电流显著减小，因而使负载冷却，其后由于 PTC 器件的自热作用，其工作状态仍保持在 T_C 处的高阻状态，直至电路中电压撤除，这样就保护了负载。

4.3.2.2 冰箱启动器

PCT 启动继电器，也称为正温度系数热敏电阻，其工作原理是利用 PTC 的延迟特性。接入电冰箱启动电路中的冰箱启动器的工作原理如图 4.34 所示。PTC 热敏电阻和电容器 C_2 串联，当刚刚接通电源时，PTC 器件处于低阻导通状态，此时 C_1 和 C_2 并联使电容值增大，因而获得启动转矩大和启动电流小的效果。当达到 T_C 时，PTC 器件因自热作用阻值很大，电流急剧变小，PTC 处于关断状态，故在压缩机运转过程中，由于 PTC 器件关断状态使启动电容器 C_2 断开，只有电容器 C_1 接在电路上，从而获得大的输出功率，起到启动冰箱的目的。PTC 启动继电器是一种无触点的开关，具有启动时无接触电弧、无噪声、启动性能可靠、对电压波动的适应性强、对压缩机的匹配范围较广等优点。

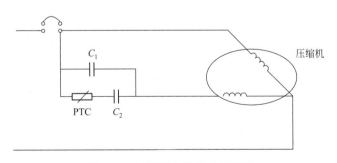

图 4.34 冰箱启动器的工作原理

4.3.2.3 其他应用

PTC 热敏电阻作为发热体器件也有一定的应用。PTC 器件被施加一定电压时，承受功

率为 $P_{PTC}=U^2/R$。PTC 器件通电后开始发热，当温度到达 T_C 附近时，电阻急剧增大，PTC 器件承受的功率大大降低，几乎处于关断状态。由于器件与周围环境之间存在温差，PTC 器件将冷却。当温度低于 T_C 时，电阻又恢复到较低值，器件承受的功率又增加，随之又发热，如此周而复始，使 PTC 器件的温度始终自动维持在 T_C 附近。

4.3.3　热电偶器件

4.3.3.1　热电偶的结构

根据热电偶的结构，可将其分为普通热电偶、铠装热电偶、薄膜热电偶。

（1）普通热电偶

普通热电偶由热电偶丝、绝缘套管、保护套管以及接线盒等部分组成，如图 4.35 所示。热电偶的工作端被焊接在一起，为了减小热传导误差和滞后，焊点宜小，直径不超过热电极直径的两倍。热电极之间需要用绝缘套管保护，不同测量温度范围选用的绝缘套管材质不同，通常为氧化铝和工业陶瓷。保护套管使热电偶电极不直接与被测介质接触。这样，不仅可以延长热电偶的寿命，还可起到支撑和固定热电极、增加强度的作用。测量温度为 1000℃ 以下时，一般用金属套管；测量温度为 1000℃ 以上时，多用工业陶瓷或氧化铝套管。实验室用时，也可不装保护套管，以减小热惯性。普通热电偶在测量时将测量端插入被测对象的内部，主要用于测量容器或管道内的气体、液体等介质的温度。

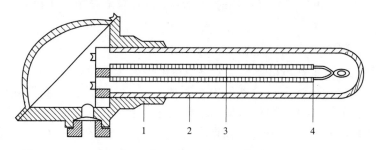

图 4.35　普通热电偶结构示意图

1—接线盒；2—保护套管；3—绝缘套管；4—热电偶丝

也可以选取铜管作为 K 型热电偶和 S 型热电偶的保护套管，双热电偶装置如图 4.36 所示[150]。利用双热电偶装置测量管道中瞬态流体的温度变化，平均测量误差率小于 2%。

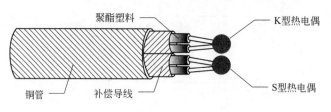

图 4.36　双热电偶装置示意图

（2）铠装热电偶

铠装热电偶又称套管式热电偶，它是一种新型测温材料，偶丝和绝缘材料被装配在一根贵金属合金管中经反复拉拔和退火处理，然后截取一定长度的偶体，将工作端焊接密封，再配置接线盒即成为柔软、细长的铠装热电偶，形成各种规格的铠装偶体。贵金属铠装热电偶断面结构如图 4.37 所示。铠装热电偶的内部偶丝与外界空气隔绝，具有良好的抗高温氧化、抗低温水蒸气冷凝及抗机械外力冲击的特性。

铠装热电偶的热端可做成接壳式、绝缘式、露端式以及带阻滞室式，其热端结构如图 4.38 所示[151]。露端式铠装热电偶结构简单，时间常数小，反应速度快，偶丝与被测介质接触，使用寿命短，适用于测温不高、气氛良好、对热电偶不产生腐蚀作用的介质。接壳式铠装热电偶时间常数较露端式大，偶丝不外露，不受被测介质腐

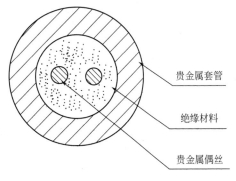

图 4.37　贵金属铠装热电偶断面结构示意图

贵金属套管

绝缘材料

贵金属偶丝

蚀，寿命较露端式长，适用于测温较高、压力较高并有一定腐蚀性介质且反应速度快的场所。绝缘式铠装热电偶时间常数较接壳式和露端式铠装热电偶均大，偶丝与金属套管不接触，具有电气绝缘性，适用于测温高、压力高及有腐蚀性较强介质的场所。尤其适用于要求对电绝缘性较好的电子计算机的生产设备。带阻滞室式铠装热电偶用于测量高速瞬变气流温度。

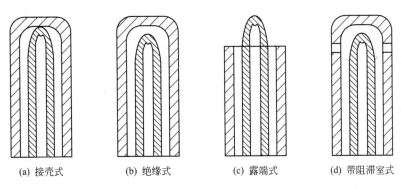

(a) 接壳式　　　　(b) 绝缘式　　　　(c) 露端式　　　　(d) 带阻滞室式

图 4.38　铠装热电偶热端结构示意图

（3）薄膜热电偶

薄膜热电偶的厚度只有几百纳米至几十微米，不受被测结构或环境的干扰，可以直接喷涂在检测部位的表面而不影响设备内部环境，用于测量航空发动机、燃气轮机、内燃机、石油化工设备内部高温区域部件的表面温度[152]。这种热电偶制作简单，具有实现结构/感知一体化制造的潜势。NiCr-NiMn 薄膜热电偶一般用于测量燃气涡轮发动机低压涡轮导向器叶片上的温度，最高使用温度为 400℃。Ni-Cr 和 Ni-Al 合金薄膜热电偶可监测制造过程的温度（室温～600℃）。NiCr-NiSi 薄膜热电偶一般用于测量瞬态温度，最高工作温度可达800℃。在镍基合金基板上制作的 In_2O_3-ITO 薄膜热电偶可在 1000℃下工作。ITO-Pt 薄膜热电偶在室温～1200℃的热电输出比较稳定。由前驱体陶瓷材料 SiAlCN 制成的薄膜电阻式温度检测器（RTD）可以在 1400℃以下长期稳定地工作。

① 片状薄膜热电偶

片状结构热电偶的形状和应变片结构类似，利用黏结剂或者衬架将热电偶固定在被测物表面，被测物表面应事先放置一层云母片或其他绝缘材料片作为绝缘层[153]。制备薄膜热电偶时采用真空蒸镀等方法将电极材料蒸镀到绝缘板上，其结构如图 4.39 所示。热结点厚度

仅为 $0.01 \sim 0.1 \mu m$，特别适用于对壁面温度的快速测量。安装时，用黏结剂将它粘接在被测物体壁面上。

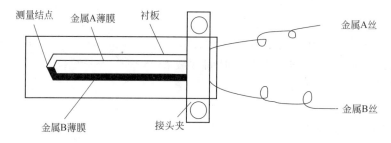

图 4.39 片状薄膜热电偶结构示意图

② 针状薄膜热电偶

针状薄膜热电偶的电极宽度较小，为针丝状，仅在针尖处连接成温度感应端。其余接触区域绝缘，与片状薄膜热电偶相比，针状薄膜热电偶没有使用黏结剂与衬架。这种热电偶时间常数较小，测量温度时响应速度快，但薄膜热电偶对被测部分的热传导有一定的影响[154]。图 4.40 为 BS-1（镍-铁）和 S-2（康铜-铁）型薄膜热电偶，使用镍或康铜作为热电偶中间芯片材料，薄膜热电偶结点厚度为 $0.5 \mu m$，响应时间小于 $70 \mu s$，可检测柴油机气缸盖温度的变化[155]。

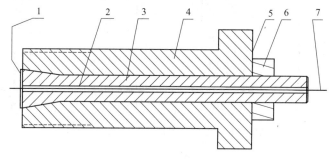

图 4.40 针状薄膜热电偶结构示意图

1—热结点；2—绝缘层；3—导线柱；4—本体；5—导线；6—压紧螺纹；7—芯片电极（镍或康铜）

李振伟等人以耐高温陶瓷为基体组件，选用 K 型热电偶材料（NiCr-NiSi），并采用射频磁控溅射技术在基体组件上制备了针状薄膜热电偶，用于航天器在返回时由高速飞行的气动效应所产生的表面高温的测量。结构如图 4.41 所示[156]。首先将基体头部端面进行研磨抛光，并在端面沉积覆盖 Al_2O_3 绝缘膜；然后制备热电偶薄膜，并制作热电偶热结点；最后，在热电偶薄膜上沉积 Al_2O_3 绝缘膜，为热电偶薄膜提供良好的电气绝缘和物理保护。其热结点厚度为微米级，比热容远远小于普通热电偶，能与产品表面有效贴合，迅速、准确测量高达 800℃ 的瞬态高温，响应时间小于 50ms。

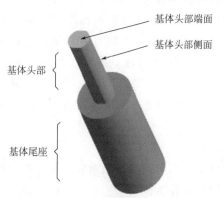

图 4.41 针状薄膜热电偶示意图

③ 嵌入式薄膜热电偶

嵌入式薄膜热电偶将薄膜热电极直接沉积在被测工件的表面，不用支架和保护器件。薄膜极薄，所以响应速度极快，而且不会影响被测工件表面的温度场分布，是一种理想的测温传感器。从目前的镀膜方法来看，高性能薄膜一般由溅射镀膜技术来沉积制备，溅射镀膜技术一般包括磁控溅射镀膜、离子束溅射镀膜、离子辅助溅射镀膜。在上述薄膜制备方法中，应用最广泛的是磁控溅射镀膜技术。大连理工大学精密与特种加工教育部重点实验室针对瞬态切削温度测量的技术难题，运用磁控溅射法，将 NiCr-NiSi 薄膜热电偶集成于切削刀具中，成功研制了一种薄膜热电偶测温刀具[157]，可实时对切削区的瞬态温度进行准确测量。图 4.42 为嵌入式薄膜热电偶传感器单元，利用磁控溅射法在刀具表面沉积 NiSi-NiCr 薄膜热电偶，测量前刀面的平均温度[158]，并在刀具或工件加工好的小孔内安装数个光纤传感器探头，通过接收变化的红外线信号来分析切削温度变化[159]

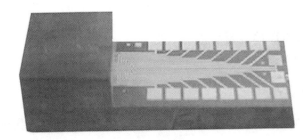

图 4.42 嵌入式薄膜热电偶传感器单元

4.3.3.2 热电偶的补偿措施

在实际工程测温中，热电偶冷端温度大都处在室温或一个波动的温度区，要获得高精度的测量值就要采取修正或补偿措施。这些补偿措施包括热电偶的冷端温度补偿法、温度修正法、补偿导线法、补偿系数修正法及补偿电桥法五种。热电偶输出的热电势是两端温度差的函数。为了使输出的热电势是被测温度的单一函数，通常要求冷端 T_0 保持恒定。热电偶分度表是以冷端等于 $0℃$ 为条件的，只有满足 $T_0=0℃$ 的条件，才能直接应用分度表。冷端温度补偿法是把热电偶的冷端直接放置在恒为 $0℃$ 的恒温容器中，不考虑冷端温度补偿。在实际应用时，为保持热电偶冷端温度 T_0 的稳定，减小冷端温度变化产生的误差，需要将热电偶的冷端延伸到数十米外的仪器或控制器中去。从原理上来讲，补偿导线有延长型和补偿型两种类型，其中延长型补偿导线使用的合金丝的名义化学成分与配用的热电偶相同，补偿型补偿导线使用的合金丝的名义化学成分与配用的热电偶不同。补偿系数修正法是利用中间温度定律求出 $T_0 \neq 0$ 时的热电势来实现补偿的。补偿电桥法是利用不平衡电桥产生的电势来补偿热电偶因冷端温度变化而引起的热电势变化值的，补偿原理如图 4.43 所示。补偿电桥臂电阻 R_1、R_2、R_3、R_{Cu} 与热电偶冷端处于相同的温度，其中 $R_1=R_2=R_3$，都是锰-铜线绕电阻，R_{Cu} 是铜导线绕制的补偿电阻。图中的字母 E 表示桥路电源电势，R_s 表示限流电阻。

使用时，选择 R_{Cu} 的阻值使桥路在某一温度时处于平衡状态，此时电桥输出 $U_{ab}=0$。当冷端温度升高时，R_{Cu} 随之增大，电桥失去平衡，U_{ab} 也随之增大，而热电偶的热电势 E_{AB} 却随着冷端温度升高而减小。如果 U_{ab} 的增加量等于 E_{AB} 的减小量，那么 U（$U=E_{AB}+U_{ab}$）就不随冷端温度而变化。设计时，在 $0℃$ 下使补偿电桥平衡（$R_1=R_2=R_3=R_{Cu}$），此时，$U_{ab}=0$，电桥对仪表读数无影响，在 $0\sim40℃$ 或 $-20\sim+20℃$ 的范围起补偿作用。

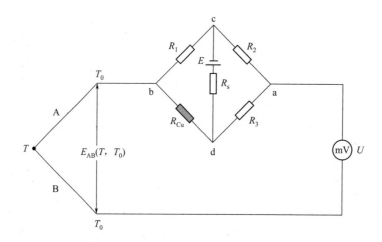

图 4.43 补偿电桥法

4.3.3.3 热电偶测量电路的应用

（1）测量某一点的温度

实际工程测量中，常需要测量物体表面某一点的温度，这时可采用如图 4.44 所示的几种热电偶的测量电路。图 4.44(a) 为由热电偶、补偿导线和显示仪表组成的普通测温电路。测量时，将热电偶的热端结点固定在被测点上，通过毫伏表可以直接读出热电势的值。图

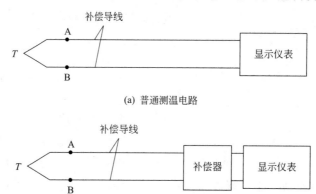

(a) 普通测温电路

(b) 带有补偿器的测温电路

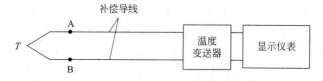

(c) 带有温度变送器的测温电路

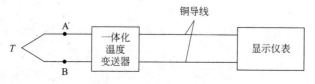

(d) 带有一体化温度变送器的测温电路

图 4.44 热电偶的测量电路

4.44(b) 为由热电偶、补偿导线、补偿器和显示仪表组成的测温电路。补偿器的作用是补偿热电偶冷端因环境温度变化而造成的热电势输出误差。图 4.44(c) 为由热电偶、补偿导线、温度变送器和显示仪表组成的测温电路。热电偶温度变送器一般由基准源、冷端补偿、放大单元、线性化处理、V/I 转换、断偶处理、反接保护、限流保护等电路单元组成。它是将热电偶产生的热电势经冷端补偿放大后，再由线性电路消除热电势与温度的非线性误差，最后放大转换为 4～20mA 的电流输出信号。在热电偶测量中，为防止由电偶断丝而使控温失效造成事故，变送器中还设有断电保护电路。当热电偶断丝或接触不良时，变送器会输出最大值（28mA）以使仪表切断电源。图 4.44(d) 为由一体化温度变送器、补偿导线和显示仪表组成的测温电路。一体化温度变送器一般由测温探头和两线制固体电子单元组成。采用固体模块形式将测温探头直接安装在接线盒内，从而形成一体化的变送器。一体化温度变送器具有结构简单、节省引线、输出信号大、抗干扰能力强、线性好、显示仪表简单、固体模块抗振防潮、有反接保护和限流保护、工作可靠等优点。一体化温度变送器的输出为统一的 4～20mA 信号，可与微机系统或其他常规仪表匹配使用，也可按用户要求做成防爆型或防火型测量仪表。

（2）热电偶的串联或并联使用

特殊情况下，热电偶可以串联或并联使用，但只能是同一分度号的热电偶，且冷端应在同一温度下。热电偶正向串联，可获得较大的热电势输出和提高灵敏度，且避免了热电偶并联线路存在的问题，可立即发现是否有断路。其缺点是：只要有一支热电偶断路，整个测温系统将停止工作。在测量两点温差时，可采用热电偶反向串联的电路。利用图 4.45 所示的热电偶并联可以测量多点的平均温度，当有一只热电偶烧断时，难以觉察出来，故不会中断整个测温系统的工作。

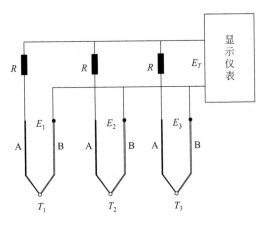

图 4.45 热电偶并联

5 压敏器件

5.1 压敏效应

压敏电阻是对电压变化敏感的非线性电阻。压敏传感器又称为压敏器件，是指其电阻值随电压变化而变化的非欧姆器件。非欧姆器件一般是电子陶瓷材料，其电性能受晶界界面状态的影响较大。这些非欧姆陶瓷器件也被称为"金属氧化物"压敏电阻器或压敏变阻器，其在技术上的应用很重要，因为它们的电气特性使它们能够被用作固态开关，并具有大能量处理能力。压敏电阻也被称为电压依赖性电阻（VDR），因为它们显示高度非线性 I-V 特性，在欧姆区具有高电阻状态和较大的非线性系数 α。

5.1.1 基本概念

致密多晶半导体的电响应过程已经过严格推导[160]。如果设定，K 为与材料微观结构有关的常数，其值为加在压敏电阻器上的电压为 1V 时的电流值；V 为施加在压敏电阻器上的电压，I 为流经压敏电阻器上的电流。非欧姆陶瓷材料的 I-V 非线性特性由经验方程定义：

$$I = KV^{\alpha} \tag{5.1}$$

这些多晶陶瓷通常通过固态反应合成[161]，之后形成符合其应用要求的形状。式(5.1)是经验压敏电阻幂律方程。如果 α 大约为 1，则系统将呈现欧姆响应，即电流与施加的电压成正比。α 值越大，非欧姆响应就越大。完美的 VDR 系统是 α 值接近 ∞ 的系统，即对于施加场的微小变化，电流无限地变化。式(5.1)的 I-V 特性受晶界潜在势垒的控制。有学者认为，在 VDR 系统中的晶界材料由相同的半导体材料组成，但含有增加浓度的缺陷[162]。但也有学者认为，晶界材料具有不同的化学性质，即它是由分离的"P 型本性"掺杂形成的，这些掺杂能够丰富晶界区域的元素种类，这可能是晶界处潜在势垒形成的主要化学物质[163,164]。

I-V 非线性关系也可表示为：

$$V = CI^{\beta} \tag{5.2}$$

式中，$\alpha = 1/\beta$、$K = 1/C^\alpha$，α、β 为非线性系数；C 为常数，其值为流经压敏电阻器的电流为 1A 时的电压值。

在式(5.1) 和式(5.2) 中，$\alpha > 1$，$\beta < 1$。当 $\alpha = \beta$ 时，等式表示线性电阻器。非线性系数 α、β 是压敏电阻器特性的重要参数，表示压敏电阻器偏离欧姆定律的程度，α 越大或 β 越小，则压敏电阻器非线性度越大。如果一个压敏电阻器的 α 值等于 5，当电压增加 10 倍时，其阻值则为原来阻值的万分之一。由此可见，压敏电阻器的阻值对电压非常敏感。压敏电阻显示出高度非线性的 I-V 特性，在预击穿区域（也称为欧姆区域）中具有高电阻状态的特性和大的非线性系数 $\alpha = \mathrm{d}\log I / \mathrm{d}\log V$。图 5.1 为压敏电阻 I-V 特性曲线示意图，当施加的电压超过标称电压时，材料的电阻会大大减小，使得电流可以流过多晶材料，例如 $SrTiO_3$、$TiO_2^{[165-167]}$。从物理角度来看，I-V 特性的非线性源于界面电荷的偏置依赖性，而界面电荷控制势垒高度。这些多晶陶瓷通常是由固态反应合成，由液相氧化锌或以 SnO_2 系材料为主的固态烧结，已被证实符合其应用领域的要求。

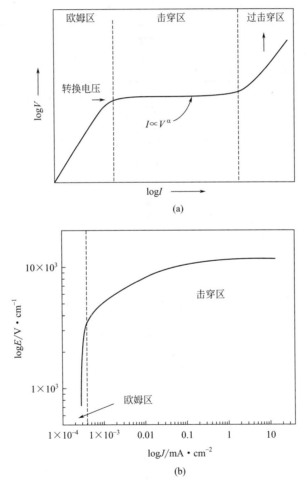

图 5.1 VDR 装置电流-电压特性曲线 （a） 和基于 SnO_2 的
压敏电阻 VDR 器件的区域电流-电压响应 （b）

图 5.2 是一个具有两晶粒间薄层简单能带示意图。在这个图中，特别要注意的是薄层的表示，这个薄层能够捕获电子。该层的厚度也是基于 ZnO 和 SnO_2 的 VDR 系统观察到的典

型差异。压敏器件在有薄层情况下，晶界被视为一个结，此处体积或晶粒的费米能不同于晶界区域，如图 5.2(a) 所示。晶界处的费米能级与两个晶粒之间的费米能级不同，即在晶界区域处费米能级不同。当连接晶界区域形成，并在达到平衡后，沿晶界处的费米能是相同的，使电子占据陷阱态所获得的费米能，等于移动电子从晶粒内部到晶界处所消耗的静电能。这种平衡的结果是捕获电子界面作为一张晶界处的负电荷薄片在边界两侧留下一层带正电的施主场址，并在边界处产生一个具有势垒的静电场。化学反应引起这种静电势垒。

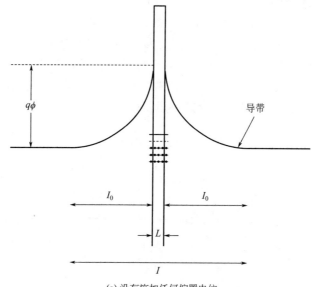

(a) 没有施加任何偏置电位

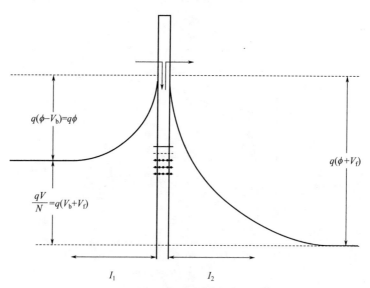

(b) 应用电势偏置的示意图

图 5.2　VDR 器件单个晶界结的能带结构

忽略深度体陷阱态及体能级，求解泊松方程可得势垒高度 ϕ_b:

$$\phi_b = \frac{qN_{IS}^2}{2N_d k\varepsilon_0} \qquad (5.3)$$

式中，N_{IS} 表示界面态密度；k 表示相对介电常数，即是考虑 VDR 系统晶粒的介电常数；ε_0 表示是自由空间的介电常数；N_d 表示施主浓度；q 表示基本电荷。

没有体深度陷阱态贡献，晶界电容可以通过 $\overline{V} = \overline{V}_f - \overline{V}_b$ 来解决，其中 $\overline{V}_f$ 是势垒的正向弯曲损耗，增加势垒极化的负侧势垒高度；$\overline{V}_b$ 是势垒的后向弯曲损耗，在势垒极化的正侧降低势垒高度。根据图 5.2 所描述的晶界区能带结构示意图，可以考虑依赖于耗尽层长度的电容：

$$C_{gb} = \frac{k\varepsilon_0 A_c}{(\lambda_f + \lambda_b)} \tag{5.4}$$

式中，A_c 表示一个独立结的面积或两个粒子间接触面积。这种分析基于 VDR 系统的块模型，这是理解许多金属氧化物系统中 VDR 行为的一种非常有用的方法，有时还提供这种多晶器件的可共振等效电路。然而，这种模型必须谨慎使用。

现在，考虑到能带弯曲，每个凹陷层（结的两边）可以表示为：

$$\lambda_f = \left[\frac{2k\varepsilon_0}{qN_d}(\phi_b + \overline{V}_f)\right]^{1/2} \tag{5.5}$$

$$\lambda_b = \left[\frac{2k\varepsilon_0}{qN_d}(\phi_b + \overline{V}_b)\right]^{1/2} \tag{5.6}$$

如果施主浓度 N_d 被认为是均匀的，那么对于单个结电容或晶界的泊松方程的解，即是 C_{gb}^j 导致：

$$\frac{1}{C_{gb}^j/A_c} = \left(\frac{2}{qk\varepsilon_0 N_d}\right)^{1/2}\left[(\phi_b - \overline{V}_b)^{1/2} + (\phi_b + \overline{V}_f)^{1/2}\right] \tag{5.7}$$

注意，式(5.7) 也可以通过式(5.4)、式(5.5) 和式(5.6) 的结合得到。通常情况下，可以认为 $\overline{V}_f \gg \overline{V}_b$，这暗示 $\overline{V}_f = \overline{V}$，结果式(5.7) 变为：

$$\left(\frac{1}{C_{gb}^j} - \frac{1}{2C_{gb,0}^j}\right)^2 = \frac{2}{A_c^2 qk\varepsilon_0 N_d}(\phi_b + \overline{V}_f) \tag{5.8}$$

式中，$C_{gb,0}^j$ 是电容在零偏压 $\overline{V} = 0$ 时的值。

当考虑宏观方面时，即考虑到多晶体系的多结方面时产生了以下关系：

$$\frac{1}{C_{gb}} = \frac{p}{AC_{gb}^j} \tag{5.9}$$

式中，A 表示电极或器件的面积；p 考虑多晶器件系统单位长度的势垒数量，$p = \overline{d}/D$，此处 D 是器件的厚度，$\overline{d}$ 表示平均晶粒或粒径。

p 参数之所以重要，是因为当多晶体系中孔隙度较高，晶粒形态远未达到立方结构时，p 参数能够造成严重而显著的误差。另一个误差来源也与 p 的计算有关，在大多数情况下，此参数导致所有的晶粒结形成活跃的势垒，即多晶系被认为是同质的，表现为各结的同质物理和化学特征。然而，根据上述讨论，式(5.9) 被认为是所有有源晶界电容的平均值。根据块模型，有 $\overline{V} = p\overline{V}_f$，式(5.8) 和式(5.9) 的结合可获得平均晶粒间电容：

$$\left(\frac{1}{C_{gb}^j} - \frac{1}{2C_{gb,0}}\right)^2 = \frac{2p^2\phi_b}{A^2 qk\varepsilon_0 N_d} + \frac{2p\overline{V}}{A^2 qk\varepsilon_0 N_d} \tag{5.10}$$

$$\left(\frac{1}{C_{gb}^j} - \frac{1}{2C_{gb,0}}\right)^2 = \frac{2p^2\phi_b}{A^2 qk\varepsilon_0 N_d}\left(\phi_b + \frac{\overline{V}}{p}\right) \tag{5.11}$$

式中，$C_{gb,0}$ 是在给定的零偏直流电势下晶界的平均值。

图 5.2 完全符合肖特基二极管的 VDR 系统的势垒图。因此，电流电压特性一般可以用下面的公式来描述：

$$J = J_0\left(-\frac{q\phi_b}{k_BT}\right)\left[1 - \exp\left(-\frac{qV_f}{pk_BT}\right)\right] \tag{5.12}$$

式中，J 是通过势垒的电子传递而产生的电子通量，J_0 是一个常数，可以是温度的函数，V_f 是正向偏压势。从宏观方面考虑，检查与势垒的电势依赖关系是重要的。

考虑到 $\overline{V}_f \gg \overline{V}_b$，式(5.12) 可变为：

$$J = J_0\left(-\frac{q\phi_b}{k_BT}\right)\left[1 - \exp\left(-\frac{qV}{pk_BT}\right)\right] \tag{5.13}$$

当施加的偏置电压较低时，用以下关系近似：$\exp\left(-\frac{qV}{pk_BT}\right) = (1 - qV/pk_BT)$，式(5.13) 可变为：

$$J = J_0\left(-\frac{q\phi_b}{k_BT}\right)\frac{qV}{pk_BT} \tag{5.14}$$

式(5.14) 表示在低电势下 J-E 或 I-V 曲线的线性响应，这是在非欧姆器件中常见的模式。一般来说，以上的现象描述可以适用于特定的情况。例如，非欧姆传导可以用低场势垒降低而增强的热离子发射和高势场的其他机制的结合来解释。

高电压下电流密度增加时，可以发现：

$$\frac{dJ}{dV} = -\frac{1}{k_BT}J(V)\frac{d\phi_b}{dV} \tag{5.15}$$

在晶界控制的非欧姆材料中，电流密度增量包含两部分：一部分是由于电场恒定导致的电导率增加 $\sigma(E) = J/E$；另一部分的增量反映了电导率因势垒高度降低而增加。

电流密度增量与电流密度和电场增量成正比，那么非欧姆材料的电流密度增量可以写成：

$$dJ = -\frac{J}{E}dE + \beta J\,dE \tag{5.16}$$

积分式(5.16) 得到半经验方程：

$$J(E) = \sigma_0 E \times \exp(\beta E) \tag{5.17}$$

式中，积分常数 σ_0 是 VDR 材料在低场条件下的电导率，β 定义为非线性因子，与势垒高度的速率成正比：

$$\beta = \frac{\overline{s}}{k_BT}\left(-\frac{d\phi_b}{dV}\right) \tag{5.18}$$

根据前面给出的定义，式中 $\overline{s}$ 是势垒或平均晶粒尺寸之间的平均距离。在低场条件下的欧姆定律（$\beta E \ll 1$），$J(E) = \sigma_0 E$，$\sigma(E) = \sigma_0/E$；在高场条件下，随电场幂指数增长，$\sigma_0 \cdot \exp(\beta E)$。该半经验模型适用于不同 ZnO 和 SnO_2 的 VDR 系统。

5.1.2 致密多晶半导体器件的晶界电容

在多晶半导体中，晶界处电荷的捕获通过静电势垒的形成对电输运性能有决定性的影响[163]。前已述及，压敏电阻的应用依赖于界面中的静电势垒。在变阻型传感器的情况下，建立晶粒间属性模型时需描述多晶半导体的电活动，在此区域必须考虑许多不同的因素：①电子界面电荷；②体系中的浅和深缺陷筛查电荷；③界面上少数被捕获载流子电荷。

这些不同电荷的响应由密度、相对价带边的能量和俘获截面等参数决定，这些参数可以单独从晶界的稳态行为中提取出来。在这种情况下，一个特别有用且允许测定许多参数的实验就是导纳光谱（AS）[168,169]。半导体阻挡器件中的电子跃迁可能会产生更远距离的电荷运动。这种弛豫在多晶半导体中可以通过 AS 技术来评价，AS 技术已被应用于多晶陶瓷中肖特基势垒、界面态和浅施主或深俘获能级的研究。下面将介绍如何利用 AS 获得有关半导体多晶器件晶界电性的相关信息，特别是基于 ZnO 和基于 SnO$_2$ 的器件。在此之前，利用具体的模型处理半导体结的介电行为被认为是很重要的。多种类型的半导体结和器件已利用这一实验技术研究，例如 PN 结[170]、GaAs 肖特基二极管或硅齐纳二极管等，所有这些都提供关于俘获动力学非常有用的信息。在讨论势垒区域的介电性能中，讨论材料参数如介电常数 $\varepsilon(\omega)$ 和磁化率 $\chi(\omega)$ 是不合适的，因为只有复杂电容 $C^*(\omega)$ 可以测量[171]。因此，结果通常表达的复杂电容 C^* 与复杂的磁化率有关。

$$\chi^*(\omega) = C^*(\omega) - C_\infty = C'(\omega) - C_\infty - JC''(\omega) \tag{5.19}$$

式中，C^* 是复杂电容；C_∞ 是 C^* 的高频极限；J 是电流密度。

肖特基势垒的等效电路由三个部分组成：①结电容的高频极限 C_∞，以满足足够高的频率延迟过程；②复杂增量 $C^*(\omega) - C_\infty$；③直流电导 G_0。

压敏电阻设备的介电性能首先被莱文森（Levinson）发现，具有 $\gamma \approx 0.2$ 值的 Cole-Cole 响应后面跟着弛豫峰[172]。常见的是使用 α 或 β 来表示与德拜响应的偏差，但在本书中，采用 α 符号表示压敏电阻器件的非线性系数，β 表示非线性因子。阿利姆（Alim）应用介质或导纳光谱技术研究 ZnO 型压敏电阻系统，还对压敏电阻器件的深俘获能级进行表征[173]。在接近室温的 100kHz～1MHz 的频率范围内，观察在 ZnO 压敏电阻中捕获弛豫行为。此外，在这种类型的系统中，通常在频率超过 10^6 Hz 时出现负极电容[174]。这对应于产生共振效应的感应响应，通常由 LCR 串联电路建模。在许多情况下，这种共振行为在某种程度上掩盖介电弛豫响应。正如阿利姆（Alim）的研究，一些样品显示三个明显的弛豫峰，但高频峰通常被共振现象掩盖[175]。介电和导纳光谱法也来对基于 SnO$_2$ 的压敏电阻中的肖特基型势垒的性质进行表征[176]。加西亚·贝尔蒙特（Garcia-Belmonte）等人报道 ZnO 压敏电阻系统中广泛的损耗峰值[177]。用于拟合实验数据的介电弛豫模型也基于经典的 Cole-Cole 响应，如下所示：

$$C^*(\omega) = C_\infty + \frac{C_0 + C_\infty}{1 + (j\omega\tau)^{1-\gamma}} \tag{5.20}$$

式中，γ 表示弛豫时间的分布，并满足 $0 < \gamma < 1$；时间参数 τ 对应中央弛豫时间；C_0 代表低频电容值。值得注意的是，在这种情况下，虚部的复杂电容 $C''(\omega)$ 由一个离开德拜渐近行为的对称弛豫峰组成。

德拜弛豫是描述压敏电阻响应最常用的介电模型[178]。Cole-Cole 响应并不是目前用于分析 ZnO 压敏电阻介电特性的唯一有用模型。从这个意义上说，哈弗里亚克·内加米（Havriliak-Negami）弛豫函数可以解释更一般的介电响应。就渐近行为而言，可以用"普遍规律"函数来表示：

$$C'' \propto \left[\left(\frac{\omega}{\omega_\mathrm{p}} \right)^{-m} \right] + \left(\frac{\omega}{\omega_\mathrm{p}} \right)^{1-n} \tag{5.21}$$

式中，$1 < m < 0$；$1 < n < 0$。

此外，m 和 $-(1-n)$ 分别表示弛豫函数的低频和高频的渐进斜率，ω_p 表示损失峰值的角频率。这类模型一般适用于半导体结，特别是在压敏电阻系统中，并被加西亚·贝尔蒙特（Garcia-Belmonte）等人用于描述 ZnO 压敏电阻。基于德拜响应的通用结型半导体理论，保证温度升高时损耗峰（C''谱）的位移。弛豫角频率 ω_p（电子跃迁的时间依赖性）显示的温度变化能被确立：

$$\omega_\mathrm{p} = e_\mathrm{n} = \sigma_\mathrm{n} v_\mathrm{th} N_\mathrm{c} \exp \left[\frac{E_\mathrm{c} - E_\mathrm{t}}{kT} \right] \tag{5.22}$$

式中，e_n 是特征发射率，σ_n 是捕获态的俘获截面状态，v_th 是自由电子的热速度，N_c 代表态的导带密度，$E_\mathrm{c} - E_\mathrm{t}$ 表示传导带与俘获能级之间的能量差。式(5.22) 给出改变测量温度时发射率的变化。因为 $v_\mathrm{th} N_\mathrm{c}$ 正比于 T^2，捕获能级的估计可以由以下关系得到：

$$\ln \left(\frac{\omega_\mathrm{p}}{T^2} \right) \propto \frac{1000}{T} \tag{5.23}$$

压敏电阻器件中的肖特基势垒是背对背型，属于双肖特基型势垒。这种类型的势垒也可以研究基于电压依赖的电容。Fan 等人采用深层瞬态光谱（DLTS）研究 Nb_2O_5 和 Cr_2O_3 对 SnO_2 基压敏电阻电子状态的影响[179]。压敏电阻组成为 $SnO_2 \cdot CoO \cdot Nb_2O_5$ 和 $SnO_2 \cdot CoO \cdot Nb_2O_5 \cdot Cr_2O_3$ 的两个电子陷阱为 0.30eV 和 0.69eV。这两个阱可能与主晶格上氧空位或杂质的第二电离能有关。从 DLTS 光谱中发现的这两个电子陷阱值与通过导纳频率特性发现的值是一致的，在掺杂 La_2O_3、Pr_2O_3 或 CeO_2 的 $SnO_2 \cdot CoO \cdot Nb_2O_5 \cdot Cr_2O_3$ 压敏电阻中，在 0.42eV 处存在深阱态。Orlandi 等人证实了这个结果，随后使用导纳和介电光谱研究了掺有 Nb_2O_5 的 $SnO_2 \cdot MnO$ 基压敏电阻系统，得到高频率损耗峰的活化能约为 0.49eV，低频率分散活化能约为 0.67eV[180]。在基于 $SnO_2 \cdot MnO$ 的压敏电阻系统的研究中，他们注意到基于 $SnO_2 \cdot CoO$ 的压敏电阻系统高频过程得到的值为 0.49eV。布埃诺（Bueno）等研究 $SnO_2 \cdot CoO$ 压敏电阻系统的值约为 0.42eV[176]。在 0.3eV 和 0.4eV 附近的能量值归因于固有的原子缺陷，如氧空位的第二次电离。另一方面，在 0.7eV 附近发现的值未知，但可能是由于外部缺陷造成的。

为了分析 VDR 频率响应行为，可以用图 5.3 和图 5.4 所示的块模型表示 VDR 微观结构。图 5.3 表示 ZnO 或 SnO_2 基 VDR 器件微观结构示意图。ZnO 或 SnO_2 粒导电，平均 $\overline{d}$ 通常完全包围一个隔离层、几个原子层或析出相，根据 VDR 的类型或用于制造添加物的浓度，至少高于隔离层两个数量级。该模型假设该器件为导电 N 型半导体金属氧化物基体（即 ZnO、TiO_2 或 SnO_2），立方体的大小 $\overline{d}_0$，彼此被绝缘势垒厚度 t 分离。重要的是绝缘层并不是一个孤立的相，而是在很大程度上表示一个连续的 VDR 晶界的背对背耗尽层。然而，如果存在粒间层，系统的频率响应有时会呈现出非常不同的模式。图 5.4 VDR 系统的块模型示意图，具有粒度 $\overline{d}$ 和电极之间的距离 D，t 是晶间耗尽层厚度。事实上，根据图 5.4 的阻塞模型，绝缘介质的厚度位于样品电极之间，不是 D 而是 $Dt/\overline{D}$。进一步来说，由于 $\overline{d} \gg t$，很明显，压敏电阻电极之间的空间在很大程度上是被导电的 VDR 材料（晶粒）占据的。因此，如果 k 是耗尽层中 VDR 基体的介电常数，则期望 VDR 电容为：

$$C = k\varepsilon_0 \frac{A}{Dt/\overline{d}} = \left(\frac{\overline{d}}{t} \right) k\varepsilon_0 \frac{A}{D} \tag{5.24}$$

也就是说，有效介电常数增加一个 $\overline{d}/t$ 的因素。

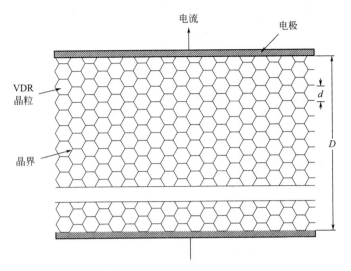

图 5.3　ZnO 或 SnO_2 基 VDR 器件微观结构示意图

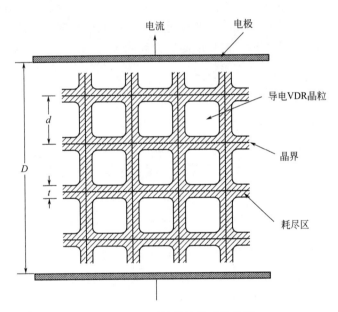

图 5.4　VDR 系统的块模型示意图

　　一般来说，t 具有耗尽层的维数。因此，可以肯定耗尽层在很大程度上控制压敏电阻的低压电容。当发生传导的晶粒材料与最接近晶粒区域的材料厚度至少相差两个数量级时，传导才可能发生。图 5.5 表示 VDR 系统的传统等效电路模型，对于这种等效电路示意图，不考虑体深阱态对所示响应的分析，R_g 是晶粒或体电阻，R_{cg} 和 C_{cg} 是晶界的电阻和电容，以及 R_i 和 C_i 分别是晶间层的电阻和电容。图 5.5(a) 显示的情况为，粒间层很薄，可以忽略其响应，即 $R_{gb} \gg R_i$。图 5.5(b) 显示在这种经典等效电路中，粒间层是不可忽略的。一般来说，金属氧化物压敏电阻或 VDR 系统的简单等效电路表示是由并联电阻的电容给出的，晶界电阻与电容平行。ZnO 和 SnO_2 的压敏电阻系统的最大区别在于，掺杂 CoO 的 SnO_2 系

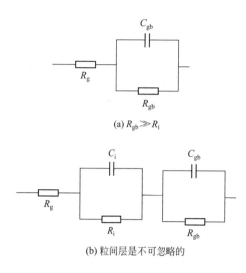

(a) $R_{gb} \gg R_i$

(b) 粒间层是不可忽略的

图 5.5　VDR 系统的传统等效电路模型

统，粒间层非常薄，R_g 为晶粒或 VDR 体的电阻。除了在非常高的电流或压敏电阻频率的情况下，R_g 一般忽略。

在图 5.5(a) 和 (b) 的两种情况下，体深阱能级被忽略。然而，基于 ZnO 和 SnO_2 的 VDR 系统中存在大量的深阱能级，这会影响系统的频率响应。考虑到体深阱能级的存在，多晶半导体器件真实的等效电路图如图 5.6 所示，其中图 5.6(a) 表示有一个非常薄的晶粒间层，并有一个主要的体陷阱态能级，图 5.6(b) 表示晶粒间层不能被忽略，图 5.6(c) 表示有两个离散的体陷阱态能级，C_t 表示晶粒间层电容，R_t 表示晶粒间层电阻。实际上，在 ZnO 或 SnO_2 中可能检测到不止一个能级，这取决于研究体深阱能级的成分或技术。因此，要计算势垒参数，晶界电容是唯一真正重要的电容。晶界电容与其他电容的分离是可能的，例如与深阱能级有关的电容，可以通过频率响应分析来实现，并使用正确的等效电路来表示整体响应。为此，在大多数情况下，频率响应数据的导纳或介电表示比阻抗表示更有用，特别是对于非常好的、晶界电阻非常高的 VDR 系统。

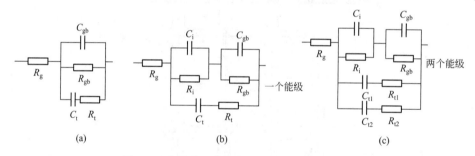

图 5.6　多晶半导体器件最真实的等效电路图

实际上，晶界电容的计算是基于复杂电容平面内与高频弛豫相关的高频截距，这加强了对复杂电容响应研究的需要。肖特基势垒的特征可通过电容的施加电压依赖性推断出来，在压敏电阻系统中，由于势垒的双肖特基性质，也可以适当使用穆卡尔（Mukae）近似来描述[181]。这基本上是等式(5.11) 以不同的方式表达的，即是：

$$\left(\frac{1}{C_{gb}} - \frac{1}{C_{gb,0}}\right)^2 = \frac{2}{qk\varepsilon_0 N_d}(\phi_b + V) \qquad (5.25)$$

式中，$C_{gb,0}$ 是在给定的零偏直流电势下晶界的平均值，$\frac{1}{C_{gb,0}} = 2\sqrt{\frac{2\phi_b}{q\varepsilon_0 N_d}}$；$C_{gb}$ 是电压为 V 时的晶界电容；k 是相对介电常数；ε_0 表示自由空间的介电常数；N_d 是耗尽区（自由电子密度）的正空间电荷密度；ϕ_b 是势垒高度；V 是电压。电极之间的晶粒或势垒平均数量不用式(5.25) 表示。

SnO_2 表面的氧空位和电子缺陷是相关联的。氧在 ZnO 和 SrTiO_3 基压敏电阻的晶界边界中扮演着重要的角色，因为它表明晶界的化学性质决定这种材料的电学性质（I-V 曲线之间的非线性）。约5Å厚的铋膜在 ZnO·Bi$_2$O$_3$ 基压敏器件中被用来产生晶界势垒，这些势垒的高度强烈依赖于出现在氧化锌晶粒间界面的过量的氧。SnO$_2$ 压敏器件也有相类似的结果，表明势垒的形成是由晶粒间界面的氧含量决定的。因此，SnO$_2$ 和 ZnO 基压敏电阻具有相似的物理化学性质。可以认为 SnO$_2$ 和 ZnO 基压敏器件中势垒形成的物理起源是相同的，即这个势垒有相同的起源，都具有肖特基界面的性质。这一方面可以通过测量系统的电容-电压（C-V）特性来展示，并结合复杂的平面分析。通常在压敏器件中观察到伴随交流频率的导纳显著分散，从而产生复杂的莫特-肖特基响应。换句话说，晶界电容的确定必须考虑到复电容面，还要考虑在分析中对其他频率依赖的现象。有时，在与高弛豫频率相关的高频区域的截距处进行晶界电容的计算。从该区域的 C-V 测量结果可以观察到肖特基双势垒的存在。利用在特定频率下的近似方法，得到应用的晶界电容作为电压函数的依赖关系，使其他弛豫过程的影响最小化，得到莫特-肖特基"真实"图形。SnO$_2$ 晶粒间界面态密度和晶粒间层由下式计算得到：

$$N_{\mathrm{IS}} = \left(\frac{2N_{\mathrm{d}} k \varepsilon_0 \phi_{\mathrm{b}}}{q} \right)^{1/2} \tag{5.26}$$

晶界电容（C_{gb}）位于过渡区，SnO$_2$·CoO 基压敏电阻界面处的捕获态在较低频率下表现出来，如图 5.7 所示。在两个复杂电容模式（a）和（b）的情况下，在低频率下可以观察到 G/ω 与晶粒电阻有关。在中间频率区域，观察到的与深阱速率动力学相关的弛豫过程被显示出来。在高频区域，晶界电容可以从其他电容弛豫中分离出来。实例（a）和（b）的主要差异与 VDR 器件的加工有关，说明掺杂剂的烧结过程和均质化对体陷阱态的动态和占据有很大的影响。最后，注意在（b）情况下，体陷阱弛豫效果更好。尽管 ZnO 和 SnO$_2$ 压敏电阻的微观性质存在显著差异，但它们的物理性质是相同的，可以用肖特基型双势垒来描述。这种肖特基型势垒被认为与 ZnO 和 SnO$_2$ 的晶界存在的氧种类有关。表 5.1 给出 SnO$_2$ 基压敏电阻系统中 ϕ_{b}、N_{d} 和 N_{IS} 典型值的示例，以及添加 Nb$_2$O$_5$ 对 SnO$_2$·CoO 系统的影响。Nb$_2$O$_5$ 含量有一个最优值，在一个临界值之后，非欧姆特性的趋势是下降的。

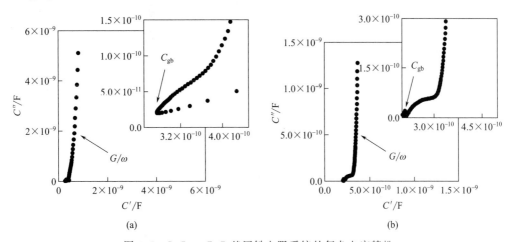

图 5.7　SnO$_2$·CoO 基压敏电阻系统的复杂电容特性

表 5.1　掺杂 Nb$_2$O$_5$ 的 SnO$_2$·CoO·Cr$_2$O$_3$ 基系统中双肖特基类型势垒的 ϕ_{b}、N_{d} 和 N_{IS} 的典型值

Nb$_2$O$_5$（摩尔分数）/%	ϕ_{b}/eV	$N_{\mathrm{d}}/10^{23} \ \mathrm{m}^{-3}$	$N_{\mathrm{IS}}/10^{16} \ \mathrm{m}^{-2}$
0.035	0.73±0.05	13.98	3.97
0.050	1.01±0.06	4.80	2.75
0.065	0.98±0.07	5.09	2.79

图 5.8 显示出这些系统在不同温度下的 C-V 特性。从莫特-肖特基行为可以计算出与静电势垒有关的主要物理参数。然而，即使结合复杂的电容分析，也必须谨慎使用莫特-肖特基曲线。图 5.9 给出在基于 SnO_2 的压敏电阻中，最容易接受的势垒模型以及产生在颗粒边界区域形成势垒的原子模型，其中图 5.9(a) 显示粒间层可以考虑的模型。在图 5.9 中，可以观察到过渡金属在晶界隔离是势垒的起源，它是由氧化区域形成所导致的，即是金属氧化物区域，且具有"P 型半导体性质"，换句话说，是指金属缺陷和富氧区域相。因此，该区域的氧化取决于金属氧化物偏析的特征以及晶界处氧的热力学平衡。虽然该模型在这里是用来描述 SnO_2 压敏电阻系统的，但它可以扩展到其他的压敏电阻系统。例如，在真空和空气中 ZnO 基压敏电阻的后烧结热处理对晶界处氧和铋的浓度有不同的影响[182]。早期的研究揭示压敏电阻特性与 Bi_2O_3 在晶界表面与氧形成的特殊晶体形态有关。当在富 O_2 气氛中处理时，晶界会变得更容易氧化，导致捕获电子的界面区域的氧种类更丰富，改善了这些多晶系统的非欧姆特性。过渡金属在 ZnO 基压敏电阻系统中偏析的详细情况已有充分研究[183]。结合电流-电压测量和原子分辨率的 STEM，研究 Pr 掺杂对 ZnO 单晶界双肖特基阻挡层的影响。尽管 Pr 沿着边界分离到特定的原子位置，但并不是非线性电流-电压特性的直接原因。相反，在适当的退火条件下，Pr 加速受主缺陷的形成，而这些缺陷有利于 ZnO 中双肖特基势垒的形成。

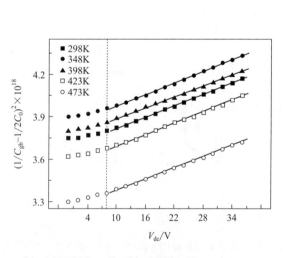

图 5.8 不同温度下的 SnO_2
多晶陶瓷莫特-肖特基行为

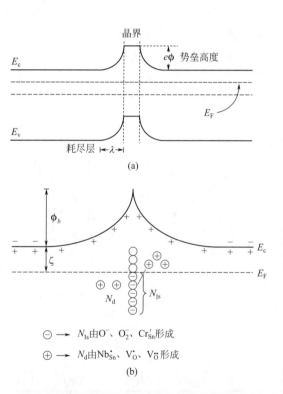

图 5.9 非欧姆多晶 VDR 器件的势垒模型 (a)
和金属氧化物压阻器件中形成势垒的
原子缺陷模型示意图 (b)

5.2 压敏材料

5.2.1 ZnO 系陶瓷材料

ZnO 压敏电阻陶瓷材料，是压敏电阻陶瓷中性能较好的一种材料。主要以 ZnO 为主要成分，添加 Bi_2O_3、CoO、MnO、Cr_2O_3、Sb_2O_3、TiO_2、SiO_2、PbO 等改性氧化物烧结而成。这种 ZnO 基掺杂改性的压敏陶瓷 I-V 特性曲线可分三个区域，如图 5.10 所示。图中Ⅰ区为低电流预击穿区；Ⅱ区为高 I-V 非线性导电的击穿区；Ⅲ区为高电流的回升区。Ⅰ区呈现线性，I-V 特性是欧姆性的，呈高电阻值，受温度影响大，电阻温度系数为负数。Ⅱ区的电流密度约在 $10^{-6} \sim 10^2 \, A/cm^2$ 之间，上升 8 个数量级，而电压上升变化在 2 个数量级以内，呈现非线性。Ⅲ区的非线性很小，电流密度在 $10^2 \, A/cm^2$ 以上；由于 ZnO 晶粒上的电压下降而使 $I \sim V$ 特性曲线出现回升，非线性下降；当电流密度为 $10^3 \, A/cm^2$ 时，又几乎呈线性关系。

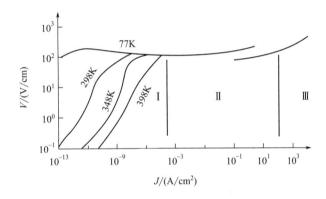

图 5.10 ZnO 基压敏陶瓷的 I-V 特性曲线

若在 ZnO 中加入 Bi、Mn、Co、Cr 等氧化物，则可得到改性多相氧化物。这些氧化物大都不是固溶于 ZnO 中，而是偏析在晶界上形成阻挡层。ZnO 压敏陶瓷的显微结构由三部分组成：由主晶相 ZnO 形成的导电良好的 N 型半导体晶粒；晶粒表面形成的耗尽的内边界层；添加物所形成的绝缘晶界层。内边界层与晶粒形成肖特基势垒，晶粒与晶粒之间形成 N 型晶粒-内边界层-绝缘层-内边界层-N 型晶粒的 N-c-i-c-N 三层结构，其能带结构示意图如图 5.11 所示。当外加电压达到击穿电压时，高场强（$E > 10^5 \, kV/m$）使界面中的电子穿透势垒层，引起电流急剧上升，其通流容量由 ZnO 的晶粒电阻率决定。

ZnO 压敏电阻陶瓷材料的性能参数与生产中使用的典型组分之一：

$$(100-x)ZnO + \frac{x}{6}(Bi_2O_3 + 2Sb_2O_3 + Co_2O_3 + MnO_2 + Cr_2O_3)$$

式中，x 为添加物的摩尔分数。

当工艺条件不变时，改变 x 值，则产品的 C 值随 x 的增加而增加。在 $x=3$ 时，α 值出现最大值（$\alpha=50$），这时 C 值为 150V/mm；C 值随 x 值的变化可参见表 5.2。

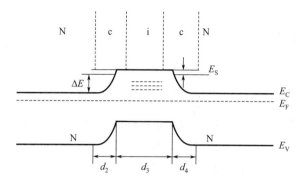

图 5.11　ZnO 压敏陶瓷的能带结构示意图

表 5.2　α 和 C 值随摩尔分数 x 值的变化

添加物的摩尔分数 x/%	非线性系数 a	非线性电阻 C 值/(V/mm)	添加物的摩尔分数 x/%	非线性系数 a	非线性电阻 C 值/(V/mm)
0.1	1	0.001	15.0	37	310
0.3	4	40	20.0	20	700
1.0	30	80	30.0	3	106
3.0	50	150	40.0	1	109
6.0	48	180	100.0	1	109
10.0	42	225			

在 ZnO 压敏电阻器制造过程中，最重要的是要保证生产工艺上的均匀一致性，特别是烧结工艺对压敏电阻器的性能影响最大，因此应根据产品性能参数的要求来选择烧结温度。图 5.12 是当 $x=3$ 时产品的 α 值和 C 值与烧结温度的关系。由图可知，C 值随烧结温度的增加而下降，这是由晶粒长大造成的。在 1350℃附近，α 值出现峰值，这与 Bi_2O_3-Cr_2O_3 的四方相转变为 β-Bi_2O_3 和 δ-Bi_2O_3 相有关。随着这种相的转变，α 值逐渐增高。当烧结温度高于 1350℃时，由于富铋相消失，α 值急剧下降。

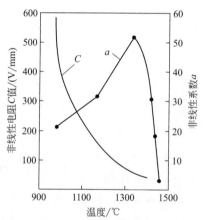

图 5.12　烧结温度对 ZnO 原件的非线性影响

随着 ZnO 压敏材料的研究和应用日益成熟，材料研究者也在对其他压敏材料系进行深入研究，如 Nb_2O_3 掺杂的 TiO_2 陶瓷材料的压敏性。最新的研究还发现了另一种新型压敏电阻材料，即 CoO 和 Nb_2O_3 掺杂的 SnO_2 多晶陶瓷。进一步通过实验探讨 Bi_2O_3、SiO_2、MgO 等掺杂对 SnO_2-CoO-Nb_2O_3 材料性能的影响，报道 SnO_2-CoO-Ta_2O_3 材料系统的压敏性。有关 SnO_2 陶瓷的实验，为压敏电阻器的研究开创了新的局面。

5.2.2　SiC 系压敏陶瓷材料

SiC 压敏电阻是 SiC 颗粒接触的电压非线性特性的压敏电阻，非线性指数 α 值约为 $3\sim$ 7，压敏电阻 V_C 值可达 10V 以上。SiC 压敏电阻的电压非线性，是由组成电阻器件的 SiC 颗粒本身的表面氧化膜产生的接触电阻所引起的，器件的厚度不同可改变 V_C 值的大小。由于 SiC 压敏电阻的热稳定性好，能耐较高电压，因此首先应用于电话交换机继电器接点的消弧，近来又作为电子电路的稳压和异常电压控制器件得到广泛应用。

5.2.3 铁电系陶瓷材料

$BaTiO_3$ 系压敏电阻，是利用添加微量金属氧化物而半导体化的 $BaTiO_3$ 系烧结体跟银电极之间存在整流作用正向特性的压敏电阻。$BaTiO_3$ 系压敏电阻陶瓷基片的制造，在 $BaCO_3$ 和 TiO_2 的等量摩尔分数混合物中添加微量 Ag_2O、SiO_2、Al_2O_3 等金属氧化物，加压成型后，在 $1300 \sim 1400℃$ 的惰性气氛中烧结，即可获得电阻率为 $0.4 \sim 1.5Ω \cdot cm$ 的半导体。在此半导体的一个面上，于 $800 \sim 900℃$ 下在空气中烧覆银电极，在另一面上制成欧姆电极。由于 $BaTiO_3$ 的半导体特性，其压敏电阻被限制在几伏以下，$BaTiO_3$ 系压敏电阻不仅具有比 SiC 压敏电阻大得多的非线性指数，而且具有并联电容大、寿命长、价格便宜、易于大量生产等优点。

$SrTiO_3$ 杂质器件的基本工艺：以 $SrTiO_3$ 为基础，添加少许 Nb_2O_3、Y_2O_3 等杂质使之半导体化，在 $1200 \sim 1500℃$ 的还原气氛中烧结后，再在 $900 \sim 1200℃$ 下氧化处理。这类型器件具有静电容量大（$3300 \sim 27000pF$）、非线性系数适中等多种特性。用 $SrTiO_3$ 材料制备的电容器具有高频噪声吸收功能和前沿快速脉冲噪声吸收功能。用其制作的压敏器件具有浪涌电流吸收功能和自我恢复功能，用这种材料制成的器件，在电路中既具有电容器的功能，可吸收高频噪声，又有压敏电阻的吸收浪涌电流的功能，因而它是一种多功能器件。

5.2.4 SnO_2、TiO_2 系半导体材料

SnO_2、TiO_2 和 $(Sn_x Ti_{1-x})O_2$ 为固溶体金红石型结构的多晶半导体陶瓷材料。因此，SnO_2、金红石相中的 TiO_2 是具有四方晶体结构的 N 型半导体陶瓷材料。化学计量的 SnO_2（约 $3.6eV$）与化学计量的 TiO_2（约 $3.2eV$）的电子间隙差异约为 $0.4eV$。尽管 SnO_2 和 TiO_2 具有结晶结构和带隙的差异，但它们之间存在其他相似之处。Ti^{4+} 的离子半径值为 $0.68Å$（$1Å=10^{-10}$ m），而在 Sn^{4+} 中，离子半径值为 $0.71Å$。因此，预期二元系晶格中 Ti^{4+} 取代 Sn^{4+}（或 Sn^{4+} 取代 Ti^{4+}）不会产生氧空位或另一种固态点缺陷。

TiO_2 和 SnO_2 用作传感器或压敏电阻，具有某些传感器属性或者基于晶界势垒。或者说，在传感器或压敏电阻两种应用中，传感器和压敏电阻特性的控制都有相似之处，这主要归因于晶界结构和成分[184,185]。由于过渡金属原子在晶界区域偏析，然后有利于负电荷物质吸附和富集这个地区，所有这些 N 型半导体陶瓷都倾向于建立具有"P 型半导体性质"的晶界区域。这种配置使得电子能够定位在表面上，产生负表面，结果形成电子耗尽层，充当控制所述器件性能的势垒。纯的或掺杂的 TiO_2，例如薄膜结构，可用于它们的光学行为或某些特性和行为的交互组合[186]。

$(Sn_x Ti_{1-x})O_2$ 基的系统中存在与基于 SnO_2 系统相类似描述。$(Sn_x Ti_{1-x})O_2$ 基体系的基质掺杂 Nb_2O_5 导致低压的压敏电阻系统的非线性系数约为 9。背靠背肖特基型势垒是基于电容的电压依赖性观察得到的[187,188]。当掺杂 CoO 时，$(Sn_x Ti_{1-x})O_2$ 基系统具有更高的非线性系数值（$α>30$），这与 SnO_2 基压敏电阻系统中的值相当。因此，可以推断出 Co 原子在晶界区域起氧化剂的作用，增加势垒高度和非均匀性。在这种情况下，晶粒生长减少，击

穿电压大大增加。$(Sn_xTi_{1-x})O_2$ 基体系具有控制 Ti 原子含量的优点，从而可以根据需要设计微结构。因此，这种压敏电阻矩阵可能会具有低压或高压变阻器的作用，这取决于基质的组成和掺杂剂的性质。该系统的非欧姆特性源于 Nb_2O_5 的存在，这可能与颗粒体积、电导率有关，类似于基于 SnO_2 的压敏电阻系统。从电容-电压特性推断出类似肖特基势垒的存在。这些类似肖特基的势垒归因于在晶界区域中存在薄的沉淀相或偏析薄层，并且与在 $(Sn_xTi_{1-x})O_2$ 系统中经常观察到的典型旋节线分解有关。SnO_2-TiO_2 系统具有几乎对称的混溶间隙。

在混溶间隙中，从高温冷却固溶体后，在每个多晶颗粒内形成由细分薄片组成的结构，或者富含 Sn 和 Ti，有几个加工变量可用于设计不同性能的 $(Sn_xTi_{1-x})O_2$ 体系。布埃诺（Bueno）等人研究了 $(Sn_xTi_{1-x})O_2$ 多晶陶瓷的烧结参数和质量传递问题，这些具有不同氧化物组成的陶瓷是通过机械混合法制备的，它们与化学键合性质和多晶陶瓷的固有结构缺陷相关[189]。TiO_2 的增加导致密度和烧结速率增加。固态 $(Sn_xTi_{1-x})O_2$ 组分中的 TiO_2 浓度也是导致复合材料含有较高平均晶粒尺寸值的原因。

5.2.5 $CaCu_3Ti_4O_{12}$ 材料

由于其超高介电性能，$CaCu_3Ti_4O_{12}$（CCTO）也是一种有巨大潜力的钙钛矿材料[190-193]。这种超高介电性能源于与晶粒内部阻挡区域相关的阻挡层电容引起的外在缺陷[194]。除了显著的介电性能外，其在晶界区域本质上还存在大的势垒，并导致非欧姆行为与超高介电性能相结合[195]。在 CCTO 系统中，马克（Marques）等认为这种非欧姆特性取决于氧气热处理，其会增加作为氧分压函数的低频电容值[196]。在金属氧化物变阻器系统中观察到类似的行为，推断肖特基型势垒可能是导致非欧姆特性的潜在屏障，并且它必须位于晶界结处。

巨电介质现象归因于晶界势垒层电容（IBLC），而不是与晶体结构相关的固有特性。有效介电常数值超过 10000 的阻挡层电容器结构可以通过在大约 1100℃ 的空气中一步加工来制造。Li 等人研究了与电荷载流子运动（离子或空位）相关的 CCTO 陶瓷的交流电导率作为不同温度下频率的函数[197]。电荷载流子在陶瓷内的长程迁移受到两种绝缘屏障的限制，即晶界和畴边界。与这些边界相关的势垒导致电导率响应中的两个异常，对电导率的三个频率依赖性贡献分别是载流子的长程扩散、位于晶粒内的载流子迁移和局域内的载流子迁移。CCTO 系统中的介电特性对处理参数非常敏感，介电常数值范围为 102～106，不同的处理策略导致 10～900 的非线性系数值。虽然高介电特性和非欧姆特性之间的相关性似乎确实存在，且并不总是可观察到的，但是，非线性电响应是否与造成超高介电性能的外在机制直接相关仍不可确定，尽管它似乎与阻挡层电容有关[198-201]。任意一种类型的势垒均可以促进外在介电性质的形成，晶粒内部和晶界连接处的势垒不同，可形成双肖特基势垒[202,203]。

已经表明，初始阳离子化学计量是决定 Sc 掺杂 CCTO 多晶体的整体 I-V 关系的重要变量，其可以表现出如未掺杂的 CCTO 中的强非线性特性或具有可忽略的非线性的近似欧姆行为[204]。还证明了电学行为的这种显著差异与晶界处是否存在大的势垒密切相关。根据实验测量结果，尽管需要对不同化学计量的晶格稳定性进行进一步研究，但需要根据初始成分确定晶胞中 Sc 离子的合理取代位置。掺杂剂对钙钛矿型 CCTO 化合物的电学和介电性能的影响是显而易见的，并且对介电特性和非欧姆特性都有很大的影响。阻抗谱测量表明，烧结的相关介电常数值是由晶粒边界效应引起的。通过 Ti 位上的阳离子取代或 CuO 相的偏析或

Ti 位上的阳离子取代和 CuO 相的偏析，纯 CCTO 的晶界介电常数值可以增加 1～2 个数量级，而体积介电常数保持在约 90～180。

CCTO 材料的性质非常依赖于化学计量比，人们非常期望化学计量比与加工工艺对介电性能的影响是等同的。CCTO 化合物中的加工效果可通过使用常规陶瓷固态反应处理技术实现。通过研磨混合粉末产生的 CCTO 化合物，室温介电常数为 11700，损失为 0.047。然而，研磨后 CCTO 化合物粉末的介电常数接近 100000，与单晶的相关报道相同。烧结温度（990～1050℃）增加使得介电常数增加（714～82450）和损耗增加（0.014～0.98）。烧结时间增加也使得介电常数显著改善。晶粒尺寸和密度差异不足以来说明介电常数的增加。在 1000℃ 的流动氩气中退火后，测量了室温下接近 100 万的巨大有效介电常数。观察结果显示，影响介电性能的主要因素是内部缺陷的发展。晶粒"核心"内的较高缺陷浓度导致"核心"的导电性较高，有效介电常数较高但损耗也较高。因此，CCTO 多晶体系组成的变化可能有助于解释化学和化学计量如何影响这些性质。在此背景下，Lin 等人研究了富含 TiO$_2$ 的 CCTO 体系并发现了高介电性能[205]。然而，与传统组合物相比，非线性电性能急剧下降，达到约 7.9 的低值。此外，X 射线衍射分析表明 TiO$_2$ 过量沉淀作为第二阶段。TiO$_2$ 含量的增加会降低多晶材料的介电常数。有可能推断出过量的 Ti 不会像 Ca 原子那样显著降低介电常数值。另一方面，与过量存在的 Ti 原子相比，在传统的 CCTO 组合物中过量的 Ca 原子会导致非欧姆特性的增加。

显然，基于这些组合结果，介电特性和非欧姆特性之间的关系并不那么容易确定。与传统的基于 CCTO 的组合物相比，Ca 和 Cu 原子之间的不平衡导致形成多晶体系，其呈现出约 33.3%（摩尔分数）的 CCTO（传统组合物）和约 66.7%（摩尔分数）的 CaTiO$_3$[206]。对于非欧姆性质，Ca 和 Cu 原子的不平衡导致约 1500 的非线性电学行为。这种高非线性电学行为的出现不利于获得超高介电性能。关于介电常数值，通常使用 1～10mA/cm^2 的电流密度测量非欧姆器件的非线性系数值。在处理非欧姆特性时，非常重要的是要注意计算非线性系数值的区域，例如，对于修改后的 CCTO 系统，传统电流密度 1～10mA/cm^2 的报告值为 65。另一方面，同一系统可具有更高的非线性系数值。可以这样认为，建立非欧姆和超高介电特性之间的相关性并不容易，尽管非欧姆特性可以对总介电常数值有贡献。基于介电谱分析，可以在 CCTO 系统中观察到三个弛豫过程，并且晶界的贡献明显与块状晶粒的贡献分离。介电谱分析在具有低非欧姆特性的 CCTO 系统中进行，并且对这类材料的肖特基型势垒层电容和晶粒内部结构进行分析，评估了富氧气氛和高冷却速率对这类材料的影响，揭示了介电性能的强烈增加的现象。关于由烧结期间的高冷却速率或氧气氛引起的介电性常数值的变化大约有五倍的增加，可以推断两种处理对晶粒的内部区域有特别显著的影响。因此，他们能够增加"有源"域的数量，因此介电性能强烈增加的原因主要与"有源"内部域的数量有关。介电内部域的化学性质很可能取决于氧气和冷却速率。在该特定背景下，其中非欧姆特性不是很强的，晶界边界贡献低于总电介质响应。

最近，介电-电容的复杂分析方法非常适用于分离 CCTO 多晶陶瓷中存在的不同极化效应研究[207]。使用这种光谱分析将体积介电偶极弛豫贡献与空间电荷引起的极化贡献分开。在 CCTO/CaTiO$_3$ 多晶复合材料系统的晶界中。大量介电偶极弛豫归因于 CCTO 相的自缠结畴结构与 CaTiO$_3$ 相的偶极弛豫相耦合，而空间电荷弛豫归因于肖特基在这种复合多晶体系中观察到的高度非欧姆特性的类型势垒。

5.3 压敏器件的工作原理、类型和特性

5.3.1 压敏器件的工作原理

氧化锌压敏电阻采用陶瓷生产工艺制成，Bi_2O_3 为添加物的主要成分，ZnO 的微粒被添加物构成的晶界层所包围，正是这种晶界层赋予压敏电阻非线性特性，结构如图 5.3 和图 5.4 所示。电阻率在 $1\sim10\Omega\cdot cm$ 的 ZnO 微粒，晶界层的电阻率达 $10^{10}\Omega\cdot cm$ 以上，外加电压几乎都集中加在晶界层上。这种晶界层具有特别显著的非欧姆特性，可引起同齐纳二极管类似的急剧的电流倍增现象。这种压敏电阻可通过改变添加物制成分别用于低压和高压的品种，非线性系数很高，压敏电压可达几万伏，且对极高的浪涌电压的允许电流很大。它不仅能够用于开关过电压的吸收，也用于雷电浪涌的吸收。

碳化硅压敏电阻的基本制备工艺是把直径 $100\mu m$ 左右的 SiC 颗粒与陶瓷结合剂混合成形后烧结而成，SiC 颗粒形成大量纵横连接的结构。这种结构的压敏电阻的电压非线性系数约为 $3\sim7$，非线性特性为对称。这种电压非线性可认为是 SiC 正颗粒本身的表面氧化膜产生的接触电阻所引起的。压敏电阻器件的厚度不同可改变压敏电压的高低，它的优点是热稳定性好和耐压高，缺点是非线性系数值低。钛酸钡压敏电阻的压敏电压非线性系数比碳化硅压敏电阻的大得多，还有并联电容大、寿命长等优势。

5.3.1.1 过电压保护原理

图 5.13 为压敏电阻过电压保护原理图。由于线路内部操作或大气的原因，产生过电压 V_S，沿线路传入后，压敏电阻 Z 两端电压为：

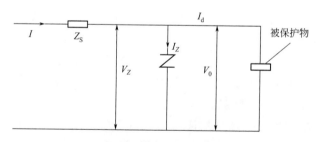

图 5.13 压敏电阻过电压保护原理图

Z_S—电源内阻；V_Z—压敏电阻两端电压；V_0—被保护物的耐压水平

$$V_Z = V_S - IZ_S \tag{5.27}$$

对具体的线路 Z_S 为定值，所以在一定的过电压 V_S 作用下，V_Z 与 I 有关。而当过电压出现后，流过压敏电阻的电流 I_Z 远大于流过被保护物的电流 I_d，可以认为 $I \approx I_Z$，这样有：

$$V_Z = V_S - I_Z Z_S \tag{5.28}$$

在一般情况下被保护物两端电压 $V_Z = V_a$。V_a 大小完全取决于 V_Z 和 I_Z，即完全取决于压敏电阻的 $V-I$ 特性。

由于压敏电阻器的接入，$I_Z = I_S = V_S/R_S$，所以：

$$V_Z = \left(\frac{1}{C} \frac{V_S}{R_S} \right)^{1/\alpha} \tag{5.29}$$

式中，C 表示常数，与式(5.1)中的 K 等值。

因此，将过电压的幅值 V_S 降低到 V_Z，若 V_Z 小于被保护物的耐压水平 V_0，即可起到保护作用。一般用 V_0/V_Z 表示保护比，其意义是保护水平的高低。

5.3.1.2 能量吸收原理

在图5.14中，当电感线圈 L 中流过电流 I 时，开关 K 突然拉开，这时，由于电感 L 内的电流不能突变，而又没有放电回路，但电感存在匝间电容和对地电容，产生 L 与这些杂散电容 C 的振荡，振荡波形如图5.15所示。在电压出现第一个峰值时，电感内原储存的能量几乎全部转移到杂散电容 C 内，U_p 为电压峰值，则其能量关系为：$U_p = I\sqrt{L/C}$。

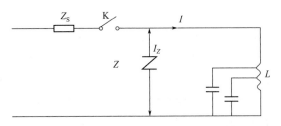

图 5.14　感应元件产生过电压原理图

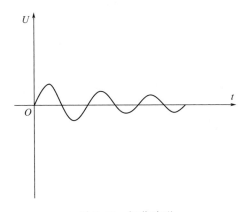

图 5.15　振荡波形

由于杂散电容量很小，所以使电压峰值很高，有时可达工作电压的好几倍，往往使电感线圈的绝缘被破坏，或开关 K 重燃。如果将压敏电阻接入，电感线圈 L 放电的起始，由于压敏电阻还没有导通，所以仍向 C 充电，C 上的电压逐渐建立起来，当该电压达到压敏电阻的工作电压时，压敏电阻的等值电阻急剧减少到很小的值，所以此后电感内的能量和杂散电容 C 内已储存的能量几乎被压敏电阻所吸收。由于压敏电阻具有良好的非线性，不但将能量吸收，而且还阻碍振荡，使电感 L 两端的电压被限制下来。

二极管和稳压管可在工作电流以内（比压敏电阻在电源电压下的电流大得多）长期稳定地工作，稳压效果很好，对过电压来讲，其保护水平也很高，如其工作电压比电源电压仅高 20%～40%。但其弱点是短时大电流特性差，响应速度慢，并且抗陡脉冲的能力也差，而压敏电阻恰在这几个方面表现很好，其通流量为数千安至数万安，响应速度在 50ns 以内。压敏电阻无极性，而二极管和稳压管都具有极性。在吸能方面压敏电阻和二极管相差不多，但二极管的保护水平和阻容要好得多，另外价格也便宜。放电间隙的优点是在电源电压下没有损耗，可起到电路的隔离作用，但其缺点是放电后有截波产生，通流能力也较小。

5.3.2 压敏器件的类型

按材料的不同，压敏电阻器可分为：碳化硅（SiC）压敏电阻器，氧化锌（ZnO）压敏电阻器，金属氧化物压敏电阻器，$SrTiO_3$、$BaTiO_3$ 等铁电压敏电阻器，等。按结构和制造过程又可分为：体型压敏电阻器、结型压敏电阻器、单颗粒层型压敏电阻器和薄膜型压敏电阻器。

SiC 压敏电阻器是二十世纪三十年代出现的压敏陶瓷，主要以黑色六方晶系的碳化硅粉末为原料，加入陶瓷黏结剂制备成型，在 $1000 \sim 1300^{\circ}C$ 还原气氛下烧结制成的压敏材料。SiC 的微观结构主要是由 SiC 晶粒与玻璃相的晶界所构成，它的压敏效应来源于晶粒表面的氧化膜绝缘电阻和接触电阻所产生的非线性现象。SiC 压敏陶瓷的生产成本低，生产流程简易，在二十世纪曾大量应用于避雷针和稳压电路中。但它的介电性能相对较差，非线性系数相对较小（α 为 $3 \sim 8$）。非线性伏安特性是由碳化硅粒子的接触性质随电压变化而改变形成的。已经逐渐被其他压敏陶瓷所代替。

ZnO 压敏电阻器由于具有高非线性、快响应、大电流和高能量承受能力、低限制电压等优点，自问世以来得以迅速发展，成为压敏材料的主流产品。现已被广泛用于各种电子设备的瞬态过电压保护。ZnO 压敏电阻器以 ZnO 为主要原料，添加少量的 Bi_2O_3、Co_2O_3、MnO_2、Sb_2O_3 等作掺杂物，利用普通的陶瓷工艺方法制成压敏电阻器。ZnO 压敏电阻器最早是由日本松下公司研制成功的，根据其结构特征又可分为结型和体型两类。早期开发的结型 ZnO 压敏电阻器，是依靠金属电极与具有 N 型半导体性质的 ZnO 晶粒之间形成的界面势垒产生的压敏特性工作的。其主要包括金属氧化物夹于 ZnO 单晶之间、在 ZnO 烧结基体上溅射金属氧化物、金属氧化物夹于 ZnO 烧结体之间、溅射 $Zn-Bi_2O_3$ 几种类型。体型 ZnO 压敏电阻器自被发现后，便得到迅猛发展[208]。

体型 ZnO 压敏电阻器压敏特性来源于 ZnO 晶粒之间相交处接触界面的接触势垒，体型 ZnO 压敏电阻器的两电极之间串接了许多个 ZnO 晶粒且每两个晶粒之间的接触界面就是一个压敏单元。体型 ZnO 压敏电阻器结构如图 5.16 所示。压敏电压的高低与器件两电极之间的晶粒间界面数量有关，晶粒间界面数目越少，压敏电压越低。因此，采用减小器件厚度和增大晶粒尺寸的方法，可有效降低压敏电压。小功率的体型 ZnO 压敏电阻器，可做成圆片型、棒型、垫圈型；大功率的可用多个圆盘串联组合而成。为保证大功率压敏电阻器表面温度不超过最高允许温度，可加散热片。一种将多个具有高非线性系数的 ZnO 压敏电阻器的基片通过金属垫圈装入瓷管中，用弹簧压

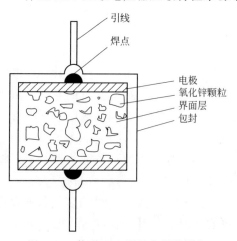

图 5.16 体型 ZnO 压敏电阻器结构

紧安装的高压稳定 ZnO 压敏电阻器如图 5.17 所示，其管内用绝缘油密封。

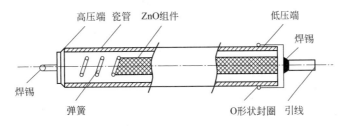

图 5.17　高压稳定用 ZnO 压敏电阻器结构

随着电子设备不断向小型、低压方向发展，电子线路中的电压越来越低，电子器件尺寸越来越小，电路使用频率越来越高，单个设备或模块的功能要求越来越多，这就要求为电子线路配备的器件也不断向低电压、高使用频率、小尺寸和多功能等方向发展。集成电路片式化和表面封装技术的快速发展推动了叠层片式压敏电阻器的推广应用。它克服了传统圆片型 ZnO 压敏电阻器尺寸过大、压敏电压过高、响应速度慢、能量耐受能力小的缺点，具有体积小、通流量大、响应速度快、易于实现低压化等特点[209]。目前叠层片式压敏电阻器行业内以 ZnO 体系为主，ZnO 基叠层片式压敏电阻器的性能也最优，如图 5.18 所示，主要制备材料有：基体材料（ZnO 等粉料）、流延浆料（基体材料粉料、有机溶剂、增塑剂、黏结剂等）、内电极导体浆料、端电极导体浆料和端头处理电镀液、表面绝缘处理液等。在 ZnO 基材料体系中以不同的金属氧化物为添加剂进行掺杂改性，TDK 公司以 $ZnO-Pr_6O_{11}$ 为主体进行掺杂改性，其制作的叠层片式压敏电阻器可承受 30kV 以上的静电冲击 100 次，且性能不发生劣化。叠层片式压敏电阻器广泛应用于航空、4G 智能终端、智能家居、电子、电脑、移动互联、汽车电子等领域，是电路保护的必备器件之一。

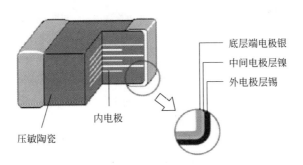

图 5.18　叠层片式压敏电阻器结构

$SrTiO_3$ 系压敏电阻器与 ZnO 系压敏电阻器相比，具有较低的晶界击穿电压和较高的介电常数，易于实现低压化。$SrTiO_3$ 系电容-压敏陶瓷由主要成分和添加成分组成，主要成分为 $Sr_{1-x}Ca_xTiO_3$，其中 x 为 0～0.3。添加成分为：①半导化元素氧化物，如 Nb_2O_5、WO_3、La_2O_3、CeO_2、Nd_2O_3、Y_2O_3 和 Ta_2O_5 等；②改性元素氧化物，Na_2O 可以提高耐电涌冲击能力和改善压敏电压比，$MnCO_3$、SiO_2、Ag_2O 和 CuO 提高电阻器的温度稳定性。适当地选取添加成分的种类和含量，可以得到不同参数的电阻器。

研究发现，$SrTiO_3$ 系材料也拥有电容-压敏双重复合功能，等同于一只电容器与一只压敏电阻器进行并联，当电压低于压敏电压的时候，它可以作为性能优良的电容器使用；而当电压高于压敏电压的时候，它能够发挥压敏电阻器的功能[210]。$SrTiO_3$ 压敏电阻器的等效电路如图 5.19 所示，$SrTiO_3$ 系电容-压敏双功能陶瓷以其优良的电性能备受关注。

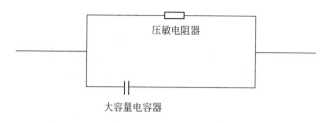

压敏电阻器

大容量电容器

图 5.19　$SrTiO_3$ 压敏电阻器的等效电路

金属氧化物压敏电阻器主要有 TiO_2 压敏电阻器、SnO_2 压敏电阻器、WO_3 压敏电阻器。

TiO_2 压敏电阻器。TiO_2 压敏陶瓷是一种新型电容-压敏双重复合功能材料，其压敏电压低于 ZnO 基压敏电阻的压敏电压，非线性系数与介电常数较高，有利于制备压敏电压较低的低压压敏器件，从而实现集成电路中元器件的小型化与低压化。$SrTiO_3$ 基压敏电阻制备工艺较为复杂，需要在高温还原气氛中烧结以及热氧化处理。TiO_2 基低压压敏电阻可以在大气中一次烧成，生产工艺简单，其生产成本相对较低。TiO_2 系材料的主要成分为 TiO_2，添加剂通常为 Nb_2O_5、$BaCO_3$、Bi_2O_3、SrO、MnO_2、CeO_2、Sb_2O_5 等，TiO_2 压敏陶瓷最初被当作线路均衡器应用于电话线中，随后被用作微型电机的消噪器，也可被用作低压整流器。随着人们对 TiO_2 压敏陶瓷研究的不断深入，TiO_2 压敏陶瓷逐渐被用于继电器触头保护等方面[211]。

TiO_2 压敏陶瓷发展于十九世纪八十年代，TDK 公司早期制成具有电容-压敏双功能的 TiO_2 压敏电阻器，压敏电压为 $7 \sim 30 V/mm$，非线性系数为 3，介电常数高达 10000。由于其制作工艺简单，烧结方便，且压敏电压较低，具有一定的非线性特性，介电常数高，一经发现便受到国外几大公司的关注，如荷兰的飞利浦公司。TDK 与贝尔实验室等都研发出相应的产品并向市场投放。严（Yan）和罗兹（Rhodes）首次研制出掺杂 Nb、Ba 的 TiO_2 压敏陶瓷，其非线性系数范围为 $3 \sim 4$，压敏电压为 $30 V/mm$[212]。

SnO_2 压敏电阻器。SnO_2 压敏陶瓷是一种有潜力的新型压敏陶瓷材料。具有与 ZnO 压敏器件可媲美的高非线性 V-I 特性和更高的电位梯度。SnO_2 压敏陶瓷主要是以 SnO_2 为基体，引入 Nb_2O_5、Co_2O_3 等多种掺杂剂制备而成的。SnO_2 与 ZnO 都属于 N 型半导体，在不掺杂的情况下很难烧结成致密陶瓷，内部结构疏松，通过传统电子陶瓷的制备工艺，再经过高温烧结，通常也只能达到 SnO_2 理论密度的 50% 左右。因而在过去其主要是被广泛应用于气敏传感器和湿敏传感器，尤其是气敏传感器。皮亚纳罗（Pianaro）等人通过 Co^{2+} 和 Nb^{5+} 的掺杂，第一次制备了结构单一、烧结密度高、压敏性良好的 SnO_2 压敏陶瓷[213]。皮亚纳罗（Pianaro）等人发现添加 0.05%（摩尔分数）的 Nb_2O_5 到 SnO_2-CoO（摩尔分数为 1.0%），可得到非线性系数 $\alpha = 8$ 的 SnO_2 压敏陶瓷，其电位梯度为 $187 V/mm$。在此基础上再添加三价金属氧化物（如摩尔分数为 0.05% 的 Cr_2O_3）可进一步提高 SnO_2 压敏陶瓷的非线性系数（$\alpha = 41$）和电位梯度（$400 V/mm$）[214]。可见 SnO_2 压敏陶瓷是一种高梯度压敏材料。工业 SnO_2 原料的价格比 ZnO 贵 $2 \sim 3$ 倍，SnO_2 原料的价格在一定程度上制约着 SnO_2 压敏陶瓷的发展。与 ZnO 压敏电阻相比，SnO_2 压敏电阻具有更好的导热性能，其导热率 λ 几乎为 ZnO 压敏电阻的 2 倍，更有利于热量的扩散，进一步提高 SnO_2 压敏电阻抗热破坏的性能[215]。SnO_2 压敏电阻陶瓷的热膨胀系数 ε 远远小于 ZnO 压敏电阻陶瓷的，其抗弯强度 σ_f、动态弹性模量 E_d、静态弹性模量 E_s 约为 ZnO 压敏电阻陶瓷的 2 倍，使得 SnO_2 压敏电阻陶瓷具有更好的抗热应力破坏特性[216]。如能研制成功非线性特性及脉冲电流耐受特性与现有压敏陶瓷相当的 SnO_2 基压敏陶瓷材料，制备的 SnO_2 基压敏器件负荷可靠性应比 ZnO 压敏器件更高，补偿价格因素带来的问题。

WO_3 压敏电阻器。WO_3 系材料的主要成分为 WO_3，添加剂通常为 $NaCO_3$、MnO_2、Co_2O_3、Y_2O_3、$SrCO_3$、Al_2O_3 等。WO_3 系与其他压敏电阻器材料系列不同，在不掺杂任何添加剂的情况下，WO_3 的单晶和多晶陶瓷中就已经具有一定的非线性伏安特性。掺杂改性后，可获得较低的压敏电压和较显著的非线性伏安特性。WO_3 压敏电阻器是一种新型的压敏电阻器，其市场的利用率还比较低。虽然其降低电压的性能非常理想，有很好的市场前景，但是它的电性能不太稳定，需要进一步深入研究其掺杂改性、制备工艺及电学稳定性。

5.3.3　压敏器件特性

压敏电阻器件实际是一种具有伏安特性的非线性器件。在一定温度下，其阻值在外加电压增到某一数值以后急剧下降，电压和电流不呈线性关系，因此压敏电阻器件又称为非线性变阻器件。不同类型的压敏器件的伏安特性曲线形状有很大差别，这种差别表明它们偏离线性关系的程度不同，可用非线性指数来表征。如图 5.20 所示。

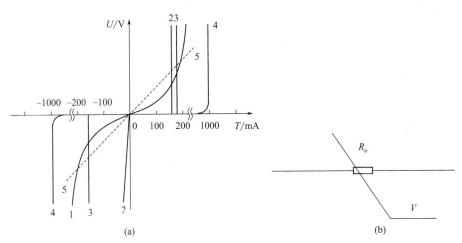

图 5.20　压敏电阻器伏安特性曲线（a）及电路符号（b）
1—SiC 压敏电阻器；2—稳压二极管；3，4—ZnO 压敏电阻器；5—线性电阻器

压阻器件的基本参数主要有标称电压、漏电流、C 值以及耐浪涌能力等。压敏电阻的电阻值随外加电压的变化而变化，所以它不宜用电阻值来表示，而是用某一规定电流下的电压来表示。在正常环境下，压敏电阻流过规定直流电流时的端电压，称为压敏电阻的标称电压，也称为压敏电压。浪涌吸收器作为漏电流的压敏电阻，在没有瞬时过电压冲击时，它也要承受正常的线路工作电压，这时流过压敏电阻的电流，对系统来说是一种无谓功耗。因此希望这时的压敏电阻流过的电流越小越好，称这种电流为漏电流。一般规定在 75% 或 80% 的标称电压作用下的电流值为漏电流。压敏电阻器的 C 值为流过压敏电阻器的电流为 1A 时的电压值。当已知压敏电阻器的 C 值和 β 值（或 α 值）时，就可应用式（5.1）和式（5.2）求出该电阻在任意电压（电流）值下的电流（电压）值。压敏电阻器的耐浪涌能力又称通流

容量或通流量。电路工作中，由于各种原因的影响而产生一个比正常电路电压（电流）高出许多倍的瞬时电压（或电流）称为浪涌。压敏电阻能承受的浪涌的最大程度称为耐浪涌能力。可用耐浪涌能量、耐浪涌电压或耐浪涌电流来表示，其单位分别为 J/m^3、V/m、A/m^2。耐浪涌能力越大越好。压敏电阻耐浪涌能力的大小与其本身的结构、材料和制作工艺有关，同时也和电脉冲的波形、持续时间及脉冲间隔有关。

功率特性压敏电阻直流耗散功率可表示为：

$$P = IV = CI^{\beta+1} \tag{5.30}$$

$$P = IV = KV^{\alpha+1} \tag{5.31}$$

式中，C、K、α、β 见式(5.1) 及式(5.2)。

由式(5.31) 可知，当电流增加时，功率增加不大。当电压增加时，功率随电压的 $(\alpha+1)$ 次幂增加。又由于压敏电阻器具有负的电阻温度系数，所以耗散功率增加，则电阻值下降，流经的电流增大，将会使耗散功率继续增加。因此，通常在技术条件中把最高使用电压称为标称电压，把最大使用电流称为标称电流。使用时须将工作电压（或工作电流）严格限制在规定范围内。

环境温度对压敏电阻器的特性有一定的影响。实际应用中，一般使用电压温度系数 α_v 表示。α_v 定义为：当通过压敏电阻器的电流保持恒定时，温度每改变 1℃ 时电压的相对变化，单位为 ℃$^{-1}$。电流温度系数定义为：在电压恒定条件下，温度改变 1℃ 时电流的相对变化量。其中 α_v 为：

$$\alpha_v = \frac{V_2 - V_1}{V_1(T_2 - T_1)} \tag{5.32}$$

式中，V_1、V_2 分别为温度 T_1、T_2 时的电压值。

此外，固有电容及残压比也用来表征器件的特性。各类压敏电阻器都不同程度地存在着一定的电容量，这个电容量称为固有电容。由于固有电容的存在限制了它的高频特性，因此，一般压敏电阻器于低频范围内使用。固有电容的大小与压敏电阻器的结构、尺寸、材料种类和制造工艺等因素有关，一般为 10～50pF。残压比指某一峰值脉冲电流通过压敏电阻时所产生的峰值电压与标称电压的比值。在强电流脉冲情况下，常用残压比来表示压敏电阻的伏安特性。对同一脉冲电流来说，若残压比较小，说明压敏电阻的非线性特性较好，反之，则说明其非线性特性较差。

6 湿敏器件

在自然界中，动植物的生存与生长、人类的生存、工农业的生产都与周围环境的湿度有着密切的关系。为了创造舒适的生活环境和理想的生产条件，必须对周围环境的湿度进行必要的控制和调整，这首先要求对环境湿度进行检测和量度。湿度测量有很多种方法，如应用毛发湿度计、干燥球湿度计及电阻型湿度计等。自从氧化锂湿敏器件出现以来，国内外学者先后开发出有机物、半导体单晶、氧化物系及陶瓷等湿敏器件[217,218]。

6.1 湿敏效应

湿敏器件是利用金属氧化物或半导体材料等的电气性能或力学性能随湿度变化而变化的特性制成的。电阻值随环境湿度的增加而显著减少或增加的材料为湿敏材料，电阻值增加的行为被称为正湿阻特性，电阻值减少的行为被称为负湿阻特性。湿度越大，电导率的变化也越大。湿敏半导体陶瓷材料感湿特性的机制，有两种解释：一种理论是从半导体表面的电子过程予以解释；另一种理论是从半导体表面的离子过程予以解释。表面电子过程理论认为，水分子的附着使表面这类自由电子受到约束，电阻增加。如果水分子附着后能释放出更多的自由电子，则属于负湿阻特性。负湿阻特性湿敏陶瓷既存在电子电导现象，也存在离子（H^+、OH^-）电导现象。特别是当湿度比较高、陶瓷表面附着水分连成水膜时，离子电导便起到主导作用，电阻将呈下降趋势，下降幅度可达到数量级。典型的负湿敏特性半导体的湿敏特性曲线如图6.1所示。

多孔型的金属氧化物多晶体，在晶粒表面及晶粒间界处，很容易吸附水分子。水是一种强极性电介质，水分子的氢原子附近有很强的正电场，具有很大的电子亲和力。

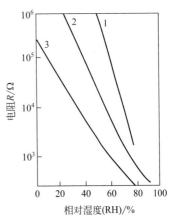

图 6.1 几种负湿敏特性半导体的湿敏特性

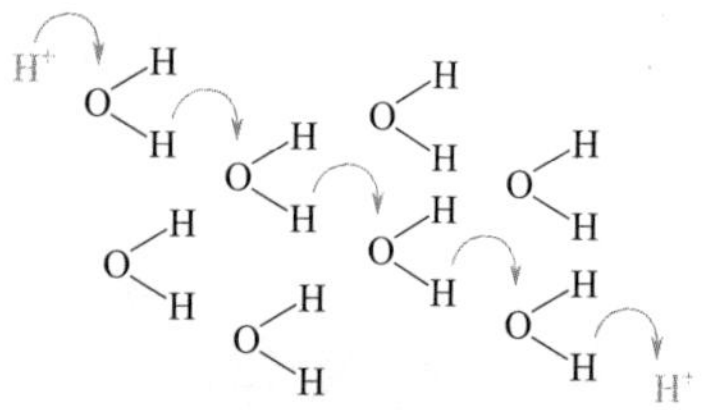

图 6.2 Grotthuss 机制图

根据离子电导原理，结构不致密的半导体陶瓷晶粒间有一定空隙，呈多孔毛细管状。水分子可以通过这种细孔在各晶粒表面和晶粒之间被吸附。格罗特斯（Grotthuss）机制认为吸附在材料表面凝结的水和质子将在形成的水层中进行传导。这种传导是由于质子通过液相水中普遍存在的氢键从一个水分子隧穿到另一个水分子上，如图 6.2 所示。敏感材料表面吸附水层内的质子传导机制是在对 TiO_2 和 α-Fe_2O_3 的研究中发现的[219]，水吸附过程如图 6.3 所示。在吸附的第一阶段，水分子被化学吸附在激活场址上，形成一个复杂吸附，并转移到表面羟基上，然后另一个水分子通过氢键吸附在相邻的两个羟基上。由于两个氢键的限制，顶层冷凝的水分子不能自由移动。因此，这一层或第一物理吸附层是不动的，这层的水分子之间没有氢键形成。因此，在这个阶段没有质子可以被传导。

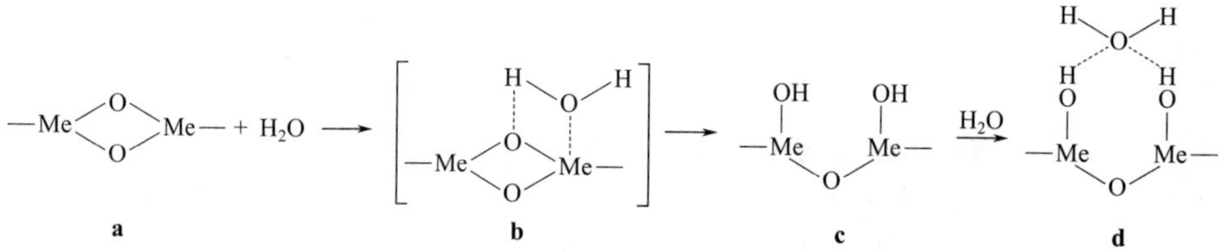

图 6.3 水分子的四个吸附阶段

随着水在陶瓷表面继续凝结，第二物理吸附层在第一物理吸附层上形成，如图 6.4 所示，这一层没有第一物理吸附层有序，例如，局部可能只有一个氢键。如果有更多的凝结层形成，从初始表面开始的顺序可能会逐渐消失，质子会越来越多地自由通过 Grotthuss 机制在凝结水中移动。换句话说，从第二物理吸附层开始，水分子开始移动，最终体积与液态水几乎相同，Grotthuss 机制成为主导。这一机制表明，单纯基于水相质子传导的传感器对低湿度并不十分敏感，在低湿度下，水汽在传感器表面很难形成连续的移动层。化学吸附

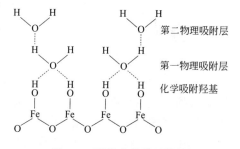

图 6.4 凝结水的多层结构

层和物理吸附层这两个不动层，虽然不能提高质子传导活性，但可以在施主场址间提供电子隧穿。隧穿效应，连同表面负离子所引起的能量，使电子能够沿着被不动层所覆盖的表面跳跃，从而有助于导电。这一机制对于探测低湿度水平是非常有用的，在低湿度水平下没有有效的质子传导。

一些陶瓷氧化物或掺杂氧化物是宽带隙半导体。水以分子和羟基的形式吸附在表面，如果偶极子的优先排列导致电子在表面积聚，则吸附的水分子将增加 N 型半导体陶瓷的电导率；当水被热解吸时，表面累积的电子数量减少，电导率降低[220]。这种效应归因于化学吸附的水分子向陶瓷表面提供电子。博伊尔（Boyle）等人基于 SnO_2 的湿敏行为提出，电导率增量是由水偶极子优先排列导致的表面电子积聚产生的。清水康弘（Yasuhiro Shimizu）提出，钙钛矿掺杂半导体表面的水分子取代先前吸附的氧离子，例如 O^{2-}、O^- 等，释放出来自电离氧的电子，或者水分子与单个离子化的氧离子空位和中性氧原子场址反应产生可移动

的质子[221]。由于吸附的水分子增加 N 型半导体陶瓷的导电性，几乎所有已发表的文献资料都涉及 N 型陶瓷。卡纳（Khanna）等人提出，多孔氧化铝的湿敏表面传导有两个相互补充的载流子传导机制。在低湿度下，在施主水场址之间假定声子诱导电子隧穿：这种隧穿由传感器表面上的阴离子基团辅助。在高湿度下，质子传导占主导地位[222]。可见，电导率是由电子的表面浓度引起的，但是通过物理吸附形成的水层可能有些质子传导。因此，半导体陶瓷材料在室温下的导电性实际上是由电子和质子（离子）的加入引起的，除非在高温（>100℃）下水分不能有效地凝结在表面上。基于表面反应机制，电导率的变化呈指数线性增长[223]。当水分子在半导体陶瓷表面附着时，形成能级很深的附加表面受主态，并从半导体陶瓷表面俘获电子，在表面形成束缚态的负空间电荷，在近表面层中相应地出现空穴积累，因而导致半导体陶瓷电导率的降低。随环境湿度的增加，水分子在晶粒表面和间界大量被吸附，而引起电子电导率和离子电导率的增加。半导体陶瓷显示负感湿特性，即随着湿度的增加，材料的电阻率下降。对于离子传感材料，湿度增大，导电性降低，介电常数增大。在散装水中，质子是导电的主要载体。

6.2 湿敏材料

湿敏材料是实现湿敏效应的重要物质基础。当周围环境的湿度增加时，材料的电阻或电容减小，长度或体积减小，结型或 MOS 型湿敏材料的 PN 结击穿电压、反向漏电电流或电流放大系数发生变化，MOS 型材料的沟道电阻发生变化，建立湿敏材料这些性质变化的电信号和湿度的对应关系，就实现了测量湿度的目的。按照材料的种类可将湿敏材料分为氧化物、尖晶石化合物、白钨矿型化合物及半导体等。

6.2.1 氧化物湿敏材料

6.2.1.1 Al_2O_3 湿敏材料

Al_2O_3 在 25～80℃的温度范围内，相对湿度（RH）几乎不受温度的影响。在凝结不动的水层里面，由于电子隧穿效应，多孔 Al_2O_3 是一种具有竞争力的低湿度传感器。Al_2O_3 有两个相适用于湿度敏感器件：γ-Al_2O_3 和 α-Al_2O_3。γ-Al_2O_3 的特点是孔隙率高，对湿度敏感性好，而 α-Al_2O_3 的热力学稳定性好。小孔隙半径使得 Al_2O_3 对极低的水汽压非常敏感。尽管许多基于 Al_2O_3 的湿度传感应用都使用 γ 相或非晶相 Al_2O_3，但这类薄膜容易转变为 γ-$Al_2O_3 \cdot H_2O$，导致表面积和孔隙率逐渐减小。因此，湿敏多孔 α-Al_2O_3 的沉积或生长对于长期、非再生应用所需的传感器件也很重要。γ-Al_2O_3 总是夹杂着大量的非晶态氧化铝，晶体含量非常小，阳极处理或真空沉积制备的非晶态 Al_2O_3 含一定量的 γ 相。

湿敏 Al_2O_3 层首先通过铝金属表面阳极氧化法制备，在质量浓度为 3％的 H_2CrO_4 溶液、50V 电压条件下进行阳极氧化。RH 增加，电容增加，电阻值下降，电容灵敏度和电阻灵敏度均受温度影响较大。阳极氧化参数对多孔 Al_2O_3 薄膜的水敏感性有较大影响。纳哈尔（Nahar）等人的研究显示[224]，阴极氧化膜中来自于阳极氧化过程中电解质的阴离子掺杂对多孔 Al_2O_3 膜的电子和离子表面电导率产生很大的影响，低电流密度下制作的传感器电容、电阻的湿度特性表现为低湿度下的弱响应，而高电流密度的阳极氧化或再阳极氧化的响应要强得多。这一现象被认为是由电解液中的阴离子在高温下被捕获造成的电流密度或通过再阳极氧化进入毛孔。高电流密度导致水分子容易被物理吸附，从而在孔隙中形成一个类似液体的网络。

目前，Al_2O_3 湿度传感器件主要通过阳极氧化法制备，包括低压阳极氧化和阳极火花沉积两大类。低压阳极氧化产生 γ-相或非晶 Al_2O_3，阳极火花沉积产生多孔 α-Al_2O_3。当长时间暴露在高湿度下时，阳极氧化非晶 Al_2O_3 的湿敏特性显著退化，电容特性出现漂移。这是由于吸附水的扩散导致孔隙变宽造成的。最佳的解决办法是生长自有序多孔薄膜，消除孔隙间的可变性和薄膜微观结构的不规则性。非晶 Al_2O_3 可以形成规则的微观结构[225]。阳极氧化蜂窝状多孔结构一般在酸性电解质溶液中制备，由低压阳极氧化处理形成垂直于金属表面且具有密排六方结构的氧化铝层组成的圆柱孔，孔的直径和深度可以通过调优控制阳极氧化条件[226,227]，如图 6.5 所示。材料对湿度的响应严重依赖 Al_2O_3 的孔径大小，孔径减小，响应时间增长，同时缩小孔径可降低 RH 检测范围[228]。

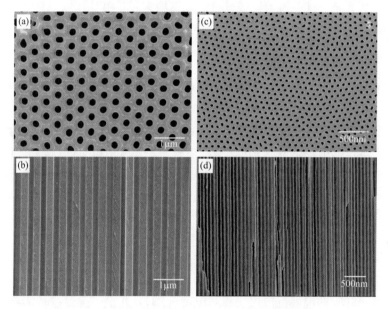

图 6.5 阳极氧化制备的 AAO 顶视图及横截面
(a)，(b) 磷酸阳极氧化；(c)，(d) 草酸阳极氧化

阳极火花沉积可以制备多孔 Al_2O_3 薄膜（约 $10\mu m$），其在潮湿的环境中几乎没有退化。阳极火花沉积电解液不是水溶液，而是高温熔体碱盐。很大的瞬时电流密度（$10^4\ A/cm^2$）造成巨大的能量消散，导致已经沉积的氧化铝薄膜分解和电火花出现。电火花在局部熔融 Al_2O_3 膜而产生极高的温度，导致多孔结构形成，如图 6.6 所示。在一定的酸性溶液中，低压下对多孔 α-Al_2O_3 进行再阳极氧化，可以有效提高膜电阻，避免短路。图 6.7 显示的是在不同温度下 α-Al_2O_3 传感器电容和电阻响应与 RH 的关系。氧化铝传感器在 RH 范围显示非常高的灵敏度和短的快速响应时间（<5s），其长期稳定测试显示，将其暴露在空气中一年，读数仍和最初一样。

利用电子束蒸发、反应蒸发、溅射、喷雾热解等方法也可沉积 Al_2O_3 薄膜。米切尔（Mitchell）等人采用阴极生长法制备氢氧化铝或水化 Al_2O_3 湿敏薄膜，以饱和 $Al_2(SO_4)_3$ 为溶液，以吸氢金属钯为阴极，在钯上沉积氢氧化铝薄膜[229]。虽然这种薄膜在高湿度下反应良好，但对低湿度并不敏感。与低压阳极氧化形成的膜类似，真空法制备的 Al_2O_3 膜在较

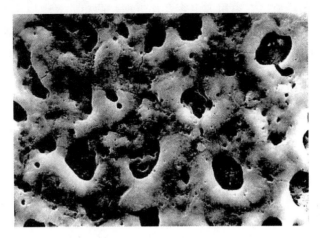

图 6.6 阳极火花沉积多孔 Al₂O₃

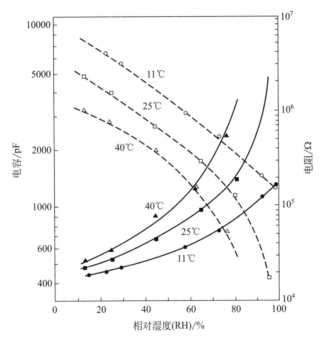

图 6.7 α-Al₂O₃传感器的电容（——）和电阻（- - -）响应与 RH 的关系

低的基体温度下通常为 γ 相或非晶态，湿敏特性会发生退化。制备多孔 α-Al_2O_3 的有效方法是高温反应蒸发法，被蒸发的金属铝沉积前被氧化，氧化物颗粒沉积在基体上[230]。Chen 等人采用反应蒸发的 Al_2O_3 薄膜可测低至 10^{-3} g/L 的水分[231]。巴苏（Basu）等人采用压片烧结法制备的烧结 Al_2O_3 薄膜湿敏器件，孔隙率较小，对高于 0.05g/L 的水汽敏感[232]。

6.2.1.2 TiO₂湿敏材料

TiO_2 有三种结构：锐钛矿、金红石和板钛矿，其中前两种结构常用于湿度检测。金红石是 TiO_2 最常见的相。锐钛矿在自然界中非常罕见，锐钛矿具有较高的吸水能力，是一种理想的湿敏材料[233]。在高温下（约 600℃），锐钛矿是一种 N 型半导体，金红石是 P 型的。加强热后，锐钛矿相变形成金红石结构。由于湿度感知通常是由吸附在多孔结构上的质子导电水层在室温下实现的，所以在电阻或电容变化方面，两相的表现应该大致相同。锐钛矿结构 TiO_2 通常采用溶胶-凝胶法制备，烧结过程必须在短时间、低温（<500℃）下进行。大多数 TiO_2 粉体均为金红石相，主要通过溅射热、热蒸发、脉冲激光沉积和激光分子束外延等方法制备[234,235]。

由于质子导电传感机制，碱离子掺杂可提高 TiO_2 的导电性能[236,237]。加入 SnO_2 会增加其孔隙率，提高 RH 范围的灵敏度[238]。含 TiO_2 的两层薄膜感湿特性比纯 TiO_2、Al 掺杂 ZnO 和 ZrO_2 的单层滞后特性要小[239,240]。在这些双层结构中，一种材料负责快速吸附，另一种材料负责快速解吸，多孔 TiO_2 促进水蒸气在孔隙中的吸附过程。对于在 500℃ 以下烧结的 K^+ 掺杂 TiO_2 薄膜，它能够感知低于 10% 的湿度。此外，磁弹性传感器件对 2% 的 RH 也很敏感，测量吸水引起 TiO_2 质量的变化。如果 TiO_2-Al_2O_3 这种湿敏器件是平均粒径为亚微米的细颗粒多孔体，可进行 12~24h 的连续测试，其电阻值随湿度的变化如图 6.8 所示。由于电阻也随温度变化，因此使用时要同时安装温度补偿热敏电路以提高测试精度。响应特性如图 6.9 所示，吸湿的响应时间约为 10s。图 6.10 为 TiO_2-V_2O_5 系烧结体在不同 RH 下的电阻。在 TiO_2 中加入湿敏电阻 V_2O_5 后，导电性提高。就感湿特性而言，V_2O_5 添加量为 1%~2%（摩尔分数）时最适合。

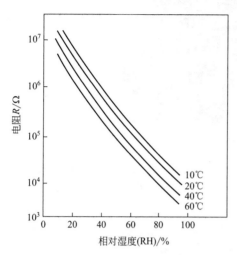

图 6.8　不同温度下 Al_2O_3-TiO_2 湿敏陶瓷电阻值随湿度的变化

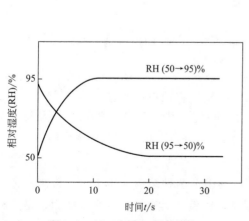

图 6.9　Al_2O_3-TiO_2 湿敏陶瓷的响应特性

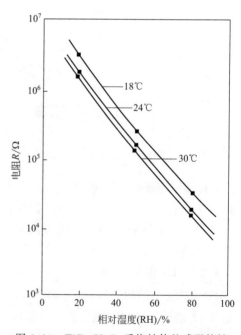

图 6.10　TiO_2-V_2O_5 系烧结体的感湿特性

6.2.1.3 SiO₂湿敏材料

多孔 SiO₂ 最突出的优点是其与当前微电子工业的兼容性。多孔氧化硅湿度传感器件主要通过烧结法制备，特别是传统的溶胶-凝胶法，其中 SiO₂ 由硅烷的某些醇盐水解沉淀析出[241,242]。溶胶-凝胶法制备的 SiO₂ 传感器可以检测到低至 4％的 RH，但不能检测到超过 20％的 RH。罗比（Robbie）等人采用掠角沉积法制备以 SiO₂ 为基体的新型薄膜湿度传感器件[243]。在这种方法中，基体与入射蒸汽通量高度倾斜，薄膜结构为面向蒸汽源生长的孤立柱状。尽管掠角沉积法沉积的 SiO 薄膜对低于 15％的 RH 不敏感，但响应和恢复时间可短至毫秒级。

6.2.2 尖晶石化合物湿敏材料

尖晶石化合物是一类结构为 AB_2O_4 的氧化物，A 是一种二价金属元素，特别是在ⅡA、ⅡB 和Ⅷ族中。B 通常代表一种三价金属，如 Fe、Cr。其结构为四面体，缺陷密度大。尖晶石氧化物与钙钛矿氧化物相似，是由两种金属氧化物的混合物高温烧结而成的，烧结温度为 900~1400℃，孔隙率高达 30％~40％，是典型的多孔陶瓷。目前主要有以尖晶石型 $MgCr_2O_4$ 和 $ZnCr_2O_4$ 为主晶相系半导体陶瓷。尖晶石氧化物半导体材料用于湿敏传感器件，在低温下具有离子感知特性，孔隙小至 100~300nm，且 RH 检测极限可低至 1％[244]。$MgCr_2O_4$ 是一种典型的湿敏电阻陶瓷，属于 P 型半导体，以高纯 MgO、Cr_2O_3 为原料，经混合、成型，在 1200~1450℃下烧结 6h，就得到孔隙率为 25％~35％的多孔陶瓷。为了提高低湿度范围的灵敏度，可添加少量的 TiO_2。当 TiO_2 含量低于 30％（摩尔分数）时，陶瓷为单相固溶体，具有 $MgCr_2O_4$ 型尖晶石结构。当 TiO_2 含量在 35％~70％（摩尔分数）时，相组成为 $MgCr_2O_4$ 尖晶石和 Mg_2TiO_5 相。TiO_2 含量低于 30％（摩尔分数）的 $MgCr_2O_4$-TiO_2 仍保持为 P 型半导体。当 TiO_2 含量大于 40％（摩尔分数）时，由于 TiO_2 的氧空位，陶瓷呈 N 型特性。$MgCr_2O_4$-TiO_2 陶瓷的湿敏特性如图 6.11 所示。这种陶瓷的响应时间约为 12s，对温度、时间、湿度和电负荷的稳定性高。

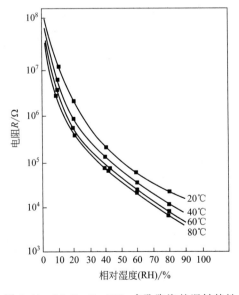

图 6.11 $MgCr_2O_4$-TiO_2 多孔陶瓷的湿敏特性

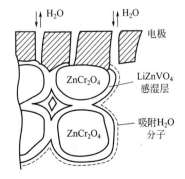

图 6.12 $ZnCr_2O_4$-$LiZnVO_4$ 湿敏陶瓷的微观结构

$ZnCr_2O_4$-$LiZnVO_4$ 也是最重要的湿敏陶瓷之一[245]。$ZnCr_2O_4$ 系湿敏陶瓷的微观结构如图 6.12 所示。直径 $2\sim3\mu m$ 的 $ZnCr_2O_4$ 陶瓷颗粒被 $LiZnVO_4$ 玻璃均匀覆盖形成多孔结构层，在两面加上多孔电极就可以构成湿敏传感器。这种传感器不需加热清洗，适用于空调和干燥装置。器件可在低于 5×10^{-4} W 的小功率下工作。ZnO-Li_2O-V_2O_5 陶瓷的主晶相为 ZnO 半导体，Li_2O 和 V_2O_5 作为助熔剂。在感湿过程中，水分子主要是表面附着，即使在晶粒间，水分子也不易渗入。因此水分的作用主要是使表面层电阻下降，而不是改变晶粒间的接触电阻或晶界电阻，使响应速度加快，而且易达到表层吸湿和脱湿平衡。ZnO-Li_2O-V_2O_5 的测湿范围为 RH $20\%\sim98\%$。$ZnCr_2O_4$-Fe_2O_3 湿敏陶瓷零湿温度特性如图 6.13 所示。零湿温度特性是材料本身的温度特性。在 150℃ 以下，

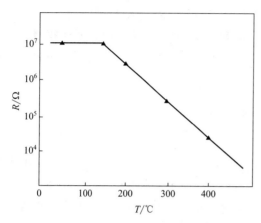

图 6.13　$ZnCr_2O_4$-Fe_2O_3 湿敏陶瓷零湿温度曲线

电阻温度系数很小（$<\pm0.3\%$）；高于 150℃ 时，电阻温度系数突然增大；高于 450℃ 时，电阻下降到 10kΩ。

6.2.3　陶瓷湿敏材料

为改善陶瓷湿敏特性，可以在陶瓷基体中引入强酸性离子、碱离子或通过改变物性等多种方法降低陶瓷基体的电阻。例如，SiO_2 中添加强电解质 $LiCl$，TiO_2 中添加 P_2O_5 或钾等，都可以有效提高湿度敏感性[246-248]。在解离质子浓度为 3×10^{-9} mol/cm^2 的情况下，电阻-湿度间的变化量与陶瓷自身的介电常数、水分覆盖率以及细孔表面积有关。在低湿情况下，为降低陶瓷的电阻可以提高解离离子的浓度。虽然在基体中引入强酸质子可以降低陶瓷的电阻，但这种质子是可能与碱离子进行交换的，对传感器的稳定性不利。可在陶瓷基体中引入碱离子来降低陶瓷的体电阻，如在 $ZrSiO_4$ 烧结体中通过掺杂 XH_2PO_4（X＝H、Na、K）的方式引入碱离子，电阻对应于湿度呈指数下降。

采用烧结法制备出的 $LiCl$ 掺杂 $MnWO_4$ 属于 P 型半导体材料。在室温下，线性响应超过 30%（RH），具有 $0\sim3s$ 的响应时间和 $0\sim15s$ 的恢复时间[249]，尽管响应和恢复时间短，但薄膜的灵敏度低于厚膜。在 350℃ 煅烧的 BPO_4 对 35% 以上的 RH 敏感[250]。磷酸盐阳离子可溶解在吸附水中，有助于质子的形成。厚膜湿敏材料的主要体系为 $MnWO_4$ 和 $NiWO_4$。感湿膜厚约为 $50\mu m$。图 6.14 为 $MnWO_4$ 的湿敏特性，在全湿范围内，阻值变化 $3\sim4$ 个数量级。

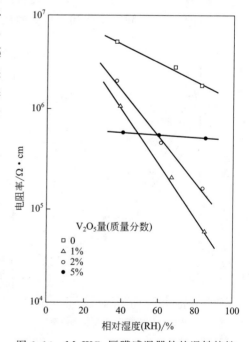

图 6.14　$MnWO_4$ 厚膜感湿器件的湿敏特性

实际应用时大多都希望陶瓷的电阻小于 0.1MΩ。为了满足这个条件，同时也能满足其他特性要求，可以考虑改变陶瓷自身的物理特性。如超离子导电体 $Na_3Zr_2Si_3PO_{12}$ 及其类似化合物，这种材料对于空气、湿度有良好的稳定性，在干燥状态下易得到 $1MΩ·cm$ 以下的电阻率。由吸湿而引起的电阻降低 3 个数量级，这主要归因于表面上水吸附层造成的电阻变化。另外，高介电常数的多孔陶瓷——各种碱盐复合体，如 $PLZT-KH_2PO_4$ 系，在干燥状态下，电阻是 $1MΩ$，由吸湿而引起的电阻变化也是 3 个数量级。

6.2.4 半导体湿敏材料

6.2.4.1 SnO₂

SnO_2 是一种 N 型宽带隙半导体。水以分子和羟基的形式吸附在 SnO_2 表面，这个机制被认为是电子行为。水分子形成的解吸、离解的化学吸附和—OH 解吸过程，这能够用一个复杂的 SnO_2-H_2O 交互模型来表达。水分子在 SnO_2 表面的行为仍然类似于施主。SnO_2 湿度传感器的工作原理是基于水汽的吸附和表面反应过程而引起的电导率变化。随着水蒸气吸附量的增加，体系的电导率随之变大，其实质可能是 H_2O 和 O_2 在 SnO_2 表面发生作用的结果。卡斯（Kuse）等认为，SnO_2 的感湿过程是 H_2O 和 O_2 在材料表面吸、脱附的过程[251]。H_2O 在向 SnO_2 表面吸附的过程中产生自由运动的电子，使得原来吸附在表面的负氧离子发生了脱附；或是吸附的 H_2O 进入材料表面生成—OH，形成质子导电的缘故。Gong 等则认为，随着湿度的增大，水分子与晶格中的氧发生作用，产生氧空穴，氧空穴继续向半导体内部扩散，发挥施主作用，导致阻抗减小[252]。伊内斯库（Ionescu）等从另一方面解释了电导率增加的原因：水电离出来的 H^+、OH^- 和晶格点 $Sn^{2+}O^{2-}$ 通过两种途径发生反应生成了自由移动的电子，它既可以用来增强导电性，也可以用来增强氧的化学吸附作用[253]。在 SnO_2 中掺杂氧化物也能明显改善材料的湿度感知性能。亚瓦乐（Yawale）等将 Al_2O_3、TiO_2 分别掺杂到 SnO_2 中，发现 $SnO_2-5Al_2O_3$ 的电导率和敏感度对湿度均有更大的线性范围，感湿材料的响应时间也大大缩短[254]。与 TiO_2 等高温半导体陶瓷不同，SnO_2 在较低的温度下也具有较高的导电性。在相当高的温度下，基于 SnO_2 的湿敏传感器件在步进式湿度变化中观察到一个有趣的过渡行为，如图 6.15 所示。这是由水与被吸附物之间的快速竞争

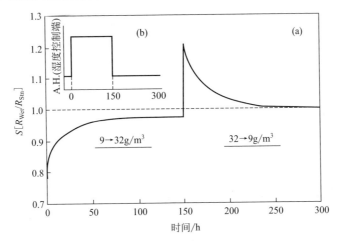

图 6.15　SnO_2 在湿度变化矩形模式下的典型响应曲线

传感器工作温度 460℃，厚度 100mm，煅烧温度 600℃；(a) 和改变湿度模式 (b)

引起含氧离子物种的解吸和吸附氧物种释放自由电子出现的现象。这一现象说明电子的传导机制，也证实了 H_2O 与吸附氧之间的竞争性吸附对导电性增加的贡献。已有研究发现，溶胶-凝胶法制备的超薄 SnO_2 薄膜（60～90nm）湿敏器件，不同湿度下的响应时间为 8～17s，恢复时间仅为 1s 左右，但它只对高于 30%（RH）的湿度敏感。

6.2.4.2 钙钛矿化合物

钙钛矿化合物属于一大类复杂氧化物，一般由 ABO_3 组成。A 可以是任何有 +2 价电子的金属元素，例如，ⅡA 族碱土金属、ⅣB 族金属和稀土金属。B 代表钛、铌和铁等。有时，A 或 B 可以是两个或两个以上元素的组合，例如 A 为 $La_{0.7}Ca_{0.3}$，B 为 $Zr_{0.2}Ti_{0.8}$。钙钛矿氧化物是一类具有多种有趣性能和应用前景的陶瓷材料。N 型钙钛矿半导体导电性随湿度的变化而变化，对水分压的敏感性低至 0.006atm（1atm=101325Pa）[255]。然而，钙钛矿氧化物的湿敏特性与 TiO_2 一样，只有在高温（400～700℃）下才有效，且多数钙钛矿氧化物湿度传感装置是基于电子传导机制。在室温下，一些多孔钙钛矿氧化物仍然具有湿度敏感性，如 $BaMO_3$（M=Ti、Zr、Hf、Sn），但传感机制不再是电子导电，而是离子导电，它们只对高于 8%～20%（RH）的湿度敏感[256]。在这种情况下，多孔钙钛矿氧化物可以看作是简单的电阻/电容陶瓷，其中的 ⅡA 族元素可以提供金属离子，提高导电性。

6.2.4.3 In_2O_3

In_2O_3 为 N 型半导体陶瓷，In_2O_3 层对水分敏感。下列有几种制备对湿度敏感的粗糙多孔材料 In_2O_3 层的方法。激光烧蚀是一种通过在基片层上产生缝隙而使氧化铟锡（ITO）对湿度敏感的好方法，湿度感知是由于缝隙内多孔的吸水结构[257]。二价阳离子（Mn^{2+}、Ni^{2+} 等）的 P 型掺杂也可提高粗糙度和孔隙率。高真空热沉积法可以制备出粒径为 1～10μm 的 In_2O_3 薄膜。在 0～45℃ 下，阻抗谱显示，在相对湿度为 25%～100% 时，In_2O_3 感湿特征值（电阻率）的对数与湿度呈线性相关，响应时间也只需要几分钟[258,259]。

6.2.4.4 氧化铁

在氧化铁化合物中，具有湿敏效应的主要是 $\alpha\text{-}Fe_2O_3$ 和 Fe_3O_4。$\alpha\text{-}Fe_2O_3$ 为密排六方紧密堆积刚玉结构，具有中等带隙宽度 N 型金属氧化物半导体，耐高温，结构稳定性好。陶瓷感湿机制有电子导电型和离子导电型两种。对于离子导电而言，由于水分子在材料表面上的物理吸附和毛细管冷凝，传感器器件的阻抗易随着相对湿度的增加而降低。多孔陶瓷湿敏性能主要取决于晶内和晶界上的微孔尺寸和尺寸分布，Pelino 等人研究发现，Si 掺杂 $\alpha\text{-}Fe_2O_3$ 可以改善多孔陶瓷湿敏性能，这主要是由于 Si 的掺杂显著减小了微孔的尺寸。经 Si 掺杂的 $\alpha\text{-}Fe_2O_3$ 的晶界和晶内上的微孔直径小于 300nm，平均微孔尺寸分布在 20～50nm，显著改善其高湿度敏感性和线性电学响应。硅掺杂 $\alpha\text{-}Fe_2O_3$ 的电学响应受组织和烧结温度的影响，合理选择硅浓度和烧结温度，可以优化电学响应[260]。当烧结后平均孔隙半径约 100Å、相对密度大于 42% 时，可以得到高湿度敏感性和线性电学响应。

6.3 湿敏器件的特性和类型

湿度是表示环境气氛中水蒸气含量的物理量。湿度的表示方法主要有两种，即绝对湿度和相对湿度（RH），其中，绝对湿度是指气氛中含水量的绝对值；相对湿度（RH）是指气氖中水蒸气压与同一温度下的饱和蒸汽压的百分比。湿敏器件是指对 RH 敏感的器件，可以是湿敏电阻器，也可以是湿敏电容器或其他湿敏器件。衡量湿敏器件的主要技术参数有灵敏度、响应时间、湿度温度系数、分辨率等。灵敏度用器件的输出量变化与输入量变化之比来表示，常以 RH 变化 100% 时电阻值变化的百分率表示。响应时间指在一定温度下，当相对湿度发生跃变时，湿敏器件电参量达到稳态变化量的规定比例时所需要的时间。一般说来，吸湿的响应时间较脱湿的响应时间要短些。湿度温度系数表示温度每变化 1℃ 时，湿敏器件的阻值变化相当于相对湿度的变化值，单位为 %/℃。湿敏器件测湿度时的分辨能力（分辨率），以 RH 表示，单位为 %。

6.3.1 湿敏器件的特性

设 m_v 为待测空气中的水汽质量，V 为待测空气的总体积，绝对湿度 ρ（g/m³）表示单位体积的空气里所含水汽的质量，其定义为：

$$\rho = \frac{m_v}{V} \tag{6.1}$$

相对湿度是一个无量纲量，常用百分数表示。设 P_V 为空气温度为 t℃ 时空气的水汽分压，P_W 为 t℃ 时水的饱和水汽压。即：

$$RH = \frac{P_V}{P_W} \times 100\% \tag{6.2}$$

当空气的温度下降到某一温度时，空气的水汽分压将与同温度下水的饱和水汽压相等。这时，空气中的水汽就有可能转化为液相而凝结成露珠。这一特定的温度，称为空气的露点或露点温度。如果这一特定的温度低于 0℃，水汽将凝结成霜，此时称为霜点或霜点温度。通常对二者不予区分，统称为露点温度，单位为 ℃。

湿度敏感器件具有将湿度的物理量转换成电信号的功能。这些功能通过与湿度有关的电阻或电容的变化、长度或体积的胀缩，以及结型器件的某些电参数的变化来实现。湿度敏感器件的特性参数有：湿度量程、灵敏度、湿度温度系数、响应时间、湿滞回线、感湿特征量-RH 特性曲线等。湿度敏感器件能够比较精确测量环境 RH 的最大范围，称为湿度敏感器件的湿度量程。湿度敏感器件的湿度量程是表示器件使用范围的特性参数。湿度量程越大，器件实用价值越大，器件的湿度量程以 0~100%（RH）为最好。湿度敏感器件都有自身的感湿特性量，例如电阻、电容等。湿度敏感器件的感湿特征量随环境 RH 的变化曲线，称为器件的感湿特性曲线。从感湿特性曲线可以确定器件的最佳使用范围及其灵敏度。从物理含义来讲，湿度敏感器件的灵敏度是反映器件感湿特征量相对于环境湿度变化的变化程度。因此，从感湿特性曲线上来看，灵敏度就是器件感湿特性曲线的斜率。

湿度温度系数是表示器件感湿特性曲线随环境温度变化而变化的特性参数，在不同的环境温度下，器件的感湿特性曲线是不同的。因此，环境温度的不同直接影响器件的测湿准确度。湿度温度系数定义为：在器件感湿特征量恒定的条件下，该感湿特征量值所表示的环境 RH 随环境温度的变化率。若 α 表示器件的湿度温度系数，则：

$$\alpha = \frac{d(RH)}{dT} \tag{6.3}$$

其单位为 %/℃。如已知 α 值，即可算出器件由环境温度的变化所引起的测湿误差。

湿度敏感器件的响应时间是在规定的环境温度下，环境由起始 RH 瞬时达到终止 RH 时，器件的感湿特征量由起始值改变到终止 RH 的对应值时所需要的时间。在吸湿和脱湿

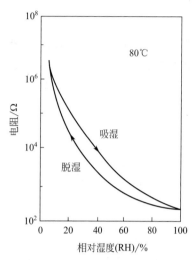

图 6.16　Mn_3O_4-TiO_2 湿度敏感器件的湿滞回线

情况下，湿度敏感器件两个感湿特性曲线不相重合，并形成回线，称为湿滞回线。湿度敏感器件的这一特性称为湿滞特性。Mn_3O_4-TiO_2 湿度敏感器件的湿滞回线如图 6.16 所示。湿滞回差表示湿敏器件在吸湿和脱湿两种情况下，感湿特征量的同一数值所指示的环境 RH 的最大差值。

6.3.2　烧结型半导体陶瓷湿敏器件

烧结型半导体陶瓷湿敏器件是用金属氧化物半导体陶瓷材料做成的，一般为具有多孔状的多晶烧结体，在经过配料、研磨、成型和烧结后，具有典型的陶瓷结构，故称为烧结型陶瓷。烧结型半导体陶瓷湿敏器件，具有使用寿命长、体积小、灵敏度高的优点，可以在较恶劣的条件下工作。在环境湿度的测量方面，它可以检测到 1% (RH) 的低湿状态。由于可以加热清洗，有利于器

件在恶劣环境下使用时性能的稳定。另外，它还具有响应时间短、测量精度高、使用温度范围宽和湿滞回差较小等优点。湿敏半导体陶瓷，按其电阻随环境湿度变化的规律，可分为两大类。一类是具有负感湿特性的半导体陶瓷，这种陶瓷体的电阻值随环境湿度的增加而减小。另一类是具有正感湿特性的半导体陶瓷，这类陶瓷体的电阻值随环境湿度的增加而增大。下面以 $MgCr_2O_4$-TiO_2 半导体材料为例，介绍几种烧结型半导体陶瓷湿敏器件。

$MgCr_2O_4$-TiO_2 半导体陶瓷湿敏器件是采用 $MgCr_2O_4$-TiO_2 固溶体组成的多孔性半导体陶瓷制造的，是一种较好的感湿器件，使用范围宽，湿度温度系数小，响应时间短，在多次加热清洗之后性能仍比较稳定。$MgCr_2O_4$-TiO_2 湿敏器件的结构如图 6.17 所示，在 $MgCr_2O_4$-TiO_2 陶瓷片的两面，设置多孔金电极，并用掺金玻璃粉将引出线与金电极烧结在一起。在半导体陶瓷片的外面，安放一个由镍-铬丝绕制而成的加热清洗线圈，以便经常对器件加热清洗，排除有害气氛对器件的污染。器件安装在一种高度致密的疏水性陶瓷底片上。为消除底座上测量电极 2 和 3 之间由暖湿和污渍而引起的漏电，在电极 2 和 3 的四周设置金短路环。

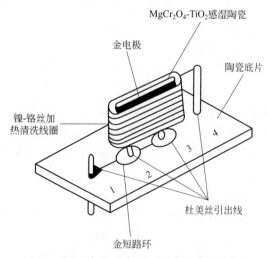

图 6.17　$MgCr_2O_4$-TiO_2 湿敏器件的结构

几种 $MgCr_2O_4$-TiO_2 湿敏器件的感湿特性曲线如图 6.18 所示，由特性曲线可知，松下-Ⅰ型的线性较差，但灵敏度较高；松下-Ⅱ型的线性较好，灵敏度稍差；SM-Ⅰ型和松下-Ⅱ型湿敏器件的电阻值与环境 RH 之间，呈现较理想的指数函数关系。湿敏器件大都在比较恶劣的气氛中工作，环境中的油雾、

粉尘都将被吸附到器件上，这将导致器件有效吸湿表面积的减小，使器件的感湿精度下降、性能退化。

6.3.3 涂覆膜型陶瓷湿敏器件

涂覆膜型陶瓷湿敏器件是将感湿浆料涂覆在已印刷并烧附有电极的陶瓷片上，经低温干燥而成，不经烧结。涂覆膜型陶瓷是由金属氧化物微粒经过堆积、黏结而成的材料。这种未经烧结的微粒堆积体，通常也称为陶瓷，而且其中有的也具有较好的感湿特性。用这种陶瓷材料制作的湿敏器件，称为涂覆膜型或瓷粉型陶瓷湿敏器件。这种湿敏器件有多个品种，其中比较典型且性能较好的是 Fe_3O_4 湿敏器件。涂覆膜型陶瓷湿敏器件的特点有：理化性能比较稳定、结构比较简单、测湿量程大、使用寿命长、成本低廉。

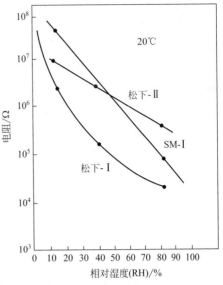

图 6.18 $MgCr_2O_4$-TiO_2 湿敏器件的感湿特性曲线

6.3.3.1 涂覆膜型 Fe_3O_4 湿敏器件

以 Fe_3O_4 为粉料的涂覆膜型湿敏器件，电阻值为 $10^4 \sim 10^8\,\Omega$，再现性好，可在全湿范围内进行测量，具有负感湿特性，其阻值随 RH 的增加而下降。Fe_3O_4 湿敏器件采用滑石瓷作为基片，在基片上用丝网印制工艺印制成梳状金电极。将纯净的 Fe_3O_4 胶粒，用水调制成适当黏度的浆料，然后将其涂覆在已有金电极的基片上，经低温烘干后，引出电极即可使用。其工艺流程如图 6.19 所示。

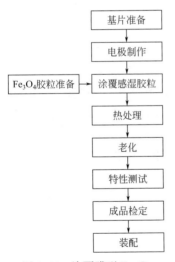

图 6.19   涂覆膜型 Fe_3O_4 湿敏器件的工艺流程

首先选择憎水性好、表面光洁、机械强度高的圆形滑石瓷，作为器件的基片。表面用真空镀膜或丝网印刷等方法制作一对梳状金电极或银电极。其上涂覆一层厚约 $30\,\mu m$ 的 Fe_3O_4 胶体薄膜。在真空烧结炉中以 $100 \sim 200\,\text{℃}$ 的温度进行热处理，以形成稳定的 Fe_3O_4 晶粒，同时在各晶粒体的交界处生成部分 γ-Fe_2O_3 微粒，以利于感湿膜性能的稳定。经过中温 $80\,\text{℃}$ 的老化，即可获得 Fe_3O_4 湿敏器件的管芯。

涂覆膜型 Fe_3O_4 湿敏器件的感湿膜，是结构松散的 Fe_3O_4 微粒的集合体。它与烧结型陶瓷相比，缺少足够的机械强度。Fe_3O_4 微粒之间，依靠分子力和磁力的作用，构成接触型结合。虽然 Fe_3O_4 微粒本身的体电阻较小，但微粒间的接触电阻很大，这就导致 Fe_3O_4 感湿膜的整体电阻很高。当水分子透过结构松散的感湿膜而吸附在微粒表面上时，将扩大微粒间的面接触，导致接触电阻的减小，因而这种器件具有负感湿特性。Fe_3O_4 湿敏器件的主要优点是：常温、常湿下性能比较稳定；有较强的抗结露能力；在全湿范围内有相当一致的湿敏特性；而且其工艺简单，价格便宜。其主要缺点是响应缓慢，并有明显的湿滞效应。涂覆膜型 Fe_3O_4 湿敏器件在常温、常湿下性能比较稳定，但其温度特性不太理想，它不能在高温下进行操作和使用，器件适宜的工作温度为 5～40℃。器件可以承受高湿条件下的长期存放，因此也能承受表面结露的恶劣条件，具有较好的抗结露能力。

6.3.3.2 涂覆膜型 Al_2O_3 湿敏器件

涂覆膜型 Al_2O_3 湿敏器件结构如图 6.20 所示。其中 1 为不锈钢管，既作为 Al_2O_3 感湿膜的载体，又作为器件的内电极。当水分子透过多孔的外金属电极 3 而在 Al_2O_3 感湿膜 2 上吸附时，将导致内、外电极间阻值的变化。如将上述结构看作是一个介质电容的话，水分子的吸附将导致 Al_2O_3 感湿膜介电常数的变化，使器件电容值发生变化。随着水汽吸附量的增加，器件的阻值减小，而电容值增大。利用电阻和电容值的变化，可以测得 RH 的变化。

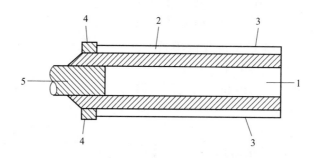

图 6.20　涂覆膜型 Al_2O_3 湿敏器件结构

1—不锈钢管；2—Al_2O_3 感湿膜；3—外金属电极；4—外电极引线；5—内电极引线

6.3.4　多孔氧化物湿敏器件

多孔氧化物湿敏器件，主要是指多孔 Al_2O_3 和多孔 SiO_2 湿敏器件，通过控制多孔氧化物膜的结构，可以制成绝对湿度敏感器件以及 RH 敏感器件，其实用范围远超过其他类型的敏感器件。尽管形成多孔氧化物膜的工艺与其他湿敏器件的生产工艺截然不同，却可以与半导体器件生产的平面工艺相容，从而有着自身独特的优点。特别是，该类器件大量地或部分地采用半导体材料和半导体平面生产工艺，并可以成功地对集成电路密封管壳内的湿度进行监测，为湿敏器件的微型化、集成化开辟新的途径。

Al_2O_3 湿敏器件既可以作为绝对湿度敏感器件又可作为 RH 敏感器件，但它主要还是作为绝对湿度敏感器件而得到广泛的应用。根据结构和形状的不同，多孔 Al_2O_3 湿敏器件可分为片状、棒状和针状三种。常见的为片状结构，如图 6.21 所示。上电极和多孔 Al_2O_3 膜构成一个典型的平行板电容器。上电极应能让水分子自由进入，在保证有良好的表面导电性的

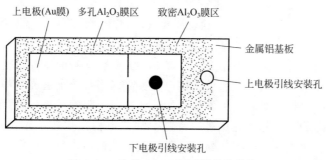

图 6.21　片状 Al_2O_3 湿敏器件的结构

前提下，其厚度越薄越好。上电极材料以金膜居多。为防止水汽结露导致暴露在外的电极引线引发器件失效，在多孔 Al_2O_3 膜以外生成一层致密 Al_2O_3 膜与之相接，并在此致密 Al_2O_3 膜上方金膜外引出导线。

棒状 Al_2O_3 湿敏器件的结构如图 6.22 所示。选取一个适当长度的铝棒，一端进行阳极氧化处理，使其表面氧化成多孔 Al_2O_3 层，在未氧化的铝棒表面覆盖一层环氧树脂而成圆锥状。在多孔 Al_2O_3 层的两端放置隔离套，以免在形成外金属电极时金属在此两部位聚集而使器件短路。在整个铝棒外表面蒸镀一层多孔铝膜，铝膜外用铜线缠绕后用导电胶粘接、固定和整形。未氧化的铝棒和铜导线即器件的两个电极。

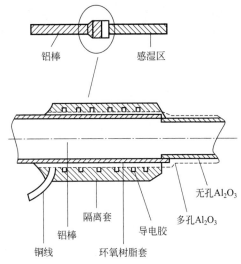

图 6.22 棒状 Al_2O_3 湿敏器件的结构

针状 Al_2O_3 湿敏器件的结构如图 6.23 所示，与棒状器件的区别在于感湿部位的结构。针状器件是将一短而细的铝丝插入铝棒顶端的细孔中，并用导电胶将二者粘合、固定。将铝丝部分进行阳极氧化以作为器件的感湿部分，其他部分的结构则均与棒状器件相同。多孔 Al_2O_3 湿敏器件的核心是具有感湿特性的多孔 Al_2O_3 膜。这种具有多孔结构的 Al_2O_3 膜，通常是采用阳极氧化法获得的。Al_2O_3 膜的物理结构，与阳极氧化时的工艺条件密切相关。这些工艺条件包括：电解液的配方、温度、氧化时间以及氧化时的电流密度等。

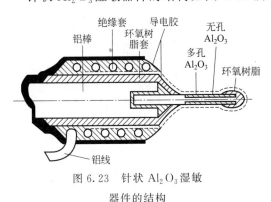

图 6.23 针状 Al_2O_3 湿敏器件的结构

当多孔 Al_2O_3 湿敏器件作为 RH 敏感器件时，其电容和电阻的感湿特性曲线分别如图 6.24 和图 6.25 所示。器件的感湿特征量不同，所采用的 Al_2O_3 膜的厚度也应有所不同。一般来说，以电容 C_P 为感湿特征量的器件，Al_2O_3 膜的厚度 d 越小越好；而以电阻 R_P 为感湿特征量的器件，适当增加 Al_2O_3 膜的厚度 d 反而会有利于器件灵敏度的提高。

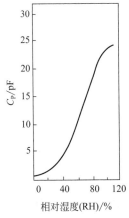

图 6.24 多孔 Al_2O_3 湿敏器件的 C_P-RH 曲线

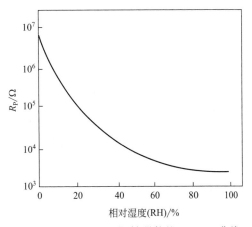

图 6.25 多孔 Al_2O_3 湿敏器件的 R_P-RH 曲线

如果将多孔 Al_2O_3 湿敏器件作为绝对湿度敏感器件的话，器件的感湿特征量 C_P 与环境的绝对湿度（用露点温度表示）之间，呈指数函数关系：

$$C_P = Ae^{BT} + C \tag{6.4}$$

式中，A、B、C 为常数；T 为环境的露点温度，K。

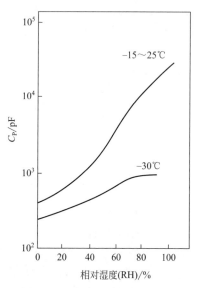

图 6.26　多孔 Al_2O_3 湿敏器件的温度特性曲线

显然，C_P 值越大，C_P 值随露点温度的变化越明显，器件的灵敏度越高。因此，最佳工艺条件常常是以能获取器件的最高电容值为依据的。多孔 Al_2O_3 湿敏器件作为 RH 敏感器件时的温度特性曲线如图 6.26 所示。多孔 Al_2O_3 湿敏器件作为 RH 敏感器件时的温度在 $-15\sim+25$℃ 内，其感湿特性曲线几乎不发生变化。较大的变化发生在温度为 $-30\sim-15$℃ 时。尽管如此，对器件在 $-30\sim-15$℃ 的范围内另行标定，仍然不会影响器件在该温度范围内的使用。多孔 Al_2O_3 湿敏器件在实用中存在的主要问题是器件性能的老化或明显的漂移。故新制作的器件最好经半年或更长时间后再进行标定使用，已使用的器件应做定期复校。

尽管各种 Al_2O_3 湿敏器件的结构有所不同，制作工艺却极其相似。片状结构的多孔 Al_2O_3 湿敏器件的基片是经过机械抛光和清洁去污的高纯铝片，其厚度为 $0.3\sim0.4$mm，大小则根据需要而定。将上述基片放入 65℃ 的碱性溶液中 [Na_2CO_3（300g/L）、Na_3PO_4（100g/L）、NaOH（30g/L）]，用 4.5V 直流电抛光 $5\sim6$min。随后将基片的一端置于 0℃、浓度为 50% 的 H_2SO_4 溶液中，通以 27V 直流电进行致密阳极氧化。氧化电流密度为 $0.05\sim0.1$mA/mm^2，氧化时间约为 30min。将基片的另一端进行非致密阳极氧化以获得多孔 Al_2O_3 膜，氧化条件与上述条件相同，但电解液温度应为 30℃。氧化后的基片经水洗后，煮沸 30min，对其进行老化，消除 Al_2O_3 中气孔的细微裂纹。在真空度为 10^{-5}Pa 的条件下，在整个 Al_2O_3 膜上方蒸镀一层薄金。在致密 Al_2O_3 膜上面的金膜处用导电胶粘接电极引线，铝基片则用机械固接的方法制成另一电极引线，器件经装配后干燥保存，以待标定。

在制作过程中应注意以下两点：①器件制作中的关键工艺是铝基片的阳极氧化，实际工艺参数的选择应该通过实验来确定；②在器件制作中，影响器件性能的另一个关键工艺是上电极及其引线的制备。器件的上电极是一层很薄的、用真空蒸镀技术制得的金膜，其厚度仅为 $10^2\sim10^3$Å。由于 Au 与 Al_2O_3 之间的黏着强度不同，如何保证上电极引线与金膜之间，既有良好的欧姆接触，制作时又不会损伤金膜，就成为一个必须解决的问题。因此，一般多采用超声点焊，或者是用金粉做成较软的金帽，用弹性片垂直地压在金膜上面以形成机械式欧姆接触。同时，铝基片材料的纯度、铝片的表面处理等均不容忽视，否则既难保证产品的均匀一致性，也难保证器件具有良好的感湿性能。硅 MOS 型 Al_2O_3 湿敏器件采用半导体平面生产工艺制造，仍然以多孔 Al_2O_3 作为感湿介质膜，它具有一般多孔 Al_2O_3 湿敏器件的通性，而且，可以基本上消除器件的滞后效应，具有极快的响应速度，化学稳定性好，并具有较好的耐高温和低温冲击的性能。

6.3.5 半导体结型湿敏器件

早期用元素半导体材料制作的湿敏器件利用 Ge、Se、C 膜及 Si 烧结膜等薄膜型材料，随后又相继出现硅结型和硅 MOS 型湿敏器件。利用 Ge、Se 薄膜制作的湿敏器件，要求膜要相当薄，而且还应该具有多晶型结构，目的在于使其晶粒界面及表面电导对整个薄膜的电导能起到支配作用。水分子的吸附将改变晶粒表面态的占据状态以及影响晶粒界面的势垒高度，因此，可以有效地改变薄膜的电导率。通过对薄膜阻值的测量即可得知环境湿度的变化。由于此类器件对膜厚要求较为严格，因此要对工艺参数进行严格控制，这为制作带来一定的困难。此外，由于在使用中容易发生膜的损伤和腐蚀，进而影响器件的精度、稳定性和使用寿命，所以此类器件的生产和应用均受到一定的影响，未能得以普及。硅结型和硅 MOS 型湿敏器件目前还不是很成熟，但全硅固态湿敏器件有利于器件的集成化和微型化，因此该器件是一种很有前途和研究价值的湿敏器件。

6.3.5.1 元素半导体湿敏器件

元素半导体湿敏器件是在陶瓷或石英基片上蒸发 Ge、Se 等元素半导体薄膜而制成的，具有电阻值随着湿度的增大而减小的负感湿特性，可以做成具有较高阻值和较好测量精度的产品，但其成品率低。锗薄膜湿敏器件的制作工艺如下：先在一片清洁的石英板上蒸镀一对条状金电极，再蒸镀厚约 100nm 的锗膜，然后经老化稳定后即可标定备用。锗薄膜湿敏器件的结构如图 6.27 所示。锗薄膜湿敏器件的阻值偏高，在环境湿度为 50%（RH）时，阻值在 $10^7 \sim 10^8 \Omega$ 之间，因此此种器件适宜于高湿环境的测量。锗薄膜湿敏器件的感湿特性曲线如图 6.28 所示。由感湿特性曲线可知，器件在高湿段工作时，特性曲线的线性度较好，且阻值在 $10^5 \sim 10^7 \Omega$ 内，易于测量。

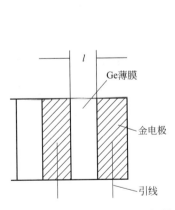

图 6.27　锗薄膜湿敏器件的结构

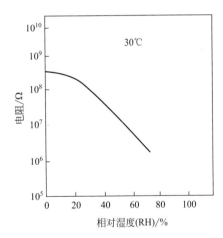

图 6.28　锗薄膜湿敏器件的感湿特性曲线

锗薄膜湿敏器件具有较好的温度特性。在环境湿度为 76%（RH）时，器件感湿特征量随环境温度的变化很小，其湿度温度系数约为±0.2%/℃。锗薄膜湿敏器件的突出优点是几乎不存在湿滞现象，湿滞回差极小，而且在灰尘较多和其他较恶劣的环境中也有较好的测湿精度。由于锗蒸发膜需要很长的老化时间，而且成品率较低，器件之间的互换性较差。

硒薄膜湿敏器件，是在陶瓷管的外表面上，先蒸镀一层铂膜，将铂膜刻蚀成间距约为

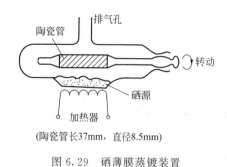

排气孔
陶瓷管
转动
硒源
加热器

(陶瓷管长37mm，直径8.5mm)

图 6.29　硒薄膜蒸镀装置

1mm 的双绕螺线状电极后，再蒸镀硒膜而成，器件经老化后再行标定。蒸镀装置如图 6.29 所示。在真空条件下，对纯硒源加热的同时，将陶瓷管绕轴向匀速转动，以使蒸镀后所得硒膜厚度均匀，一般要求硒膜厚度在 1000Å 左右。用上述方法制备的硒膜，由于蒸发条件不同而可有两种不同的结构：一种是金属硒膜，一种是无定形硒膜。两种硒膜均有感湿特性，只是其性能有所不同。无定形硒膜的感湿特性要优于金属硒膜，在稳定性方面，金属硒膜却优于无定形硒膜。

与锗薄膜湿敏器件相比，硒薄膜湿敏器件的感湿特性受环境温度的影响较大，其湿度温度系数约为 ±0.3%/℃。但是，硒薄膜湿敏器件的响应时间较锗薄膜湿敏器件的要短，而且阻值也较低。在高湿段，阻值在 $10^4 \sim 10^6\Omega$ 内，便于测量。即使是在低湿段，硒薄膜湿敏器件的阻值也不高于 $10^8\Omega$，故此类器件可用于对全湿范围进行测量。硒薄膜湿敏器件也具有较强的抗尘埃及抗恶劣环境的能力。但是，由于膜的稳定性时间较长，器件之间的互换性较差而影响推广和应用。

以硅作基本材料，目前已研制出多种类型的湿敏器件。这里简要介绍掺有金属氧化物的硅烧结型湿敏器件。硅烧结型湿敏器件是先在 Al_2O_3 或其他材料的基片上烧结一对金电极，再在其上用涂覆法覆盖一层硅湿敏材料，随后经烧结而成的，其工艺流程如图 6.30 所示。

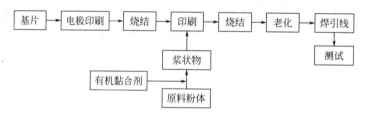

基片 → 电极印刷 → 烧结 → 印刷 → 烧结 → 老化 → 焊引线 → 测试

浆状物

有机黏合剂 → 原料粉体

图 6.30　硅烧结型湿敏器件生产工艺流程

硅烧结型湿敏器件的制备：以硅材料为母体，掺以 Na_2O 或 V_2O_5 等金属氧化物，加以芳香或高沸点烷烃类有机黏结剂，经球磨成乳膏状后，在金电极上涂覆，而后在 100℃ 下干燥，再在 500～1000℃ 的空气或还原性气氛中烧结。器件制成后，在 60℃、85%（RH）的环境中老化 100h，即可进行标定。SM01 硅烧结型湿敏器件外形如图 6.31 所示。

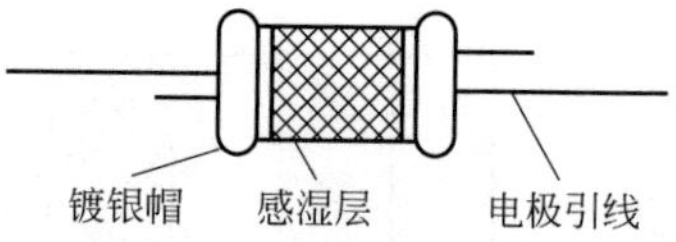

镀银帽　感湿层　电极引线

图 6.31　SM01 硅烧结型
湿敏器件的外形

SM01 硅烧结型湿敏器件的感湿特性曲线如图 6.32 所示。由器件的感湿特性曲线可知，在全湿范围内，器件的阻值变化较大，为 $10^3 \sim 10^8\Omega$。在 20℃，湿度由 30%（RH）变化到 90%（RH）时，其阻值则在 $10^3 \sim 10^6\Omega$ 内变化。便于测量的常用阻值对应于中等 RH 的湿度范围。例如，湿度为 70%（RH）时，其阻值为 40kΩ，便于一般生活环境中的湿度测量。在湿度为 60%（RH）的情况下，温度在 10～30℃ 变化时，其湿度温度系数仅为 −0.1%/℃。器件在常温、常湿 [10～40℃，50%～80%（RH）] 的环境中使用时，其变化率不大于 2%～3%（RH）/a。在温度为 20℃、风速为 10m/s 的条件下，湿度由 30%（RH）增至 90%（RH）时的响应时间不大于 1min；由 90%（RH）脱湿至 30%（RH）时，其响应时间一般不大于 3min。在常温、常湿下，器件的使用寿命可达 5 年以上。

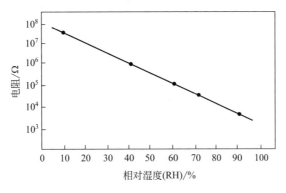

图 6.32　SM01 硅烧结型湿敏器件的感湿特性曲线

6.3.5.2　结型湿敏器件

结型湿敏器件是利用肖特基结或 PN 结二极管的反向电流或反向击穿电压随环境湿度的变化而变化的原理制得的。具有代表性的结型湿敏器件是 SnO_2 湿敏二极管。图 6.33 是 SnO_2 湿敏二极管的结构图，在硅片上生成 10nm 左右的 SiO_2 层，并在其上淀积一层 SnO_2 作为敏感膜，在上、下镀膜形成 Al 电极，制成一个 SnO_2 湿敏二极管。SnO_2 湿敏二极管处于反向偏压并接有负载时，反向偏压使二极管处于雪崩区附近，其反向电流的大小与环境湿度直接相关，如图 6.34 所示。SnO_2 湿敏二极管的反向电流随湿度的变化趋势是：随湿度的增加，反向电流减小。这是由于湿敏二极管置于待测湿度环境中时，二极管的结区边缘处将有水分子吸附，必然使耗尽层展宽（主要向硅衬底方向扩展），这将有利于二极管雪崩电压的提高。保持反向偏压和负载不变，随湿度增加，二极管雪崩击穿电压提高，而导致二极管的反向电流减小。

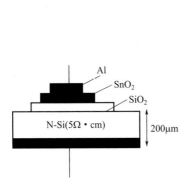

图 6.33　SnO_2 湿敏二极管的结构

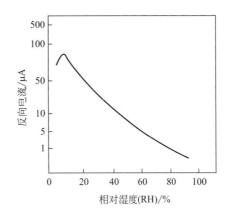

图 6.34　SnO_2 湿敏二极管的感湿特性曲线

6.3.5.3　MOS 型湿敏器件

如果在 MOS 场效应管的栅极上涂覆一层感湿薄膜，并在感湿薄膜上增置一对电极，就构成一种新的 MOS 场效应感湿晶体管。图 6.35 是这种 MOS 场效应晶体管的结构示意图。感湿膜层利用聚合物涂覆于硅 MOS 场效应晶体管的栅极，采用标准的 IC（集成电路）技术，把湿敏器件和温敏器件集成于同一衬底上。随着电子计算机技术的发展、半导体器件生产技术的提高和对湿敏器件微型化与集成化要求的日趋迫切，在不久的将来一定会出现各种

各样的结型和 MOS 型湿敏器件，并得到广泛的应用。用半导体工艺制成的硅结型和硅
MOS 型湿敏晶体管是一种全硅固态湿敏传感器，有利于传感器的集成化和微型化，因此是
一种很有前途的湿敏传感器。另外，氧化物半导体也是制作湿敏晶体管的重要材料。

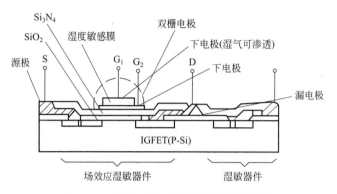

图 6.35　MOS 场效应湿敏器件的横截面

6.3.5.4　化合物湿敏电阻器

化合物湿敏电阻器有 LiCl 湿敏电阻器、Fe_3O_4 湿敏电阻器和硫酸钙湿敏电阻器等。Fe_3O_4
湿敏电阻器是用 Fe_3O_4 胶体做成感湿膜涂覆在具有梳状电极的陶瓷基片上形成的。Fe_3O_4 胶
体由直径为 $(100 \sim 250) \times 10^{-8}$ m 的微粒组成，每个颗粒只有一个磁畴，同向颗粒相互吸引
结合，不用高分子材料作胶体黏结剂，也能获得较好的性能和长的使用寿命。图 6.36 是
Fe_3O_4 胶体湿敏电阻器结构图。图 6.37 是 Fe_3O_4 湿敏电阻器电阻-湿度特性曲线，表现为负
感湿特性。

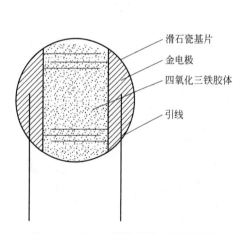

图 6.36　Fe_3O_4 胶体湿敏电阻器结构

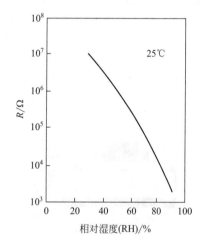

图 6.37　Fe_3O_4 湿敏电阻器电阻-湿度特性曲线

6.3.6　多功能湿敏器件

6.3.6.1　湿-气多功能敏感器件

$MgCr_2O_4\text{-}TiO_2$ 半导体陶瓷不仅能吸附水汽，而且高温下也可在陶瓷晶粒表面上对某些
氧化性或还原性气体产生化学吸附，从而引起陶瓷体导电能力的改变。因此，这种半导体陶
瓷是既可检测环境湿度，又可检测某些还原性气体的多功能敏感器件。器件的气体吸附导电

机制如下：在 $300 \sim 550℃$ 内，各种气体在 P 型半导体陶瓷晶粒表面上的化学吸附将占主要地位，材料的电阻率将随其所吸附气体类别和数量的变化而发生变化。当氧化性气体在陶瓷晶粒表面吸附时，氧原子将从被吸附的位置处俘获电子转变为 O^{2-}，结果将使陶瓷晶粒表面上的正离子 Cr^{4+} 增多，表面载流子浓度增加，材料的电阻率减小；与此相反，当还原性气体在陶瓷晶粒表面吸附时，还原性气体向陶瓷体注入电子，使陶瓷晶粒表面上的正离子减少，表面载流子浓度减少，材料的电阻率增加。还原性气体可以是硫化氢、氨气以及含有官能团羟基、羧基、氨基和硫醇等的有机分子。

器件的结构如图 6.17 所示。该器件电极材料采用 RuO_2，为多孔电极，平均孔径在 $1\mu m$ 左右，电极既用作加热清洗器件又用于高温下气体的检测。电极引线为铂-铱合金，在基片上带有护圈，以消除由于吸附电解质而造成的漏电。

6.3.6.2 湿-温多功能敏感器件

（1）$BaTiO_3$-$SrTiO_3$ 半导体陶瓷器件

因为 $BaTiO_3$-$SrTiO_3$ 陶瓷材料的介电常数与温度有关，所以 $BaTiO_3$-$SrTiO_3$ 陶瓷是理想的热敏陶瓷材料，通过掺入少量具有感湿特性的 $MgCr_2O_4$，并利用陶瓷体所具有的多孔网状结构，可制成性能较理想的湿-温多功能敏感器件。这种多功能敏感器件工作时的等效电路如图 6.38 所示。图中 C 为器件的电容，其明显地随着器件温度的变化而变化；R 为器件的电阻，其阻值随环境温度的变化而变化。通过分别对器件电容值和电阻值的测量，即可得知待测环境的温度和湿度。

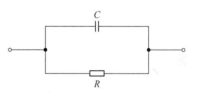

图 6.38 $BaTiO_3$-$SrTiO_3$ 多功能
敏感器件的等效电路

这种器件在对温度进行检测时，环境 RH 的变化对器件电容的影响很小。当环境温度超过 $150℃$ 时，由于电子导电而使器件呈现热敏电阻特性。器件对 RH 的检测是全量程的。其感湿特性曲线如图 6.39 所示，器件对于环境温度变化的响应时间类似于一个普通的热敏电阻，对于 RH 变化的响应时间在 10s 之内。这种器件在既需要控制温度又需要控制 RH 的系统中有很大的应用价值。

（2）Mn_3O_4-TiO_2 半导体陶瓷器件

一般金属氧化物半导体材料都具有非常高的固有电阻。由于水汽的吸附会引起总阻值的改变，因而，准确地测量其阻值的变化是比较困难的。Mn_3O_4-TiO_2 半导体陶瓷器件通过控制材料成分配比的方法降低材料的固有电阻，并减小和控制材料的温度系数，使制作的器件更便于应用。在经过粉碎的 Mn_3O_4 中，掺入摩尔分数为 30% 的 TiO_2 粉末，加水球磨、搅拌，经过滤、干燥后，

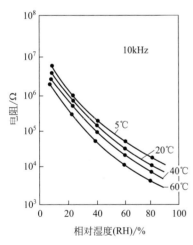

图 6.39 湿-温多功能器件
的感湿特性曲线

在空气中以 $900℃$ 的温度烧结。将烧结后的坯料再重新粉碎、加水球磨、过滤、干燥后，添加适当的热固性合成树脂和有机溶剂，制备成具有适当黏度的乳胶状溶液。将上述溶液均匀地涂覆在如图 6.40 所示的圆柱形氧化铝管 1 的外表面上，而后在空气中以 $1100 \sim 1300℃$ 的高温再次烧结。这样就在氧化铝管的外表面上形成一层对湿度和温度敏感的、坚固的电阻薄

膜 2。在电阻薄膜 2 上面，相隔一定距离（0.5～1mm），平行地烧结三条银电极 3，并引出三条电极引线 4、4′ 和 4″。然后，从中央向右侧用耐热憎水性树脂 5 将敏感膜盖起来。器件未被耐热憎水性树脂覆盖的部分，通过电极引线 4 和 4′ 之间的电阻变化对环境 RH 进行检测；而被树脂覆盖的部分，通过电极引线 4′ 和 4″ 之间的电阻变化对环境温度进行检测。

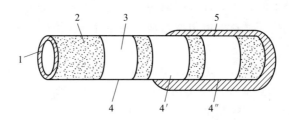

图 6.40　Mn_3O_4-TiO_2 多功能敏感器件的结构

1—圆柱形氧化铝管；2—电阻薄膜；3—银电极；4,4′,4″—电极引线；5—耐热憎水性树脂

对于 Mn_3O_4-TiO_2 多功能敏感器件，当湿度变化为 20%（RH）时，响应时间为 5～7s；当湿度由 0%（RH）增加到 100%（RH）时，响应时间约 40s。器件对于环境温度的测量范围，主要取决于电极引线和耐热憎水性树脂的性能，一般可测温度不高于 400℃。

7 光敏器件

7.1 光敏效应

光敏器件的工作原理为光电导效应、光伏效应、光电子发射效应。光与半导体间的相互作用是半导体可作为光敏器件材料的基础。光是具有波粒二象性的物质,光辐射所提供的能量是一份一份的,其最小能量单位称为光子,光子能量与频率有关,每个光子的能量可表示为:

$$E = hv \tag{7.1}$$

式中,h 为普朗克常数,$h = 6.626 \times 10^{-34} \mathrm{J \cdot s}$;$v$ 为光子频率。

光照射在物体上可以看成一连串具有一定能量的光子轰击这些物体。根据爱因斯坦假说:一个光子的能量只能给一定电子,因此电子增加的能量为 hv。电子获得能量后释放出来,参加导电,这种物体吸收光的能量后产生电效应的现象叫做光电效应。当光照射到半导体材料时,由于不同材料电学特性的不同以及光子能量的差异,会产生不同的光电效应。光电效应可以分为光电导效应、光生伏特效应和外光电效应三种类型。

7.1.1 光电导效应

半导体材料受到光照时电导率变大的现象称为半导体的光电导效应。光入射到本征半导体材料后,处于满带中被束缚的电子吸收光子的能量,由满带跃过禁带进入导带成为自由电子,而在原来的满带中留下空穴。光激发的电子-空穴对在外电场作用下同时参加导电,随着光强的增加,其导电性能变好。具有光电导效应的半导体材料称为光电导体。用光电导体制成的光电器件称为光敏电阻。

光电导有杂质光电导和本征光电导两大类。本征光电导是由本征吸收引起的,杂质光电导是杂质吸收的结果。杂质半导体材料制成的光电导体,光激发载流子主要起杂质作用。杂质吸收的吸收系数比本征吸收的吸收系数小,激发的光生载流子浓度也较小,故同种材料的本征光电导一般比杂质光电导大。此外,杂质吸收所产生的光生载流子或是空穴或是电子,

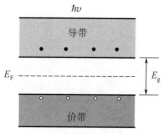

图 7.1　本征半导体能带简图
•—自由电子；○—空穴

而本征吸收则使电子空穴成对产生。图 7.1 为本征半导体能带简图。

光电导效应的强弱可用下列比值判断：

$$\frac{\Delta\sigma_{ph}}{\sigma_0}=\frac{\Delta n\mu_n+\Delta p\mu_p}{n_0\mu_n+p_0\mu_p} \tag{7.2}$$

$$\sigma_0=q\mu_n n_0+q\mu_p p_0 \tag{7.3}$$

式中 σ_0、n_0 和 p_0 分别为无光照时半导体的电导率（暗电导率）、电子的热平衡浓度和空穴的热平衡浓度；在适当的光照下，半导体中将出现光生电子和光生空穴，它们的浓度分别是 Δn 和 Δp，光照条件下的电导率为 $\Delta\sigma_{ph}$。q 为电子电量，μ_n 为电子迁移率，μ_p 为空穴迁移率。此光暗电导率比值大者，光电导效应强，反之则弱。因此，降低工作温度使 n_0 和 p_0 减小，是获得较强光电导效应的有效措施。

7.1.2　光生伏特效应

在光的作用下，能够使物体内部产生一定方向电动势的现象叫光生伏特效应。光生伏特效应是由于在光线照射下，若入射光的能量 $h\upsilon$ 大于光电材料的禁带宽度 E_g，则 PN 结附近被束缚的价电子吸收光子能量后被激发至导带形成自由电子，而原来电子处形成空穴，受激发产生电子-空穴对，在内电场作用下，空穴移向 P 区，电子移向 N 区，使 P 区带正电，N 区带负电，于是在 P 区和 N 区之间产生电动势。如果在 PN 结两端外接负载电阻 R_L，则有光电流 I_ϕ 由 P 端流经负载电阻 R_L 到 N 端。利用光生伏特效应制成的光电器件有光电二极管、光电三极管和太阳能电池等。图 7.2 为 PN 结及能带简图。

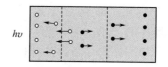

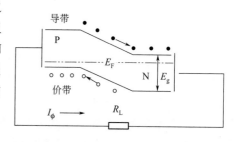

图 7.2　PN 结及能带简图

7.1.3　外光电效应

在光的作用下，物体内的电子逸出物体表面向外发射的现象叫外光电效应。物体中的电子吸收的入射光子能量若足以克服逸出功，电子就逸出物体表面，产生光电发射。逸出电子的功为 $m\upsilon^2/2$，即：

$$h\upsilon=(1/2)m\upsilon^2+A_0 \tag{7.4}$$

此为爱因斯坦光电效应方程式，A_0 为逸出功，可见只有当光子能量大于逸出功，即 $h\upsilon>A_0$ 时，才有电子发射出来。当光子的能量等于逸出功，即 $h\upsilon=A_0$ 时，逸出的电子初速度为零，此时光子的频率为该物质产生外光电效应的最低频率，称为红限频率。

利用外光电效应制成的光电器件有真空光电管、充气光电管和光电倍增管等。光敏材料能够将非电量的光信号转换成可检测的电量，利用具有这种特性的材料制成的传感器称为光电传感器，进行非接触测量。器件具有结构简单、精度高、响应速度快等优点。可以根据材料对光波长的敏感性对光电传感器进行分类，有可见光传感器、红外光传感器、紫外光传感器等。常用的光电传感器有光敏电阻、光敏晶体管、光电耦合器件、颜色传感器等。光电传感器的工作原理都是基于光电效应。

7.2 光敏材料

光活性材料是一种利用光子能量为外界提供一些明确显示光敏特性的材料。随着光活性材料的发展，人们对光敏材料的科学认识逐渐增长，新型的纳米合成技术也在硅太阳能电池领域得到发展，如纳米结构染料敏化太阳能电池及复合聚合物-富勒烯太阳能电池。经典的光敏材料是在单个晶体环境中完成光吸收和电荷分离的材料。然而，在新的纳米晶体系统中，这些光敏材料的粒子太小，无法为电场的形成提供合适的环境。在这种情况下，必须实现其他形式的电荷分离，通常是通过动力学机制，以获得有利的宏观光敏行为。讨论一些与光敏材料相关的分子动力学机制，可能预测目前光敏材料的演化趋势。材料和设备的应用是出于经济考虑，尤其是商用光活性材料领域。

7.2.1 宏晶和微晶材料

7.2.1.1 传统的半导体材料

半导体和染料分子可以用作光敏材料的原因很简单：激发态在激发能转化为热能之前可以存在相当长的时间（$10^{-10} \sim 10^{-7}$ s）。因此，作为半导体材料的电子结构必须有一个相当大的能隙来分隔基态和激发态，或价带和更高导带。受激电子穿过如此大的能隙重新复合需要或多或少同时激活许多声子-振子释放能量。然而，这在材料中存在动力学上的障碍，这使得被激发的电子能够在相当长一段时间内存在，在此期间材料可以发展其光敏特性。图 7.3 为典型的晶体半导体（硅）的能量示意图，直观显示了在不同的自由能-费米能级-电子之间的界面存在时，电场是如何形成的。电场从向着材料与光之间的界面弯曲的能带开始存在。这些能带描述了将电子从真空转移到能级中相应位置所必需的功。

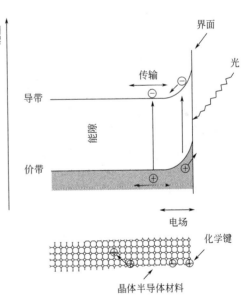

图 7.3 晶体半导体（硅）的能量示意图
（光激发和传导发生在同一材料中，
光激发破坏基本化学键）

这种类型的光敏材料在同一材料中提供光吸收和电荷传输。光子被电场覆盖的区域吸收，或者在带电载流子仍能扩散到的场区域的邻近区域。这类材料必须结晶良好，且尺寸至少在微米范围。这些材料的晶粒越小，材料技术的挑战就越大，这是因为晶粒越小对材料性能的影响就越大。硅是这种类型的典型半导体材料，其作为太阳能电池的光敏材料已经被研究 50 多年。在这段漫长的时间里，其生产成本已经大大降低，但硅太阳能电池的发电价格仍然是传统电力的 10 倍左右。目前，最大的挑战仍然是不能够经济生产性能足够的微晶材料。图 7.4 概述了目前无机的、具有光活性的半导体材料范围，按能量间隙排列，按化学分类分组，其中一些材料已经用于或正在开发用于光电或光电子学。可以看出，能隙的范围取决于化合物的化学性质。在硫族化合物中，禁带通常从氧化物到硫化物、硒化物和碲化物逐渐减小。此外，对于包括磷化物和砷酸盐在内的磷族元素化合物来说，禁带相对较小。

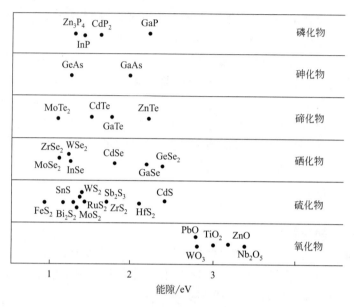

图 7.4　无机化合物光活性材料范围

光敏材料的界面对能量转换和催化反应都起着重要的作用。图 7.4 中列出的许多半导体材料都有这样的缺点：通过电子激发在价带中产生的正电荷破坏了现有的化学键。这意味着，当孔洞在界面积聚时，会导致化学稳定性降低。正是由于这个原因，人们开始关注一类特殊的半导体材料硫化物和硒化物，化学键断裂现象在这类材料中可以避免[261-263]。这类半导体材料的特点是其价带和导带主要由过渡金属的 d 层电子的能态决定。这些化合物中最重要的是 Mo 和 W 的二硫化物和二硒化物，以及 Fe、Ru 和 Pt 的二硫化物。这些材料在湿光电化学太阳能电池中被证明是稳定的。例如，与碘或含碘电解质接触的 FeS_2 通过电解 27000 个有条件的周期循环，而没有明显腐蚀[264]。然而，由于过渡金属化学性质的复杂性和不确定性在掺杂和界面行为中起着主导作用，这些材料至今还没有找到技术应用，可能还需要有效的界面钝化技术优化材料的性能。

需要指出的是，电子器件中光敏材料的开发通常需要 20～30 年的国际努力。如果材料在早期发展阶段表现出一些很有前景的特性，很可能会吸引许多研究者对这些材料进行研究。如果在早期发展阶段就遇到困难，很可能需要很长一段时间才能克服这些困难，这些材料才能受到一定程度的关注，这是动态发展的先决条件。通常，这些材料的发展过程首先从单晶开始，接着是多晶形式的发展，最终形成薄膜。然而，每个规则都有例外。建立或提高半导体材料光活性的一个重大挑战是光敏度的均匀分布，通常用成像实验来确定光活性的分布。基本上所有的光敏材料，除了最完美的单晶之外，都表现出不均匀的光活性分布和电荷分离特性。聚合物和富勒烯的混合物是有机太阳能电池中的光敏材料，其不均匀性达到 30%[265]。

7.2.1.2 薄膜半导体材料

由于单晶材料和机械切割的多晶材料相对昂贵，因此在光敏应用中制备薄膜半导体的趋势普遍存在。1974 年，瓦格纳（Wagner）利用单晶 $CuInSe_2$ 研制出高效太阳能电池，其效率可以达到 6%，但是单晶 $CuInSe_2$ 制备困难，价格昂贵。1976 年，第一个铜铟硒（CIS）多晶薄膜太阳能电池的诞生，真正激励了各国研究者。1982 年，波音公司制备的 CdS/$CuInSe_2$ 薄膜太阳能电池，其效率超过 10%。人们通过合金化成功制备 $Cu(Ga, In)Se_2$ 和 $CuIn(S, Se)_2$，将原有 CIS 光伏材料的禁带宽度增大，使其能更接近光伏转换最佳值（1.4eV），在提高转换效率的同时，获得更高的开路电压。1993 年，欧洲 CIS 研究中心使用 CdS/$Cu(In, Ga)Se_2$ 结构，成功将效率提升到 15%左右。1996 年，美国可再生能源国家实验室（NERL）利用欧洲 CIS 研究中心使用的结构加以改良将效率提高到 17.7%。目前，NERL 已将效率再往上提升至 19.55%。对于高效多晶薄膜太阳能电池，其转换效率是由活性吸收材料单晶 $CuInSe_2$ 中载流子的复合来控制的。同时，多数载流子在晶界边缘的复合也是造成多晶太阳能电池转换效率降低的一主要原因。在制备 CIS 太阳能电池中，制备 $CuInSe_2$ 吸收层又是最重要与最困难的。

在 $CuInSe_2$ 的例子中，大晶体材料不能被制造出合理高效的太阳能电池。然而，由于该材料在缺陷和界面性能方面具有很强的耐受性，因此制造合理高效的薄膜光伏电池是可以实现的。当铜和铟层被溅射或蒸发，然后被硫化，最后形成一个相当高性能的太阳能电池的光吸收层。虽然关于这种材料性质的许多问题已经阐明，但仍有其他方面需要了解，特别是对大规模生产具有重要意义的方面。光活性物质薄膜的成功沉积通常不足以产生高效的电子器件，例如太阳能电池。还需要提供适当的缓冲层，以便获得合理的能量转换效率（ECE）。也就是说，除了获得所需的批量属性之外，界面属性还必须通过缓冲层进行优化。这种方法已用于二硫化/二硒化铜和碲化镉。光敏材料的排列与电池串联类似，这一操作实现了高的工作效率，例如：铜铟二硫化/二硒化物层与铜镓硫族化物层的组合。值得注意的是，在为光电技术开发的薄膜光敏材料中，只有硅被认为是有环境兼容性和对于光伏市场来说足够丰富的材料，预计到 21 世纪中叶其市场占有率将变得非常大。其他被考虑用于太阳能电池的材料包括 Ga、Cd、Te 和 Se，但这些都是有毒的或相对罕见的材料。

非晶态的薄膜硅并不是完全稳定的，而且还不能确定是否会有低成本的薄膜、纳米晶用于硅太阳能电池，但这是一种有望推动研究开发的新材料。最近，FeS_2 作为太阳能电池的半导体材料也取得了一些进展。FeS_2 的禁带宽度为 0.95eV，具有异常高的光吸收系数 $6 \times 10^{-5} cm^{-1}$，理论上能量转换效率可以达到 10%以上[266]。FeS_2 特有的界面化学似乎是其具有被观测到的高量子效率、相当温和的光电性质的原因。需要指出的是，改进和优化这种材料的界面化学需要付出特别多的努力。在硫化物材料被用于工业发展之前，需要进行更多的开创性工作来提高能量转换效率。铁和硫的成本低、丰富度高和环境可接受性好的优点在一定程度上可以抵消购买和操作薄膜制造设施的成本。

7.2.2 纳米晶体材料

7.2.2.1 高吸收材料

由于薄膜制造成本高，人们希望使薄膜尽可能薄。在低太阳辐射吸收材料中，通常只能使用非成像光学实现捕捉太阳辐射的机制。通常采用高度结构化的基底，经过多次散射和限制来捕获光子。另一方面，有一些纳米材料可以不使用前面的方法吸收光，如过渡金属硫族化合物（FeS_2、WS_2、MoS_2、WSe_2 和 $MoSe_2$），这些材料都具有异常高的吸收系数（超过 $10^{-5}cm^{-1}$），且电子激发不会破坏化学键。这主要是因为它们的价带具有 d 层电子过渡金属结构。这可能标志着在使用薄膜和纳米粒子时在光稳定性方面有显著优势。过渡金属硫化物材料的吸收系数高，过渡金属硫化物从多层转变成单层时，其能带结构也发生了变化，由间接带隙转变成直接带隙，并且发生了谷间自旋耦合。在这种材料中，被吸收的大多数光子都是在薄膜表面附近被吸收的，其结果是它可能支配重组动力学。因此，在试图优化接口时必须特别小心。由于光会产生高浓度的光生载体，这将对光势产生积极的影响。此外，这种材料的电子性能可能不需要非常突出，因为电子电荷必须在很短的距离内收集。这些因素表明，高吸收光敏材料的研究是一个富有成果的工作。

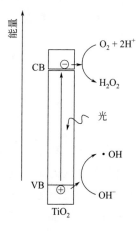

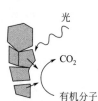

图 7.5　显示 TiO_2 光活性的示意图

7.2.2.2　光催化材料

光催化的原理是指在有光参与的条件下，发生在光催化剂及其表面吸附物（如 H_2O、O_2 分子和被分解物等）之间的一种光化学反应和氧化、还原过程。TiO_2 可以吸收太阳辐射中的紫外线（UV）部分，约占太阳光谱的 $2\%\sim3\%$。TiO_2 可以利用合成的光电电荷：通过氧化机制与水反应生成 $\cdot OH$ 自由基；通过还原机制还原氧气。在这两种机制中，都会产生与这种光催化作用相关的自由基，显示 TiO_2 光活性的示意图如图 7.5 所示，诱导 $\cdot OH$ 自由基的形成，包括阳极和阴极。当大于禁带宽度能量的光照射 TiO_2 薄膜后，被激发产生的光电子-空穴对：

$$TiO_2 \xrightarrow{hv} TiO_2 + h^+ + e^- \qquad (7.5)$$

价带空穴可以夺取 TiO_2 颗粒表面被吸附物质或溶剂中的电子。一般反应都直接利用空穴的氧化能，与表面吸附的 H_2O 或 OH^- 离子反应形成具有强氧化性的羟基自由基。

$$H_2O + h^+ \rightarrow \cdot OH + H^+ \qquad (7.6)$$

$$OH^- + h^+ \rightarrow \cdot OH \qquad (7.7)$$

吸附在 TiO_2 表面的 O_2 可以通过捕获电子，形成超氧离子而阻止电子与空穴的复合：

$$O_2 + e^- \rightarrow \cdot O_2^- \qquad (7.8)$$

超氧离子在溶液中通过一系列的反应形成 H_2O_2：

$$\cdot O_2^- + h^+ \rightarrow \cdot OOH \qquad (7.9)$$

$$2 \cdot OOH \rightarrow H_2O_2 + O_2 \qquad (7.10)$$

$$\cdot OOH + \cdot O_2^- \rightarrow O_2 + HO_2^- \qquad (7.11)$$

$$HO_2^- + h^+ \rightarrow H_2O_2 \qquad (7.12)$$

由以下反应可使 H_2O_2 产生羟基自由基：

$$H_2O_2 \rightarrow 2 \cdot OH \qquad\qquad (7.13)$$

$$H_2O_2 + \cdot O_2^- \rightarrow \cdot OH + OH^- + O_2 \qquad\qquad (7.14)$$

$$H_2O_2 + \cdot e^- \rightarrow \cdot OH + OH^- \qquad\qquad (7.15)$$

当有机物溶液为中性时，TiO_2 的价带电势为 2.53eV，而有机物中的 $\cdot OH$ 能量为 2.27eV，这都高于绝大多数污染物的氧化电位。因此，TiO_2 光催化剂中迁移到薄膜表面的空穴都可与有机物发生反应，而 TiO_2 导带中的电子迁移到薄膜表面可利用其高的还原性质与有机物反应生成超氧自由基（$\cdot O_2^-$）和双氧水（H_2O_2）。参与光催化反应的电子数目、空穴数目是影响 TiO_2 光催化剂性能高低的重要因素，而参与光催化反应的电子空穴数目又与 TiO_2 禁带宽度、TiO_2 薄膜中光生载流子的复合速率有关。因此，降低 TiO_2 禁带宽度以及抑制 TiO_2 薄膜中光生载流子的复合速率对其进行改性显得尤为重要。

TiO_2 的光催化性能已被研究 30 多年[267]，体系中自由基可攻击有机污染物使其氧化，利用这种原理制备自清洁表面涂料。此外，利用光致超亲水性为镜子提供防雾化保护。吸收紫外线的自清洁表面覆盖层通常是采用溶胶-凝胶法沉积的纳米晶 TiO_2 薄膜。有效的自清洁性能的先决条件是二氧化钛具有相当高的光敏度。采用空间分辨率光电流测量方法对不同方法制备的 TiO_2 薄膜进行研究表明，TiO_2 薄膜的光活性并不均匀，说明这些光催化自清洁表面将受益于优化工作，如图 7.6 所示[268]。

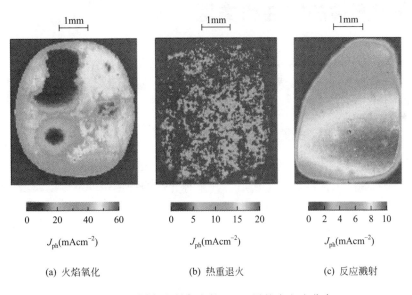

图 7.6　不同方法制备出的 TiO_2 层的光电流分布

最近，TiO_2 掺杂 N、C 或 S 已被证明可以将其对可见光的光敏度提高到 550nm。与未掺杂的 TiO_2 相比，在与过渡金属多次掺杂失败后，光催化活性增加 7 倍[269]，这显示更多的太阳辐射可以转化为光催化活性。然而，由于能量的原因，氢氧自由基的形成过程可能只通过包含传导带的还原路线进行。另一方面，在价带以上的杂质态上产生的空穴不能通过氧化机制产生 $\cdot OH$ 自由基，因为与正常的氢电极相对的热力学势约为 +2.8V。但是，价带以上掺杂物产生的杂质态上的空穴可以通过俘获电子来氧化有机化合物，如图 7.7 所示掺杂态上的空穴可能没有产生·OH 自由基的能量。

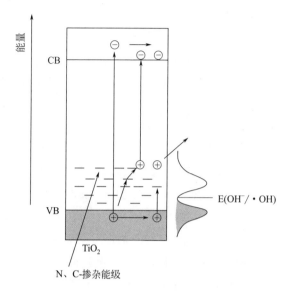

图 7.7　解释氮、碳及硫掺杂 TiO_2 光活性的能量示意图

7.3　光敏器件的特性和类型

光与半导体间的相互作用比导体和绝缘体的强，这是半导体可作为光敏器件材料的基础。光敏器件以光电导效应、光伏效应、光电子发射效应为工作原理，但无论哪种效应都与半导体材料的物性紧密相关。

7.3.1　光敏器件的基本特性

各种光敏器件的基本特性包括光电流、暗电流、光照特性、灵敏度及光谱响应等几个方面。光敏器件的两端加上一定偏置电压后，在某种光源的特定照度下产生或增加的电流称为光电流。光敏器件在无光照下，两端加电压后产生的电流称为暗电流。暗电流在电路设计中被认为是一种噪声电流。在高照度情况下，由于光电流和暗电流的比值大，还不会产生问题；但是在低照度时，因光电流与暗电流的比值较小，如果电路各级间没有耦合电容隔断直流电流，则容易使线路产生误动作。因此，暗电流对测量微弱光强及精密测量的影响很大。在选择时，应选择暗电流小的光敏器件。当光敏器件加一定电压时，光电流 I 与光敏器件上光照度 E 之间的关系，称为光照特性。一般可表示为 $I = f(E)$。

光敏器件的灵敏度是指器件输出电流或电压与入射光通量之比。当某一波长 λ 的光入射到光敏器件时，器件输出的光电流 I_λ 与该波长 λ 的入射光通量 ϕ_λ 或照度 E_λ 之比，称为该器件的绝对单色灵敏度。因为光敏器件会对某一波长有最大灵敏度，该波长的绝对单色灵敏度与最大灵敏度之比，称为相对单色灵敏度。光敏器件输出的电流或电压与入射的总光通量之比，称为积分灵敏度。光敏器件的积分灵敏度不仅与器件本身特性有关，而且与光源的辐射特性有关。所以，在测试光敏器件的积分灵敏度时，要标定出光源的辐射条件。

光敏器件的单色灵敏度是入射光波长的函数，可以用光谱响应曲线表示这种关系。

2DU 型半导体硅光电二极管的光谱响应曲线显示，短波截止波长和长波截止波长分别为 $0.4\mu m$ 和 $1.1\mu m$，峰值波长约为 $0.9\mu m$，如图 7.8 所示。不同光敏器件的光谱响应曲线有相似之处，但光谱曲线的形状、光谱范围和峰值波长等均有所不同。

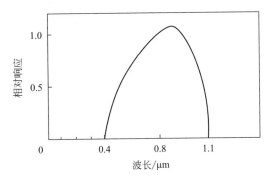

图 7.8 2DU 型半导体硅光电二极管光谱响应曲线

当入射到光敏器件的光为交变光时，随着光的交变频率不断增加，光敏器件输出的交变电流的幅值将随着减小。电流幅值降至最大值的 0.707 倍时的光频率为截止频率 f_H。光敏器件的频率特性曲线如图 7.9 所示，f_H 愈大，说明器件检测变化很快的光信号的能力愈强。也可以用响应时间描述光敏器件的频率响应，如瞬时地加上稳定光照，光电导上升到饱和值的某一规定百分数（一般规定为 63%）时所需的时间即称为上升时间；当瞬时地除去光照时，光电导下降到饱和值的某一规定百分数（一般规定为 37%）所需的时间，即为下降时间。上升时间和下降时间的长短即反映光敏器件响应的快慢。在一定照度下，光电流 I 与光敏器件两端的电压 U 的关系 $I = f(U)$ 称为伏安特性。同晶体管的伏安特性一样，光敏器件的伏安特性可以用来确定光敏器件的负载电阻，设计应用电路。

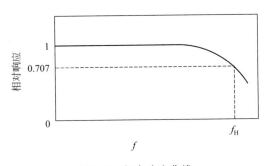

图 7.9 频率响应曲线

环境温度变化后，光敏器件的光学性质也将随之改变，这种现象称为温度特性。温度升高时，电子热运动增强，引起光敏器件的光电流及光谱特性等变化。温度超过一定值时，光电器件的性质会有显著地改变。各种光电器件都有规定的工作电压、工作电流、工作温度等的允许范围。正常使用时都不允许超过这些指标，否则会影响光电器件的正常工作，甚至使器件损坏。

7.3.2 光敏电阻

光敏电阻又称为光电导传感器，其灵敏度和精度高，是一种最常用的利用光敏感材料的光导效应制成的光敏传感器。光敏电阻的主要用途是用于照相机、光度计、光电自动控制、辐射测量等辐射接收器件。表征光敏电阻特征的参数主要有光照灵敏度、伏安特性、光谱响应、温度特性等。光敏电阻按其光谱范围来分，有对紫外光敏感的，对可见光敏感的和对红外光敏感的三种，主要由使用的材料决定。制造光敏电阻的材料主要有金属硫化物、硒化物和锑化物等半导体材料。在可见光区域，最常见的光导材料是 CdS 和 CdSe 等，光谱特性如图 7.10 所示。为了提高光灵敏度，可在其中掺入铜、银等物质。使用这些半导体材料制成的光电导器件称为烧结型 CdS 光敏电阻或烧结型 CdSe 光敏电阻。

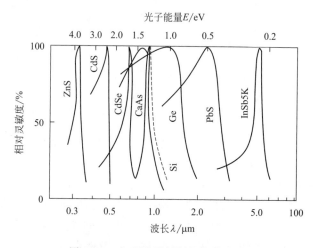

图 7.10　各种光导材料的光谱特性

　　光敏电阻是利用半导体光电导材料制成的，均制作在陶瓷基体上，光敏面均做成蛇形，目的是要保证有较大的受光表面。为了尽可能减少外界（主要是湿气及有害气体）对光敏面及电极所造成的不良影响，使光敏电阻的性能长期稳定，工作长期可靠，光敏电阻上面有带有光窗的金属管帽或直接进行塑封。光敏电阻的原理图和符号如图 7.11 所示，由一块涂在绝缘板上的光电导体薄膜和两个电极所构成。外加一定电压后，光生载流子在电场的作用下沿一定方向运动，即在回路中形成电流，就达到了光电转换的目的。图 7.12 是以 CdS 或 CdSe 为光敏材料制成的光敏电阻的普通结构。利用升华法、气相法、熔炼法、粉末法或真空蒸发法制造 CdS 单晶体做成大面积的薄片，得到较大面积的感光面，获得较大的电流，并在其上制成梳状电极。亮电流与暗电流之差，称为光电流。光敏电阻的暗电阻越大，亮电阻越小，则性能越好。也就是说，暗电流要小，光电流要大，这样的光敏电阻的灵敏度就

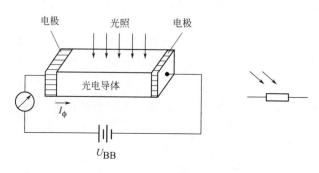

图 7.11　光敏电阻的原理及符号

高。实际上，大多数光敏电阻的暗电阻往往超过1MΩ，甚至高达100MΩ，而亮电阻即使在正常白昼条件下也可降到1kΩ以下，可见光敏电阻的灵敏度是相当高的。

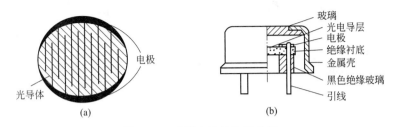

图 7.12 光敏电阻结构示意图

7.3.2.1 光照特性

光敏电阻的光照特性是指光电器件输出的电信号（电压、电流或电阻）随光照变化而改变的规律，也称为光电特性。所有光敏电阻的光照特性都是非线性的，当然可以制造出在某一照度范围内近似线性的光敏电阻，以适应诸如电子快门等的应用需要。图7.13是典型的硫化镉光敏电阻的光照特性曲线。从图中可看到，随着照度的增加，光敏电阻的阻值迅速下降，然后逐渐趋于饱和，如光强再增加，电阻变化很小。光敏电阻的光照特性曲线呈非线性，不宜作为线性测量器件，这是光敏电阻的一个缺陷。一般在自动控制系统中常用作开关式光电信号传感器件。

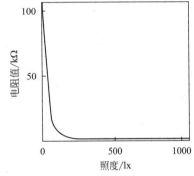

图 7.13 典型的硫化镉光敏电阻的光照特性曲线

7.3.2.2 伏安特性

伏安特性是指在一定光照下，光敏电阻上外加电压和所流过光敏电阻的电流之间的关系曲线，见图7.14。由曲线可知，在给定的偏压情况下，光照度越大，光电流就越大；在一定的光照度下，所加的电压越大，光电流越大，而且没有饱和现象。但是不能无限制地提高电压，任何光敏电阻都有最大额定功率，最高工作电压和最大额定电流。光敏电阻的最高工作电压是由耗散功率决定的，而光敏电阻的耗散功率又和面积大小及散热条件等因素有关。在使用时，光敏电阻的偏压大小可以参照说明书上规定的电压来加，但应注意不能超过最高工作电压。图7.15是典型的CdS烧结膜光敏电阻伏安特性曲线。由该图可见，所加电压愈高，光电流愈大，且无饱和现象；同时，不同的光照，伏安曲线具有不同的斜率。

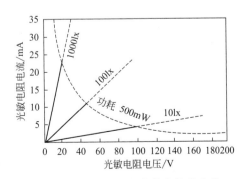

图 7.14 光敏电阻的伏安特性曲线

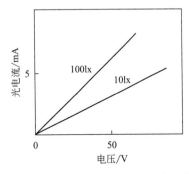

图 7.15 典型的 CdS 光敏电阻伏安特性曲线

7.3.2.3 频率特性

光敏电阻采用交变光照时，其输出随入射光频率的增加而减少，这是因为光敏电阻是依靠非平衡载流子效应工作的，非平衡载流子的产生与复合都有一个时间过程，这个时间过程即在一定程度上影响了光敏电阻对变化光照的响应。光敏电阻频带宽度都比较窄，在室温下，一般不超过几千赫兹。

7.3.2.4 光谱响应特性

光敏电阻的光谱响应特性主要由所用的半导体材料所决定，即光敏电阻对不同波长的光，其灵敏度是不同的。图 7.16 所示为硫化镉（CdS）、硫化铅（PbS）和硒化铅（PbSe）光敏电阻的光谱特性曲线。从图中可以看到，CdS 光敏电阻的光谱响应峰值在可见光区域，光谱范围与人眼相匹配，单晶 CdS 的响应波段为 $0.3 \sim 0.5 \mu m$，多晶 CdS 的响应波段为 $0.3 \sim 0.8 \mu m$；而硫化铅的峰值在红外区域，PbS 在室温下响应波长为 $1 \sim 3.5 \mu m$，是较早采用的一种红外光电导材料，主要以多晶形式存在，具有相当高的响应率和探测率，其响应光谱随工作温度而变化。PbS 光敏电阻在冷却情况下，相对光谱灵敏度随温度降低时，灵敏度范围和峰值范围都向长波方向移动。PbS 的主要缺点是响应时间长，在室温下为 $100 \sim 300 \mu s$，在 77K 下为几十毫秒。单晶 PbS 的响应时间可以缩短到 $32 \mu s$ 以下，另外其光敏面不容易制作均匀，低频噪声电流也较大。PbS 主要用于制作光敏电阻，也可用作光伏器件。CdSe 的响应范围为 $0.3 \sim 0.85 \mu m$，CdSe 同 CdS 相比，响应时间较快。在强光下灵敏度相差不大，但在弱光下要比硫化镉低得多。CdS 的主要问题是灵敏度随温度的变化而变化。因此，在选用光敏电阻时，应该结合光源来考虑，这样才能获得满意的结果。

响应时间和频率特性试验表明，当光敏电阻受到脉冲光照射时，光电流并不会立刻上升到最大饱和值，而当光照去掉后，光电流也不会立刻下降为零。这说明光电流的变化相对于光的变化，在时间上有一个滞后，这就是光电导的弛豫现象，如图 7.17 所示。光敏电阻的弛豫现象通常用响应时间来表示。响应时间分为上升时间 t_1 和下降时间 t_2。

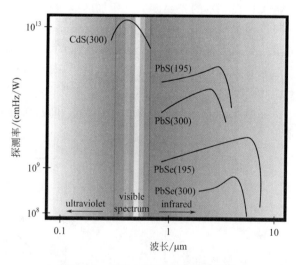

图 7.16　光敏电阻的光谱特性曲线

上升时间 t_1 定义为：当光敏电阻瞬时地受到稳定光照射时，光电流上升到饱和值的 63% 时所需的时间。下降时间 t_2 定义为：当瞬时地除去稳定光照时，光电流下降到饱和值的 37%时所需的时间。上升时间和下降时间是表征光敏电阻性能的参数之一。上升时间和下降时间短，表示光敏电阻的惰性小，也就是对光信号响应快。但多数光敏电阻的响应时间都较长，这是光敏电阻的又一个缺陷。光敏电阻的响应时间除与器件的材料有关外，还与光照的强弱有关，光照越强，响应时间越短，如图 7.18 所示。

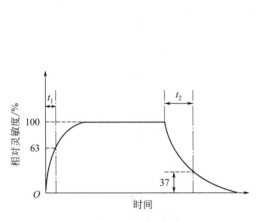

图 7.17 光敏电阻的时间响应曲线

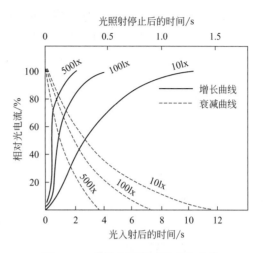

图 7.18 光敏电阻的时间响应曲线

7.3.2.5 温度特性

光敏电阻的电学性质和光学性质受温度影响较大，而且电阻值与温度的关系很复杂，随着温度的增加，有些光敏电阻的亮电阻增大，有些则变小。有时用温度系数 α 来描述光敏电阻的温度特性。温度系数是指在某照度下温度每变化 1℃，电阻相对变化的百分比：

$$\alpha = \frac{R_2 - R_1}{R_1(T_2 - T_1)} \tag{7.16}$$

式中，R_1 和 R_2 分别为某照度下在温度为 T_1 和 T_2 时的亮电阻。

显然，光敏电阻的温度系数越小越好。但不同材料的光敏电阻的温度系数是不同的，CdS 电阻的温度系数比 SnSe 小，PbS 的光敏电阻比 PbSe 的小。温度变化不仅影响光敏电阻的灵敏度，同时对光谱特性也有很大影响。图 7.19(a)、(b) 分别为硫化镉光敏电阻的温度特性曲线和硫化铅光敏电阻的光谱特性曲线图，由图可以看出，随着温度升高，光谱响应峰值向短波方向移动。因此，采用降温措施，往往可以提高光敏电阻对长波长光的响应。稳

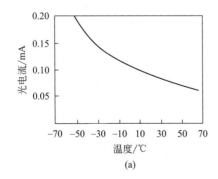

(a)

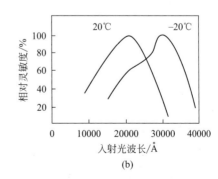

(b)

图 7.19 CdS 光敏电阻的温度特性曲线（a）和 PbS 光敏电阻的光谱特性曲线（b）

定性是表征光敏电阻在长期工作中性能的稳定程度。为了提高稳定性，光敏电阻在使用前必须经过 $150\sim300h$ 的老化，以剔除次品。

合理地选择偏置电路使光敏电阻的实际耗散功率小于或等于其极限功率 P_M，这样可提高信噪比。图 7.20 为最简单的偏置电路。当电源电压 U_{BB} 值确定后，负载电阻 R_L 值的选取应保证负载线在极限功率曲线以内，R_L 的最小值应是负载线与极限功率曲线相切，切点为 Q，如图 7.21 所示。当光敏电阻的阻值 R 较高，如几万欧姆以上时，可以采用图 7.22 所示的偏置电路。用公式表示负载电阻 R_L 的最小值如下：

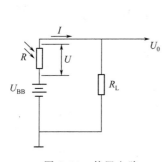

图 7.20 偏置电路

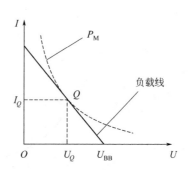

图 7.21 负载线与极限功率曲线

$$R_L \geqslant \frac{U_{BB}^2}{4P_M} \tag{7.17}$$

式中，U_{BB} 和 P_M 均可由产品手册查出。

图中 Dz 是稳压二极管，C 是滤波电容。因晶体管 T 的基极电位被稳压，所以晶体管的基极电流和集电极电流是恒定的，即做到了光敏电阻 R 被恒流偏置。在某些情况下，要求使用光敏电阻的电路输出的电压信号与光敏电阻的阻值无关，可以采用图 7.23 的晶体管恒压偏置电路。图中 Dz 为稳压二极管，C 为滤波电容，U_{BB} 为恒定基极电压值，在忽略晶体管发射结的结压降时，光敏电阻 R 上的偏压近似为 U_{BB}，所以输出电压信号的微变量 U_0 与光敏电阻的阻值变化无关。

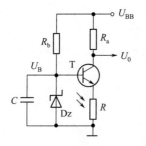

图 7.22 晶体管恒流偏置电路

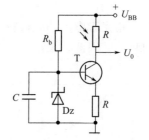

图 7.23 晶体管恒压偏置电路

7.3.3 非晶硅光敏器件

非晶硅（α-Si）和氢化非晶硅（α-Si：H）是非晶材料。非晶材料包括非晶合金和非晶半导体。非晶材料固化时原子排列呈杂乱状态，性能与晶体材料不同，有各向同性、易受外界光热等刺激产生结构和物性变化、与其他材料组合的自由度大、不需要晶格常数

的匹配、有利于界面的形成、易加工成薄膜等性能。多数
非晶材料被制成薄膜或带状，采用超急冷、蒸发、冲击压
缩等制造工艺，使其固化过程成为不伴随化学反应的物理
过程，从而达到原子、分子的随机配置，使其成为结构特
异、性能不同于晶体材料的又一种新的功能材料。

α-Si：H 与晶体硅相比，由于结构紊乱和悬挂键的存在，
其化学性能不及晶体硅，但它对光的吸收性能远远超过晶体
硅。在可见光区，其吸收系数比晶体硅约大一个数量级。利
用它对光吸收好的特性，可用 α-Si：H 膜及有关材料制成各
种光电器件，如太阳能电池、薄膜晶体管、电子摄影感光
膜、光敏电阻等。图 7.24 是用非晶硅与高分子聚乙烯咔唑
（PVK）组成的功能分离型光敏器件。敏感器件有两层，紧
靠电极的第 1 层是容易产生光生载流子的非晶硅材料，第

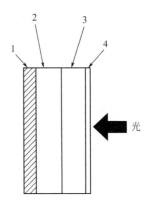

图 7.24　功能分离型光敏器件

1—电极；2—载流子生成层；

3—载流子输运层；4—透明电极

2 层是由 PVK 组成的载流子输运层。当有光照时，将第 1 层产生的光生载流子注入第 2 层
而使光电流增大。

7.3.4　光电二极管

光电二极管是一种重要的光电探测器，广泛用于可见光和红外辐射的探测，其本质是二
极管，根据光生伏特效应工作，属于结型器件。光电二极管的主要产品有 PN 结型光电二极
管、PIN 型光电二极管和雪崩型光电二极管（APD）。PN 结型光电二极管的特点是与普通
的半导体二极管一样具有一个 PN 结。其 PN 结面积较大，电极面积较小以增加受光面
积。为提高器件的稳定性，S 光电二极管采用硅平面工艺制造，管芯表面生长一层二氧化
硅保护层。PIN 硅光电二极管是一种常用的耗尽层光电二极管，通过适当选择耗尽层的厚
度，可获得较大的输出电流、较高的灵敏度和较好的频率响应特性，频率带宽可达
10GHz，适用于快速探测的场合。PIN 型光电二极管，与 PN 结型光电二极管不同之处在
于，它薄的 P 区和 N 区之间有一层足够厚的本征 I 区，而形成 PIN 结。入射光因 P 区薄从
而光子透过 P 进入本征 I 区，被吸收产生电子-空穴对，在电场的作用下，光生电子-空穴对
产生漂移运动。因此，电流主要由载流子的漂移引起，此种光电二极管由于本征 I 区的存
在，使耗尽区电容减小，反向偏置电压增高，耗尽层厚度增大，使结电容变小，从而有利于
频率响应的提高。

图 7.25 是光电二极管的结构示意图，其中（a）为 PN 结型，（b）为 PIN 型。雪崩型光
电二极管类似于光电倍增管，具有内部电流增益作用。它是利用 PN 结势垒区的高场强区域
中载流子的雪崩倍增作用而得到的光电二极管。从前面的讨论中知道，当光照射在 PN 结上
时，若入射光波的光子能量 $h\upsilon \geqslant E_g$ 时，就会产生电子-空穴对。由于势垒区电场的存在，
使得光生电子与空穴对分离而向 PN 结两边运动，形成光电流。在无倍增的光电二极管中，
由于势垒区的最大场强不够高，光生载流子在向 PN 结势垒区两边运动过程中，不可能因碰
撞而"打出"新的电子-空穴对。而 APD 具有高反向偏压，在 PN 结势垒区产生一个很强的
电场。光入射到 PN 结产生的光生载流子被加速运动而获得足够的能量，它们将冲击势垒区
中价带上的电子，将自己的部分能量赋予价带上的电子，使之跃迁到导带，从而产生电
子-空穴对。这一对因碰撞而电离的电子-空穴与原来碰撞晶格原子的光生载流子一起在强场

的作用下，又会得到很大的能量去冲击其他价键上的电子，产生新的电子-空穴对，从而继续发生碰撞电离现象，如此连锁反应，而获得载流子的雪崩效应。

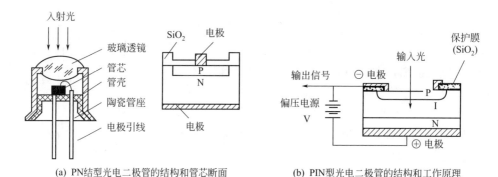

(a) PN结型光电二极管的结构和管芯断面   (b) PIN型光电二极管的结构和工作原理

图 7.25　光电二极管的结构示意图

光电二极管的电流-电压特性由图 7.26 表示。曲线①表示完全没有光照射时的电流-电压特性曲线。当光照射时，PN 结附近产生电子和空穴，电流-电压曲线表示为②，此时，出现反向电流，此反向电流与光能约成正比。由于只有光子能量大于禁带宽度的光才能激发出光生载流子，因此，光电二极管对光的响应存在着最长的波长，即长波限 λ_0。在常温下，Si 材料长波限 λ_0 约为 1100nm，GaAs 长波限 λ_0 约为 700nm。

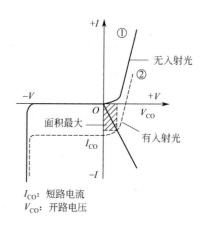

I_{CO}: 短路电流
V_{CO}: 开路电压

图 7.26　光电二极管的
电流-电压特性

不同波长的入射光在半导体材料中被吸收的情况是不同的。以硅材料为例，波长短的光容易被硅材料所吸收，透入硅中深度浅，而波长长的光不易被吸收，因而透入硅材料的深度深。通常波长为 900～1100nm 的入射光可透入硅材料中几十微米，而波长为 400～500nm 的光则只能透入零点几微米。但是，入射光所产生的光生载流子中只有能扩散到耗尽区的那部分才有可能有助于增大光电流；如果光生载流子离耗尽区太远，则有可在扩散途中被复合掉，从而不会使光电流增加。因此，为了提高入射光产生光生载流子的效率并使光电流增加，应使入射光尽量照射在 PN 结势垒内。为此，在制造光电二极管时应尽量使 PN 结靠近硅的表面，以便更充分地利用短波光来提高器件的短波效应灵敏度。另外，选用高阻的硅单晶制作管芯，可使耗尽区在加反向电压后增加到几十微米，从而，可有利于长波光产生的光生载流子参与增加光电流，提高响应长波长的灵敏度。

光电二极管在无光照条件下的反向漏电流称为暗电流，其值等于反向饱和电流、复合电流、表面漏电流和热电流之和。光电二极管的暗电流越小，其性能越稳定，噪声越低，检测弱信号的能力越强。通常 PN 结型光电二极管在 50V 反向电压上暗电流小于 100nA。光电二极管的暗电流的大小与管芯的受光面积、所加电压和环境温度有关。受光面积大、外加电压高和环境温度高都会使暗电流增大。一般，环境温度每升高 40℃ 左右暗电流增大 10 倍。

光电二极管的光响应时间特性，用把 PN 结上积蓄的电荷通过电极传到外部电路的速度来表示。一般说，响应速度用输出信号从峰值的 10% 上升到 90% 所需要的时间，即响应时间 τ 来表示。二极管的响应特性取决于管子的结构、基片的性质以及偏压的大小等条件。光电二极管使用时的环境温度会对器件的灵敏度及暗电流有很大的影响。对于长波长范围具有正的温度系数，对于短波长范围具有负的温度系数。价带上的电子，由于温度的影响而跃迁至导带，可使暗电流增加。

7.3.5 光电三极管

光电三极管与加反向偏压的光电二极管的工作原理是类似的，但是器件中有两个 PN 结，以便利用一般晶体管的作用得到电流增益。因而，有的文献又称光电三极管为光电孪生二极管或具有两个 PN 结的光电二极管。由于具有比光电二极管高得多的响应度，工作时对电源的要求又不苛刻，所以，它是目前我国应用最广泛的一种半导体光敏器件。光电三极管的结构及原理如图 7.27 所示，它是由两层 N 型材料中夹一层 P 型材料而形成的 NPN 型器件。两个 N 型材料分别作为发射极和集电极，中间 P 型材料为基极。光电三极管的基本工作原理已在第 2 章中详述。正常情况下，基极-集电极为受光结，集电极上相对发射极为正电位，而基极开路，则基极-集电极处于反向偏置。当无光照射时，热激发而产生少数载流子，形成暗电流。光照射三极管光敏面时，在基极-集电极区产生光生载流子。由于集电极处于反向偏置，使内电场增强，在结电场的作用下，光生电子漂移到集电极，在基极区留下带正电的空穴，使基极电位升高，促使发射极有大量电子经基极被集电极收集而形成经放大的光电流。光电三极管的光谱响应曲线如图 7.28 所示。

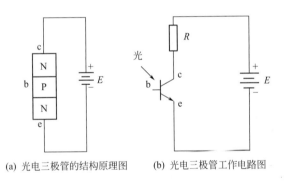

(a) 光电三极管的结构原理图　　(b) 光电三极管工作电路图

图 7.27　光电三极管工作电路及结构图

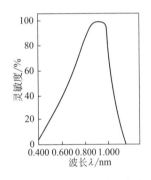

图 7.28　光电三极管光谱响应曲线

7.3.6 光电池

光电池也称为硅太阳能电池，是一种将光能直接转换成电能的半导体器件。由于它具有重量轻、可靠性高、寿命长、能承受各种环境变化和在空间可以直接利用太阳能转换成电能的优点，作为空间能源已得到大量应用。制造光电池的材料有硅、硒、硫化镉、砷化镓等，其中硅光电池具有很高的光照灵敏度、宽广的光谱响应和良好的线性，故也大量应用于检测装置。

光电池的本质是一个 PN 结，结构就是在一块 P 型硅片上利用热扩散法生长一层极薄的 N 型扩散层，再在硅片的上下两侧制造两个电极，然后在受光照的表面上蒸上一层抗反射层，这就形成了一个电池单体，如图 7.29(a) 所示，图 7.29(b) 是光电池的电路符号。光敏面积大则接收辐射能量多，输出光电流大。大面积光敏面采用梳状电极可以减少光生载流子的复合，从而提高转换效率，减少表面接触电阻。

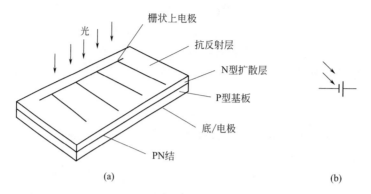

图 7.29 硅光电池的结构 (a) 及电路符号 (b)

硅光电池的工作原理如图 7.30 所示。R_L 为外接负载电阻，I_ϕ 为光电流，I_D 为二极管电流。当光电流流过负载电阻 R_L 时，在 R_L 上产生压降 U，U 即为 PN 结二极管的正向偏压。在 U 的作用下产生二极管电流 I_D，所以流过负载的外电流 I 为：

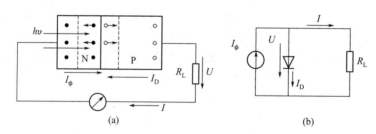

图 7.30 硅光电池的工作原理

$$I = I_\phi - I_D \tag{7.18}$$

当负载短路时，$R_L = 0$，$U = 0$，输出电流即为短路电流 I_{sc}：

$$I_{sc} = I_\phi = SE \tag{7.19}$$

式中，S 为光电流灵敏度；短路电流 I_{sc} 与照度 E 成正比。当负载开路时，即 $R_L = \infty$ 时，$I = 0$，此时光电池输出电压为开路电压 U_{oc}。在开路状态，光电流与二极管电流处于动态平衡状态。当照度增加很大时，开路电压 U_{oc} 与照度 E 几乎无关，所有照度下的 U_{oc} 值汇集一点。硅光电池最大开路电压 $U_{oc} = 0.6V$，此值接近于二极管正向开启电压。开路电压不可能大于开启电压。

硅光电池的光照特性曲线如图 7.31(a) 所示，光生电动势，即开路电压 U_{oc} 与照度间的关系称为开路电压曲线，即图中曲线①，光电流密度 J 与照度间的关系称为短路电流曲线，即图中曲线②。由图 7.31(a) 可知，开路电压与光照度是非线性的，在照度为 2000lx 照射下，趋向饱和。短路电流在较大范围内与光照度呈线性关系。因此，利用光电池其短路电流与光照呈线性关系的特点，宜作为电流源使用。硅光电池可以在波长为 $0.3 \sim 1.2\mu m$ 光谱范围内使用，即从可见光到红外部分。其峰值波长在 $0.8 \sim 0.95\mu m$，即红光到红外的过渡部分。硒光电池和硅光电池的光谱特性如图 7.31(b) 所示。不同材料的光电池的光谱峰值不同，硅光电池在 850nm 附近，硒光电池在 540nm 附近。硅光电池使用范围在 $450 \sim 1100nm$，而硒光电池在可见光谱范围内使用有较高的灵敏度。硒光电池和硅光电池的频率特性如图 7.31(c)所示。由于光电池的 PN 结面积较大，极间电容大，故频率特性较差。频率特性也由材料决定，硅光电池的频率特性较好，而硒光电池的频率特性较差。

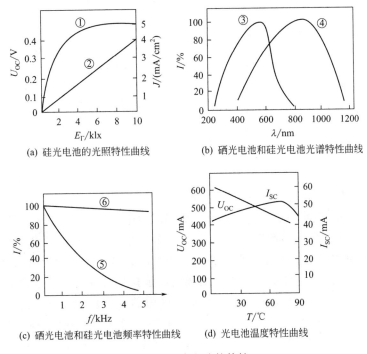

(a) 硅光电池的光照特性曲线　　(b) 硒光电池和硅光电池光谱特性曲线

(c) 硒光电池和硅光电池频率特性曲线　　(d) 光电池温度特性曲线

图 7.31　光电池的特性

光电池的温度特性是指开路电压 U_{oc} 和短路电流 I_{SC} 随温度 T 变化的曲线，如图 7.31(d)所示。开路电压与短路电流均随温度而变化，它将关系到应用光电池的仪器设备的温度漂移，影响到测量精度或控制精度等主要指标。因此，在光电池使用时，最好能温度恒定，或进行温度补偿。硅光电池作为电源使用时，光电转换功率随温度变化而变化。负载电阻愈大，输出功率随温度的变化亦愈大。为此，作能源使用时，宜用较大的负载电阻。而作为测量器件使用时仪器就应计入温度的漂移误差或进行补偿。

在室温及无光照条件下，正向电阻为 1.5～3kΩ，反向电阻为 15～3000kΩ。频率响应是用来描述光的交变频率和光电池输出电流关系的。除载流子的产生与复合、运动与被陷均有一个时间过程等内在因素外，光电池的频率响应还与器件的材料、结构、几何尺寸和使用条件有关。图 7.32 是面积为 $3cm^2$、光电流为 $150\mu A$ 的光电池的实测频率特性

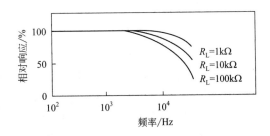

图 7.32　光电池的实测频率特性曲线

曲线。负载电阻对频率响应有明显影响。要得到大的信号输出电压,必须选用大的负载电阻。为了得到好的频率响应,就要选用小的负载电阻。此外,光电池的受光面积越大,吸收光能就越多,频率响应就越差。因此,为了得到较好的频率响应,必须合理选择光强与负载。

7.3.7 半导体色敏传感器

半导体色敏传感器是基于半导体的内光电效应,将光信号转变为电信号的光辐射探测器件。但是不管是光电导器件还是光生伏特效应器件,检测的都是在一定波长范围内光的强度,或者说光子的数目。半导体色敏器件可用来直接测量从可见光到近红外波段内单色辐射的波长。这是近年来出现的一种新型光敏器件。

7.3.7.1 基本工作原理

半导体色敏传感器相当于两只结构不同的光电二极管的组合,又称双结光电二极管。结构原理和等效电路见图 7.33。对于用半导体硅制造的光电二极管,在受光照射时,若入射光子的能量 h_f 大于硅的禁带宽度 E_g,则光子就激发价带中的电子跃迁到导带,而产生一对电子-空穴。这些由光子激发而产生的电子-空穴统称为光生载流子。光电二极管的基本结构是一个 PN 结。产生的光生载流子只要能扩散到势垒区的边界,其中少数载流子(P 区中的电子或 N 区中的空穴)就受势垒区强电场的吸引而被拉向背面区域,这部分少数载流子对电流做出贡献。多数载流子(N 区中的电子或 P 区中的空穴)则受势垒区电场的排斥而留在势垒的边缘。在势垒区内产生的光生电子和光生空穴则分别被电场扫向 N 区和 P 区,它们对电流也有贡献。用能带图来表示上述过程,如图 7.34(a)所示,图中 E_c 表示导带底能量;E_v 表示价带顶能量;"o"表示带正电荷的空穴;I_L 表示光电流,它由势垒区两边能运动到势垒边缘的少数载流子和势垒区中产生的电子-空穴对构成。其方向是由 N 区流向 P 区,即与无光照时 PN 结的反向饱和电流方向相同。

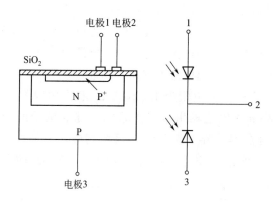

图 7.33 半导体色敏传感器结构原理和等效电路

当 PN 结开路或接有负载时,势垒区电场收集的光生载流子便要在势垒区两边积累,从而使 P 区电位升高,N 区电位降低,形成一个光生电动势,如图 7.34(b)所示。该电动势使原 PN 结的势垒高度下降为 $q(V_D-V)$,其中 V 即光生电动势,相当于在 PN 结上加正向偏压。只不过这是光照形成的,而不是用电源馈送的。这个电压称为光生电压,这种效应就是光生伏特效应。

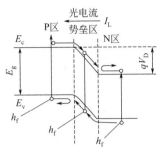
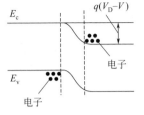

(a) 光生电子和空穴的运动　　(b) 外电路开路，光生电压出现

图 7.34　光照下的 PN 结

　　光在半导体中传播时的衰减，是价带电子吸收光子而从价带跃迁到导带的结果，这种吸收光子的过程称为本征吸收。Si、Ge 和 GaAs 的本征吸收系数和穿透深度随入射光波长变化的曲线如图 7.35 所示，Si 在红外部分吸收系数小，紫外部分吸收系数大。这说明波长短的光子衰减较快，穿透深度较浅，而波长长的光子则能进入硅的较深区域。

　　对于光电器件而言，还常用量子效率来表征光生电子流与入射光子流的比值大小。物理意义是单位时间内每入射一个光子所引起的流动电子数。根据理论计算可以得到 P 区在不同结深时量子效率随波长变化的关系，其关系曲线如图 7.36 所示。图中 x_j 即表示结深。浅的 PN 结有较好的蓝紫光灵敏度，深的 PN 结则有利于红外灵敏度的提高，半导体色敏器件正是利用了这一特性。

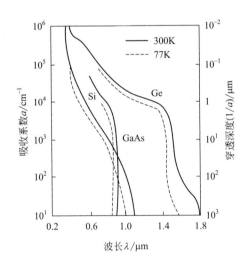
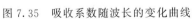
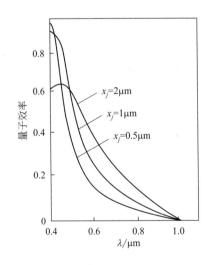

图 7.35　吸收系数随波长的变化曲线　　　　图 7.36　量子效率随波长的变化曲线

　　半导体色敏传感器工作原理。在图 7.33 中所表示的 P^+NP 不是三极管，而是结深不同的两个 PN 结二极管。浅结的二极管是 P^+N 结；深结的二极管是 NP 结。当有入射光照射时，P^+、N、P 三个区域及其间的势垒区中都有光子吸收，但效果不同。紫外光部分吸收系数大，经很短距离已基本吸收完毕。因此，浅结的那只光电二极管对紫外光的灵敏度高。

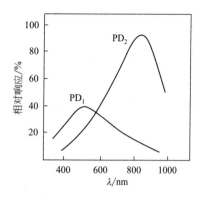

图 7.37 硅色敏管中 PD_1 和
PD_2 的光谱响应曲线

而红外部分吸收系数较小，这类波长的光子则主要在深结区被吸收，因此深结的那只光电二极管对红外光的灵敏度高。这就是说，在半导体中不同的区域对不同的波长分别具有不同的灵敏度。这一特性给我们提供了将这种器件用于颜色识别的可能性，即可以用来测量入射光的波长。将两只结深不同的光电二极管组合，就构成了可以测定波长的半导体色敏传感器。色敏器件在具体应用时，应先进行标定，也就是测定不同波长的光照射下，器件中两只光电二极管短路电流的比值 I_{PD_2}/I_{PD_1}。I_{PD_1} 是浅结二极管的短路电流，在短波区较大。I_{PD_2} 是深结二极管的短路电流，在长波区较大。由此，两者的比值与入射单色光波长的关系就可以确定。图 7.37 示出不同结深二极管的光谱响应曲线。图中 PD_1 代表浅结二极管，PD_2 代表深结二极管。

7.3.7.2 半导体色敏传感器的基本结构及特征

光谱特性表示半导体色敏传感器所能检测的波长范围，图 7.38(a) 给出 CS-1 型半导体色敏器件的光谱特性，其波长范围是 $400 \sim 1000nm$。短路电流比-波长特性表征半导体色敏器件对波长的识别能力，用来确定被测波长的基本特性。CS-1 型半导体色敏器件的短路电流比-波长特性曲线如图 7.38(b) 所示。

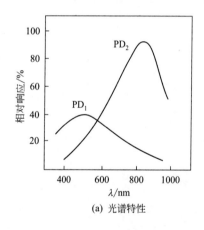

(a) 光谱特性

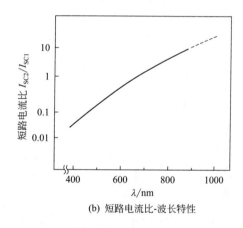

(b) 短路电流比-波长特性

图 7.38 半导体色敏器件的光谱特性曲线

双色硅色敏器件的结构示意图和等效电路图如图 7.39 所示，是在同一块硅基片上制作两个深浅不同的 PN 结，构成双结硅光伏二极管，如图 7.39(a) 所示，图 7.39(b) 是其等效电路。结较深的 PN 结光伏二极管 PD_1 和深结硅光伏二极管 PD_2 的阳极分别有引出管脚 1 和 2，引脚 3 相当于 PD_1 和 PD_2 的阴极。

具有三基色的集成化硅全色色敏器件的结构示意图如图 7.40 所示。在同一块非晶硅基片上制作出三个非晶硅检出部分，并分别配上红、绿、蓝三块滤色片，构成一个整体。根据已知的非晶硅全色色敏器件的光谱特性，通过比较 R、G、B 的输出，就能够识别出物体的颜色。图 7.41 所示为非晶硅全色色敏器件的光谱特性曲线。

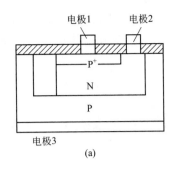
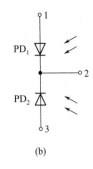

图 7.39　双色硅色敏器件的结构示意图和等效电路图

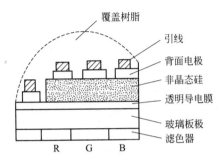

图 7.40　具有三基色的集成化硅
全色色敏器件的结构

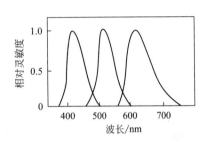

图 7.41　非晶硅全色色敏器件的
光谱特性曲线

7.4　光敏器件的应用

　　光敏器件是光探测和光电控制的基本器件。光敏器件作为敏感器件的光电传感器种类很多，用途广泛。按接收状态可分为模拟式和数字式两种。模拟式光电传感器能够把被测量转换成连续变化的光电流，光电器件产生的光电流为被测量的函数，可以用来测量光的强度、物体的温度、透光能力、位移、表面状态等。数字式光电传感器是利用光电器件的输出仅有两种稳定状态，即"导通"和"关断"的特性制成的各种光电自动装置。

7.4.1　光电转速传感器

　　光电转速传感器根据其工作方式可分为反射型和直射型两种。反射型光电转速传感器的工作原理如图 7.42 所示。在电机的转轴上沿轴向均匀涂上黑白相间条纹，光源发出的光照

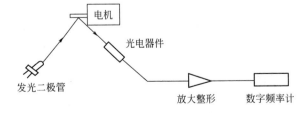

图 7.42　反射型光电转速传感器的工作原理

在电机轴上，再反射到光敏器件上。当电机转动时，由于电机轴上的反光面和不反光面交替出现，所以光敏器件间断地接收光的反射信号，输出相应的电脉冲。电脉冲经放大整形电路变为方波，根据方波的频率，就可测得电机的转速。

　　直射型光电转速传感器的工作原理如图 7.43 所示。电机轴上装有带孔的圆盘，圆盘的一边放置光源，另一边是光电器件。当光线通过圆盘上的孔时，光电器件产生一个电脉冲。当电机转动时，圆盘随着转动，光电器件就产生一列与转速及圆盘上的孔数成正比的电脉冲数，由此可测得电机的转速。电机的转速（n）可表示为 $n = 60f/N$，N 为圆盘的孔数或白条纹的条数；f 为电脉冲的频率。

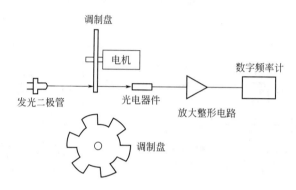

图 7.43　直射型光电转速传感器的工作原理

7.4.2　光电测微计

　　光电测微计的结构如图 7.44 所示，主要用于检测加工零件的尺寸。工作原理是从光源发出的光束经一个间隙照在光电器件上；照射在光电器件上的光束大小是由被测零件和样板环之间的间隙决定的；照在光电器件上的光束大小决定光电器件产生的光电流的大小，而间隙则是由零件的尺寸决定的，这样光电流的大小就是零件尺寸的函数。因此，通过检测光电流，就可以知道零件的尺寸。

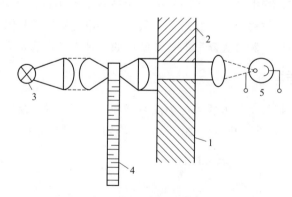

图 7.44　光电测微计结构示意图
1—被测物体；2—样板环；3—光源；4—调制盘；5—光电器件

　　调制盘在测量过程中以恒定转速旋转，对入射光进行调制，使光信号以某一频率变化，使其区别于自然光和其他杂散光，提高检测装置的抗干扰能力。

7.4.3 烟尘浊度连续监测仪

消除工业烟尘污染是环境保护的重要措施之一，故需对烟尘源进行连续监测、自动显示和超标报警。烟尘浊度的检测可用光电传感器，其检测原理为：将一束光通入烟道，如果烟道里烟尘浊度增加，则通过的光被烟尘颗粒吸收和折射的就增多，到达光检测器上的光就减少，利用光检测器的输出信号变化，便可测出烟道里烟尘浊度的变化。图 7.45 是装在烟道出口处的吸收式烟尘浊度监测仪的组成框图。为检测出烟尘中对人体危害性最大的亚微米颗粒的浊度，光源采用纯白炽平行光源，光谱范围为 $400\sim700\text{nm}$，这种光源还可避免水蒸气和二氧化碳对光源衰减的影响。光检测器选取光谱响应范围为 $400\sim600\text{nm}$ 的光电管，将随浊度变化的光信号变换为随浊度变化的电信号。为提高检测灵敏度，测量电路通常采用有高增益、高输入阻抗、低零漂、高共模抑制比的运算放大器对获取的电信号进行放大。显示器可以显示出浊度的瞬时值。为了保证测试的准确性，用刻度校正装置进行调零与调满。报警发生器由多谐振荡器、喇叭等组成。当运算放大器输出的浊度信号超出规定值时，多谐振荡器工作，其信号经放大后推动喇叭发出报警信号。

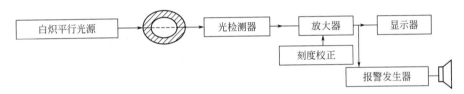

图 7.45　吸收式烟尘浊度监测仪的组成框图

7.4.4 光耦合器件

光耦合器件是把发光器件与光接收器件组装在同一密闭的管壳内而制成的光传感器。把加到发光器件上的电信号作为输入信号，发光器件发出的光照射到光接收器件上而输出电信号，这样便实现了以光为媒介的电信号的传输。器件的输入端与输出端是电绝缘的。光耦合器件的发光器件一般采用 GaAs、GaP 和 GaAlAs 等发光二极管，光接收器件可采用 CdS、CdSe 等类光敏电阻或光电晶体管。根据结构和用途不同，光耦合器件可分为两类：光隔离器件及光电物位传感器。

光隔离器件的结构如图 7.46 所示。发光器件与光接收器件相对配置，互相靠近。除光

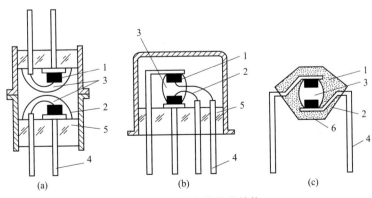

图 7.46　光隔离器件的结构

1—发光管芯；2—光敏管芯；3—透明树脂；4—电极引线；5—陶瓷或玻璃管座；6—黑色树脂

路外，其余都是遮光的。光隔离器件具有继电器和信号变压器的功能，因此，可以应用于不同电源系统的接口，分离高、低压电路以及高速光开关。图7.47是光耦合器件用于示波管接口的高、低压电路分离示意图。图7.48是光耦合器件用于高速开关示意图。

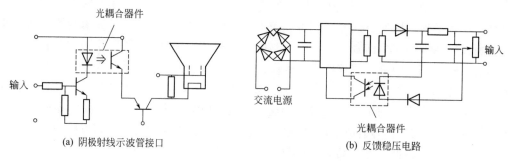

(a) 阴极射线示波管接口   (b) 反馈稳压电路

图7.47 光耦合器件用于示波管接口的高、低压电路分离示意图

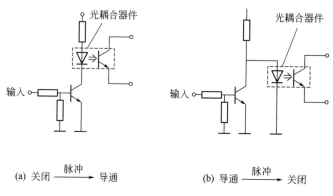

(a) 关闭 —脉冲→ 导通   (b) 导通 —脉冲→ 关闭

图7.48 光耦合器件的高速开关结构

光电物位传感器多用于测量物体的有无及计数、物体的移动距离和相位等。结构可分为遮光式和反射式，如图7.49所示。遮光式光电传感器是将发光器件与光电器件以固定的距离相对配置封装而成的；反射式光电物位传感器是将发光器件与光电器件以一定角度并排配置封装而成的。光电物位传感器广泛应用于计数器、物体位移自动测量、包裹自动分理机、信件分拣系统、计算机软盘以及录像机、自动电唱机等。

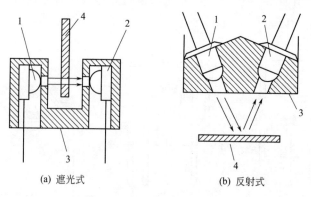

(a) 遮光式   (b) 反射式

图7.49 光电物位传感器结构

1—发光器件；2—光电器件；3—支撑体；4—被测对象

7.4.5　热电型光电传感器

当红外光照射到 $BaTiO_3$ 等热电材料上时，热电体温度变化及自发极化状态均发生改变且在电极上出现新增电荷，这种现象被称为热释电效应。利用热释电效应可构成红外光敏传感器。为防止新增的电荷被复合，一般要在热电体前加装一个周期性遮隔被测红外光的装置。图 7.50 是用 TO-5 树脂封装的热电型光电传感器器件结构示意图和等效电路图。这种传感器所用的红外光敏材料是锆钛酸铅，为易于吸收红外光，电极通常被涂黑。因为器件输出阻抗极高而输出电信号又很微弱，所以内附 FET 放大器进行阻抗变换。红外光敏传感器能够在黑暗中对红外光进行检测，拓宽了光敏传感器适用范围，因此具有非常广泛的应用前景。

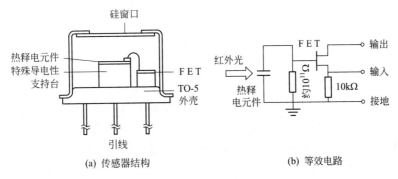

(a) 传感器结构　　　　(b) 等效电路

图 7.50　TO-5 树脂封装的热电型光电传感器的构造及等效电路

8 气敏器件

随着科学技术的发展，工业生产使用的气体原料和在生产过程中产生的气体不断增加。这些气体物质有些是易燃易爆的，有些是有毒的，若泄漏到空气中就会严重地污染环境并有产生爆炸、火灾及使人中毒的潜在危险。特别是随着人类生活水平不断提高，液化石油气、城市煤气及天然气作为家用燃料迅速普及，而这些可燃性气体的泄漏增加了爆炸和火灾事故的发生概率。为了确保安全，需要对各种可燃性气体、有毒气体进行定量分析和检测。按照检测气体的工作原理，可将气敏传感器分为两大类[270]。第一类是利用气体分子自身的物理化学性质来感知的，如发射光谱法和吸收光谱法的检测依据是气体分子的特征谱线，热导法的原理是气体热导率的差异。第二类利用一些材料与气体接触时，这些材料的物理化学性质所发生的变化来检测气体，其中的固态材料一般被称为气敏材料。早在 20 世纪 30 年代，人们就已经发现金属氧化物具有气敏效应，接触气体时，其电阻率随气体种类及浓度变化而发生变化。30 年后，ZnO 及烧结型 SnO_2 半导体气敏器件开始商品化生产[276-286]。

8.1 气敏效应

8.1.1 气敏机制

半导体气敏器件的工作原理主要是以氧化物半导体作为基本材料，使气体吸附于半导体的表面，利用其电导率变化现象来工作。但是，半导体电导率的变化机制是非常复杂的。对于电导率变化的机制，人们已经提出了种种解释。然而，这些解释不够完善，都不能充分解释气体的检测机制。比如，涉及的机理有晶体原子价的调整、表面电导的变化、器件温度的提高、隧穿效应、栅极作用及吸附气体所形成的能级。氧化物半导体被还原气体所还原而在其表面形成金属过剩状态，这种过剩的金属向晶体外部扩展。在气敏器件的吸附表面上，由于被检测气体的化学吸附作用而形成表面电荷层。因此，在半导体表面层附近产生体电荷，使表面附近的能带发生弯曲，随着能带弯曲的变化，表面载流子的浓度发生变化。对于表面积大、多孔质烧结体半导体气敏器件而言，这种效应比较明显。这是由于吸附在气敏器件表面上的可燃性气体的燃烧，使器件的温度上升而电导率发生变化，在 $600 \sim 900 ^\circ C$ 下工作的气敏器件的工作原理符合这种类型。在烧结型半导体气敏器件的晶粒间界中，吸附的氧变成负离子而形成晶界势垒。如果在这里再吸附正离子，势垒将发生变化；由于隧穿效应，电子将通过势垒改变电导率。当 N 型半导体表面吸附氧时，晶界的势垒变高、变厚，电子不能以隧穿效应通过。如果在这势垒上吸附还原性气体，势垒将变低。这样电子就可以越过势垒或者以类似肖特基势垒效应而通过，所以电流按指数函数增加。此势垒高度的变化即电导率变化的原因。由于添加剂和吸附气体的存在，在半导体能带中形成新能级的同时，基体晶格也发生变化而改变其电导率。

从以上看出，半导体气敏器件的工作原理比较复杂。有的气敏器件可能有好几种因素同时起作用。当前半导体气敏器件以实用性研究为主，缺乏基础理论性研究。由于这种器件利用半导体表面吸附气体而造成阻值变化的现象，吸附状态、器件表面、催化效应及烧结晶粒的结合状态等各种因素之间的复杂影响关系，决定气敏器件的灵敏度特性。

8.1.2　气敏器件的工作原理

气敏器件是基于器件电导率随表面气体吸附的变化而设计出的。其原理为：当吸附还原性气体时，半导体从吸附的气体中获得电子，进入到 N 型半导体内的电子，束缚少数载流子空穴，使空穴与电子的复合率降低。这直接导致自由电子形成电流的能力增强，器件的电阻值随之降低。与此相反的是，若 N 型半导体器件吸附氧化性气体，则半导体获得空穴，结果直接导致导电电子数目降低，器件的电阻值因而增加。本节主要讨论三种典型的半导体气敏器件的工作原理。

8.1.2.1　表面电阻控制型

N 型半导体气敏器件的表面在大气环境中直接吸附氧分子，然后形成受主型表面能级，导致表面电阻增加。如果用 O_A^{n-} 表示吸附位置，当还原性气体 H_2 或 CO 等作为被检测气体时，则气体与氧进行如下反应：$O_A^{n-} + H_2 \longrightarrow H_2O + ne^-$ 和 $O_A^{n-} + CO \longrightarrow CO_2 + ne^-$

被氧原子捕获的电子重新回到半导体中，这直接导致表面电阻下降。利用与被测气体接触后表面电阻的变化来检测各种气体的敏感器件称为表面电阻控制型气敏器件。目前这类器件大部分都做成多孔质烧结体、薄膜、厚膜等。多孔质烧结体、薄膜和厚膜器件都是多晶体，它们由很多晶粒集合而成，晶粒接触部分的电阻最大而且控制整个器件电阻。也就是晶粒接触部分的形状对气敏器件性能具有很大的影响。由于吸附引起的电子浓度变化是在每个晶粒表面空间电荷层中进行的。因此，当晶粒接触部分的大小约等于空间电荷层厚度 h 的两倍时，器件的电阻变化率最大。另外，在晶粒接触部分如果存在由晶轴之间的偏离产生的位错，它们将形成妨碍载流子运动的势垒。这种势垒也因吸附气体而改变其高度，由此也改变器件的电阻。

对于表面电阻控制型气敏器件以及其他类型的半导体气敏器件而言，为了加快气体分子在表面上的吸附作用，多数器件都在 150℃ 以上的温度下工作。因此，目前实际应用的表面电阻控制型气敏器件大都是由禁带宽度比较大、耐高温的金属氧化物半导体材料制备的。为了提高器件的灵敏度，常常在这些材料中添加 Pd、Pt 等催化剂。

8.1.2.2　体电阻控制型

体电阻控制型气敏器件是利用体电阻变化来检测气体的半导体气敏器件。很多氧化物半导体由于化学计量比的偏离，尤其是化学反应性强而且容易还原的氧化物半导体，在比较低的温度下与气体接触时，晶体中的结构缺陷就发生变化，继而体电阻改变。利用这种机制可以检测各种气体，比如，$\gamma\text{-}Fe_2O_3$ 气敏器件，当与气体接触时，随着气体浓度的增加形成 Fe^{2+}，变成 Fe_3O_4，而器件的体电阻下降。$\gamma\text{-}Fe_2O_3$ 被还原成 Fe_3O_4 时形成 Fe^{2+}，它们之间的还原、氧化反应为：

$$\gamma\text{-}Fe_2O_3 \underset{\text{氧化}}{\overset{\text{还原}}{\rightleftharpoons}} Fe_3O_4 \tag{8.1}$$

$\gamma\text{-}Fe_2O_3$ 和 Fe_3O_4 都属于尖晶石结构。进行上述转变时，晶体结构并不发生变化。这种转变又是可逆的，当被测气体脱离后又恢复到原状态，这就是 $\gamma\text{-}Fe_2O_3$ 气敏器件的工作原理。又如尖晶石结构的氧化物 ABO_3 的 A 位置或者 B 位置进行置换或部分置换而产生晶格缺陷。以 $Ln_{1-x}Sr_xCO_3$（Ln 为镧系元素）为例，其加热到约 800℃时放出大量的氧而形成氧空位，改变器件的电阻。关于体电阻控制型气敏器件工作原理，还有一种说法是由于添加物及吸附气体的存在，在半导体能带中形成新能级的同时，母体晶格也发生变化而改变其电导率。

8.1.2.3　非电阻型

金属-半导体二极管、金属-氧化物-半导体（MOS）二极管以及金属-氧化物-半导体场效应晶体管（MOSFET）等气敏器件都属于这类器件。它们的工作原理仍然是利用半导体表面空间电荷层或金属-半导体接触势垒的变化。但并不测量其电阻的变化而利用其他参数的变化，如利用二极管和场效应管伏安特性等的变化检测被测气体的存在。金属和半导体接触时形成肖特基势垒。当在金属和半导体接触部分吸附某种气体时，如果对半导体能带或者金属的功函数有影响，那么它的整流特性就有变化。比如 Pd-CdS 肖特基势垒能检测 H_2。目前已发表的有 Pd-TiO_2、Pd-ZnO、Pt-TiO_2、Au-TiO_2 等肖特基势垒二极管气敏器件。

金属-氧化物-半导体结构的气敏器件，其金属栅极材料为 Pd 或 Pt 薄膜，厚度 500～2000Å（50～200nm），SiO_2 层厚度为 500～1000Å（50～100nm）。当这种器件的金属栅极接触 H_2 时，金属的功函数下降，因此，这种器件的电容-电压特性发生变化。金属-氧化物-半导体场效应晶体管气敏器件的 SiO_2 层厚度比普通的薄一些，大约为 100Å。金属栅极为厚度约 100Å 的 Pd 薄膜，通常简写成 Pd-MOS 场效应晶体管。金属-氧化物-半导体场效应晶体管中漏极电流 I_D 由栅偏压控制。在栅极和漏极之间短路，源极和漏极之间加偏压 U_{DS} 时，I_D 为：

$$I_D = \beta(U_{DS}-U_T)^2 \tag{8.2}$$

式中，β 为常数；U_T 为阈值电压。在 Pd-MOS 场效应晶体管中，随着空气中氢气浓度的增加 U_T 减少。利用这种机制检测氢气浓度。虽然这种类型的气敏器件目前还没有得到广泛的应用，但从器件生产的角度来看很有前途。可以直接利用目前很成熟的平面工艺，在器件的稳定性、重复性以及集成化方面发挥出特点。

8.1.3　气敏传感器的性能参数及指标

标志器件性能的特性参数有器件固有电阻 R_n 和工作电阻 R_S、灵敏度 K、响应时间 t_{res}、恢复时间 t_{rec}、加热电阻 R_H、加热功率 P_H、洁净空气中电压 U_0、标定气体中电压

U_{cs}、电压比 K_U 及回路电压 U_c。固有电阻 R_n 表示气敏器件在正常空气或洁净空气中的阻值，又称正常电阻。工作电阻 R_S 代表气敏器件在一定浓度检测气体中的阻值。金属-氧化物-半导体气敏材料的工作温度与测试环境有很大的关系，一般都在 100℃ 以上。一般情况下，每种气敏材料会有一个最佳的操作温度，材料在此温度下对某一特定浓度的气体显现出最大的灵敏度。气体一直是研究者追求的目标。比较起来，较低的温度会导致气体响应和恢复时间延长。因此，气敏器件的工作温度需要在实际应用中综合考虑各方面因素来选择。气敏器件的灵敏度，主要指的是对被检测气体的敏感程度，用测试前后电阻或电压的比值表示。

用气敏器件在一定浓度检测气体中的电阻（R_g）与在正常空气中的电阻（R_a）的比值来表示灵敏度 S。

$$S = \frac{R_g}{R_a} （对氧化性气体） \quad [8.3(a)]$$

$$S = \frac{R_a}{R_g} （对还原性气体） \quad [8.3(b)]$$

由于正常空气条件不易获得，常用在两个不同浓度中的器件电阻之比来表示灵敏度：

$$S = \frac{R_g(c_2)}{R_g(c_1)} \quad (8.4)$$

式中，$R_g(c_1)$ 代表检测气体浓度为 c_1 时的器件电阻；$R_g(c_2)$ 代表检测气体浓度为 c_2 时的器件电阻。

响应时间代表气敏器件对被检测气体的响应速度。从原则上讲，响应越快越好，但实际上很难做到，总要有一段时间才能达到稳定值。把从器件开始接触一定浓度的被测气体到其阻值达到该浓度下稳定阻值的时间，定义为响应时间，用 t_{res} 表示。恢复时间表示气敏器件对被测气体的脱附速度，又称脱附时间。由于这一时间不能为零，因此把气敏器件从脱离检测气体开始，到阻值恢复到正常空气中阻值的时间，定义为恢复时间，用 t_{rec} 表示。某气敏器件并不按上述定义确定响应时间和恢复时间，而是用气敏器件从接触或脱离检测气体开始到阻值或阻值增量达到某一确定值的时间确定。气敏器件的阻值增量由零变化到稳定增量的 63% 所需的时间，定义为响应时间和恢复时间。

为气敏器件提供工作温度的加热器电阻称为加热电阻，用 R_H 表示。气敏器件正常工作所需要的功率称为加热功率，用 P_H 表示。R_H 和 P_H 两项指标越小越好。在洁净空气中，气敏器件负载电阻上的电压，定义为洁净空气中电压，用 U_0 表示。气敏器件在不同气体、不同浓度条件时，阻值将发生相应变化。为了给出器件的特性，通常总是在一定浓度的气体中进行测试标定。把这种一定浓度的气体称为标定气体。在标定气体中，气敏器件负载电阻上电压的稳定值称为标定气体中电压，用 U_{cs} 表示。电压比的物理意义可由下式表示：$K_U = U_{c_1}/U_{c_2}$，U_{c_1} 和 U_{c_2} 分别表示在接触浓度为 c_1 和 c_2 的标定气体中，气敏器件负载电阻上电压的稳定值。电压比与气敏器件灵敏度相对应，有时用电压比表示气敏器件的灵敏度，即 $K_U = K$。气敏器件测试回路所加的电压称为回路电压，用 U_c 表示。回路电压对测试和使用气敏器件很有实用价值。

8.2 气敏材料

气敏材料指的是当吸附某种气体后，材料电阻率发生变化的一种功能材料。气敏传感器中使用的气敏材料可以分为四类。第一类是金属氧化物和复合氧化物半导体,常用的金属氧化物有 SnO_2、ZnO、TiO_2、$\alpha\text{-}Fe_2O_3$、WO_3、$CuO\text{-}ZnO$ 异质结等;复合氧化物有类钙钛矿结构的物质,如 $SrTiO_3$,尖晶石型铁氧体($NiFe_2O_4$)。第二类是由导体和半导体组合而成的,有的同时使用氧化物或绝缘体,如金属和半导体接触构成的肖特基二极管、MOS 场效应晶体管、MIS 场效应晶体管。第三类是具有离子导电性能的固体电解质,如由二价镁离子和氧离子构成的固体电解质、银离子玻璃。第四类是有机高分子,如聚吡咯、聚酰亚胺、金属酞菁配合物。

目前最常用的气敏材料主要是 SnO_2、ZnO、Fe_2O_3 等,都为非化学计量的氧化物半导体。当其表面发生气体吸附时,可以有四种情况:①N 型半导体发生负离子吸附;②N 型半导体发生正离子吸附;③P 型半导体发生负离子吸附;④P 型半导体发生正离子吸附。①、④类吸附使材料功函数减少,载流子减少,表面电导率降低,这种吸附称为耗损型吸附。②、③类吸附多数导致载流子增加,表面电导率增高,称为蓄积型吸附。一般情况下,不管是 N 型半导体还是 P 型半导体,对 O_2、NO_x 等具有氧化性的气体多数发生负离子吸附,而对于 H_2、CO、碳化氢、乙醇等具有还原性的气体多数发生正离子吸附。气敏材料由于要在较高温度下长期暴露于氧化性或还原性气氛中,因此必须具有良好的物理和化学稳定性。各种半导体气敏材料所能探测的气体种类和使用温度见表 8.1。

表 8.1　各种半导体气敏材料所能探测的气体种类和使用温度

半导体材料	添加物质	探测气体	使用温度/℃
SnO_2	PbO、Pd	CO、C_3H_4	200～300
SnO_2+SnCl_2	PbO、Pd、过渡金属	CH_4、C_3H_4、CO	200～300
SnO_2	$PbCl_2$、$SbCl_3$	CH_4、C_3H_8、CO	200～300
SnO_2	$PbO+MgO$	还原性气体	150
SnO_2	Sb_2O_3、MnO_3、TiO_2	CO、煤气、液化石油气	250～300
SnO_2	V_2O_5、Cu	乙醇、苯等	250～400
SnO_2	稀土类金属	乙醇系可燃性气体	
SnO_2	Sb_2O_3、Bi_2O_3	还原性气体	500～800
SnO_2	过渡金属	还原性气体	250～400
SnO_2	瓷土、WO、Bi_2O_3	碳化氢系还原性气体	200～300
ZnO		还原性和氧化性气体	
ZnO	Pt、Pd	可燃性气体	
ZnO	V_2O_5、Ag_2O	乙醇、苯、丙酮	250～400
$\gamma\text{-}Fe_2O_3$		丙烷	
WO_3	Pt、过渡金属	还原性气体	
V_2O_5	Ag	NO_2	
In_2O_3	Pt	可燃性气体	

8.2.1　SnO_2 系

SnO_2 最常见的是金红石结构,密度为 $6.95g/cm^3$,熔点为 1630℃,常温下为白色粉末,其禁带宽度为 3.5～3.7eV,纯净的 SnO_2 为绝缘体。用一般方法制备的 SnO_2,因分子中的 Sn/O 大多偏离化学计量比，故其通式可表示为 SnO_{2-x}。这表明 SnO_2 中存在氧空位或填隙锡原子。氧空位在 SnO_2 的能带中引起两个附加的施主能级，且距导带很近（分别为 $0.03eV$ 和 $0.15eV$）。晶体中的主要载流子为电子，是 N 型半导体。暴露于干净空气中时，通常都出现氧吸附。设 So（ ）代表陶瓷的表面位置，其吸附反应包括物理吸附及化学吸附，吸附反应式如下：

① 物理吸附：
$$So(\ ) + O(g) \longrightarrow So(O) + \Delta H_1 \qquad (8.5)$$

② 化学吸附：
$$So(O) + 2e^- \longrightarrow So(O^{2-}) + \Delta H_2 \qquad (8.6)$$

采用添加 ThO_2 的 SnO_2 陶瓷器件测量 CO 时，除了发生上述反应外还将发生以下吸附过程：

$$So(\ ) + CO(g) \longrightarrow So(CO) + \Delta H_3 \qquad (8.7)$$
$$So(CO) - 2e^- \longrightarrow So(CO^{2+}) + \Delta H_4 \qquad (8.8)$$
$$So(CO^{2+}) + So(O^{2-}) + \Delta H_5 \longrightarrow So(CO_2) \qquad (8.9)$$
$$So(CO_2) + \Delta H_6 \longrightarrow So(\ ) + CO_2 \qquad (8.10)$$

上述反应过程表明：还原性气体 CO 与原已被吸附在 SnO_2 陶瓷体表面的氧离子作用，生成 CO_2，并使陶瓷体载流子增加，势垒降低，耗尽层减薄，电阻下降。其反应过程可以概括为：

$$So(CO) + So(O) \longrightarrow 2So(\ ) + CO_2 + \Delta H_7 \qquad (8.11)$$

如果吸附 H_2，则反应为：
$$H_2 + So(O^{2-}) \longrightarrow H_2O(g) + So(\ ) + 2e^- \qquad (8.12)$$

气敏器件的灵敏度 S 值越大，灵敏度就越高。SnO_2 气敏陶瓷 S 值高，出现最高灵敏度的温度 T_{min} 低，其是应用广泛的半导体气敏陶瓷。测定丙烷时，灵敏度和温度的关系见图 8.1。如果添加催化剂 Pd、Mo、$GaCeO_2$ 等，可进一步降低工作温度，甚至可以在常温下工作。除催化剂外，还可添加一些化合物来改善 SnO_2 的性能。添加摩尔分数为 $0.5\% \sim 3\%$ 的 Sb_2O_3 可降低起始阻值。涂覆 MgO、PbO、CaO 等二价金属氧化物可以加速解析。添加 CdO、PbO、CaO 等有延缓烧结、抗老化的作用。添加 ThO_2 可大大提高器件对 CO 吸附的灵敏度，而降低对 H_2、C_3H_8 和 i-C_4H_{10} 的灵敏度，如图 8.2 所示。

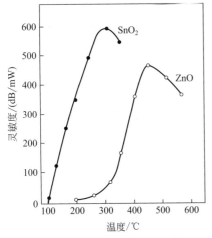

图 8.1　气敏陶瓷的检测灵敏度和温度的关系曲线
检测气体丙烷 0.1%

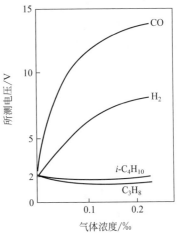

图 8.2　200℃时，掺杂 5%ThO_2 的 SnO_2 气敏
器件所测电压与气体浓度的关系曲线

SnO$_2$ 粉越细，比表面积越大，气体吸附的灵敏度越高。因此需要制备高分散性的 SnO$_2$ 超细粉。SnO$_2$ 气敏器件分烧结型、薄膜型、厚膜型等。烧结型是 SnO$_2$ 粉料添加其他成分经混合和烧结而成的。薄膜型是在玻璃或陶瓷基片上，用蒸发或溅射法制备 SnO$_2$ 膜，并在基片背面设置加热电路，提供必要的工作温度。厚膜型一般是在陶瓷绝缘基片上用印刷和烧结的方法制备膜厚几十微米的气体敏感层，同样也需要在基片背面设置加热电路，提供必要的工作温度。图 8.3 为 SnO$_2$ 气敏器件结构。

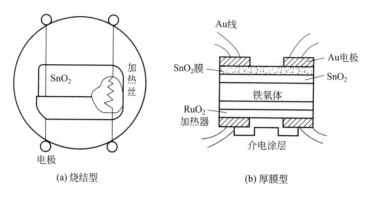

(a) 烧结型　　　　　　　　(b) 厚膜型

图 8.3　SnO$_2$ 气敏器件的结构

具有特殊形貌的纳米 SnO$_2$ 器件可以通过各种各样的方法（如气相法、液相法和固相法）来制备，掺杂改性也被用来提高气敏性能。掺杂物改变能带结构并提供更多的活性中心，优先及加快吸附目标气体分子，改变 SnO$_2$ 的电导，实现对目标气体分子的检测。常见的掺杂主要是金属掺杂和金属氧化物掺杂，例如，常用的贵金属元素有 Ru、Pd、Au、Pt 和 Rh；常用的稀土元素有 Ce、Pr 及 Y 等。Zhang 等人通过两步法来制备 SnO$_2$ 器件，发现器件对乙醇具有良好的选择性、高的灵敏度和优良的稳定性[280]。典型的制备法为：首先制备 SnO$_2$ 空心球，然后分散于 HAuCl$_4$ 溶液中，再加入氨水；最后将得到的沉淀高温煅烧得到 Au 掺杂的多孔 SnO$_2$ 空心球。Song 等人以聚苯乙烯球为模板，制备出 Ce 掺杂的 SnO$_2$ 空心球[281]。结果显示：器件在 250℃ 条件下对 500mg/L 的丙酮有非常高的灵敏度和选择性。通过水热法制备出的 Zn 掺杂 SnO$_2$ 纳米棒与未掺杂的纯 SnO$_2$ 纳米棒相比，Zn 掺杂 SnO$_2$ 纳米棒对 10mg/L 的甲醛、乙醇及丙酮具有更高的灵敏度[282]。通过水热法制备出的 Cu 掺杂的 SnO$_2$ 花状分级结构在 260℃ 条件下对丙酮的响应达氨水的 11.5 倍[283]。通过水热法制备的 NiO 掺杂的 SnO$_2$ 多面体在 280℃ 条件下对 30mg/L 乙醇的响应时间为 0.6s，远远好于未掺杂的纯 SnO$_2$[284]。通过两步法制备出的 ZnO 掺杂 SnO$_2$ 空心球对乙醇的响应具有高的灵敏度，其工作温度下降到 150℃[285]。由此可知，对于各种纳米结构的 SnO$_2$ 气敏传感器，提高复杂环境条件下的选择性、灵敏度及降低工作温度仍然是需要重点关注的目标。

8.2.2　ZnO 系

ZnO 是一种重要的 N 型半导体材料，具有六方晶系的纤锌矿结构，禁带宽度为 3.4eV，其气敏器件的工作温度一般为 400～500℃。在 ZnO 中掺入 Pd、Pt 和稀土后，ZnO 器件的选择性得到改善，气体灵敏度也得到提高。采用 Pt 作催化剂时，对于烷类碳氢化合物有较高的灵敏度。采用 Pd 作催化剂时，则对 H_2、CO 很敏感。比较起来，ZnO 系陶瓷的突出优点是选择性强，在实际应用中仅次于 SnO_2 系。ZnO/Pt 系气敏陶瓷和气体浓度的关系见图 8.4。

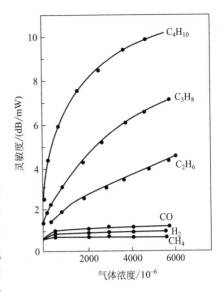

图 8.4 ZnO/Pt 系气敏陶瓷和浓度的关系

ZnO 气敏器件的气敏机制有晶界势垒和氧吸附理论两个模型。晶界势垒模型显示氧化物粒子之间的接触势垒是引起气敏效应的根源。晶界吸附氧形成高势垒，这使得电子穿越势垒的阻力增加。当晶界吸附还原性气体后，越过势垒的阻力降低，直接导致电阻减小。氧吸附理论显示半导体氧化物表面吸附氧后会失去电子，被吸附的氧俘获。实际上，当器件在 $200 \sim 600℃$ 与还原性气体接触时，导带底存在的被吸附氧与还原性气体反应，表面势垒降低，电导增加。因此，ZnO 气敏器件的气敏机制归结为表面势垒的变化。尽管如此，ZnO 气敏器件仍存在一些问题尚需解决：①ZnO 掺杂与微结构控制；②多层结构 ZnO 气敏器件过滤层及催化；③材料微粒纳米化或薄膜化；④进行输出信号识别检测系统的研究等。

8.2.3　Fe_2O_3 系

α-Fe_2O_3 和 γ-Fe_2O_3 均具有气敏特性，其中 α-Fe_2O_3 是刚玉型晶体结构，γ-Fe_2O_3 是尖晶石型晶体结构。α-Fe_2O_3 和 γ-Fe_2O_3 无需添加贵金属催化剂就可制成灵敏度高、稳定性好、具有一定选择性的气体传感器，是继 SnO_2 和 ZnO 系气敏陶瓷之后又一种很有发展前途的气敏半导体陶瓷。现有的煤气报警器大都采用添加贵金属催化剂的 SnO_2 系气敏器件，灵敏度虽高，但选择性较差，且会因催化剂中毒而影响报警的准确性。20 世纪 70 年代末出现的 α-Fe_2O_3 基煤气报警器和 γ-Fe_2O_3 基液化石油气报警器，日益受到人们的重视。氧化铁气敏陶瓷性能的改进主要是通过掺杂来提高其稳定性，如 α-Fe_2O_3 添加 20%（摩尔分数）的 SnO_2 可提高其灵敏度，γ-Fe_2O_3 添加 1%（摩尔分数）的 La_2O_3 可提高其稳定性，加入高选择性催化剂可提高它们的选择性。同样，如果材料是超微粒径的多孔烧结体，也能显著提高其灵敏度。

8.2.4　ZrO_2 系

ZrO_2 系气敏陶瓷主要用以检测氧气。其中被测气体与参比气体处于敏感陶瓷两侧，按照浓差电池的原理进行检测，由于两侧氧的活度（浓度或分压）不同而形成化学势差异，使浓度高的一侧氧通过敏感陶瓷中的氧空位以氧离子的状态向低浓度一侧迁移，从而形成氧离子电导，在氧离子陶瓷导体两侧产生氧浓度差电动势。通过已知一侧气体的氧分压，就可以测得另一侧氧气分压。目前 ZrO_2 系氧传感器应用广泛。如用于汽车的氧传感器以输出信号来调节空燃比为某固定值，起到净化排气和节能的作用。此外其还大量用于钢液中含氧量的快速分析，工业废水污浊程度的测量等。

8.2.5 TiO$_2$ 系

TiO$_2$ 半导体的阻值（R_e）随温度和氧浓度的变化而变化，可写为：

$$R_e = C_1 \exp\left(\frac{-E_a}{kT}\right) p_{O_2}^{1/m} \tag{8.13}$$

式中，C_1 为常数；E_a 为活化能；k 为玻尔兹曼常数；p_{O_2} 为氧气的压力；$1/m$ 为与晶格缺陷有关的指数。

TiO$_2$ 氧传感器与 ZrO$_2$ 氧传感器相比，不需要与空气作对比，结构简单，工作温度低。如果汽车使用掺有四乙铅的汽油为燃料，若用 ZrO$_2$ 敏感陶瓷常会因中毒而失灵，因此使用 TiO$_2$ 和 CoO-MgO 系陶瓷材料检测汽车排气，用于控制空气/燃料比更为适宜。

8.3 气敏器件的类型和结构

被测气体的种类繁多，检测这些气体所用的传感器及检测机制也各不相同。这些传感器可分为半导体气敏传感器和非半导体气敏传感器两大类，其中半导体气敏传感器是目前工业生产和社会生活中使用最多的一类。在工作中，半导体气敏传感器表面与待测气体的接触会引起化学反应，这直接导致电导率变化，利用这一现象来检测相应的气体成分或浓度等。

8.3.1 半导体气敏器件的类型

为了扩大与气体的接触部分，有必要把器件的整个表面积做得尽量大，所以半导体气敏器件采用多孔质体或薄膜形状的结构。此外，为了提高对气体的选择性，增大机械强度，改善稳定性、寿命和温度特性，还在母体材料中掺入催化剂和添加剂。如按照使用的基本材料来分，可分为 SnO$_2$ 系、ZnO 系、Fe$_2$O$_3$ 系等；如按照被检测气体对象来分，可分为氧敏器件、氢敏器件等；如按照制作方法和结构形式来分，可分为烧结型、薄膜型、厚膜型等；如按工作原理来分，可分为电阻型和非电阻型，如表 8.2 所示。作为器件结构来说主要是烧结型，除此之外还有厚膜和薄膜形式的器件。这种器件又根据半导体器件与气体相互作用只限于半导体表面还是涉及体内，分为表面电阻控制型和体电阻控制型。非电阻型是利用半导体器件的其他电学参数来检测气体的，如利用肖特基二极管伏安特性的变化或 Pd-MOS 场效应晶体管阈值电压的变化等。

烧结型器件是将电极和器件加热用的加热器埋入金属氧化物中，添加 Al$_2$O$_3$、SiO$_2$ 等催化剂和黏结剂，用电加热或加压成型后低温烧结制成的。这种器件制作方法简单，缺点是：由于烧结不充分，器件的机械强度较低；又由于使用了贵金属丝，因此成本较高。薄膜型器件是采用蒸发或溅射的方法在石英基片上形成氧化物半导体薄膜（厚度为数微米）制成的。制作方法也很简单。缺点是：这种薄膜为物理性附着系统，其性能与工艺条件和薄膜的物理、化学状态有关，因此器件之间的性能差异较大。厚膜器件采用丝网印刷法制成。一般是把氧化物半导体粉末、添加剂、黏结剂和载体混合配成浆料，再把浆料印刷到基片上，形成厚度为几微米到几十微米的厚膜，灵敏度与烧结型的相当，工艺性和器件机械强度都较好，特性也比较一致。

表 8.2 半导体气敏器件

器件类型特性	器件材料	工作温度	被检测气体
表面电阻控制器	SnO_2、ZnO	室温～450℃	可燃性气体
体电阻控制器	γ-Fe_2O_3	30～450℃	乙醇、可燃性气体
	TiO_2	700℃以上	
	CoO-MgO	700℃以上	
表面电位	Ag_2O	室温	硫醇
二极管整流特性	Pd-TiO_2	室温～200℃	H_2、CO、乙醇
晶体管特性	Pd-MOS 场效应晶体管	150℃	H_2、H_2S

这些器件全部附有加热器。当使用检测器时，加热器使附着在探测部分处的油雾、尘埃等烧掉，同时加速气体的吸附，提高器件的灵敏度和响应速度。为了提高气敏器件对各种气体的识别能力，可以采取一些措施，如控制器件制作时的烧结温度、改变器件的加热温度、在制作器件中加入各种添加物等。比如在 SnO_2 中加入 3%～5% 的 ThO_2，并用 5% 的二氧化硅进行固化处理的厚膜器件，该器件在 400～600℃ 之间烧成时，可用来检测 H_2；在 400℃ 以下烧成时，可用来检测 CO。半导体气敏器件中添加这些物质的目的在于增加器件的灵敏度、控制烧结状态、提高稳定性、获得气体的识别能力、用于粘结器件等。

8.3.2 各种气敏器件的结构

烧结型 SnO_2 气敏器件按其加热方式不同，又分为直热式和旁热式气敏器件两种。直热式器件又称内热式器件，结构和符号如图 8.5 所示。器件管芯由三部分组成：SnO_2 基体材料、加热丝、测量丝。加热丝和测量丝直接埋在 SnO_2 材料内，工作时加热丝通电加热，测量丝用于测量器件阻值。直热式气敏器件的优点是制备工艺简单、成本低、功耗小、可以在高回路电压下使用。直热式气敏器件的缺点是热容量小，容易受环境气流的影响；测量回路与加热回路间没有隔离，互相影响；加热丝在加热和不加热状态下会产生涨缩，容易造成与材料的接触不良。旁热式 SnO_2 气敏器件的结构和符号如图 8.6 所示。器件的管芯是一个陶瓷管，在管内放入高阻热丝，管外涂梳状金电极作测量极，在金电极外涂 SnO_2 材料。这种结构，克服了直热式器件的缺点，稳定性、可靠性较直热式器件有较大的改进。

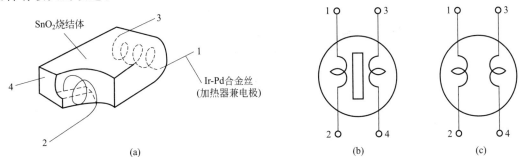

图 8.5 直热式气敏器件结构（a）及符号（b）、（c）

1，3—加热丝；2，4—测量丝

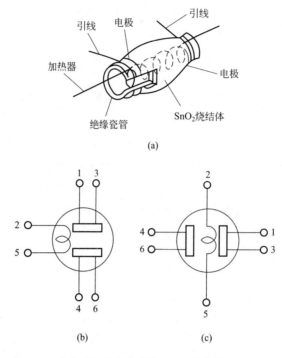

图 8.6 旁热式气敏器件结构 (a) 及符号 (b)、(c)

1，3—电极；2，5—加热器；4，6—引线

SnO_2 薄膜型气敏器件一般是在绝缘基板上蒸发或溅射一层 SnO_2 薄膜，再引出电极而成。薄膜型器件制作方法简便，特性差别较大，灵敏度不如烧结型器件高。SnO_2 厚膜型气敏器件结构强度好、特性均匀。多层薄膜型气敏器件结构第一层是 $Fe_2O_3 + TiO_2$（3000Å），作为导电层；第二层是 SnO_2 或 WO_3，作为气敏层；气体检测是通过气敏薄膜进行的。混合厚膜型气敏器件结构如图 8.7 所示，其是在陶瓷基片上用印刷技术做成集成的混合型厚膜而成，不同厚膜氧化物具有不同的气敏特性，可对气体进行选择性检测。例如：用 SnO_2 厚

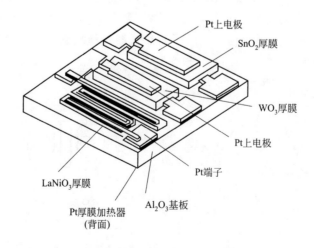

图 8.7 混合厚膜型气敏器件结构

膜可检测 CH_4；用 WO_3 厚膜可检测 CO；用 $LaNiO_3$ 厚膜可检测 C_2H_5OH。

Fe_2O_3 系气敏器件为体电阻控制型气敏器件。图 8.8 是 $\gamma\text{-}Fe_2O_3$ 气敏器件的结构图。起敏感作用的管芯是一个尺寸为 $\phi2mm$ 的圆柱状烧结体。以 $\gamma\text{-}Fe_2O_3$ 为主要成分的烧结体，内藏一对金电极。使用螺旋状外热式加热器进行加热。外面使用防爆网罩，管脚为直列式配置。$\gamma\text{-}Fe_2O_3$ 对丙烷等气体的灵敏度较高，但对甲烷的灵敏度较低，采用 $\alpha\text{-}Fe_2O_3$ 作气敏器件，对甲烷、乙烷、丙烷、异丁烷及 H_2 均在爆炸限下有很高的灵敏度。因此，对人造煤气、天然气、石油液化气均可以使用，而且对乙醇的灵敏度很低，抗湿能力强且寿命长，是一种很有前途的器件。

Nb_2O_5 氧敏器件是用溅射法在氧化铝衬底的一面溅射厚度为几千埃的 Nb_2O_5 膜，并在膜上形成梳状 Rt（Pt）电极而成。在氧化铝衬底的另一面形成锯齿状的白金薄膜加热器。氧敏器件广泛应用在汽车上，用来调整空燃比的控制系统和三元催化系统。金属和半导体接触形成肖特基势垒，构成金属-半导体二极管。当金属和半导体界面处吸附某种气体时，气体将影响半导体的能带或者金属的功函数，使整流发生变化。氢敏器件的结构如图 8.9 所示，SiO_2 层的厚度比 MOS 场效应管薄，并用薄膜作为栅极做成 Pd-MOS 场效应晶体管气敏器件。因为这种器件对氢气很敏感，而且选择性非常好，所以称为 Pd-MOS 场效应晶体管氢敏器件。

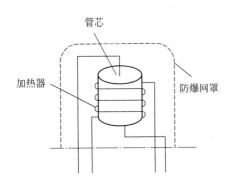
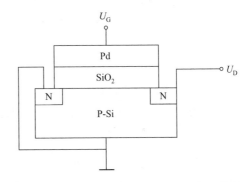

图 8.8　$\gamma\text{-}Fe_2O_3$ 气敏器件结构　　图 8.9　Pd-MOS 场效应晶体管氢敏器件的结构
U_G 为栅电极的电压；U_D 为漏源之间的电压

8.3.3　SnO_2 系半导体气敏器件

8.3.3.1　烧结型 SnO_2 半导体气敏器件制备工艺

烧结型 SnO_2 气敏器件工艺比较成熟，现对直热式气敏器件的基本工艺流程作简单讨论。

将调配好的金浆涂在选好的圆柱形瓷管外壁，形成梳状电极，涂有电极的陶瓷管在室温下干燥后，放入管式炉中灼烧，温度逐渐升至约 800℃，恒温 $10\sim20min$，再降至室温，取出检查。如果金浆已牢固烧结在陶瓷管上，图形规整，且具有金色光泽，即可备用。在烧好的电极上，用直径为 0.05mm 的铂丝作为电极引线焊接，并在焊点周围包上金浆，干燥后放入高温炉内灼烧，烧制好的电极应接触良好。

将制好的 SnO_2 和各种添加剂［如苏州土（$Al_2O_3\cdot SiO_2\cdot xH_2O$）、$SiO_2$、$PdCl_2$、

Sb_2O_3 等〕按一定比例称量好，配制所需要的基本材料。材料混合后，在玛瑙研磨机中磨成约 $1\mu m$ 的粉料，为保证颗粒均匀，先干磨后湿磨，一般研磨 3h 以上。将研磨好的基本材料调成糊状，均匀涂在已制好电极的陶瓷管外面，电极要全部盖住，厚度要适宜，不能厚薄不均，否则会影响器件的性能。如涂层过厚，表面易碎裂；过薄则有可能达不到高灵敏度的要求。涂覆好的管芯经自然干燥后，放在专用的托架上，置于烧结炉中烧结，温度为 650～750℃，时间约 1h。烧结时要控制好温度与时间，升温不能过快，否则会造成管芯表面碎裂、附着力差，恒温时间不能过短或过长。恒温温度和时间直接影响基体材料的氧化程度，若温度低、时间短，就达不到烧结效果；温度高、时间长，会使材料过分氧化，影响气敏性能。烧好的管芯，要适当整形，再在瓷管中放入绕制好的加热丝，加热丝一般用高阻金属丝绕制成螺旋线圈，然后将电极引线和加热丝引线焊在器件底座上。焊在管座上的管芯，放入专用老化台中，通电老化，时间在 240h 以上，以改善器件性能，增加其稳定性。对老化后的管芯进行各项参数的测量，合格的管芯，用 100 目双层不锈钢网封好，再经全面测试检查，合格后包装入库。

器件制作的工艺直接决定器件的性能。工艺参数选择的主要依据是对检测气体灵敏度的要求、对器件的可靠性及稳定性要求等。由于器件本身的特点，这些要求之间互相制约，理论上详细计算比较复杂。在实际工作中，最佳工艺参数只能根据实验数据来确定。

气敏器件的工作温度取决于埋入管芯内的加热器，它直接影响器件受热状态以及性能和功耗等。加热器一般为螺旋形，大多选用稳定性好的高阻金属丝来绕制，基本要求是热稳定性良好及不吸附气体，其加热性能通过控制金属丝线径、线圈几何形状和间距疏密等达到设计要求。通常选用铂丝、镍丝、Mo-Pd 合金丝等。当陶瓷管内径为 0.8mm，外径为 1.2mm，长度为 4mm 时，将直径为 0.06mm 的 Ni-Cr 丝绕成直径 0.74mm 线圈、长度 4mm、排线密度 100、加热电阻约 400Ω 的陶瓷内加热线圈。

测量电极都埋于气敏材料内，用引线引出，要求其与瓷管附着力好、稳定性好，其膨胀系数与瓷管及气敏材料接近，并与材料有良好欧姆接触；电极的可接触面积要大，以降低测量电流密度，提高测试精度。比较适宜的材料是合金浆料，用高纯度的金调配而成，在瓷管外壁涂成梳状，用直径 0.05mm 的铂丝或 Fe-Cr 合金丝焊在电极上，作为引出线。

纯 SnO_2 基体材料，其气敏效应不能满足使用要求，为制备高灵敏度的 SnO_2 气敏器件，均要在 SnO_2 材料中，按设计要求，加入各种各样的添加物质，这种添加物质又称为添加剂，其目的是提高气体检测灵敏度、增强对气体识别能力、提高 SnO_2 材料稳定性、增加基体材料的机械强度。烧结型气敏器件，在 SnO_2 中加入三价或五价金属氧化物，可以改善电性能和稳定性，如加入锑的氧化物（Sb_2O_3），便得到如图 8.10 所示的结果。加入 Sb_2O_3 后，在 800℃下灼烧，SnO_2 阻值变化很小。SnO_2 阻值随 Sb_2O_3 添加量而变化，如图 8.11 所示。当 Sb_2O_3 含量在 1% 以下时，电阻下降，超过 1% 后，电阻随 Sb_2O_3 含量增加而上升，在 1% 处有最小值。为提高气敏器件的灵敏度，主要添加起催化作用的物质，如在 SnO_2 中添加 $PdCl_2$。其在低温时，就有显著的催化活性。500℃ 以下，$PdCl_2$ 在 SnO_2 中以 $PdCl_4$ 形式存在，有少量 PdO 生成；在 700℃ 左右时，SnO_2 气敏器件中主要是 PdO 和 Pd，因此，器件灵敏度很高。

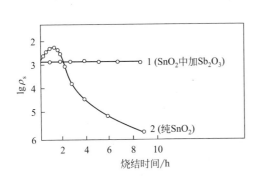

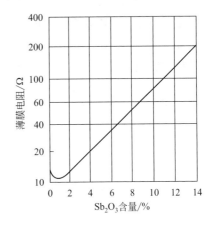

图 8.10 SnO_2 电阻热稳定性曲线　　图 8.11 掺杂不同 Sb_2O_3 含量时的 SnO_2 电阻值

8.3.3.2 SnO_2 气敏器件气体检测机理

烧结型 SnO_2 气敏器件的检测机制属于表面电阻控制型，所使用的材料是多孔质 SnO_2 烧结体。烧结型 SnO_2 材料在晶体组成上锡或氧往往偏离化学计量比，这直接导致产生氧空位或产生金属间隙原子，但无论出现哪种情况，都会在靠近导带的地方形成施主能级，而这些施主能级上的电子也很容易激发到导带。由晶粒接触界面势垒模型和吸收效应模型的讨论可知，在这种结构的半导体内，晶粒接触界面存在电子势垒，接触界面电阻对器件电阻起显著的支配作用，而且这一电阻值取决于势垒高度和接触界面的形状。由于氧吸附力很强，SnO_2 气敏器件的敏感面在空气中总是会有吸附氧，吸附状态可以是 O_2^-、O^-、O^{2-} 等，均属于负电荷吸附状态。当 SnO_2 气敏器件接触还原性气体（如 H_2、CO 等）时，被测气体同吸附氧发生反应，O_A^{n-} 密度减少，势垒高度降低，电子越过势垒的能力增加，阻值降低。

8.3.4 ZnO 系半导体气敏器件

ZnO 是应用最早的一种半导体气敏材料，物理、化学性质稳定，禁带宽度为 3.4eV，可在较高温度下工作。ZnO 的工作原理和 SnO_2 气敏器件一样，但对一般还原性气体，其检测灵敏度比 SnO_2 低，工作温度比 SnO_2 高，约有 450℃，如图 8.12 所示。同 SnO_2 一样，

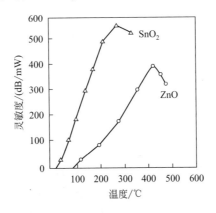

图 8.12 SnO_2 和 ZnO_2 气敏器件的灵敏度与温度的关系曲线

ZnO 也是表面电阻控制型气敏器件。为了提高 ZnO 的气敏性能，常常掺入一些贵重金属作催化剂，掺入 Pt 可提高对乙烷、丙烷、异丁烷等碳氢化合物的灵敏度，而且灵敏度随气体中含碳量的增加而增加。ZnO 对于 H_2 及 CO 的灵敏度却不高，CH_4 检测非常困难，而 ZnO 中掺入 Pd 时，其对 CO 和 H_2 比较灵敏。

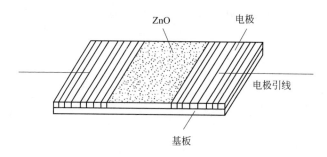

图 8.13　最早的 ZnO 薄膜型气敏器件

在 ZnO 中添加 V_2O_5-MoO_3 时，其对氟利昂比较敏感；用掺 Ga_2O_3 的 ZnO 制作烧结型器件时，其对烷烃比较敏感。在 ZnO 中掺入 Ag 也可以提高它对可燃性气体的灵敏度，最早的 ZnO 气敏薄膜器件，如图 8.13 所示，其基本结构与 SnO_2 气敏器件是一样的。典型的 Ag 掺杂 ZnO 烧结型气敏器件制造过程为：将化学分析纯 ZnO 和 $AgNO_3$ 按质量比（99.4：0.6）配制，然后把混合后的粉末调和研磨后做成管芯，再把干燥后管芯进行高温烧结，$AgNO_3$ 高温分解，析出的 Ag 均匀地掺入 ZnO 中去。不同的掺杂量、不同的器件制作方法及其烧结温度对气敏器件特性有着不同的影响。Ag 的掺杂量严重影响器件的气敏性。当 $AgNO_3$ 的掺杂量大于 1% 时，由于 Ag 的大量掺杂，材料电阻率急剧下降，几乎成了导体，气敏性丧失；当 $AgNO_3$ 的掺杂量小于 0.1% 时，Ag 掺入量非常少，器件的阻值很大，几乎成为绝缘体，也不具有气敏特性。试验结果表明，$AgNO_3$ 的最适宜掺杂量为 0.6%。烧结温度不仅对器件的气敏性能有很大的影响，而且对器件的机械强度也有影响。烧结温度为 600℃ 时，气敏特性很好，但机械强度很差，易碎裂。若烧结温度大于 900℃，器件的阻值很大，接近于绝缘体，机械强度高，不易碎裂。为兼顾这两方面的特性，一般采用的烧结温度为 700℃。器件加热丝用直径为 0.02mm 的铂丝，将铂丝围着直径为 0.3mm 的不锈钢针缠绕 20 匝形成铂丝螺旋线圈，作器件的加热器，其直流阻值约为 20Ω。按上述方法配比的 ZnO 材料经研磨后，用乙烯醇调和并再研磨至糊状，涂覆在铂丝上，烘干，而后加电极再涂覆，烘干即可。然后在 700℃ 下恒温烧结 2h，而后自然冷却，降至室温，并将烧结后得到的管芯焊接在封装的底座上，加好防爆罩。装配好的器件，通以 130mA 的直流电流，老化 20d 后，测试器件的阻值、加热电流、灵敏度等基本参数。

新型 ZnO 气敏器件是在外径为 1.4mm 的圆形瓷管内，穿入金属丝作加热器，外涂 ZnO 基体材料。器件使用时如能保持在 370℃，就能有好的工作效果。图 8.14 为新型 ZnO 气敏器件结构的剖面图。制备方法大致是：首先向 ZnO 基体材料和添加剂的混合物中掺入一定量的水和甲基纤维素，研磨成膏状物，涂在已装有引线的圆形陶瓷管上，待其烘干后，在 900℃下烧结，然后向陶瓷管内套进加热器。在 ZnO 材料上形成 Al_2O_3 多孔质隔离层，在此隔离层上涂上催化剂层，然后在一定温度下烧渗，经老化后再封装。由于在半导体材料 ZnO 层和催化剂层之间有一隔离层，器件在空气中的阻值 R_a 约提高一个数量级，结果使 R_a/R_c 上升，这说明对于气敏器件来说，半导体不直接接触催化剂会有更好的效果。对于这种现象的初步解释是：ZnO 是 Zn 过剩的半导体，Zn 离子吸附氧，在催化剂的作用下，促使大气中氧的吸附。因此，器件在空气中的阻值 R_a 上升。如果这时器件接触还原性气体，在催化剂的作用下器件的阻值下降。

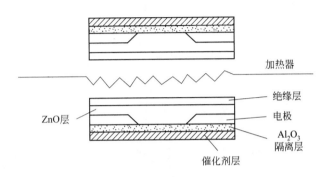

图 8.14 新型 ZnO 气敏器件结构的剖面图

控制 ZnO 微细结构，改善其器件性能。根据烧结型气敏器件的工作原理，具有良好检测灵敏度的烧结型半导体气敏器件，烧结体晶粒应该具有一定大小而且均匀的线度，也就是说应具有均匀的晶粒接触部，所以控制烧结体的微细结构就显得十分重要。添加 Al_2O_3 和 Li_2O 对 ZnO 微细结构及气敏特性有影响。

ZnO 是金属 Zn 过剩的 N 型半导体。它的电导率与烧结温度有关，其平衡式为：

$$ZnO \Longrightarrow Zn_i + \frac{1}{2}O_2(g) \tag{8.14}$$

$$Zn_i \Longrightarrow Zn_i^+ + e^- \tag{8.15}$$

$$Zn_i^{-1} \Longrightarrow Zn_i^{2+} + 3e^- \tag{8.16}$$

式中，Zn_i 表示间隙锌原子；i 表示该原子有间隙。

当掺杂 Al_2O_3 时按下式进行反应：

$$Al_2O_3 \Longrightarrow 2\,Al_{Zn}^+ + 2e^- + 2ZnO + \frac{1}{2}O_2(g) \tag{8.17}$$

根据式(8.17)，掺杂 Al_2O_3 后电子数增加，其电阻率下降，促使平衡反应式(8.14)、式(8.15)、式(8.16)向左移动，结果 Zn_i、Zn_i^+、Zn_i^{2+} 数目减少，如果掺杂 Li_2O，则按下式进行反应：

$$Li_2O - 2e^- + \frac{1}{2}O_2(g) \Longrightarrow 2\,Li_{Zn}^+ + 2ZnO \tag{8.18}$$

根据式(8.18)，掺杂 Li_2O 后电子数减少，电阻率上升，使反应平衡式(8.14)～式(8.16)向右移动，其结果是间隙锌原子数目增加，但是在烧结时间隙锌原子向表面扩散，与空气中的氧结合又产生新的 ZnO 晶格。因此，Al_2O_3 能起减少间隙锌原子的作用，掺杂它能抑制 ZnO 烧结晶粒尺寸的增长；而 Li_2O 能起增加间隙锌原子的作用，掺杂它可促进

ZnO 烧结晶粒尺寸的增长，这一结论与试验结果一致。在不同温度下烧结的 ZnO 气敏器件的电阻率如图 8.15 所示。Li$_2$O 的掺杂使阻值上升，而 Al$_2$O$_3$ 的掺杂使阻值下降，然而电阻率变化与添加量并不一一对应。这是因为烧结体的晶粒尺寸不同。

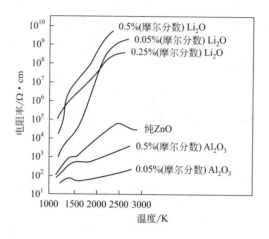

图 8.15　掺杂 Al$_2$O$_3$ 及 Li$_2$O 的 ZnO 烧结体电阻率与温度特性曲线

添加 Al$_2$O$_3$ 和 Li$_2$O 可以控制 ZnO 的晶粒结构和电阻率。考虑到添加 Al$_2$O$_3$ 可以控制烧结体晶粒尺寸，最初用添加 Al$_2$O$_3$ 的方法控制 ZnO 的晶粒结构，然后再掺杂 Li$_2$O，使得可以在不改变晶粒结构的情况下提高电阻率。图 8.16 示出通过上述两段掺杂法制备的 ZnO 气敏器件在 300℃下的 R_a/R_c 与 lgρ_0 的关系。图中 Z_1 和 Z_2 分别是添加 2%（摩尔分数）和添加 10%（摩尔分数）Al$_2$O$_3$ 并在 900℃下烧结的氧化锌。Z_1 的样品分别用真空蒸发 Li$_2$O 和在 LiNO$_3$ 中浸泡后热处理得到 Z_3 和 Z_4。纵轴 R_a/R_c 是空气中电阻 R_a 与 750×10^{-6} 被测气体中的电阻 R_c 之比，横轴的 ρ_0 是材料在 $t=0$℃时的电阻率（单位为 Ω·cm）。由图可见，上述措施对在改善 C$_3$H$_8$ 和 CO 的检测方面没有显著作用。但对于 n-C$_4$H$_{10}$ 的检测来说，两段掺杂法得到的 Z_3 和 Z_4 却显示阻值的变化高出一个数量级。

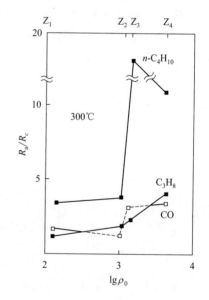

图 8.16　ZnO 气敏灵敏度与电阻率关系曲线

8.3.5　Fe$_2$O$_3$ 系半导体气敏器件

γ-Fe$_2$O$_3$ 气敏器件以 γ-Fe$_2$O$_3$ 为烧结体的气敏器件。前文对 γ-Fe$_2$O$_3$ 气敏器件的结构与核心作用已有描述，γ-Fe$_2$O$_3$ 气敏器件的制造方法：首先制备出 Fe$_3$O$_4$ 粉末，再将其压制成圆柱形管芯，并在 $700\sim800$℃下将其氧化成 γ-Fe$_2$O$_3$。γ-Fe$_2$O$_3$ 中不加黏结剂，直接焊接在基座上。经初测后，装上不锈钢防爆网罩，再经测试合格者便是 γ-Fe$_2$O$_3$ 气敏器件。α-Fe$_2$O$_3$ 气敏器件结构和 γ-Fe$_2$O$_3$ 气敏器件一样，只是管芯材料是由 α-Fe$_2$O$_3$ 制作的。

Fe_2O_3 系气敏器件与 SnO_2 器件不同，它不是表面电阻控制型器件而是体电阻控制型气敏器件，不使用贵金属等作为催化剂。$\gamma\text{-}Fe_2O_3$ 是亚稳态，其稳定态是 $\alpha\text{-}Fe_2O_3$。$\gamma\text{-}Fe_2O_3$ 气敏器件最合适的工作温度是 $400\sim420℃$，温度过高会使 $\gamma\text{-}Fe_2O_3$ 向 $\alpha\text{-}Fe_2O_3$ 转化而失去气敏特性，这是 $\gamma\text{-}Fe_2O_3$ 气敏器件失效的原因。

通常认为 $\gamma\text{-}Fe_2O_3$ 气敏器件，在 $400\sim420℃$ 的工作条件下，在检测丙烷时 Fe^{2+} 的生成速率正比于气体浓度。与此同时，$\gamma\text{-}Fe_2O_3$ 向 Fe_3O_4 转变，引起其电阻率随之下降。Fe^{2+} 进入 B 位，变成结构为如下所示的 $\gamma\text{-}Fe_2O_3$ 和 Fe_3O_4 的固溶体，即：

$$Fe^{3+}\left[\nabla_{(1-y)/3}Fe^{2+}_y Fe^{3+}_{(5-2y)/3}\right]O_4 \tag{8.19}$$

式中，y 表示还原程度；∇ 表示阳离子空位。

$\alpha\text{-}Fe_2O_3$ 本身气敏特性很小，如果把 $\alpha\text{-}Fe_2O_3$ 的粒度降到小于 $0.1\mu m$，表面积大于 $130m^2/g$，其检测灵敏度则会由于气孔率增加而提高。$\gamma\text{-}Fe_2O_3$ 对丙烷等气体的灵敏度较高，但对甲烷的灵敏度较低。而 $\alpha\text{-}Fe_2O_3$ 对甲烷乃至异丁烷都有灵敏度，但对水蒸气及乙醇等的灵敏度不高，这使得它作为家用报警器特别适合，不会因水蒸气及乙醇的影响而发生误报。如果掺入 SO_4^{2-} 则可以进一步提高 $\alpha\text{-}Fe_2O_3$ 的检测灵敏度。目前这种器件的工作机理尚未搞清楚，也许也与 Fe^{2+} 生成有关。

$\alpha\text{-}Fe_2O_3$ 是 N 型半导体，气体敏感特性试验中随可燃性气体浓度的增加，其电阻率下降，如图 8.17 和图 8.18 所示。$\alpha\text{-}Fe_2O_3$ 气敏器件对主要成分为 H_2、乙烷、异丁烷的城市煤气和主要成分为甲烷的天然气以及主要成分为丙烷的液化石油气都有较高的灵敏度。R_a 是空气中气敏器件的阻值。除乙醇外，其他气体在 $(1000\sim10000)\times10^{-6}$ 的浓度范围内几乎都有如下的近似关系：$R_c \propto c^{-L}$，式中，R_c 是气敏器件的电阻；c 是气体浓度；L 是与不同气体有关的浓度系数。

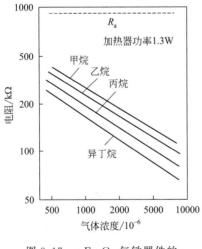

图 8.17 $\alpha\text{-}Fe_2O_3$ 气敏器件的
敏感特性曲线（1）

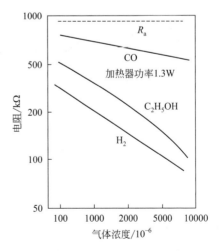

图 8.18 $\alpha\text{-}Fe_2O_3$ 气敏器件的
敏感特性曲线（2）

$\alpha\text{-}Fe_2O_3$ 气敏器件的初期稳定特性及响应特性如图 8.19 所示。这种气敏器件不使用贵金属作催化剂，也具有响应和恢复速度快的特点。这是由于 $\alpha\text{-Fe}_2\text{O}_3$ 气敏器件具有很高的气孔率。

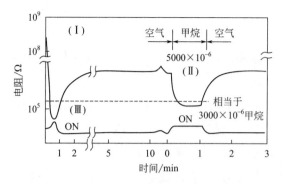

图 8.19　$\alpha\text{-Fe}_2\text{O}_3$ 气敏器件的初期稳定特性及响应特性曲线

器件电阻与环境温度和湿度的关系分别如图 8.20 和图 8.21 所示。随环境温度的上升，$\alpha\text{-Fe}_2\text{O}_3$ 气敏器件的电阻下降。图 8.20 为被测气体浓度为 2000×10^{-6} 时 R_a 和 R_g 随温度的变化，以 β_T 表示环境温度系数，那么它可以按如下关系式表示：

$$\beta_T = -\lg\frac{R_g(2000\times10^{-6}, T_1)}{R_g(2000\times10^{-6}, T_2)}/(T_2 - T_1) \tag{8.20}$$

式中，R_g 是在温度 T_1 和 T_2 时被检测气体中的阻值。当然 β_T 值因气体种类不同而异。

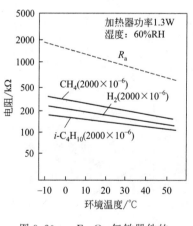

图 8.20　$\alpha\text{-Fe}_2\text{O}_3$ 气敏器件的
温度特性曲线

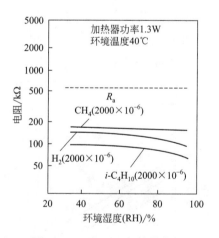

图 8.21　$\alpha\text{-Fe}_2\text{O}_3$ 气敏器件的
湿度特性曲线

图 8.21 为器件阻值 R_a 和 R_g 随湿度的变化，也依气体种类不同而异。为了方便，规定 40℃时低湿即 RH 为 35%、高湿即 RH 为 95%的 R_g（2000×10^{-6}）之比为湿度系数，即：

$$\beta_H = \frac{R_s(2000\times10^{-6}, \text{RH}35\%)}{R_s(2000\times10^{-6}, \text{RH}95\%)} \tag{8.21}$$

表 8.3 为 $\alpha\text{-Fe}_2\text{O}_3$ 气敏器件对几种代表性气体的温度、湿度系数。由表可知：$\alpha\text{-Fe}_2\text{O}_3$ 气敏器件对于温度和湿度都不敏感，是一个比较好的气敏器件。

表 8.3　α-Fe₂O₃ 气敏器件对代表性气体的温度、湿度系数

气体系数/（$10^{-3}/℃$）	甲烷	乙烷	丙烷	丁烷	H_2	C_2H_5OH
β_T	−4.57	−4.60	−4.88	−5.21	−4.23	−5.85
β_H	1.03	1.05	1.08	1.18	1.16	1.12

α-Fe₂O₃ 气敏器件在常温常湿条件下的寿命试验结果如图 8.22 所示。这些结果表明，器件基本上是稳定的。寿命加速试验表明，α-Fe₂O₃ 气敏器件的寿命在 5 万小时以上。

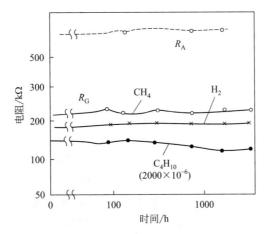

图 8.22　常温常湿寿命试验结果

常温常湿，加热器功率 1.3W，电压 6V DC

R_G 表示在单质气体中的电阻；R_A 表示在空气中的电阻

α-Fe₂O₃ 气敏器件不需要用贵金属作催化剂，对难以检测的甲烷也有很高的灵敏度。

8.3.6　Nb₂O₅ 系氧敏器件

为了节省燃料和净化汽车排气，汽车广泛应用氧敏器件调整空燃比的控制系统和三元催化系统。三元催化系统利用催化剂促进氧化或者还原，净化排气中的碳氢化合物及一氧化碳、氧化氮等有害气体，并且达到节省汽油的目的。图 8.23表示三元催化系统的特性。为了有效地处理三种有害气体，空气和汽油的混合比（空燃比）必须控制在 14.6±0.2。目前，使用氧敏器件来检验排气中的氧分压，反馈到燃料喷射器或者空气调节器，以便控制所需空燃比。Nb₂O₅ 薄膜型氧敏器件是一种体电阻控制型氧化物半导体氧敏器件，是利用薄膜微细加工技术在 Al₂O₃ 衬底两面分别做氧敏的 Nb₂O₅ 薄膜及铂薄膜加热器的一体化器件。低温工作特性及响应时间得到改善。

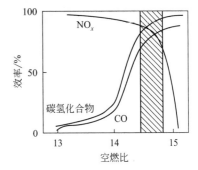

图 8.23　三元催化系统特性

空气过剩率 u 的定义为：

$$u = \frac{\text{AF}}{\text{CAF}}$$

(8.22)

式中，AF 表示空燃比；CAF 表示化学计量比的空燃比。

Nb$_2$O$_5$ 与 TiO$_2$、CeO$_2$ 相比具有如下几个特点：①u 变化时，电阻率变化幅度大；②燃料过剩时，电阻率低，温度系数小；③Nb$_2$O$_5$ 的氧空位自扩散系数比 CeO$_2$ 的小，但比 TiO$_2$ 的大，所以能比 TiO$_2$ 更快地进行氧化还原反应。研究发现，Nb$_2$O$_5$ 容易形成柱状微晶体，烧结体中粒子之间的颈部变粗。因此，不易做成好的氧敏器件。为了更好地发挥 Nb$_2$O$_5$ 独有的特点，并减小粒子之间的接触颈部，可选择薄膜化方法，其可能会得到响应性好的氧敏器件。然而，TiO$_2$ 和 CeO$_2$ 的电阻率比较高，不易做成薄膜平面型器件。与此相反，Nb$_2$O$_5$ 的电阻率比较低，有利于制成薄膜平面型器件。由此可知，薄膜平面型的 Nb$_2$O$_5$ 氧敏器件具有良好的敏感特性。

Nb$_2$O$_5$ 氧敏器件是用溅射法在氧化铝衬底的一面溅射厚度数千埃的 Nb$_2$O$_5$ 膜，并在这个膜上形成梳状 Pt 电极。在氧化铝衬底的另一面上则形成锯齿状的膜厚为数微米的 Pt 薄膜作加热器。为了减少器件工作时的电功率，器件尺寸做成 1.5mm×1.55mm×0.2mm。Nb$_2$O$_5$ 氧敏器件特性如图 8.24 所示，即 Nb$_2$O$_5$、TiO$_2$ 及 ZrO$_2$ 氧敏器件输出信号与空气过剩特性。各器件都在气体温度为 200℃和 400℃两种条件下进行试验。ZrO$_2$ 氧敏器件给出的输出是电动势 E，而 TiO$_2$ 和 Nb$_2$O$_5$ 氧敏器件给出的输出是电阻 R。在气体温度为 400℃时，所有器件在 u 为 1 时输出值急剧变化。但是在气体温度为 200℃时，只有 Nb$_2$O$_5$ 氧敏器件的阻值几乎与 400℃时的差不多，同时阻值的急剧变化也在 u 为 1 时发生。与此相比，TiO$_2$ 和 ZrO$_2$ 氧敏器件的特性曲线在气体温度为 200℃时向上偏离，对 u 的输出值急变点也向燃料不足的方向偏离。u 阶梯性变化时，各氧敏器件的输出值波形不同。在气体温度为 400℃时，所有氧敏器件的输出波形稍许比 u 变化延迟一点，但响应还是很快的。

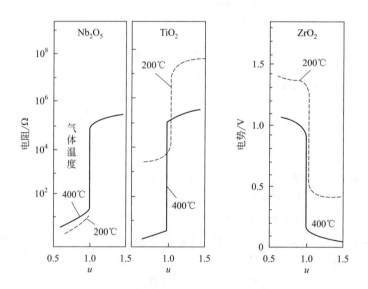

图 8.24 空气过剩率与电阻间的静态特性曲线

一般将敏感器件输出值变化到 50% 为止的时间定义为响应时间。然而如图 8.25 所示，在发动机控制中则把基准电压设定在氧敏器件输出值的平均值附近（比如 0.5V 附近）来判断空气过剩或者不足。通常用 50% 的时间定义为响应时间。Nb$_2$O$_5$ 氧敏器件与其他氧敏器件相比具有良好的响应特性，而且温度依赖性也小。尤其是空气不足到空气过剩和空气过剩到空气不足等转换时的响应时间差很小。这种响应特性对控制发动机非常有利。

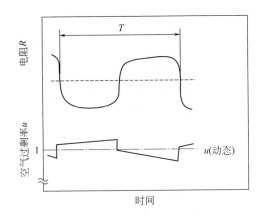

图 8.25　控制波形曲线

空燃比控制及其与温度的关系如图 8.26 所示。利用各种氧敏器件，测得了在气体混合比反馈控制时的动态平衡 λ 与气体温度的关系。图

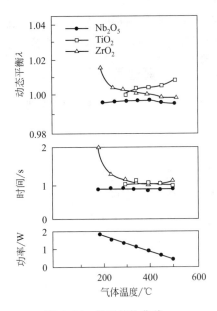

中还表示了 Nb_2O_5 氧敏器件加热所需的功率，这里动态平衡 λ 是在控制时空气过剩率 u 对时间的平均值。控制周期等于图 8.25 中的 T 值。Nb_2O_5 氧敏器件在气体温度变化时自动改变电功率而进行定温控制。因此在气体温度为 $200\sim500℃$ 时，动态平衡值 λ 以及控制周期几乎为一定值。同时，动态平衡 λ 值接近于 1，控制周期也很短，约为 0.7s。与此相比，TiO_2 等氧敏器件随着温度的降低，控制周期变长而且动态平衡 λ 值也偏离 1。由此可知，薄膜型 Nb_2O_5 氧敏器件比 ZrO_2 和 TiO_2 等氧敏器件具有更好的静态特性、响应特性、空燃比控制特性等。它可从低温排气温度开始工作，同时器件加热所需电功率为数瓦左右。这对要求低功耗的汽车来说是十分适用的。

图 8.26　控制特性曲线

8.3.7　ZrO_2 系氧敏器件

目前使用氧浓淡电池式的 ZrO_2 氧敏器件及氧化物半导体电阻控制型 TiO_2 氧敏器件作为精确检验理论空燃比的氧敏器件。ZrO_2 是一种测定汽车发动机排气中氧含量的氧敏器件，图 8.27 为 ZrO_2 氧敏器件的结构原理图。ZrO_2 氧敏器件是由在稳定的离子导电性氧化锆中固溶 Y_2O_5 而制作的，其载流子是电离的氧离子。在氧化锆电解质两边设有白金电极。外侧的电极与排气接触，内侧的电极与大气接触。由于大气和排气中的氧分压不同，氧离子从氧分压高的大气侧向排气侧移动。因此，在电极间产生电势 $E(\varepsilon)$，它的大小为：

$$E(\varepsilon)=(RT/4F)\ln(p_{O_2}2/p_{O_2}1) \tag{8.23}$$

式中，R 为气体常数 $[R=8.31435J/(mol\cdot K)]$；$T$ 为热力学温度；F 为法拉第常数

$(F = 9.65 \times 10^4 \mathrm{C/mol})$；$p_{O_2}2$ 和 $p_{O_2}1$ 分别为排气和大气中的氧分压。

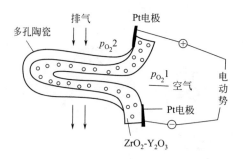

图 8.27　ZrO_2 氧敏器件的结构原理

在空燃比小于 1 的气体中，在 400℃时若平衡氧分压为 $10^{-32}\,\mathrm{Pa}$，800℃时为 $10^{-14}\,\mathrm{Pa}$，氧敏器件的理论输出电压分别为 1000mV 和 830mV。另一方面，空燃比大于 1 的气体若氧分压为 $10^{-2}\,\mathrm{Pa}$ 时，输出电压为 45mV（400℃）和 70mV（800℃）。三元催化剂对排气的净化能力，在理论空燃比下最高。因此，利用氧敏器件控制汽油或进气供给量以便调整空燃比在理论空燃比附近的范围，以降低排气中 NO_x、CO、碳氢化合物等有害气体成分，达到净化排气的目的，同时也能节省燃料。

8.3.8　其他气敏器件

8.3.8.1　V_2O_5 系半导体气敏器件

在 N 型半导体材料 V_2O_5 中掺入 Ag 制成薄膜器件，Ag 的掺入量为 0.4%。器件结构以 Al_2O_3 陶瓷片作基片，在基片底部的两侧形成电极，中间利用金属氧化物材料烧渗而形成加热器。基片上部两侧做成电极，当中是厚约 $1\mu m$ 的 V_2O_5 薄膜，在此膜上镀一层银。这种器件检测气体的工作机制类似于场效应晶体管，所以也叫作吸附场效应晶体管（AET）。这种气敏器件可以检测 1×10^{-6} 的 NO_2，而不受 H_2、CO、SO_2、i-C_4H_{10} 等的影响。为了提高灵敏度，器件一般加热到 300℃工作。图 8.28 示出这种器件的灵敏度特性。

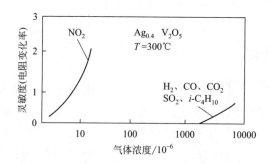

图 8.28　V_2O_5 系气敏器件的灵敏度特性

8.3.8.2　CoO 系氧敏器件

CoO 系氧敏器件也是一种测量氧气的气敏器件，采用 CoO 的烧结体作氧敏材料。在低氧分压下，CoO 在 1000℃高温下会分解。在实际器件制作中使用 CoO 与 MgO 的固溶体

$Co_{1-x}Mg_xO$，在低氧分压及高氧分压下都能稳定地工作，工作温度比 CoO 还低。图 8.29 为在 1000℃ 时 $Co_{1-x}Mg_xO$ 固溶体电阻率与氧分压的关系。从图中可知，当 $x<0.5$ 时 $Co_{1-x}Mg_xO$ 与 CoO 相比，在低氧分压下显示出良好的特性。响应时间与烧结体的微结构有关，可以做到 1s 以下。这种气敏器件也可应用在控制汽车发动机的空燃比上。

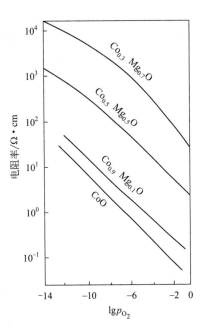

图 8.29　$Co_{1-x}Mg_xO$ 固溶体电阻率与氧分压的关系曲线

8.3.8.3 复合氧化物系气敏器件

复合氧化物系气敏器件材料目前主要是钙钛矿型稀土金属氧化物，其分子式为（LnM）BO_3，式中 Ln 为镧系元素 La、Pr、Sm、Gd 等，M 为 Ca、Sr、Ba，B 为 Fe、Co、Ni，例如 $LaNiO_3$、$LaNi_{1-y}Fe_yO_3$、$La_{0.5}Sr_{0.5}CoO_3$ 等。这类复合氧化物随环境气氛中氧压的变化迅速发生氧化还原反应，电导率也随之发生变化。利用这种特性可以检测乙醇、CO 及烟等。这种复合氧化物系气敏器件特性与 SnO_2 系、ZnO 系等气敏器件的特性相反，与还原性气体接触时电导率变小。这是氧化物中氧离子被还原性气体消耗而减少的结果。图 8.30 为 $LaNiO_3$ 气敏器件在不同工作温度下的灵敏度与乙醇浓度的关系曲线。实验结果表明，这种器件对乙醇的灵敏度高，而响应时间比较长。综合这种器件的灵敏度和响应时间，采用 $La_{0.5}Sr_{0.5}CoO_3$ 为原材料是比较适宜的。

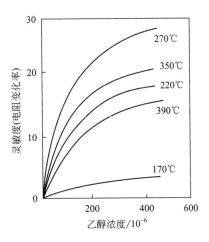

图 8.30　在不同温度下 $LaNiO_3$ 气敏器件对乙醇的灵敏度特性曲线

8.3.8.4 有机半导体气敏器件

有机半导体材料的研究工作也很活跃。例如酞菁铜气敏器件对 NO_2 有较高的灵敏度。因为酞菁铜是 P 型半导体材料，除 NO_2 外，对其他氧化性气体（如 NO、SO_2、O_2）也很灵敏。对各种气体灵敏度的差异与电导的活化能有关。被检测气体浓度 c 与电导率 σ 之间有如下关系：

$$\sigma \propto c^{L} \tag{8.24}$$

式中，L 为与不同气体有关的浓度系数，其值随被测气体的电子亲和力增大而增大。因此，吸附气体形成受主型能级，增加空穴浓度而器件电阻率降低。

从聚氨苯乙炔（PAPA）薄膜对烟雾和水蒸气反应的性能来看，其有可能作火灾报警器的检测器件。从实际应用角度来看，其阻值太高（器件阻值为 $1 \times 10^{10} \, \Omega$）。因此，目前正在积极进行高分子材料半导体化的研究工作。由于有机半导体材料具有分子结构改变比较容易、加工成型容易、大面积化容易等很多优点，其作为一种敏感器件材料很受人们的重视。

9 磁敏器件

9.1 磁敏效应

9.1.1 霍尔效应

9.1.1.1 霍尔器件

霍尔器件是利用霍尔效应制作的一种磁电转换器件。霍尔效应，是指载流半导体位于方向与电流方向垂直的磁场中，在垂直于电流和磁场的方向上产生电压的现象。在一个长度为 L，宽度为 W，厚度为 d 的长方体半导体片上，沿着长度方向端面和宽度方向端面分别制作电极，当在长度方向通过电流 I_x，在厚度方向施加磁感应强度为 B 的磁场时，在宽度方向上就会产生电位差，这种现象称为霍尔效应，所产生的电位差称为霍尔电势 φ_H，如图 9.1 所示。

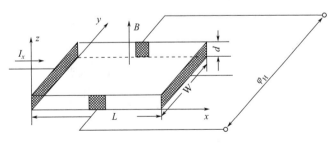

图 9.1　霍尔效应原理

如果对半导体片上电阻率为 ρ 的 N 型半导体，在 x 方向施加电场 E_x，产生的电流密度 J_x 可用下式表示：

$$J_x = E_x / \rho \tag{9.1}$$

如果在 z 方向上再施加磁场 B_z，那么电子的运动方向因受洛伦兹力的作用而发生转变。由于电子电荷的积累作用，在 y 方向便形成横向电场 E_y。当横向电场 E_y 作用到电子上的

力 F_E 与磁场 B_z 作用到电子上的力 E_B 恰好大小相等、方向相反时电子受合力为零：

$$F = F_B + F_E = 0 \tag{9.2}$$

$$F = -eE_x + ev_x E_y \tag{9.3}$$

或改写成：

$$E_y = v_x B_z \tag{9.4}$$

式中，v_x 为电子漂移速度。

实验证明，横向电场 E_y 与 x 方向的电流密度 J_x 及 z 方向上的磁感应强度 B_z 成正比：

$$E_y = -R_H J_x B_z \tag{9.5}$$

式中，R_H 为霍尔系数，对于一定的半导体材料，R_H 是一个常数。考虑到 $I_x = J_x W d$、$U = E_y W$，则霍尔电势 φ_H 与磁感应强度 B_z 的关系为：

$$U_H = (R_H/d) I_x B_z \tag{9.6}$$

9.1.1.2　霍尔器件的结构

霍尔器件是一种四端器件，在半导体片的四端有四个金属欧姆接触电极，如图 9.2 所示。其中①、③通入控制电流，为输入电流端子；②、④为输出霍尔电势的霍尔电极；外面封装上非磁性的金属、陶瓷或环氧树脂等外壳。表征霍尔器件的参数主要有额定控制电流 I_C、电极电阻 R_{in}、输出电阻 R_{out}、霍尔灵敏度 K_H、非等位电势 φ_m、非等位电阻 R_m。I_C 是在 $B=0$、静止空气中、环境温度为 25℃ 条件下，霍尔器件由焦耳热产生的温度升高 10℃ 时，从霍尔器件输入电流端子输入的电流。R_{in} 是霍尔激励电极间的电阻值，R_{out} 是霍尔输出电极间的电阻值。在单位 I_C 和 B 的作用下，霍尔器件输出端开路时测出的 φ_H 称为霍尔灵敏度 K_H，单位为 $V \cdot A^{-1} \cdot T^{-1}$。$K_H$ 与霍尔系数成正比且与霍尔片的厚度 δ 成反比，即 $K_H = R_H/\delta$。半导体材料的载流子迁移率 μ 越大或半导体片越薄，则 K_H 越高。由于工艺等原因使两个输出端子不完全对称、厚度不均匀或输出电极焊接不良，当输入一定控制电流时，即使不加外磁场（$B=0$），在输出端仍有一定的电位差，这种电位差称为非等位电势 φ_m。φ_m 与 I_C 之比为 R_m。在一定的 B 和 I_C 作用下，温度每变化 1℃ 时，φ_H 的相对变化值，称为 β 值，单位是 %/℃。

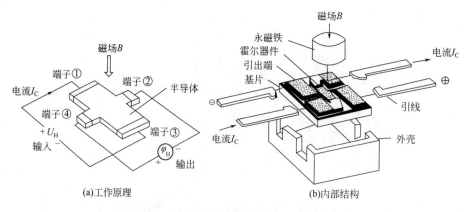

(a)工作原理　　　　(b)内部结构

图 9.2　霍尔器件的工作原理和内部结构

霍尔器件主要有单晶型霍尔器件、薄膜型霍尔器件以及霍尔集成电路三种类型。单晶型霍尔器件制造使用单晶 Si、GaAs 等半导体材料，利用氧化、腐蚀、光刻、扩散、离子注入和外延生长技术，在高阻的 GaAs 单晶片上制出非常薄的 N 型层，再用光刻、腐蚀等工艺制备厚度很薄的超微型霍尔器件。由于 InSb 材料的电子迁移率 μ 很大,利用薄膜沉积工艺制成的 InSb 薄膜迁移率比其他半导体薄膜的大,薄膜厚度 d 做到 $1\mu m$ 左右时,可得到乘积灵敏度 S_H 很高的薄膜型霍尔器件。霍尔集成电路包括双极型和 MOS 型两种。将双极型平面晶体管或 MOS 场效应管与霍尔器件和差分放大器制造在一块硅片上,即可制造出效能很高的霍尔集成电路。

9.1.1.3 霍尔器件的特性

（1）温度特性

霍尔器件控制电流极内阻、霍尔电势极内阻、霍尔输出等性能都与温度的变化有关。为了消除温度变化给霍尔器件带来的误差,需要进行补偿。当霍尔系数 R_H 随温度上升而减小时,为了保持霍尔输出的恒定性,要增加控制电流。这个控制的手段是将一个具有负温度系数的热敏电阻 R_t 串联在输入回路里,R_t 阻值随温度升高而减小,如果电压不变,则可使控制电流加大。在装配时,热敏电阻器应与霍尔器件封在一起或适当靠近,以保持温度变化一致。一般情况下,控制电流 I 采用恒流电源,不考虑输入电阻受温度的影响,仅仅考虑输出回路的温度变化影响。尽管霍尔输出与输出电阻随温度升高而上升,但霍尔输出的增量比输出电阻的增量小,选择合适的负载 R_L 即可使得负载电压保持不变。

（2）磁阻效应

磁阻效应指的是霍尔器件的内阻随磁场绝对值增加的现象。磁阻效应会影响霍尔器件的正常工作,在强磁场时更为突出。不同型号的霍尔器件磁阻效应不同,这取决于材料和器件的几何形状。随着磁场的增加,霍尔器件的输入内阻增加,控制电流减小,霍尔电势降低;此时,输出内阻也增加,这导致负载上得到的霍尔电压下降。利用磁阻效应也可以对霍尔输出对磁场是负线性度的器件进行补偿,也可以补偿霍尔输出对磁场线性度为正的器件。选择适当的负载 R_L,会导致输出电压由于磁阻效应带来的减少和霍尔输出对磁场的正线性度相补偿,即在负载 R_L 上得到与磁场呈线性的电压。

（3）频率特性

在交变磁场下,霍尔器件的输出特征取决于磁场频率,尤其是铁磁回路,霍尔输出还同时受介质的磁导率、磁路参数及气隙宽度的影响。同时,器件内部产生涡流,受电流极的短路影响,涡流分解成大小相等、方向相反的上下两部分电流流动,频率与外加磁场的频率相同。涡流会影响霍尔输出,涡流本身感应出的附加磁场作用在器件上,频率与原磁场的相同,如果在具有狭气隙的导磁材料中,控制电流引起的感应磁场也与涡流上、下两部分霍尔效应互相作用,结果又导致附加霍尔电势的产生,并叠加到总霍尔电势上。如果器件的电导率比较低、试样比较窄,减小涡流或者加大磁路气隙就可以提高器件的频率特性。

9.1.2 磁致伸缩效应

磁致伸缩材料是一类具有电磁能/机械能相互转换功能的材料。室温下,具有巨磁致伸缩性能的稀土-铁合金（RFe_2）材料,能量密度高、耦合系数大,具有传感和驱动功能,作为智能材料或相应器件在智能材料结构领域得到越来越广泛的应用和发展。磁致伸缩效应是指磁性物质在磁化过程中因外磁场条件的改变而发生几何尺寸变化的效应。一般来说,较弱磁场下磁性物质在各方向上的几何尺寸发生变化时,其会保持总体积不变,即在某方向上伸长或缩短时,同时在其垂直方向上相应缩短或伸长,这就是线磁致伸缩效应。而与此不同的是,强磁场下磁性物质在各方向上尺寸发生变化的同时,其总体积也会发生膨胀或收缩,这就是体磁致伸缩效应。由于体磁致伸缩效应发生在很强的磁场下，故这类材料很难在实际中应用，所以通常所说的磁致伸缩效应都是特指线磁致伸缩效应。

磁致伸缩是磁性材料的一种可逆性弹性变形。材料磁致伸缩效应的相对大小一般由磁致伸缩系数 λ 来表示，即 $\lambda = \Delta l / l_0$，这里 Δl、l_0 分别为材料的绝对伸长和原长。若材料发生收缩，则 Δl 为负值，λ 也为负值。磁致伸缩效应是随外磁场强度变化而变化的，即磁致伸缩系数是磁场强度的函数。当外磁场强度足够高时，磁致伸缩系数将趋于稳定，这时的磁致伸缩系数称为饱和磁致伸缩系数，用 λ_s 表示。磁致伸缩物质还存在磁致伸缩逆效应，即当外加应力使材料产生应变时，材料的磁化曲线发生可逆性变化。磁致伸缩逆效应也叫压磁效应或磁弹性效应。

由于磁性物质存在磁各向异性，在外磁场确定的条件下，单晶材料在各方向的磁致伸缩系数是不同的。在晶体的同一方向上，随着外磁场相对晶体取向的改变，磁致伸缩系数的方向和大小也会改变。也就是说，磁致伸缩系数的大小不仅与外磁场的大小相关，而且与外磁场相对于晶体晶轴的方向相关。要全面描述单晶磁性材料的磁致伸缩特性，λ 必须是一个张量，即由一组相关的磁致伸缩系数共同描述材料的磁致伸缩特性。由于张量太复杂，因而在实际应用中常常只给出在与实用相关的特定方向磁场的作用下平行及垂直于磁场方向的磁致伸缩系数。这种描述方法虽不完备，但足以满足实际应用的需要。

在零磁场条件下，磁体内磁矩的取向是无序的，此时，磁熵较大，体系绝热温度较低；外加磁场后，磁矩在磁场的力矩作用下趋于与磁场平行，导致磁熵减小，绝热温度上升，进而通过热交换向环境放热；当磁场变小，由于磁性原子或离子的热运动，其磁矩又趋于无序，绝热温度降低，进而通过热交换从环境中吸热[288]。

晶粒无规则取向的多晶体，晶轴取向混乱，材料在宏观上并不表现出磁致伸缩效应的各向异性。磁致伸缩系数仅与外磁场强度及磁致伸缩方向相对于外磁场的方向有关，实际应用中仅用平行及垂直磁场方向的磁致伸缩系数描述，其是各种外磁场取向晶粒在该方向上磁致伸缩系数的统计平均值。人们通常所说的磁致伸缩系数就是指平行于磁场方向的磁致伸缩系数。

非晶合金原子排列长程无序而磁矩排列有序，没有磁晶各向异性。宏观磁各向异性主要是由在制备过程和热处理过程中形成的微结构所引起的。均匀的非晶态磁性材料是没有宏观磁各向异性的，但实际上受材料生产和热处理工艺的影响，会在材料内部产生不同的内应力分布从而形成不同的磁致伸缩性能。在磁性材料中，磁致伸缩效应强烈、具有高磁致伸缩系数的一类材料被称为磁致伸缩材料。磁致伸缩材料可分为金属磁致伸缩材料、非金属磁致伸缩材料和超磁致伸缩材料三大类。

9.1.3 磁热效应

9.1.3.1 磁热效应概述

磁热效应（MCE）是指体系在绝热过程中铁磁体或顺磁体的温度随磁场强度的改变而变化的现象。磁场作用下磁性材料所发生的温度变化，即磁性材料磁化强度变化时所伴随的温度变化。通常，在绝热条件下，磁化会导致温度上升，而退磁则使温度下降。1881 年，温伯格（Warburg）等人在实验中发现将铁放入磁场时会向外放热，即磁热效应现象[289]。这一发现不仅使人们增进了对材料物理性质的认识，也为后来磁制冷技术的出现、发展及广泛应用奠定坚实的基础[290,291]。磁热效应是所有磁性材料的内禀性质，目前对磁热效应的一般定义为磁性材料在磁场增强或减弱时放热或吸热的物理现象，或者说是材料在磁化或退磁过程中所产生的等温熵变或者绝热升温现象[292]，如图9.3所示。

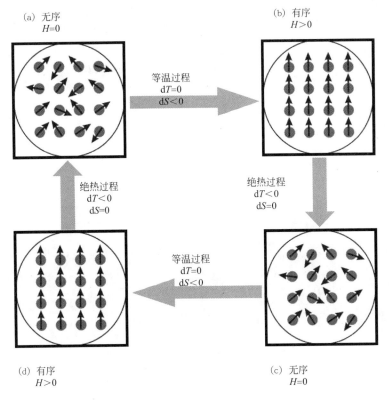

图 9.3　磁性系统磁热效应：等温磁化和绝热退磁过程示意图（外加或移除磁场）[287]

利用磁热效应发展起来的新制冷技术——磁制冷技术，具有以下优点：①绿色环保，磁制冷采用固体制冷工质，有效地解决了使用气体制冷过程中气体有毒、易泄漏、易燃以及破坏臭氧层和造成温室效应等问题；②高效节能，磁制冷产生磁热效应的热力学过程是高度可逆的，理论上其本征热力学效率可以达到卡诺效率，而实际能实现的效率也可达到卡诺循环效率的 60%～70%，甚至更高；③稳定可靠，磁制冷无需气体压缩机，振动与噪声小，寿命长，可靠性高。

9.1.3.2　热力学关系

对磁做功引入热力学体系，利用能量守恒定律，内能（U），热量（Q）和磁做功（W）有如下关系（其中 đ 表示热量和磁做功不是状态函数）：

$$dU = đQ - đW \tag{9.7}$$

在准静态过程中，不同的做功形式可以用强度不同的函数 Y_i 和对应的广义函数 X_i 表示，其中下标 i 表示系统中不同类型的做功。

$$đW = \sum Y_i dX_i \tag{9.8}$$

若 T 表示温度，S 表示熵，则热量的微分式如下：

$$đQ = T dS \tag{9.9}$$

根据能量守恒定律，内能微分式可表示为：

$$dU = T dS - P dV + \mu_0 H dm \tag{9.10}$$

式中，P 表示压力；V 表示体积；μ_0 表示自由空间磁导率；H 表示磁场强度；m 表示磁矩。

因为内能是熵、体积、磁矩的函数，即 $U(S，V，m)$，所以勒让德变换可以得到不同热力学参数的函数。一般而言，在恒压条件下，同时改变温度和磁场，吉布斯自由能可表示为：

$$G(T，P，H)=U-TS+PV-m\mu_0 H \tag{9.11}$$

在压力恒定时（$\mathrm{d}P=0$），有以下情形：

① 等温条件（$\mathrm{d}T=0$）

对 $\mathrm{d}S=\left(\dfrac{\partial M}{\partial T}\right)\mathrm{d}H$ 积分可得：

$$\Delta S(T，H，P)=S(T，H，P)-S(T，H=0，P) \tag{9.12}$$

对顺磁体和铁磁体而言，其熵变分别为：

$$\Delta S_{顺磁体}=-\frac{C_j H^2}{2T^2}，\quad \Delta S_{铁磁体}=-\frac{C_j H^2}{2(T-T_C)^2} \tag{9.13}$$

式中，T_C 为居里温度；C_j 为居里常数；$C_j=N\mu_B g J(J+1)$，其中，g 为朗德因子，J 为总角动量量子数，μ_B 为玻尔磁子。

② 绝热条件（$\mathrm{d}S=0$）

$$\mathrm{d}T=-\frac{T}{C_H}\left(\frac{\partial M}{\partial T}\right)_H \mathrm{d}H \tag{9.14}$$

积分可以得到绝热温度变化 ΔT_{ad}：

$$\Delta T_{ad}=-\int_0^H \left(\frac{T\partial M(H，T)}{C_{H,P}\partial T}\right)\mathrm{d}H \tag{9.15}$$

③ 等磁场条件（$\mathrm{d}H=0$）

$$\mathrm{d}S=\frac{C_H}{T}\mathrm{d}T \tag{9.16}$$

在恒定磁场下，定义磁热比 $C_H=T\left(\dfrac{\partial S}{\partial T}\right)_H$。

积分可以得到该磁场下的熵 $S(H，T)=\int_0^T \left(\dfrac{C_H}{T}\right)\mathrm{d}T$，式中 ΔS 是总熵变，而磁性固体的总熵变是由磁熵变 ΔS_M、晶格熵变 ΔS_L 和电子熵变 ΔS_E 三部分组成的。

对于具有局域磁矩的材料来说，总熵变可近似写成：

$$\Delta S(T，H)=\Delta S_M(T，H)+\Delta S_L(T)+\Delta S_E(T) \tag{9.17}$$

从以上对磁热效应的热力学描述可知，要获得大的磁热效应，材料应该具有：①大的总角动量量子数 J；②在居里温度附近铁磁性材料磁化强度有比较大的变化；③ΔS_M 相同，$T/C_{H,P}(T)$ 值越大，得到的绝热温变 ΔT_{ad} 也越大。

9.1.3.3 热循环过程

通常，磁制冷机使用磁热效应材料来吸收低温负荷（冷交换器）的热量并将热量排放到高温水槽（热交换器）中，负载通过这些过程的重复循环来冷却。这些磁制冷机通常由工作材料（磁热材料）、可变磁场发生器系统、冷热交换器和传热系统组成。此外，该装置中也包括再生器。再生器是一种换热装置，其在循环的不同部分之间传递热量，从而增加磁制冷机的温度跨度。在该过程的不同阶段，再生器交替地从传热流体吸收热量并从传热流体释放热量。由于 MCE 相对于传统气体系统的低温变化，再生器是磁制冷机装置的重要部件。磁制冷机综合各种过程实现制冷，主要包括绝热、等温和等磁场条件。因此，磁制冷机中使用的主要循环包括卡诺循环、埃里克森循环、布雷登循环和活性蓄冷循环。

卡诺循环是经典的磁制冷循环过程，该过程涉及具有磁热效应材料的热力学变化（磁熵变 ΔS_M，绝热温度变化 ΔT_{ad}）。在两个热源之间，这是一个十分有效的循环过程，包括两个等温过程和两个绝热过程。当外加磁场时，会发生两个过程，见图 9.4(a)，（1）——>（2），在绝热过程（1）中，受磁场影响，磁制冷剂温度由 T_l（冷温度）升高至 T_h（热温度），在等温过程（2）中，热的磁制冷剂与高温水槽发生热交换时的能量 Q_c 为：

$$Q_c = T_h \Delta S_M \qquad (9.18)$$

接着，在绝热过程（3）中，磁场回复初值，磁制冷剂温度从 T_h 降低至 T_l，最后在等温过程（4）中，冷的磁制冷剂在低温环境中吸收的热量 Q_a 为：

$$Q_a = T_l \Delta S_M \qquad (9.19)$$

卡诺循环的效率可表示为：

$$COP_\eta = T_l / (T_h - T_l) \qquad (9.20)$$

式中，COP 表示能量与热量之间的转换比率，简称制热能效比。其物理含义为：空调器单位功率下的制热量。

若磁制冷机的 COP（COP_m）表示为热量与做功的比值，则磁制冷机的效率（η_m）表示为：

$$\eta_m = \frac{COP_m}{COP_\eta} \qquad (9.21)$$

埃里克森循环包括两个等温过程和两个等磁场过程，如图 9.4(b) 所示。在等磁场过程中，必然产生热再生。在等温过程（1）中，磁制冷剂受到另一高强度磁场作用将热量释放到热交换器中；在高强等磁场过程（2）中，磁制冷剂热量被交换器带走后，温度由 T_h 降至 T_l；在等温过程（3）中，磁制冷剂退磁，并从交换器中吸收热量；在初始等强磁场过程（4）中，磁制冷剂吸收交换器的热量从 T_l 升至 T_h，往复进行。埃里克森循环是一个理想循环过程，只有当 ΔS_M 是一个定值 [即 $S_H(T)$ 曲线是平行曲线] 时，这个循环才是最佳的。

布雷登循环由两个绝热过程和两个等磁场过程组成，如图 9.4(c) 所示。在绝热过程（1）中，磁制冷剂的温度通过改变磁场来实现；在等磁场过程（2）中，磁制冷剂通过与热流材料接触达到降低自身温度的效果，也可以通过热交换器进一步冷却；在绝热过程（3）中，对磁制冷剂绝热退磁，降低温度；接着，在低强等磁场过程（4）中，当磁制冷剂与热流材料接触时，温度升高，进而完成循环。与埃里克森循环相比，布雷登循环制冷能力低，但热阻大。

活性蓄冷循环中，磁热效应材料既是制冷剂又是蓄热器。活性蓄冷循环被认为是除了卡诺循环外，最有效的室温磁制冷循环。换热流体需要通过磁热效应材料制备的蓄热器。活性蓄冷循环包括两个绝热过程和两个等强磁场过程。磁热效应材料分别在 T_l 和 T_h 状态下与冷热交换器的两端接触。首先，在绝热过程中，交换流体在冷侧温度为 T_l，受到磁场磁化后，冷侧温度上升为 $T_l + \Delta T_l$，同时，热侧温度上升为 $T_h + \Delta T_h$，流体流过磁热效应材料，温度 T_l 变为 $T_h + \Delta T_h$（高于高温水槽的温度）；接着，在热侧，与水槽交换热量后，温度降低至 T_h；最后，当磁热效应材料绝热退磁时，冷侧温度降至 $T_l - \Delta T_l$，热侧温度降

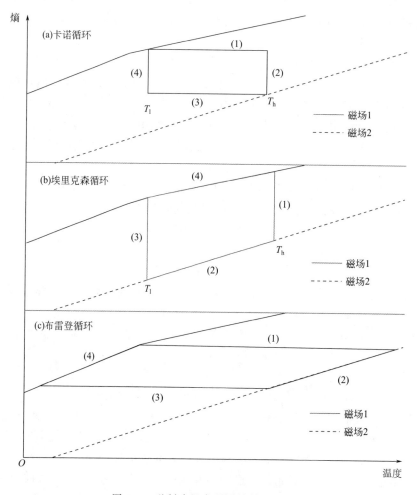

图 9.4　磁制冷机中不同的循环过程

至 $T_h - \Delta T_h$，流体通过磁热效应材料，温度将从 T_h 降至 $T_l - \Delta T_l$（温度低于冷侧外载温度），之后流体吸收来自外载的热量，增加自身温度至 T_l，完成一次循环。

9.1.4　光磁电效应

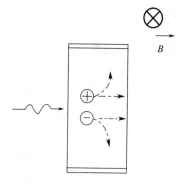

图 9.5　光磁电效应

光磁电效应（PME）指在垂直于光束照射方向施加磁场，在半导体或其他材料上下两端产生电位差的现象[293]。如图 9.5 所示。

光束照射在半导体表面，受光照辐射影响，半导体内不同部位的载流子浓度分布不均匀，并发生扩散，同时，在外加磁场的作用下，电子受到洛伦兹力的影响发生偏转，向一个方向聚集，而同样受到洛伦兹力影响的空穴向反方向偏转，向另一方向聚集，从而半导体上下两端分别形成电子聚集区和空穴聚集区，两种带相反电荷的聚集区之间形成电位差，这就是光磁电效应。在半导体上下两端连接电流表，即可测量半导体 PME 产生的短路电流，如图 9.6(a) 所示，半导体内部电流由空穴聚集区流向电子聚集区，电子移动方向与电流方向相反，外部导线与半导体内部相反。在半导体上下两端连接电压表可以测量半导体 PME 产生的开路电压，即电动势，如图 9.6(b) 所示，电流方向与 (a) 一致，内部环形折线代表在有限尺寸内的电流。

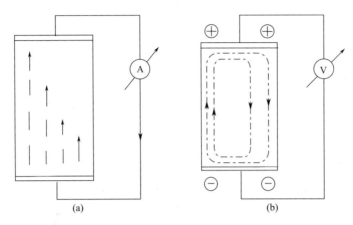

图 9.6 PME 短路电流 (a) 和开路电压 (b) 测量示意图[293]

9.2 磁敏材料

磁敏电阻器是一种磁电变换器件，是利用磁阻效应制成的。磁阻效应，即材料电阻值随外加磁场的改变而变化的现象。人们通过对ⅢA～ⅤA族化合物半导体的研究，发现 InSb 和 InAs 等材料具有极高的电子迁移率。磁敏电阻器与霍尔器件均属于磁敏器件，能有效地进行多种物理量的检测，结构简单，并且可以将多个器件集成在同一基片上，使温度系数变得很小（达 $10^{-5}℃^{-1}$）。磁敏电阻器的潜在应用范围是相当广的，可用于检测杂散磁场强度、磁场分布及方向，也可用于测量位移、角度、转速等，还可用于计算技术，如用作函数发生器、乘法器、除法器、开立方器等。此外，由于磁敏电阻器输出功率跟电流和磁场乘积成比例，故它作为功能敏感器件的潜力也是很大的。按所用感磁材料的不同，磁敏电阻可分为半导体磁敏电阻器和强磁性薄膜磁敏电阻器。工作原理虽然都以磁阻效应为基础，但半导体的磁阻效应与强磁性材料的磁阻效应是有区别的。磁敏传感器是一种具有将磁学量信号转换为电信号功能的器件或装置。利用磁学量与其他物理量的变换关系，以磁场作为媒介，也可将其他非电物理量转变为电信号。

9.2.1 半导体磁敏电阻材料

半导体磁敏电阻所用的敏感材料是半导体。当在这种材料上沿与电流流向相垂直的方向施加磁场时，由于霍尔电场和洛伦兹力的作用，电流与合成电场形成霍尔角 θ 流动，从而使电流路径增长、阻值增大。其中的电流分布随磁场不同而异，阻值也随着磁场变化而变化，这就是半导体材料中的磁阻效应，也称为物理磁阻效应。对于只有一种载流子的半导体而言，其电阻率的变化可用下式表示：

$$\frac{\rho-\rho_0}{\rho_0}=\frac{\Delta\rho}{\rho_0}=0.275\mu^2B^2 \tag{9.22}$$

式中，ρ 和 ρ_0 分别表示磁感应强度为 B 和 0 时的电阻率；μ 为载流子的迁移率。

当有电子和空穴两种载流子时，磁场的作用使得电子电流和空穴电流因相对倾斜而抵消了在垂直方向上的总电流，即减小电流方向上的总电流，从而使电阻率增大。这时的电阻率变化为：

$$\frac{\Delta\rho}{\rho_0}=\frac{p}{n}\mu_n\mu_pB^2 \tag{9.23}$$

式中，n 为电子密度；p 为空穴密度；μ_n 为电子迁移率；μ_p 为空穴迁移率。

因此，为了使磁敏电阻的磁阻效应更为显著，必须选用载流子迁移率大的材料。对于主体材料一定的半导体磁敏电阻而言，还必须考虑它的形状磁阻效应（几何磁阻效应）。对于长宽比或形状不同的磁敏电阻，其电极间电流流向的偏斜角不同，因此造成电流路径的长短有所差异，即磁阻效应的大小不同。

半导体磁敏电阻常用的主体材料有锑化铟、砷化铟，以及它们的某些共晶材料。

InSb 是 ⅢA-ⅤA 族化合物半导体，禁带宽度小，电子迁移率高。InSb 的分子量为236.57，熔点为 525℃，密度为 5.7751g/cm³，热导率为 0.18W/(cm·K)，热胀系数为 $5.04\times10^{-6}K^{-1}$，介电常数为 17.7，室温下禁带宽度为 0.18eV，本征载流子浓度约为 $1.1\times10^{16}cm^{-3}$。InSb 的晶体结构为闪锌矿，晶格常数为 0.6479nm。若电子质量是 m_0，则电子的有效质量约为 $0.13m_0$。室温下高纯 N 型 InSb 的电子迁移率可高达 78000cm²/(V·S)，它与温度的关系为：

$$\mu_n=7\times10^8T^{-1.6} \tag{9.24}$$

InSb 的空穴有效质量约为 $0.6m_0$，其迁移率为 750cm²/(V·s) 左右，比电子迁移率约低两个数量级。空穴迁移率与温度的关系如下：

$$\mu_p=1.1\times10^8T^{-2.1} \tag{9.25}$$

表 9.1 为 InSb 材料在不同温度下的性能参数。从该表可以看出，即使在低温下，InSb 也仍具有良好的性能。

表 9.1　InSb 在不同温度下的性能

温度/K	电子迁移率 $\mu_n/[cm^2/(V\cdot s)]$	电阻率 $\rho/\Omega\cdot cm$	霍尔系数 $R_H/(cm^3/C)$
78	4.6×10^5	0.05	2.7×10^{-4}
300	6.0×10^4	0.005	3.5×10^2

体型 InSb 磁敏电阻是直接将 InSb 单晶片（厚度为 300～600μm）粘贴在绝缘基片上，然后经过机械或化学加工，使 InSb 单晶片的厚度减小到 5～10μm；薄膜型 InSb 磁敏电阻是通过真空蒸发或溅射工艺，在基片上制成 InSb 薄膜和电极薄膜。与体型磁敏电阻相比，薄膜型磁敏电阻有如下优点：①通过真空镀膜工艺，很容易将 InSb 制成厚度为 1μm 以下的薄膜；②薄膜的表面积比体型的大，能有效地解决热耗问题，因此，温升小，温度特性较好；③可制造图形复杂的磁敏电阻；④可使电极更有效地起到短路作用，在体型磁敏电阻中，由于 InSb 晶片较厚，电流的路径不是在任何地方都与磁场垂直，所以电极不能很有效地起到短路作用，但在薄膜型磁敏电阻中，则可大为改善上述现象，提高灵敏度；⑤可得到无感图形，使磁敏电阻适用于高频；⑥可进一步微型化和集成化。

通常采用真空蒸发工艺制作 InSb 薄膜。由于 In 和 Sb 的蒸发压相差很大,"分馏"现象严重,造成薄膜的组成偏离原材料的化学计量比,而且 In 和 Sb 往往处于分离状态,不易形成化合物。为了较好地保证 InSb 的化学计量比,并获得完善晶体结构的 InSb 薄膜,应注意选择成膜工艺。

InSb-NiSb 共晶体磁敏电阻。其载流子浓度和迁移率受温度的影响很大。高温时的载流子浓度约为 1.7×10^{16} cm^{-3}、迁移率约为 60000cm^2/(V·s)。为了改善共晶体的温度特性,可在其中掺入 N 型施主杂质 Te 或 Se,掺杂后的温度系数可降低 1~2 个数量级,达 -0.01%/℃左右,而未掺杂者约为 1%/℃。InSb-NiSb 共晶体的制备方法如下:首先,将纯度高于 99.999% 的 In 和 Sb 进行真空熔炼,得到 InSb 结晶;然后,将 99.99% 纯度的电解 Ni 和 Sb 在 1200℃下熔融,以正常凝固法使其结晶;再将所得的 InSb 和 NiSb 晶体分别经多次区域熔炼和提纯,并按一定质量分数比($\omega_{InSb} : \omega_{NiSb} = 98.2 : 1.8$),使二者熔融,形成 InSb-NiSb 共晶体。在这种共晶体中,NiSb 以针状结晶的形式定向排列,因电阻率远小于 InSb,而相当于无数金属丝或金属界面。沿不同的方向切片时,材料的磁阻效应也有不同。在磁场为 1.0T 时,其电阻率可增大近 20 倍,从而大大提高器件的灵敏度。

其他半导体磁阻材料采用真空蒸发技术可形成 InSb-In 共晶薄膜,其中析出的是定向排列的 In 针状结晶,从而增强材料的磁阻效应。采用电子束蒸发工艺使 InAs 淀积成薄膜,InAs 的温度特性比 InSb 的好,其温度系数为 0.1×10^{-2}℃$^{-1}$,因此薄膜型的 InAs 日益受到重视[294]。

9.2.2 强磁性薄膜磁敏电阻材料

强磁性薄膜磁敏电阻是一种新型磁敏器件,与半导体磁敏电阻和霍尔器件相比,具有如下特点:对于弱磁场的灵敏度很高,具有倍频特性及磁饱和特性,灵敏度具有方向性,温度特性好,使用温度宽。这种磁敏电阻所用的主体材料是强磁性薄膜,其工作原理以强磁性材料的磁阻效应为基础。强磁性磁阻效应的基本特征是:电流平行与垂直磁化方向时的电阻率不相同,即因强磁性材料的磁化方向与电流方向夹角不同,其阻值有所变化。这就是所谓的"磁各向异性效应"。关于该效应的机制,可能是由自发磁化造成能带结构改变,从而使得导电电子的散射概率变化所致。当磁化方向平行于电流方向时,阻值最大;在磁化方向垂直于电流方向时,阻值最小。

(1)镍-钴合金薄膜

镍-钴合金的晶体结构随其组成不同而异,当 Ni 含量少于 25% 时,镍-钴合金为密集六方结构;Ni 含量大于 30% 时,为面心立方结构;而当 Ni 含量在上述两者之间时,则形成混合相。磁敏电阻所用的 Ni-Co 合金薄膜,通常是用块状合金材料进行真空蒸发或溅射而形成的。这时,要考虑薄膜的两种尺寸效应:一是薄膜的厚度效应;二是晶粒的尺寸效应。

(2)镍-铁合金薄膜

镍-铁合金系薄膜的 Ni 含量低时,合金的结构与 α-Fe 一样,为体心立方结构;在 Ni 含量大于 30% 时,其结构则与 Ni 相同,为面心立方结构;Ni 含量为 50% 时,其合金的磁化曲线为线性。这种合金在原子反应堆中经过中子辐照之后,晶体结构中形成正方晶系的有序晶格,沿 c 轴 Fe 面和 Ni 面交替规则排列的结构。Ni 含量减少时,饱和磁化强度急剧减小。在显示出异常磁性的同时,Ni 含量为 36% 的 Ni-Fe 合金呈现出在室温附近热胀系数为零的因瓦特性。强磁性薄膜材料,比半导体磁敏材料具有更高的灵敏度,可靠性高,使用温度范围广。常用的强磁性薄膜材料是镍基合金，见表9.2。

表 9.2 一些镍基合金的 $\Delta\rho/\rho_0$ 值

合金组成	$(\Delta\rho/\rho_0)$ /%	合金组成	$(\Delta\rho/\rho_0)$ /%
Ni	2.66	Ni83-Fe17	4.3
Ni99.4-Co0.6	2.1	Ni76-Fe24	3.79
Ni97.5-Co2.5	3.0	Ni70-Fe30	2.5
Ni94.6-Ca5.4	3.6	Ni90-Cu10	2.6
Ni90-Co10	5.02	Ni83.2-Pd16.8	2.32
Ni89.3-Co10.7	4.9	Ni69-Pd31	2.03
Ni80-Co20	6.48	Ni97-Sn3	2.28
Ni70-Co30	5.53	Ni99-Al1	2.4
Ni60-Co40	5.85	Ni98-Al2	2.18
Ni50-Co50	5.05	Ni97.8-Mn2.2	2.93
Ni40-Co60	4.3	Ni94-Mn6	2.48
Ni30-Co70	3.4	Ni95-Zn5	2.60
Ni99-Fe1	2.7	Ni92.2-Fe3.3-Cu4.5	3.65
Ni99.8-Fe0.2	3.0	Ni69-Fe16-Cu15	3.3
Ni91.7-Fe8.3	5.4	Ni35.5-Fe49.5-Cu15	3.3
Ni85-Fe15	4.6	Ni80-Fe16.3-Mn3.7	2.2

9.2.3 磁致伸缩材料

9.2.3.1 传统磁致伸缩材料

较成熟的磁致伸缩材料还是纯镍、铁基以及镍基合金等金属磁致伸缩材料，如表9.3所示。纯镍的磁致伸缩系数高，疲劳强度高，耐腐蚀性能好，但电阻率低，因而必须轧制成0.1mm或更薄的带材使用，以降低涡流损耗。含铝13％的1J13铁-铝合金，其饱和磁致伸缩系数绝对值比纯镍的要高，电阻率比纯镍高约12倍，可以使用较厚的带材。该合金的缺点是耐腐蚀能力差，表面容易氧化，在腐蚀性介质环境中使用时需要在材料表面涂上特殊的保护膜。1J22合金具有更高的饱和磁致伸缩系数，但钴的含量大，成本高，且电阻率低，耐腐蚀能力差。1J50合金的磁致伸缩特性和力学性能与纯镍相似，但具有较高的电阻率。

表 9.3 金属磁致伸缩材料的性能

材料	电阻率/$10^{-8}\Omega\cdot m$	饱和磁致伸缩系数 $\lambda_s/10^{-6}$	机电耦合系数 K
Ni	7	-28	0.30
Ni50-Fe50（1J50）	40	$+28$	0.32
Ni95-Co5	10	-35	0.50
Co49-Fe49-V2（1J22）	30	-65	0.30
Fe87-Al13（1J13）	90	$+30$	0.22

在金属磁致伸缩材料制备过程中，材料轧制成型后的热处理是十分关键的，将直接影响

材料的许多性质。对于钝镍，由带材加工的芯片必须在大气中加热到 500℃，并保持 10~15 min，这样不仅提高镍片的软磁特性，而且在镍片的表面形成能绝缘和抗腐蚀的致密氧化膜。1J13 铁-铝合金冲片的热处理是在空气或氢气环境中经 900~950℃ 退火 2~3h，以 100℃·h^{-1} 速度冷却到 650℃，再以 60℃·h^{-1} 速度冷却到 200℃ 以下，然后出炉。1J22 合金应该在氢气或真空中进行低温（450℃ 左右）退火，以获得一定的弹性。

9.2.3.2 RFe$_2$ 超磁致伸缩材料

一些中重稀土元素在低温时具有特别巨大的磁致伸缩系数，比传统的磁致伸缩材料大 100~1000 倍。稀土纯金属的居里温度很低，因而稀土纯金属作为磁致伸缩材料来讲不具有实用价值。A. E. Clark 等人在美国表面武器研究中心和爱荷华州立大学的联合支持下，率先开展具有实用意义的 RFe$_2$（R 为稀土金属）超磁致伸缩材料的研究。RFe$_2$ 为立方拉弗斯相化合物，不仅室温磁致伸缩效应变大，而且居里温度高，物理、化学性能稳定。

表 9.4　一些立方晶系的金属和铁氧体室温下的各向异性常数 K_L

金属	$K_L/$（10^{-5} J·m^{-3}）	铁氧体	$K_L/$（10^{-5} J·m^{-3}）
Fe	45		
Ni	-5		
70%Fe-Co	-43	$Ca_{0.04}Fe_{2.54}O_4$	-81
65%Co-Ni	-26	$CoFe_2O_4$	260
TbFe$_2$	-7600	$Co_{0.8}Fe_{2.2}O_4$	290
DyFe$_2$	2100	$Co_{0.3}Zn_{0.2}Fe_{2.2}O_4$	150
HoFe$_2$	580，550		
ErFe$_2$	-330		
TmFe$_2$	-53		

RFe$_2$ 的磁晶各向异性常数相当大，如表 9.4 所示。一方面，大的磁晶各向异性导致大的线磁致伸缩；另一方面，这种各向异性阻碍畴内磁化方向的转动，使饱和磁化变得困难，相当强的外磁场才能使材料达到饱和磁化状态，因此给实用带来困难。把磁晶各向异性常数反号的两种 RFe$_2$ 材料组合起来而形成的赝二元 RFe$_2$ 则在保持大磁致伸缩的同时，大大降低各向异性常数，从而降低饱和磁化所需的外磁场。赝二元 RFe$_2$ 中以 Tb$_{1-x}$Dy$_x$Fe$_2$（常称为 Terfenol-D）的 λ 值最大，机电耦合系数也高，如表 9.5 所示。

表 9.5　最大磁机械耦合系数（机电耦合系数）和磁致伸缩系数

材料类型	K_{33}	$\lambda_{100}/10^6$	$\lambda_{111}/10^6$
Ni	0.31	-51	-23
13%Co50%Fe		70	8
50%Co50%Fe	0.35	30	160
4.5%Co95.5%Ni	0.51	-30	-40
（FeO）$_{0.05}$（Fe$_2$O$_3$）	0.36	—	
TbFe$_2$	0.35	—	2450
Tb$_{0.5}$Dy$_{0.5}$Fe$_2$	0.51	—	1840
Tb$_{0.27}$Dy$_{0.73}$Fe$_2$	0.53~0.60	—	1620

续表

材料类型	K_{33}	$\lambda_{100}/10^6$	$\lambda_{111}/10^6$
$Tb_{0.23}Dy_{0.35}Ho_{0.42}Fe_2$	$0.61\sim0.62$	—	1130
$Tb_{0.20}Dy_{0.22}Ho_{0.58}Fe_2$	$0.60\sim0.66$	—	820
$Tb_{0.19}Dy_{0.18}Ho_{0.03}Fe_2$	0.59	—	810
$SmFe_2$	0.35	—	-2100
$Sm_{0.88}Dy_{0.12}Fe_2$	0.55	—	-1620
$Sm_{0.7}Ho_{0.3}Fe_2$	0.35	—	-1370
$Tb_{0.23}Ho_{0.77}Fe_2$ （取向的）	0.76	—	710
$Tb_{0.27}Dy_{0.73}Fe_2$ （取向的）	0.74	—	1620

由于多晶中各磁畴的磁化方向是任意的，多晶 $Tb_{1-x}Dy_xFe_2$ 的磁致伸缩系数明显小于它的定向结晶体和单晶体，而饱和场则是前者高于后两者。Clark 等人又率先成功研制了具有特定取向的 Tb-Dy-Fe 定向结晶材料，其 λ_S 高达 $1.5\times10^{-3}\sim2\times10^{-3}$，并且具有较小的磁各向异性和良好的力学性能。这种材料机械转换效率高、电磁-声转换时响应频率低（$0\sim5kHz$），工作电压低，不存在电致伸缩材料常发生的击穿和退极化现象。

目前生产的许多定向结晶材料还没有解决其结构中孪晶缺陷的问题，结晶的取向也仅是接近易磁化方向而不是易磁化方向，因而弱磁场下的磁致伸缩性能受到一定的影响，特别是机电耦合性能。这类材料的性能受所含杂质的影响较大，而且在高温熔炼时材料的反应活性很高，在各类坩埚中熔炼时会因浸蚀坩埚而引入杂质。利用无污染磁悬浮冷坩埚技术可以较好解决被动掺杂问题，并利用优质籽晶进行原位提拉生长，制备出无孪晶结构并具有更好取向的高性能 Tb-Dy-Fe 合金单晶。

9.2.3.3 磁致伸缩材料的特性

从材料性质描述的角度来看，反映磁致伸缩材料特性的就是磁致伸缩系数曲线，即磁致伸缩系数随外磁场强度变化的关系曲线，特别是在外磁场方向上的磁致伸缩系数曲线，典型曲线如图 9.7 所示。

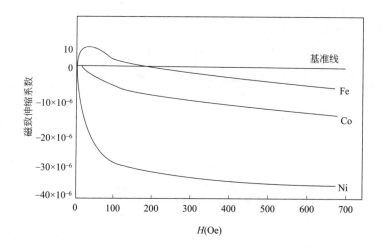

图 9.7　多晶铁、钴、镍的磁致伸缩系数曲线

在磁致伸缩材料的应用中，人们不仅关心材料的磁致伸缩系数，而且还关心其信号转换的效率、使用条件以及其他参数对这些特性的影响，因此需要全面描述磁致伸缩材料的特性。这里除了重点讨论磁致伸缩系数 λ 以外，还要讨论磁致伸缩率 d、机电耦合系数 K、响应频率 f 等。对于在交变场条件下使用的磁致伸缩材料，由于存在交流涡流损耗，因此材料本身的电导率也是极其重要的评价参数。

磁致伸缩率是磁致伸缩系数随外磁场变化的变化率。磁致伸缩系数具有空间取向性，磁致伸缩率也具有空间取向性。通常所说的磁致伸缩率 d_{33} 是指平行于外磁场方向的磁致伸缩系数的变化率。从磁致伸缩系数曲线可以看出，磁致伸缩系数随外磁场的变化是非线性的。磁致伸缩率可以有不同的表示方法，比如，反映磁致伸缩系数随外磁场变化的平均变化率叫平均磁致伸缩率，即磁致伸缩系数曲线上各点与原点连线的斜率；又如，在偏磁场的条件下，采用微分磁致伸缩率来反映磁致伸缩系数随外磁场变化的变化率，即磁致伸缩系数曲线上各点切线的斜率。当采用磁致伸缩材料作为智能传感材料时，这种微分磁致伸缩率与传感器的检测分辨率密切相关。从磁致伸缩系数曲线还可以看出，曲线中一般有一段线性区间，该区间内磁致伸缩系数随外磁场的变化是线性的，各点的微分磁致伸缩率相等并且其绝对值较高，磁致伸缩智能材料或器件在这一段区间工作最为有利。在评价材料性能时所提及的磁致伸缩率通常就是指该区间中的微分磁致伸缩率。

在外磁场低于线性区场时，材料的磁致伸缩系数往往较低。在外磁场高于线性区磁场时，材料的磁致伸缩系数开始趋于饱和，其磁致伸缩率较低。因此一般在设计智能器件时让其在线性区工作，材料的线性区越宽，器件的工作区间也就越宽；线性区的起始磁场强度越小，器件工作所需的偏磁场也就越小。因此，材料的磁致伸缩系数曲线线性区的宽度和起始磁场强度也是表征磁致伸缩智能材料特性的重要参数。

9.2.4 光磁电效应材料

光磁电（PME）效应最早由苏联学者于 1934 年在氧化亚铜中发现。此后随着半导体材料研究工作的不断发展，在锗（Ge）、硅（Si）、硫化铅（PbS）、锑化铟（InSb）和硫化镉（CdS）等一系列半导体材料中均发现了类似的效应。除了利用 PME 效应对半导体材料参数（寿命、表面复合速度等）进行测量外，具有 PME 效应的半导体材料最为重要的一项应用就是制备红外探测器器件。

9.2.4.1 常见的 PME 效应材料

应用于光子型红外探测器中的 PME 效应半导体材料主要应用 Ge、Si、碲镉汞（$Hg_{1-x}Cd_xTe$）、InSb 和砷化镓（GaAs）等[295]。表 9.6 中列出了几类用于光子型红外探测器的半导体材料体系及其优缺点。

表 9.6 用于光子型红外探测器的半导体材料体系及其优缺点[296]

材料体系		优点	缺点
本征	II-VI HgCdTe，HgZnTe HgMnTe	易于调制带隙，可覆盖整个红外光谱范围	稳定性较差 大面积均匀性差
	III-V InAs，InSb，InAsSb InTlSb，InBiSb	材料性能和掺杂剂好 加工处理工艺先进 能够进行大规模集成	常需要大晶格失配的异质结
	IV-VI PbS，PbSe，PbTe，PbSnTe	材料带隙较小 研究比较充分	力学性能差 介电常数大

续表

材料体系		优点	缺点
非本征	Si:In,Si:Ga, Ge:Cu,Ge:Hg	截止波长很长 技术相对简单	非常低的工作温度
量子阱	Ⅰ型 GaAs/AlGaAs InGaAsP/InP	生长技术成熟 大面积均匀性好 可以制成双色探测器	设计与生长复杂 量子效率低
	Ⅱ型 InSb/InAsSb InAs/GaInSb	俄歇复合率低 波长控制容易	设计与生长复杂 对界面敏感

（1）HgCdTe 体系

HgCdTe 是制作红外探测器的一种最重要的本征半导体合金。HgCdTe 材料的特殊优点在于：其作为直接能隙材料，既能获得较低的载流子浓度，也能获得较高的载流子浓度，电子迁移率高，介电常数低。HgCdTe 材料晶格常数随组分变化极小的特点使得它能够生长出高质量的外延层和缓变的禁带结构。HgCdTe 探测器能工作于各种模式下，既能工作于极宽的红外光谱区域（$1\sim30\mu m$），也能工作于极宽温度范围[297]。

在长波红外应用领域，HgCdTe 是最重要的本征半导体材料。通过简单改变晶体内部 Hg/Cd 的比例，就可以使 HgCdTe 材料覆盖整个红外光谱。与此同时，其与衬底 CdTe 的晶格失配也在 0.3% 以内。然而，HgCdTe 也是最难以应用于红外探测器中的材料之一，这主要是由晶格、表面和界面的不稳定性造成的。这些问题主要来源于Ⅱ-Ⅵ半导体弱的结合能以及高的 Hg 蒸气压。弱的结合能会降低材料的强度，导致较差的力学性能并造成材料加工困难。高的 Hg 蒸气压给成分控制造成很大的难度，这在焦平面阵列应用上会引起一系列的问题。在该类材料的未来发展中，其在生长、加工和器件的稳定性上都存在较多需要解决的问题，在一些应用情况中需要寻找其他的红外材料体系加以替代。

（2）In（As）Sb 体系

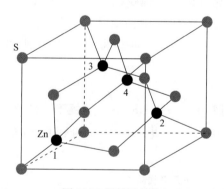

图 9.8 闪锌矿结构

InSb 是较为成熟的中长波红外探测器材料，具有闪锌矿结构。如图 9.8 所示，闪锌矿结构由两个面心立方格子沿着对角线位移四分之一嵌套而成。其在室温下具有如下性质：晶格常数为 0.6479nm，直接带隙为 0.18eV（对应的截止波长为 $7\mu m$ 左右，0K时的带隙为 0.24eV），电子有效质量低（$m^*/m_0=0.0145$），本征载流子浓度达 1.1×10^{16} cm^{-3}。InSb 材料具有熔点低、蒸气压低和容易制造等特点，单晶生长工艺已非常成熟。由于 InSb 外延材料的纯度高、电学特性好，能够制备厚度和杂质均匀分布的薄层及异质多层结构，其已广泛用于制作霍尔器件、磁阻传感器与光电探测器。对于光伏型、光导型和光磁电型三种工作方式的探测器，InSb 材料均适宜制备。

$InAs_xSb_{1-x}$ 属于典型的Ⅲ-Ⅴ族三元化合物半导体材料，是目前禁带宽度最小的本征型Ⅲ-Ⅴ族化合物半导体。$InAs_xSb_{1-x}$ 在室温下的禁带宽度可小至 0.099eV（对应的截止波长为 $12.5\mu m$），甚至更小，因此 $InAs_xSb_{1-x}$ 可用于长波红外（LWIR）探测。$InAs_xSb_{1-x}$ 的结构稳定，As 与 Sb 和 In 之间都具有稳定的共价键结合，并且 $InAs_xSb_{1-x}$ 具有比 $Hg_xCd_{1-x}Te$ 还要高的载流子迁移率，介电常数和自扩散系数（约 $5.2 \times 10^{-16} cm^2/s$）都比较小，所以 $InAs_xSb_{1-x}$ 是 $Hg_xCd_{1-x}Te$ 比较理想的替代材料。

（3）GaAs 基材料体系

GaAs 材料同样为闪锌矿结构，具备电子迁移率高、介电常数小、电子质量小、能引入深能级杂质等优点且具有特殊的能带结构，被广泛应用在太阳能电池、晶体管、红外探测器等光电领域。光电子集成器件的制备会涉及多种不同性能的半导体材料，即在同一基底上生长不同材质的外延层，其中用于衬底材料最为广泛的就是 Si、InP 和 GaAs。在一维方向上将异质结构制作到纳米尺度并形成超晶格材料，能够获得相对于单晶体更多的可调控参数和更大的选择灵活性。

由 GaAs 作为衬底，和 $Al_{1-x}Ga_xAs$ 组成的超晶格材料，其电子势阱与空穴势阱在同一GaAs 薄层，电子势垒与空穴势垒在相邻的 $Al_{1-x}Ga_xAs$ 薄层，称为"Ⅰ类"超晶格；此外还有其他复杂情况，电子势阱（或势垒）与空穴势阱（或势垒）分别处于相邻两薄层中，称为"Ⅱ类"超晶格；"Ⅲ类"超晶格则由半导体及半金属半导体（零能隙或负能隙）所构成。同块状晶体相比，超晶格、量子阱中的电子运动，在薄层平面内仍是自由的，但在垂直薄层方向上由于受到附加周期势的作用，其能量量子化，只取一系列分立值，称为"子能级"。这属于"多量子阱"的情况。对超晶格来说，势垒宽度与电子德布罗意波长可以相比拟，相邻阱的电子波函数能够扩展到邻近势阱并相互叠加，子能级便展宽成"微带"。红外探测器依据的跃迁类型为发生在同一个能带（导带或价带）中的子能级之间或微带之间的光吸收跃迁。相邻子能级或微带间的能量差与势阱宽度有关，势阱愈窄，间距愈大。因此在选择晶体材料之后，可以通过设计与控制势阱和势垒的宽度，以使基态与激发态的能量间隔相当于所要求的某一波段；或者设计成阱中仅有基态子能级，并使基态与连续态的能量间距相当于某一波段，这两种情况都能够产生光电导效应。目前，GaAs/AlGaAs 多量子阱器件的工艺已相当成熟，最大缺点是量子效率低，性能难以达到 HgCdTe 材料的水平。但该类材料适用于大规模阵列器件的制备。

9.2.4.2　PME 半导体材料的制备

各体系单晶或超晶格 PME 半导体材料的制备方法主要有真空蒸镀、磁控溅射、气相外延（VPE）电子束蒸镀、液相外延（LPE）、分子束外延（MBE）以及金属有机化学气相沉积（MOCVD）等。其中液相外延、分子束外延以及金属有机化学气相沉积是异质外延PME 半导体薄膜制备的常用方法[298]，通过这些方法能够获得包括不同成分薄层和不同掺杂物薄层的精细器件结构，并使得器件获得更高的性能。

（1）液相外延

在单晶衬底上从饱和溶液中生长外延层的方法称液相外延。例如，GaAs 外延层就可从以 Ga 为溶剂、As 为溶质的饱和溶液中生长出来。液相外延方法于 1963 年由纳尔逊（Nelson）提出。液相外延技术的出现，对于化合物半导体材料和器件的发展起到重要的推动作用。该技术已广泛应用于生长 GaAs、GaAlAs、GaP、InP、GaInAsP 等半导体材料和制作发光二极管、激光二极管、太阳能电池、微波器件和红外探测器等。LPE 工艺是发展最早且最成熟的 HgCdTe 薄膜生长工艺。通常采用 CdTe 或 CdZnTe（111）作为衬底，用 H_2 作携带气体，在富 Te 或富 Hg 的溶液中进行生长，温度约为 500℃。使用 LPE 法生长HgCdTe 薄膜，外延所用的母液通常是根据外延膜组分的要求，按 Harman 相图进行预先配制合成的。这种方法要做大量相图精细结构的试验，另外在外延过程中由于控制汞压的偏离使母液组分发生变化，从而生长外延膜的组分也将发生改变。

王金义等研究认为，在一定温度下，由碲、镉、汞 3 种成分组成的母液，如果和固态的碲化镉及气相中的碲、镉、汞蒸气达到热平衡，母液的成分在 Harman 相图上是唯一确定的[299]。由于镉、碲的蒸气压比汞的蒸气压小得多，所以只要改变母液的平衡汞压，就可调整母液在 Harman 相图上的位置，从而生长出所需组分的液相外延膜。实验中固定氢气流量，通过改变汞源温度，能够获得所需生长外延膜组分的母液，并长出表面光亮、结构完整的外延膜。

王庆学等研究了 HgCdTe 外延临界厚度的特征[297]。HgCdTe 外延薄膜临界厚度依赖于 CdZnTe 衬底中 Zn 组分和 HgCdTe 外延层中 Cd 组分的变化。对于厚度为 $10\mu m$，生长方向为 [111] 晶向的 LPE-HgCdTe 薄膜，要确保 HgCdTe/CdZnTe 无界面失配位错，前提条件是 CdZnTe 衬底中 Zn 组分和 HgCdTe 外延层中 Cd 组分的波动必须分别在 $\pm 0.0225\%$ 和 $\pm 0.5\%$ 内；对于相同厚度、生长方向为 [211] 晶向的 MBE-HgCdTe 薄膜，CdZnTe 衬底中 Zn 组分和 HgCdTe 外延层中 Cd 组分的波动分别为 $\pm 0.02\%$ 和 $\pm 0.04\%$。因此为生长高质量的 HgCdTe 外延薄膜，需要准确控制 CdZnTe 衬底中的 Zn 组分和 HgCdTe 外延层中的 Cd 组分。

（2）分子束外延

分子束外延是在真空蒸发基础上发展起来的制备极薄的单层或多层单晶薄膜的新技术，除了用于生长高纯化合物半导体外，MBE 还具有良好的厚度、掺杂、组分控制能力，生长具有突变界面外延材料体系。基于这种新技术的新一代半导体超薄层微结构材料，使半导体器件的设计和制造从过去的"杂质工程"发展到"能带工程"，并出现了以"电学和光学特性可剪裁"为特征的新范畴，推动了以半导体激光器与探测器为代表的光电领域的迅速发展。MBE 属于非平衡过程，它能够生长亚稳态的Ⅲ-Ⅴ合金。

MBE 的超高真空条件（10^{-10} Torr，1Torr＝133.32Pa），使得分子的平均自由程比衬底与源炉之间的距离大得多。因此，分子从喷发炉射出后没有自身相互作用和与其他分子束的分子作用，直接到达衬底表面。有四个过程是分子束外延生长中最重要的：冲击物的吸附、表面迁移和"增原子"变位、"增原子"进入外延层、"增原子"的脱附。基本上，吸附是指原子或者分子吸附在表面，吸附的原子或者分子叫作"增原子"。表面迁移和"增原子"变位是由热效应造成的，"增原子"可能没有足够的能量脱附但是可以向四周扩散。当"增原子"结合进入外延层，半导体晶体得到了真正的生长。最后，"增原子"可能获得足够的能量从衬底表面脱附。这就是分子束外延生长的四个重要步骤。与其他传统的外延生长技术（LPE，VPE 等）相比，MBE 技术的一个突出特点是能够生长得到原子级平滑的突变界面。MBE 技术的生长温度低，易于获得具有理想界面的多层薄膜。MBE 技术能精确地控制喷射源束流进行逐层生长，因此能精确地控制外延层的厚度、组分和掺杂浓度等。

Yen 等人成功地利用 MBE 方法在 GaSb 衬底上生长了包含整个组成变化范围（$0 < x < 1$）的 $InAs_{1-x}Sb_x$。通过 MBE 法生长的 $InAs_{0.91}Sb_{0.09}$ 层，其晶格参数与 GaSb 衬底匹配，适于制备双异质结层。要实现由 InAsSb 红外探测器制成的目视阵列，要求信号产生的电子合并在一起。其中一个解决方法为把含 Sb 的器件与以 GaAs、InP 为衬底的工艺相结合起来。目前已经能够通过 MBE 法在 GaAs（100）衬底上生长制备高质量的外延层。Yen 等人首次在Ⅲ-Ⅴ化合物半导体中观察到在 $3\sim 5\mu m$ 和 $8\sim 14\mu m$ 波段中可重复的 77K 长波长光致发光

光谱[300]。

（3）金属有机化学气相沉积

1972 年，马纳塞维特（Manasevit）首次成功地利用金属有机化学气相沉积法在绝缘体 Al_2O_3（0001）上制备出 InAsSb 合金。利用 MOCVD 法能够在 Al_2O_3、InAs、InSb 和 GaAs 等多种衬底上制备 InAsSb[301]。

目前，有关 InAs/(In) GaSb Ⅱ类超晶格红外探测器所取得的成果较多的是利用分子束外延技术来制备高质量应变补偿材料。MBE 技术生长温度低，并且能够在原子尺度上精准地控制生长过程，可以得到更陡峭的材料界面，但是材料生长必须在超高真空下进行，使得设备维护成本高且不利于大规模生产。金属有机化学气相沉积则不需要超高真空条件，设备易于维护且适用于大规模生产[302]。研究者通过引入复杂的界面设计，先后在 GaAs、GaSb 衬底上成功利用 MOCVD 制备高质量超晶格材料，并利用超晶格材料制备出长波红外探测器件，在 78K 条件下，探测截止波长为 $8\mu m$，探测率 $1.6\times10^9\,cm\cdot Hz^{1/2}W^{-1}$，非常接近利用 MBE 制备的相同波长器件的探测性能。随后有人报道了 InAs/InAsSb 锑化物超晶格体系的 MOCVD 生长研究，认为该超晶格体系具备少数载流子寿命更长且材料生长过程中界面设计更为简单的优点。

InAsSb 合金的组成可以通过斯特林费罗（Stringfellow）和切尔格（Cherng）提出的相似热力学模型来预测[303]。这个模型预测了更稳定的 Ⅲ/Ⅴ 的比值，这将使得成分控制更加容易。在 InAsSb 体系中，在气相状态下，当 Ⅲ/Ⅴ 比值小于 1 时，As 优先进入外延层，因为在生长温度范围内 InAs 比 InSb 更稳定。在 Ⅲ/Ⅴ 的比值接近或大于 1 时，As 和 Sb 原子被等量结合。InAsSb 合金的组成可以通过热力学模型来预测，并且可以通过调节通入的气流来精确控制。采用 MOCVD 方法在 InA（100）衬底上生长的 InAsSb 外延薄膜光致发光的结果已由 Fang 等人提供[304]。光致发光由富含 InAs 的一侧（$x<0.3$）探测得来。从光致发光的顶点能量得出的带隙与成分和温度之间的关系与之前 Yen 等人给出的采用 MBE 方法在 InAs（100）衬底和 GaAs（100）衬底上生长的 InAsSb 外延层的结果能够很好吻合。

以 InAsSb 生长为例，表 9.7 对比了几种常见生长技术的优缺点。LPE 是相对比较古老的制备技术，该技术的主要缺点是界面控制非常差且材料组分及厚度均匀性控制也不佳。MOCVD 技术和 MBE 技术则可以实现高质量多层量子结构的生长，并且能够使界面陡峭。

表 9.7　中红外探测材料生长技术对比

生长技术	优点	缺点
LPE	生长设备简单； 适于热力学稳定材料	热力学不稳定，材料生长困难，如 InPSb，高 Sb 组分 InAsSb； 大面积组分及厚度均匀性差
MBE	适于高质量热力学亚稳态材料； 适于含 Al 材料（AlSb、AlAsSb）； 低背景载流子浓度	含 P 材料生长困难； 操作复杂，成本高； 源材料相对较少
MOCVD	高质量热力学亚稳态材料； InPSb，低背景载流子浓度	缺少合适 Al 源，低温下生长含 Al 材料困难；Ⅴ族源材料毒性大

9.3 磁敏器件的类型

磁敏传感器件是将磁学物理量转换成电信号的传感器，利用金属或半导体材料电磁效应制作而成的对磁场敏感的传感器，主要用于测量和感知磁场，还可以做成某些物理量的传感器。磁敏传感器可大致分成构造型和物性型两种。构造型传感器是根据电磁感应定律，在切割磁通的电路中，产生与磁通变化速度成正比的感应电动势，为满足灵敏度，需要复杂的和有很多匝数的线圈，这就使得这种传感器在结构上受到很大的限制。物性型传感器利用由磁场作用引起物质发生改变的物理效应，把磁场强度变换为电信号，并能精确地检测从静止磁场到交变磁场强度。通过材料的选择、合理的设计，能够得到较高的灵敏度。制作这种磁敏器件的材料有半导体、磁性体、超导体等，材料不同，其工作原理及特性也不同。

根据工作效应，磁敏传感器件可大致分为霍尔器件、磁阻器件、磁敏晶体管及磁敏集成电路四类。霍尔器件是利用半导体材料在磁场作用下的霍尔效应制成的对磁场敏感的器件，制备材料可以是单晶半导体，也可以是化合物半导体。磁阻器件是利用半导体材料磁阻效应制成的器件。磁敏晶体管是一种新型的半导体磁敏器件，是在磁场作用下利用晶体管结区导电性能的变化引起晶体管特性变化制成的器件。磁敏集成电路是把霍尔器件或磁阻器件与单元电路集成于一块芯片上，制成集成电路的磁敏传感器。用于半导体磁敏传感器器件的种类与特性如图 9.9 所示，其中较常用的是霍尔元件和磁电阻元件。

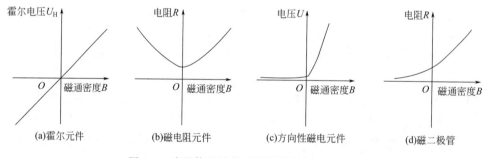

图 9.9 半导体磁敏传感器器件的种类与特性

9.3.1 磁敏电阻器

磁阻器件中最具代表性的是磁敏电阻器，磁敏电阻器是一种磁电变换器件，是利用磁阻效应制成的。磁阻效应分为材料的电阻率随磁场的变化而变化和器件的电阻值随磁场的变化而变化两种现象。前者称磁电阻率效应，由于这种效应很微弱，在实际应用中受到限制；后者称为磁电阻效应，也称为形状磁阻效应。

9.3.1.1 磁阻效应

根据霍尔效应，在垂直磁场作用下，半导体的电流通常在电极附近发生偏移，电极附近的电流因偏转一个霍尔角而延长电流的路径，使器件的电阻值增加，如图 9.10 所示。这种效应与器件的形状和结构有关，因此也称作形状磁阻效应。图 9.10(a) 所示的长方形器件中，通过器件的电流要同时受到霍尔电场力和洛伦兹力两种力的作用，达到平衡时，器件中部的电流将重新与外电场方向平行，即中部对器件电阻增加无大的贡献，只有靠近两端电极附近才有最有效的磁阻效应。这是由于电极附近的霍尔电场力因电极短路而消失，只存在洛伦兹力的作用。随磁场变化，电流只分布在电极附近。当器件的长宽比 L/W 减小时，磁阻效应变得明显，如图 9.10(b) 所示。而图 9.10(c) 所示的同心圆状器件在理论上能够显示出最高的电阻增加率。

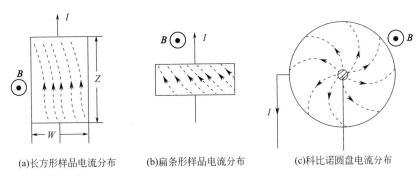

(a)长方形样品电流分布　　(b)扁条形样品电流分布　　(c)科比诺圆盘电流分布

图 9.10　磁场 N 型半导体内的电流分布

磁阻效应不仅与器件的形状和结构有关，也与材料迁移率有关。如果选用迁移率较大的 InSb 材料，则可制作性能较好的磁阻器件。为了提高磁阻效率，通常采用如图 9.11 所示的结构。图 9.11(a) 是在半导体表面制造金属短路栅，用以短路霍尔电势，使电流偏转最大。这种短路栅可用蒸发或电镀方法制作。采用 InSb-NiSb 共晶材料时，由于锑化镍结晶时以针状析出，可自然形成如图 9.11(b) 所示的短路栅。

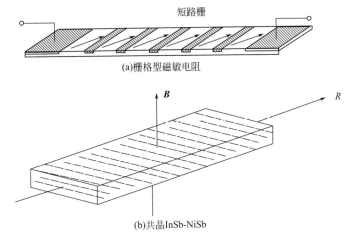

(a)栅格型磁敏电阻

(b)共晶InSb-NiSb

图 9.11　利用短路栅提高磁阻效率的结构

9.3.1.2　磁敏电阻器的性能参数

（1）电阻与磁感应强度的关系

磁敏电阻器的电阻与磁感应强度的关系曲线一般是镜像对称的。图 9.12 所示的是 22℃ 时不同 InSb 材料的磁敏电阻器 R_B/R_0-B 特性曲线。当 B 小于 0.3T 时，磁敏电阻的变化与磁感应强度呈平方关系。当 B 大于 0.3T 时，则呈线性关系。这种线性关系可持续到 1T。

电阻的相对变化值与磁感应强度 B 的大小有关,与它的方向无关。

(2)电阻与器件尺寸的关系

随着半导体器件长宽比缩小,磁阻效应增加很快,图9.13为不同形状的磁敏电阻器的 ρ_B/ρ_0-B 特性曲线,ρ_B/ρ_0 为有磁场作用的电阻率 ρ_B 与无磁场作用的电阻率 ρ_0 之比。由图可以看出,长宽比 L/W 越小,ρ_B/ρ_0 大。圆形样品灵敏度最高,但在无磁场时的阻值太小(小于1Ω),因此,这种结构的磁敏电阻器实际意义不大。对于磁敏电阻器,既要求灵敏度高(ρ_B/ρ_0 大),又要求无磁场时电阻值大。

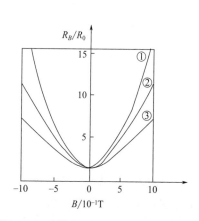

图 9.12 磁敏电阻器 R_B/R_0-B 特性曲线
①本征 InSb;②掺杂 InSb+NiSb;③栅格 InSb

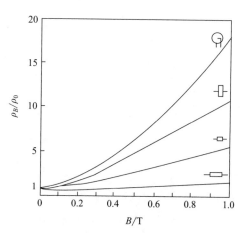

图 9.13 磁敏电阻器的
ρ_B/ρ_0-B 特性曲线

(3)电阻与温度的关系

磁敏电阻器的温度特性与使用的半导体材料和掺杂有关,并影响迁移率的变化。几乎所有磁敏电阻器的温度系数都是负值。本征 InSb 材料有较高的温度系数,在对温度变化引起的误差要求严格的器件中,应避免使用本征材料或接近本征材料,使用的材料应有中等程度的掺杂。磁敏电阻器可以做到阻值为几十欧到一千欧,其额定功率在环境温度低于80℃时为几毫瓦,若采取散热措施,还可以使其功率提高。

9.3.1.3 磁敏电阻器的结构

InSb 单晶的电阻率在常温下为 $5\times10^{-3}\Omega\cdot cm$,为了增大阻值、提高灵敏度,电阻体经常做成弯弯曲曲的"迷宫形"。一般的工艺为:在 InSb 表面淀积许多彼此平行的、与电流方向垂直的金属电极,做成短路栅,如图9.14所示;或利用 InSb-NiSb 共晶材料制成曲折形的电阻体,如图9.15所示。

9.3.2 磁敏二极管

磁敏二极管的基本结构见图9.16,它实际上也是利用磁阻效应制作的磁敏器件。本征半导体材料两端为高掺杂区域 P^+ 和 N^+,并在侧面用扩散法或喷砂法制成高复合区 r,当受到正向磁场作用时,电子和空穴受洛伦兹力作用向 r 区偏移。由于 r 区为高复合区,进入 r 区的电子与空穴很快被复合,因而本征区载流子密度减小,电阻增加,本征区电压降增大;相应地在 P^+ 和 N^+ 两端结区电压降减小,如此反复继续下去一直达到稳定值。若改变磁场方向,其结果相反。由此达到检测磁场信息的目的。

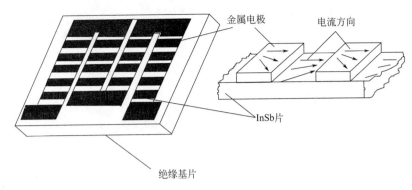

图 9.14　迷宫形磁敏电阻器

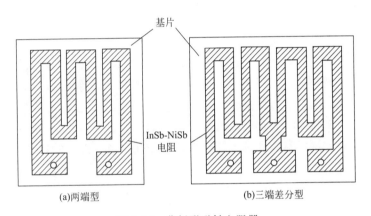

(a)两端型　　　　　　　　　(b)三端差分型

图 9.15　曲折形磁敏电阻器

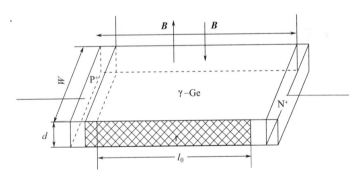

图 9.16　磁敏二极管基本结构

　　磁敏二极管的技术特性可用磁灵敏度 S、温度特性参数和频率特性参数来表征。磁灵敏度是在一定偏压、单位磁感应强度作用下，通过磁敏二极管的电流相对变化；或在一定偏流、单位磁感应强度作用下，磁敏二极管偏压的相对变化。温度特性参数有三种表示方法，即伏安特性随温度的变化、偏压随温度的变化、磁灵敏度随温度的变化。频率特性参数用以表示磁灵敏度随频率的变化特性。

　　Ge 磁敏三极管基本结构见图 9.17，在弱 P 型本征半导体上用合金法或扩散法形成三个极，即发射极 e、基极 b、集电极 c。相当于在磁敏二极管长基区的一个侧面制成一个高复合区 r。

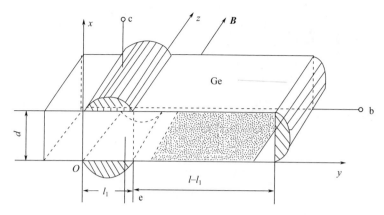

图 9.17　磁敏三极管基本结构

从发射极注入的电子有一部分传输到集电极，而另一部分被分流到基极，由于基区中设置有高复合区 r，而且复合区的体积比从发射极到集电极的运输区体积大得多，所以注入的大部分电子在复合区被复合掉，只有小部分被传输到集电极。当受到磁场作用时，由于受洛伦兹力的作用，载流子向基区一侧偏转而被复合掉，使集电极电流明显下降；磁场反向时，载流子向集电极方向偏转而增大集电极电流，以达到磁敏感应强度。和磁敏二极管相同，也可应用磁灵敏度、温度特性参数和频率特性参数来表征磁敏三极管的技术特性。

9.3.3　磁敏电位器

一般电位器都是通过电刷在电阻体轨道上滑动来改变电参数的。由于电刷的摩擦，电位器必然需要一定的转动力矩，这对于高速运动和灵敏的仪器是有害的。例如，陀螺仪中作为传感器的电位器，对陀螺产生负载而导致陀螺发生摩擦，会给电位器带来许多根本的弊病，如接触电阻的变化、滑动噪声及电阻体磨损等。磁敏电位器可以克服以上缺点，而做成无电刷的非接触式电位器。既延长了电位器的使用寿命，又具有摩擦力小、没有触点运动引起的噪声和分辨率高的优点。

磁敏电位器一般由两个磁敏电阻串联而成，如图 9.18 所示。永久磁铁沿着磁敏电阻移动，以改变两个磁敏电阻的阻值比。输出端是固定的，当输入端加以固定电压时，随着磁铁

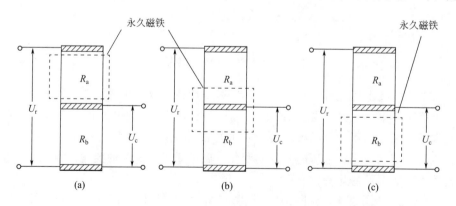

图 9.18　利用磁阻效应的磁敏电位器原理

(a) $R_a \gg R_b$, $U_c \ll U_r$；(b) $R_a = R_b$, $U_c = U_r/2$；(c) $R_a \ll R_b$, $U_c \approx U_r$

位置的改变，可得到不同的输出电压，起到电位器的作用。由于两个磁敏电阻中的一个电阻增大，另一个减小，因此总阻值是不变的。性能良好的磁敏电位器可使每个电阻从总阻值的10％变到90％。为了增大阻值和提高灵敏度，可将许多个磁敏电阻器串联起来，排成一定的形状，如圆弧形或环形。磁铁做成扇形，可沿磁敏电阻作旋转运动。图 9.19(a) 是一种360°旋转的无触点磁敏电位器结构，其工作原理和输出特性曲线见图 9.19(b)、图 9.19(c)。图 9.19(b)中 1、2、3 代表引脚。

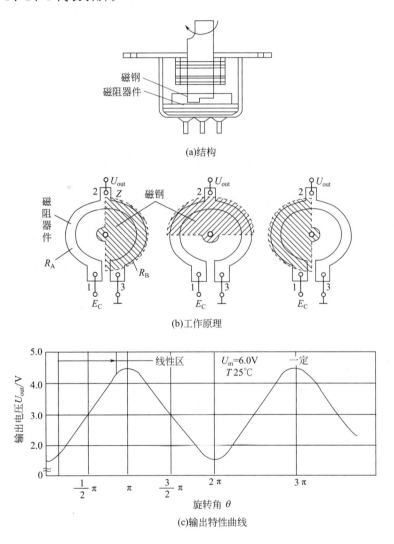

(a)结构

(b)工作原理

(c)输出特性曲线

图 9.19　360°旋转的无触点磁敏电位器结构、工作原理与输出特性曲线

将两个具有相反特性的磁敏二极管串联起来就组成一个非接触式的磁敏二极管电位器，其原理如图 9.20 所示。改变磁场的大小和方向，可使两个磁敏二极管呈现不同的阻值比，从而改变输出电压的大小。无触点磁敏电位器可用于各种工业机械、工程车的平衡控制，电动阀门的开关检测，摄像机光阑控制，磁带张力控制，风向计方位控制，油压泵流量控制及弹簧秤行程控制等方面。

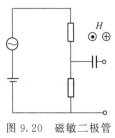

图 9.20　磁敏二极管
电位器原理

9.3.4 磁致伸缩器件

磁致伸缩智能材料的应用与电致伸缩智能材料类似，可用作超声和水声换能器件、电信器件、测量传感和控制驱动器件等。金属磁致伸缩材料由于磁致伸缩值较小、功率密度不大，故应用面较窄，主要用于声呐、超声波发射等方面。这些材料的力学性能好，承受功率高，电阻率低，还可用于低频应力传感领域。非金属磁致伸缩材料电阻率高，适用于高频领域。RFe_2 超磁致伸缩材料具有比传统磁致伸缩材料大得多的磁致伸缩值，并且机械响应快、功率密度大、耦合系数高，在智能材料结构领域具有较好的应用前景。其中 Terfenol-D 因 λ_s 大、机电耦合系数高而成为研究和应用的重点。这种材料广泛应用于声呐系统、大功率超声器件精密定位控制、机械致动器、有源减振系统等方面，还可制成各种阀门、驱动器件等。

智能器件的设计特点是材料与结构紧密联系。结合 RFe_2 智能材料的性质，在进行器件设计时至少要注意频率、阻抗、预应力及偏置磁场的稳定性等。Terfenol-D 材料的机电耦合系数较高，是一个固定量，但由它制成的智能器件的机电耦合系数会因机械响应特性的影响而随频率变化。这类器件不能用于很高的频率，一般在 $0\sim5kHz$ 的低频段具有较好的机电耦合系数和功率密度。在 $20kHz$ 频率以上时就必须考虑涡流损耗。为克服高频率下 Terfenol-D 的涡流问题，可以将 Terfenol-D 粉末与非金属黏接材料复合成具有较高阻抗的新型超磁致伸缩材料，也可以将 Terfenol-D 棒沿轴向切成薄片，然后再直接将薄片粘合成一体。用这些方法做成的器件已能应用于高频领域。Terfenol-D 材料一般采用线圈磁场来进行工作，比压电智能材料的负载阻抗要低，可用较低的电压来驱动，也避免了压电器件因采用高压而常遇到的绝缘击穿问题。Terfenol-D 智能器件的阻抗中还存在一个电阻抗与力阻抗的最佳频率匹配问题。Terfenol-D 材料的抗拉强度远比压缩强度要小，为防止材料棒在工作中被拉断，总是给棒两端预加一个压应力，使其在工作中始终不受拉伸应力影响。给 Terfenol-D 棒加上一个偏置磁场，调整偏置磁场强度可设定器件的工作点，并可改善器件的工作特性，这种偏置磁场不存在退极化现象。退极化就是压电陶瓷的恒定偏场会随着时效的作用而产生一个持久的退化。另外，对于大功率换能器，瞬时热过载也能使压电陶瓷永久退极化，而 Terfenol-D 即使加热到居里温度以上，也只是瞬时地失去磁致伸缩特性。

9.3.4.1 智能材料结构中的驱动器件

(1) 声呐系统中的声波发射器

声呐的发射频率一般在 $2kHz$ 以上，低于此频率的声呐属于低频声呐。频率越低，衰减越小，声波传得越远，受到水下无回声屏蔽的影响也越小，用 Terfenol-D 材料制作的声呐可以满足大功率、小体积、低频率的要求。如图 9.21 所示，图中六个单元组成一个环，随着磁场变化，环就膨胀、收缩，将声波发射出去。美国海军使用的这类预警系统，其探测距离可达数千千米。

图 9.22 为微位移控制装置结构。在线圈磁场的作用下，超磁致伸缩 Terfenol-D 单晶棒发生伸长，并驱动执行杆沿 P 方向移动。线圈电流的大小决定磁场的强弱，从而决定了执行杆位移量的大小。其位移控制精度达微米级，并且结构简单灵巧、输入功率小、执行杆输出力大。

(2) 主动隔振智能结构中的动作器

实施振动的主动控制是从根本上解决工程结构振动问题的有效途径。图 9.23 是采用磁

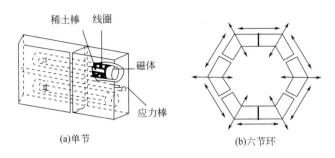

图 9.21　低频声呐

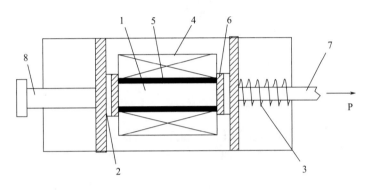

图 9.22　微位移控制器结构

1—Terfenol-D 单晶；2—永磁体；3—弹簧；4—线圈；5—隔离层；6—磁轭；7—执行杆；8—螺栓

致伸缩智能材料 Terfenol-D 动作器的主动隔振系统。动作器的作用是产生控制力并作用于振动梁，然后以力矩作用在工程结构上消除或减小振动。

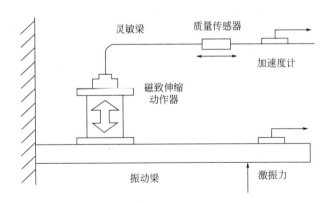

图 9.23　主动隔振系统

（3）燃料注入阀中的致动器件

如图 9.24 所示，该燃料注入阀用一根具有负磁致伸缩系数的棒顶住针阀体，将燃料流关闭。一旦施加外磁场，磁致伸缩棒收缩，从而打开针阀体，使燃料流出。该结构设计简单，而且能提供迅速、精确和无级的流量控制，并为实现燃烧过程的优化提供了可能。

（4）超磁致伸缩微粒驱动器

Terfenol-D 智能器件一般采用 Terfenol-D 棒，但是用于智能结构中的理想驱动器应该

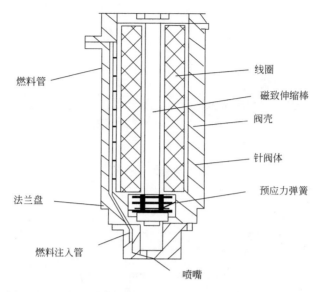

图 9.24 用超磁致伸缩智能材料作为致动器件的燃料注入阀

能包埋在基质结构中，并仍保持基质结构完整的力学性能。安贾纳帕（M. Anjanappa）等人制作的微粒驱动器就是这样的器件，如图 9.25 所示。这种驱动器涡流损失非常小，非常适合于高频率下使用。

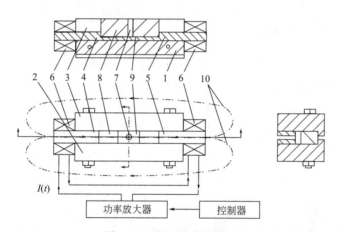

图 9.25 微粒驱动器结构

1—底盘；2—左边盘；3—右边盘；4—北极盘；5—南极盘；6—线圈

7—浇注口；8—顶盘；9—微粒驱动器；10—磁场

Terfenol-D 超磁致伸缩智能驱动器件可以用来直接推动油泵活塞，代替海底油泵的所有转动部件，克服了水下维修的困难。这类驱动器件还可用来驱动蠕动线性马达，美国国防部智能机翼项目研究的目的就是要研制开发这样的驱动器，从而可对飞行中飞机的机翼横剖面形状进行精细的调整，减小飞行动态阻力。也可用作机器人、超精密加工机床、扫描隧道显微电镜、原子力显微镜以及其他智能材料结构中的精密定位器件。

9.3.4.2 智能材料结构中的传感器件

（1）高灵敏磁触发系统中的弱磁传感器件

将 Terfenol-D 涂覆在光纤上或直接将 Terfenol-D 片粘合在光纤上，作为 Mach-Zehnder

干涉仪的信号臂，当磁场使超磁致伸缩材料发生长度变化并导致光纤的光程变化时，光纤干涉仪中参考臂和信号臂之间产生相对位相移动，从而可形成并输出一个触发信号。这种传感器构成的干涉仪也可直接用作高灵敏磁场测量传感器，如图 9.26 所示。这里，干涉仪的相位检测是通过光电转换、差分放大、PZT 压电晶体调制等环节，用零差补偿法自动完成的。与传统的同类传感器比较，整个传感单元体积小、工艺难度降低，而传感性能进一步提高。

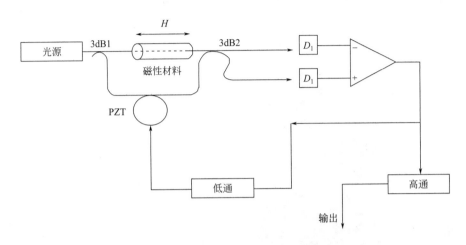

图 9.26 磁致伸缩式光纤弱磁传感器原理

（2）磁弹性静力传感器件

已有的 Terfenol-D 智能器件一般只能将静态电磁能转换为静态机械能，或进行动态电磁能和动态机械能的相互转换，而 Terfenol-D 单晶磁弹性静力传感器件则实现静态机械能向动态电磁能的转换，其原理如图 9.27 所示。该传感器为变压器式结构，静态力作用在 Terfenol-D 单晶棒上，使其磁化特性发生改变，从而导致变压器的交流输出信号 e_2 发生变化。这种传感器可直接进行静态力的传感测量，同时由于为 $ReFe_2$ 智能器件开辟静态机械能转换为电磁能的应用途径，有望在未来的智能材料结构中发挥新的、更重要的作用，为新的智能材料结构的出现打下一定的基础。

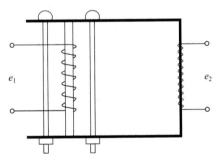

图 9.27 Terfenol-D 单晶磁弹性
静力传感器原理

9.3.5 光磁电器件

利用锗（Ge）、硅（Si）、碲镉汞（$Hg_{1-x}Cd_xTe$）、锑化铟（InSb）和砷化镓（GaAs）等各种不同体系的光磁电效应材料能够制备具备不同特性和用途的各类光磁电器件。

9.3.5.1 HgCdTe 基器件

基于 HgCdTe 基光磁电（PME）器件的长波红外线（LWIR）探测器已经在安全、空间科学、环境管理和过程监测等各个领域得到广泛应用[297,305]。图 9.28 所示为 $Hg_{1-x}Cd_xTe$ 光磁电器件和 PME 探测器的结构，通过环氧化合物将高电阻硅片粘贴到基板上以制备 $Hg_{1-x}Cd_xTe$ 光磁电器件的传感层。PME 传感器件的厚度约为 $20\mu m$。在接触光栅上安装传感器件的基板，其具有用于串联焊接器件的特殊结构，从而能够将它们的 PME 信号进行汇总。感应器件的触点由直径为 $20\mu m$ 的金丝焊接而成。如图 9.28 所示，通过光栅的载流条带对传感器件进行换流。光栅的载流条带从光敏器件基片的下方穿过，以便安装在永磁体的狭窄间隙内。采用的 $Hg_{1-x}Cd_xTe$ 器件的 $x=0.2$ 时，初始材料中的非补偿供体的浓度不超过 $5.10^{14}cm^{-3}$。利用银或铜在汞蒸气介质中对初始单晶 $Hg_{1-x}Cd_xTe$ 晶片进行热扩散掺杂，并通过该方式制备 P 型样品。根据霍尔系数随温度变化的测量结果，选择受体浓度为 $n_A\approx(0.9\sim1.2)\times10^{17}cm^{-3}$ 的晶片来制作敏感器件。电荷载流子寿命 $\tau\approx5\times10^{-9}\mu s$ 和双极扩散长度 $L\approx5\mu m$ 的数值是通过测量 PME 效应和光电导的信号来确定的。

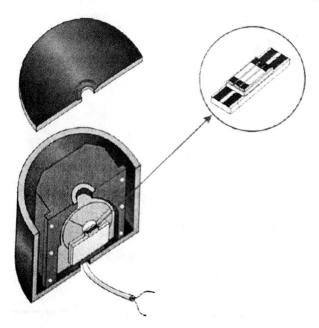

图 9.28　$Hg_{1-x}Cd_xTe$ 光磁电器件和 PME 探测器结构

　　长波红外 HgCdTe 焦平面器件也是近年来研究的热点和技术发展的核心。超长波红外（VLWIR）波段能够提供丰富的大气湿度、CO_2 含量、云层结构和温度轮廓等信息，因此超长波红外焦平面阵列器件在遥感大气探测中得到广泛的应用。图 9.29 所示为超长波红外

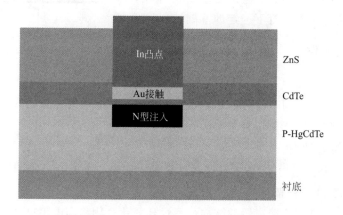

图 9.29　超长波红外焦平面阵列（VLWIR FPAs）器件的结构

HgCdTe 焦平面阵列器件的结构，在点阵匹配的 CdZnTe 衬底上，采用液相外延法生长 HgCdTe 材料。如图所示，通过在 B 离子中注入掺杂的 P 型液相外延生长材料，在 CdZnTe 衬底上制备 VLWIR 器件。绝缘层为采用电子束蒸发制备的 CdTe 和 ZnS，在绝缘层的切口上生长 Au 作为金属电极。然后在 Au 电极上制备 In 凸点。郝立超等制备的具有上述结构的 VLWIR 器件，截止波长达到 $14\mu m$，像元面积为 $60\mu m \times 60\mu m$。在工作温度为 50K 的条件下，读出电路性能良好，焦平面黑体响应率达到 1.35×10^7 V/W，峰值探测率为 2.57×10^{10} cmHz$^{1/2}$/W，非均匀性响应率约为 45％，盲元率小于 12％[306]。

9.3.5.2 InAsSb 基器件

InAsSb 以其窄带隙等优点已成为重要的制作长波红外光电探测器和光学气体感应器的候选材料[307-309]。同时，其也凭借高迁移率的优点在高速器件上具有潜在应用价值。图 9.30 所示为 InAsSb/InSb 超晶格作为工作层制备的光电二极管器件结构[307]。在图中，灰色部分的金属接触层引出接线后，器件即可被测量光伏响应。该器件的制备过程主要包括：①生长 InAsSb/InSb 超晶格层；②用特殊清洗过程去油和清洁样品；③定义和腐蚀各个器件，即光刻；④读出电路；⑤封装连接线。

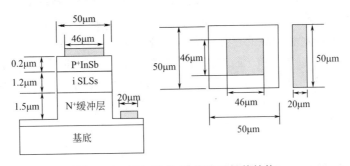

图 9.30　InAsSb/InSb 光电二极管结构

9.3.5.3 GaAs 基器件

GaAs 基半导体材料凭借着其优良的性能，促使 GaAs 赝高电子迁移率晶体管（PHEMT）器件广泛应用于军事雷达系统、微波通讯、空间技术等领域。图 9.31 所示的是具有外加偏压的 PHEMT-GaAs 器件的结构。PHEMT 器件的量子阱是在 AlGaAs/InGaAs 界面形成的。该器件是通过栅压控制沟道电导，并由沟道电导去控制漏极电流的一种电压控制电阻器。当栅源电压 U_{gs} 大于阈值电压 U_{th} 时，电子将会进入到量子阱而形成二维电子气，从而使源区与漏区相连。在此情况下施加漏极电压 U_{ds}，沟道中电子则会从源极一端向漏极一端漂移，形成漏极电流 I_{ds}，并且随着 U_{gs} 不断增加，沟道中的二维电子气浓度也会变大。相应地，沟道电流 I_d 也随之增大。

InGaAs-GaAs 失配异质结材料有较高的电子迁移率、材料稳定性好，并且带隙在一定范围内（0.36～1.42eV）可调等优点，在光电子器件领域有广阔的应用前景。GaAs 基 InGaAs 红外探测器在短波方向上截止波长更短，在焦平面阵列的应用上具有很多优点。In$_x$Ga$_{1-x}$As 与 GaAs 衬底的晶格失配较大，较大的晶格失配不利于获得高质量的外延材料。目前在外延层与衬底之间引入缓冲层是解决晶格失配的有效方法。其中两步生长法已经成为外延生长中解决晶格失配最常用、最有效的方法之一。两步生长法是指在生长外延层之前，先在衬底上低温生长一层组分固定的缓冲层，退火后在高温条件下生长外延层。低温生长的缓冲层为后续高温生长

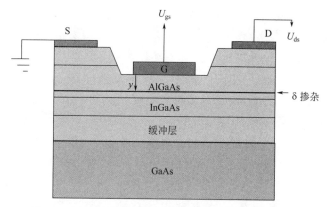

图 9.31　具有外加偏压的 PHEMT-GaAs 器件的结构

的外延层提供取向成核中心，成为外延层的模板，有效地抑制位错生长，使外延层按 2D 生长模式生长，从而改善外延层质量。韩智明利用 MOCVD 技术，采用两步生长法在 GaAs 衬底上外延生长 InGaAs 异质结材料[310]。实验结果表明：缓冲层存在最佳厚度，最佳厚度的缓冲层可以显著改善外延层质量，使外延层的表面形貌、结晶质量、合金有序度、应力、本征载流子浓度等性质达到最佳。过薄或者过厚的缓冲层都会使外延层质量下降。

　　基于 $In_xGa_{1-x}As$ 材料制成的红外发光二极管（IR-LEDs）是闭路电视、食品检测、车辆传感器、可穿戴设备和光学相干断层扫描的基本光源。在红外发光二极管器件结构方面，采用多量子阱（MQW）异质结构、分布式布拉格反射层（DBR）和窗口层能够提高基于 GaAs 的红外器件的内部量子效率[311]。采用 MQW 结构被认为是提高 $In_xGa_{1-x}As$ 红外发光二极管内部量子效率的有效方法之一，但 $In_xGa_{1-x}As/GaAs$ 的晶格失配也是限制其输出功率的重要因素。图 9.32 为传统 MQW 和增加了补偿层的 MQWS I 和 MQWS II 器件的结

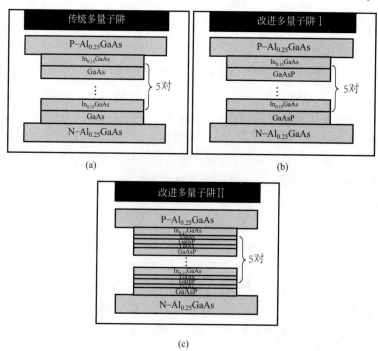

图 9.32　传统 MQW（a）、MQWS I（b）和 MQWS II（c）器件的结构

构。为了生长 1000nm 的外延结构，分别采用 N 型和 P 型掺杂的 $Al_{0.25}GaAs$ 材料作为限制层。传统有源区由 5 对量子阱组成（6nm 厚 $In_{0.15}Ga_{0.85}As$＋12nm 厚 GaAs 层）。MQWS Ⅰ和 MQWS Ⅱ 器件使用了不同的补偿势垒。研究结果表明，调整后的 $GaAsP_{0.09}$ 拉伸应变层能够有效地补偿 $In_{0.15}GaAs$ 量子阱中过大的压缩应变。在 $In_{0.15}GaAs/GaAsP_{0.09}$ MQW 中加入 $Ga_{0.53}InP$ 应变协调层，可显著改善器件中的不平衡应变。PL 强度测量结果表明，拉伸应变层为 $GaAsP_{0.09}$ 的 MQWS Ⅰ 量子阱的 PL 强度高于传统 MQW。包含 $GaAsP_{0.09}$ 和 $Ga_{0.53}InP$ 两种应变协调层的 MQWS Ⅱ 量子阱，其后续 PL 强度约为传统 MQW 的两倍。1000nm 红外发光二极管芯片的输出功率具有相似的变化趋势，包含 MQWS Ⅱ 量子阱芯片的功率提高至 4.86mW，与传统红外发光二极管芯片（2.31mW）相比增加了约 110%。

9.4 磁敏器件的应用

9.4.1 霍尔器件的应用

由于霍尔器件对磁场敏感，且具有从直流到微波的频率响应，动态范围大、寿命长、无接触等优点，因此作为磁电转换器件在检测技术、自动化技术和信息处理等领域得到广泛的应用，例如高斯无损探伤、汽车点火、卫星测磁及无刷马达等，还可以应用于传感器技术方面。

（1）霍尔器件用于微位移测量技术

保持霍尔器件的输入电流不变，让它在一个均匀梯度的磁场中移动时，其输出的霍尔电势就取决于它在磁场中的位置，利用这一原理可以测量微位移。图 9.33 为霍尔器件测量位移的原理图。由两个量值相等、方向相反的直流磁系统，共同形成一个高梯度的磁场。当霍尔器件处于中间某位置时，磁感应强度为零，当霍尔器件有微小位移时，就有霍尔电势 φ_H 输出。在一定范围内，位移与 φ_H 呈线性关系。这种位移传感器一般可测量 1～2mm 的微小位移，其特点是惯性小、响应速度快、无接触测量。如果将其他物理量的变化转换成位置或角度的变化，然后用霍尔器件进行检测，就能构成霍尔压力、压差传感器，加速度传感器，振动传感器等。

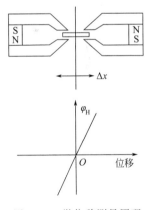

图 9.33　微位移测量原理

（2）霍尔器件用于测量转速

在转速测量领域的应用，是根据霍尔器件的开关性能设计而成的。当输入电流不变时，使霍尔器件处于磁场大小的突然变化之中，由此，对能够转换成磁感应强度 B 的突然变化的非电物理量进行测量。利用霍尔器件的开关特性测量转速的工作原理见图 9.34。在被测的旋转体上，粘贴着一对或多对永磁铁，图 9.34（a）是将永磁铁粘在被测旋转体的上部，图 9.34（b）是将永磁铁粘在被测旋转体的边缘。霍尔器件固定在永磁铁附近，当被测旋转体以角速度 ω 旋转时，每个永磁铁通过霍尔器件时，霍尔器件便产生一个相应的脉冲霍尔电势信号。测量单位时间内脉冲信号的数量，便可知被测旋转体的转速。这种霍尔转速传感器若配以适当的电路就构成数字式或模拟式非接触转速计。这种转速计对被测轴影响较小，输出信号的幅值与转速无关，因此测量精度高。

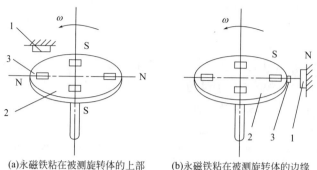

(a)永磁铁粘在被测旋转体的上部　　(b)永磁铁粘在被测旋转体的边缘

图 9.34　霍尔转速传感器工作原理

1—霍尔器件；2—被测物体；3—永磁体

（3）霍尔器件用于点火

图 9.35 是霍尔电子点火器结构示意图。将霍尔器件 3 固定在汽车分电器的壳体上，在分电器轴上装一个隔磁罩 1，隔磁罩的竖边根据汽车发动机的缸数开出等间距的缺口 2，当缺口对准霍尔器件时，磁通通过霍尔器件形成闭合回路，电路导通，如图 9.35(a) 所示，此时霍尔电路输出低电平；当隔磁罩边凸出部分挡在霍尔器件和磁钢之间时，电路截止，如图 9.35(b) 所示，霍尔电路输出高电平。

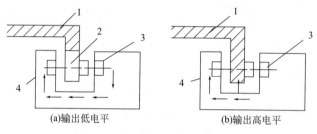

(a)输出低电平　　　　　　(b)输出高电平

图 9.35　霍尔电子点火器结构

1—隔磁罩；2—隔磁罩缺口；3—霍尔器件；4—磁钢

（4）霍尔器件用于测量直流大电流

霍尔器件测量直流大电流，具有结构简单、准确度高等优点。常用的测量方法有旁测法、贯穿法、绕线法等。旁测法是一种较简单的方法，测量方案如图 9.36 所示。将霍尔器件放置在通电导线附近，给霍尔器件加上控制电流，被测电流产生的磁场将使霍尔器件产生相应的霍尔输出电压，从而得到被测电流的大小。这种方法的测量精度较低。贯穿法测量方案如图 9.37 所示。把铁磁材料做成磁导体的铁芯，使被测通电导线贯穿于它的中央，将霍尔器件或霍尔集成传感器放在磁导体的气隙中，于是，可通过环形铁芯来集中磁力线。当被测导线中有电流通过时，在导线周围就会产生磁场，使导磁铁芯磁化成一个暂时性磁铁，在环形气隙中就会形成一个磁

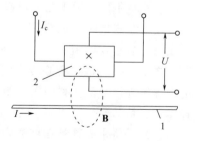

图 9.36　旁测法

1—通电导线；2—霍尔器件

场。通电导线中的电流越大，气隙处的磁感应强度就越强，霍尔器件输出的霍尔电压 U_H 就越高，根据霍尔电压的大小，就可以得到通电导线中电流的大小。该法具有较高的测量精度。绕线法原理如图 9.38 所示，由标准环形导磁铁芯与霍尔传感器组合而成。把被测通电导线绕在导磁铁芯上，根据试验结果，若选用 SL3501M 霍尔传感器，则 1 匝导线通电电流为 1A 时，在气隙处可产生 0.0056T 的磁感应强度。若测量范围是 0～20A，则被测通电导线绕制 9 匝，便可产生 0～0.1T 的磁感应强度。SL3501M 会产生约 1.4V 的输出电压。

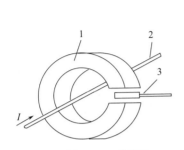

图 9.37 贯穿法

1—导磁铁芯；2—通电导线；3—霍尔器件

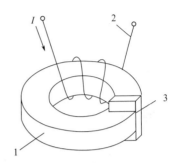

图 9.38 绕线法

1—导磁铁芯；2—通电导线；3—SL3501M 霍尔传感器

9.4.2 磁敏电阻器的应用

磁敏电阻器的应用涉及无触点开关、转速计、编码器、计数器、同形识别、磁读头、电子水表、流量计、倍频器、交直流变换器和放大器等诸多方面。以 InSb 磁敏电阻为核心部件的磁敏传感器可以应用于直线位移和与位移相关的物理量的测量；无接触压力传感器用于检测工业压力、医用压力装置等；精密倾斜角测量传感器用以测量打桩机姿态、起重吊杆角度、船舶的平衡、海洋抛物面天线水平角度、机器人平衡姿态、可移动摄像机倾角等。利用磁敏电阻器的电气特性可以在外磁场作用下改变的特点，以及器件电阻与电流组合起来能够实现乘法运算的功能，可以制作出电流计、磁通计、函数发生器、模拟运算器、放大器、振荡器、可变电阻器等，应用非常广泛。

（1）测量位移的磁阻传感器

磁敏电阻器测量位移的基本原理如图 9.39 所示。设无外界磁场时 $R_a=R_b$。其中图 9.39(a)是磁铁在上，此时 $R_a>R_b$，$U_0=[R_b/(R_a+R_b)]E<E$；图 9.39(b)是磁铁在中间位置，此时 $R_a=R_b$，$U_0=(1/2)E$；图 9.39(c)是磁铁在下，此时 $R_a<R_b$，$U_0=[R_b/(R_a+R_b)]E<E$（但比磁铁在上时的输出电压大得多，与 E 接近）；图 9.39(d)是等效电路。可见，利用加在磁敏电阻器上的磁场面积变化，可以改变器件 R_a、R_b 的阻值，从而引起输出电压 U_0 的变化。$R_a=R_b$ 时相当于无触点电位器。

根据上述原理可组成测量位移的磁阻传感器，其原理如图 9.40 所示。当磁铁处在中间位置时，$R_{M1}=R_{M2}$，电桥输出 $U_{AB}=0$。当位移发生变化时，设磁场相对器件向左移动，即输出 $U_{AB}>0$；当位移向反方向移动时，$U_{AB}<0$，故不但能测量出位移大小，还能反映位移方向。

（2）磁敏电阻交流放大器

图 9.41 为用磁敏电阻器制作的交流放大器原理图。磁敏电阻器位于强磁场的磁隙中。

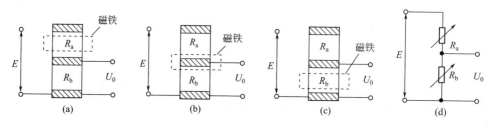

图 9.39   磁敏电阻器测量位移的基本原理

交流输入信号供给磁芯上的绕组，引起磁隙中相应的磁场变化、磁敏电阻变化，进一步导致负载电阻 R_L 中的电流变化。输出信号可用电容器 C 耦合至下一级，或者 R_L 本身为负荷器件，例如受话器、交流继电器等。应该指出，仅向励磁回路里输入信号所产生的磁场，并不能在磁敏电阻上产生电信号，更不用说将信号功率放大了，只有从另外的电源供给器件电流，把直流功率转换为交流功率，才可能将外加交流磁场信号的功率进行放大。

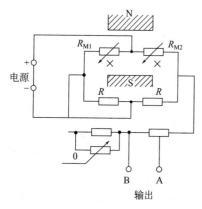

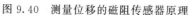

图 9.40   测量位移的磁阻传感器原理

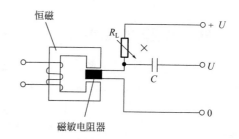

图 9.41   磁敏电阻交流放大器原理

（3）磁敏电阻乘法器

如果磁敏电阻器在垂直磁场作用下有电流通过，则其电压降等于受磁场影响的电阻与电流的乘积，那么，相应的磁通密度和电流之积与电压之间也应有类似的乘积关系，这种乘积关系简称为磁阻效应的乘法作用。磁阻效应的乘法作用是磁阻器件应用的基础。它与霍尔器件的乘法作用类似，只是磁敏电阻器既有平方特性，又有线性特性。图 9.42（a）为用一般磁敏电阻器构成的直流乘法器原理图。对于一般磁敏电阻器，只有加了偏置磁场以后，才能利用磁敏电阻的线性特性来实现饱和磁通密度 B_S 与电阻器电流 I 之间的线性乘法作用，B0 表示无磁场时的磁通密度。饱和磁通密度 B_S 与励磁电流 I_1 成比例，流过电阻的电流 I 与电桥电流 I_2 成比例，电桥输出电压 $U_M \propto I_1$、I_2，从而实现电流 I_1、I_2 的相乘。图 9.42（b）是乘法器特性曲线。

9.4.3   磁敏二极管的应用

磁敏二极管同霍尔器件一样，也可以组成各种各样的传感器，用来对磁场、电流、压力、位移和方位等物理量进行测量以及用作自动控制和自动检测的传感器。利用磁敏晶体管的集电极电流正比于磁感应强度的原理，可制成用于磁场强度测量和大电流测量的传感器。

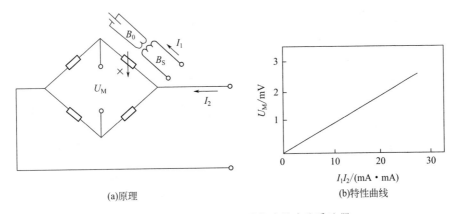

(a)原理   (b)特性曲线

图 9.42 用一般磁敏电阻器构成的直流乘法器

还可以用它构成只读磁头、直流无刷电机的位置开关和磁探伤器等。

（1）转速传感器

图 9.43 是一种用磁敏二极管组成不平衡电桥的转速测量电路。将一个或几个永久磁铁装在旋转盘上，将磁敏二极管装在旋转盘旁，两个磁敏二极管和两个固定电阻组成不平衡电桥。电桥不平衡电压经放大器放大后输出，输出信号的频率与旋转盘的转速成比例，测出此频率，便可以确定旋转盘的转速。

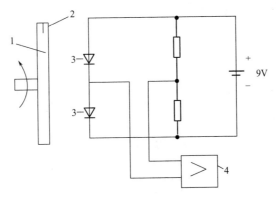

图 9.43 磁敏二极管组成的转速测量电路
1—旋转盘；2—永久磁铁；3—磁敏二极管；4—放大器

（2）位移传感器

位移传感器可以采用两个传感器 C_1 与 C_2 差动安装，如图 9.44 所示。如果其中的 C_1 与 C_2 都采用单个磁敏二极管的电路，则这两个传感器组成的差分电路如图 9.45 所示。当导磁板上有一个小线位移 Δx 时（若 Δx 是向右的），C_2 离导磁板的距离减小，C_2 中磁钢端面上的 B 增大，贴在 C_2 磁钢 N 极的磁敏二极管的电阻 R_{2N} 增加，贴在 S 极的磁敏二极管的电阻 R_{2S} 减小。相反，若 Δx 是向左的，C_1 离导磁板的距离减小，C_1 中磁钢端面上的 B 增大，贴在 C_1 磁钢 N 极的磁敏二极管的电阻 R_{1N} 增大，贴在 S 极的磁敏二极管的电阻 R_{1S} 减小。如果这两个传感器中的 4 个磁敏二极管采用如图 9.46 所示的形式连成电桥，便是双差分电桥电路。如果要测量非导磁板的小线位移，便可将磁敏二极管贴在非导磁板的两个侧面上，两边各装上一块小磁钢，如图 9.47 所示。

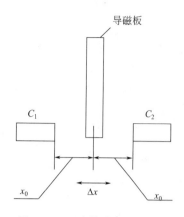

图 9.44　两个传感器差动测量
导磁板线位移 Δx 的示意图

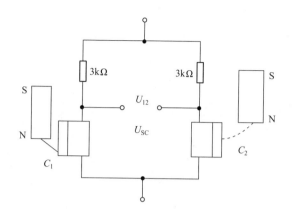

图 9.45　两个单个磁敏二极管
传感器的差分电路

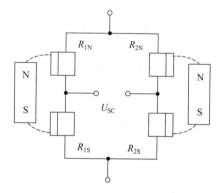

图 9.46　双差分电桥电路

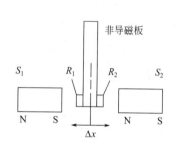

图 9.47　测量非导磁板的线位移

（3）漏磁探伤仪

磁敏二极管漏磁探伤仪是利用磁敏二极管可以检测弱磁场变化的特性设计的。其原理如图 9.48 所示，漏磁探伤仪由钢棒 1、激励线圈 2、铁芯 3、放大器 4、磁敏二极管探头 5 等部分构成。将待测物置于铁芯之下，并使之不断转动，在铁芯线圈激磁后，钢棒被磁化。若待测钢棒无损伤部分在铁芯之下，铁芯和钢棒被磁化部分构成闭合磁路，激励线圈感应的磁通为 Φ，此时无泄漏磁通，磁敏二极管探头没有信号输出。若钢棒上的裂纹旋至铁芯下，裂纹处的泄漏磁通作用于探头，探头将泄漏磁通量转换成电压信号，经放大器放大输出，根据显示仪表的示值可以得知待测钢棒中的缺陷。

9.4.4　室温磁制冷机的应用

磁制冷作为一种新型的制冷方式，其因不用压缩机，效率高于气体制冷，具有明显的节能优势，而且所用传热工质为液体，清洁无污染，越来越受到人们的重视。磁制冷是基于磁性材料的 MCE 在制冷领域的应用[312]。磁性材料在受到外磁场的作用被磁化时，系统的磁有序度加强，对外界放热；当外磁场撤去退磁时，磁有序度下降，则从外界吸热。将励磁、吸热，退磁、放热等过程组成一个封闭的热力循环，再通过外磁场变化，控制磁热效应的能量转换，达到连续不断地从一端放热，从另一端吸热的制冷目的。磁制冷技术的核心在于如

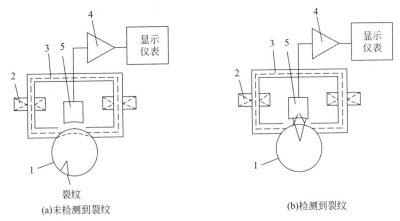

图 9.48 漏磁探伤仪的工作原理

1—钢棒；2—激励线圈；3—铁芯；4—放大器；5—磁敏二极管探头

何高效地对磁性材料进行励磁与退磁。美国 NASA 在 1976 年搭建了首台往复式 7T 超导室温磁制冷样机，升磁和降磁都是通过移动或者转动来产生磁场的磁体或者磁热材料本身来实现的。运动部件的存在，使得用以实现磁制冷热力循环的装置变得非常复杂，这增加了系统的不可靠性，摩擦产生的热损耗也降低了系统的整体制冷效率，并且换热工质循环控制系统的复杂性也大大增加了。另外，张隽等在 2004 年也曾提出过使用带铁芯的通电螺线管产生磁场，通过控制励磁电流实现无运动部件静止式磁制冷的方案[313]。这种带铁芯励磁的磁制冷机，虽然便于控制调节，但由于励磁电流受线圈发热限制，磁场强度和作用时间有限，因此，国内外也少有相应的进一步的研究。

静止式永磁室温磁制冷机的结构如图 9.49 所示，控制单元 6、控制阀 7a、泵 8a 和热端换热器 10 构成热端换热单元，控制单元 6、控制阀 7b、泵 8b 和冷端换热器 9 构成冷端换热

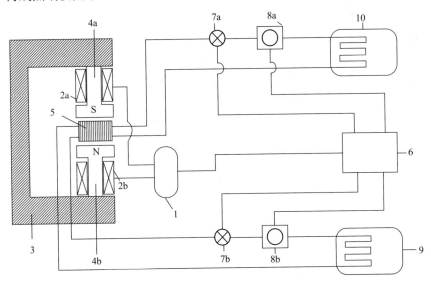

图 9.49 静止式永磁室温磁制冷机结构

1—脉冲电源系统；2—充退磁线圈；3—C 型导磁架；4—永磁体；5—磁制冷工质；
6—控制单元；7—控制阀；8—泵；9—冷端换热器；10—热端换热器

单元。线圈 2a 和 2b 的充、放电，控制阀 7a 和 7b、泵 8a 和 8b 开断的配合由控制单元 6 控制实现。为了保证线圈 2a 和 2b 可对永磁体进行充磁和退磁，该装置在脉冲电源系统 1 的续流回路中采用晶闸管代替传统的二极管，通过控制晶闸管触发信号来实现续流回路的开通和关断，从而可产生充、退磁分别所需的非振荡和振荡式磁场。具体实现电路见图 9.50，分为左边充电回路与右边放电回路，晶闸管 14b 和续流电阻 15 构成可开断续流回路，如虚线框所示。晶闸管为优选方案，其他功率开关器件（比如 IGBT、GTO 等）也可替换晶闸管实现电路功能。

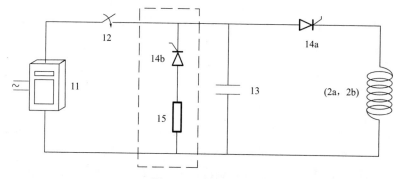

图 9.50　控制电路

11—充电机；12—充电机开关器件；13—电容器组；14—晶闸管；15—续流电阻

磁制冷循环的具体工作方式分为以下四个步骤。

① 充磁。换热单元关闭，充电机开关器件 12 导通，充电机 11 对电容器组 13 充电。充电后，开关器件 12 关闭，晶闸管 14b 触发导通确保续流回路可用。此时，线圈 2a、2b 给永磁体 4a、4b 进行充磁，所产生的非振荡充磁磁场波形如图 9.51 中的曲线 16 所示。

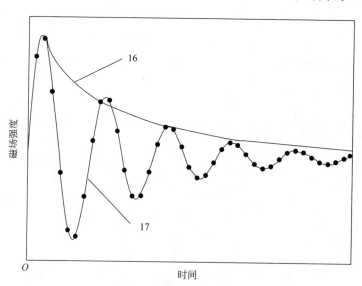

图 9.51　磁场强度与时间的关系

16—充磁磁场波形；17—退磁磁场波形

② 热端换热。充磁完毕后，永磁体 4a、4b 可在其中心区域产生磁场。磁制冷工质 5 由于磁热效应而温度升高。此时，控制阀 7a、泵 8a 开启，通过热端换热器 10 将磁制冷工质

5 产生的热量带走。

③ 退磁。换热单元关闭，充电机开关器件 12 导通，充电机 11 对电容器组 13 充电。充电后，开关器件 12 关闭，晶闸管 14b 不导通确保续流回路在放电过程中保持断开状态，此时线圈 2a、2b 对永磁体 4a、4b 进行退磁。所产生的振荡退磁磁场波形如图 9.51 中的曲线 17 所示。

④ 冷端换热。退磁完毕后，永磁体 4a、4b 失去磁场，磁制冷工质 5 退磁降温。由于热端换热器 10 将带走一部分工质产生的热量，磁制冷工质 5 会降到比升磁前更低的温度。此时，冷端换热单元工作。控制阀 7b、泵 8b 开启，通过冷端换热器 9 将磁制冷工质 5 产生的冷量传出，以实现制冷。待磁制冷工质 5 的温度回升到励磁前的温度附近，关闭冷端换热单元，完成一个制冷循环。重复上述四个步骤，便可实现持续制冷。

9.4.5　光磁电器件的应用

光磁电器件最为重要的应用就是作为红外探测器（光磁电型红外探测器）的半导体器件。当电磁辐射在半导体中被强烈地吸收时，在较宽的光谱范围内，PME 信号与光子通量之比为恒定的常数。在该情况下，PME 探测器的响应接近于理想的光子探测器。鉴于 PME 效应的电压灵敏度高于光电导（PC）效应，并且没有电流噪声对检测的限制，希尔苏姆（Hilsum）等人首次提出将室温下 InSb 的 PME 效应应用于红外探测器[314]。该方法同时也避免了由偏压电流所形成的加热效应。图 9.52 所示为典型的 PME 红外探测器结构，由带电极和电导线的半导体光磁电器件、用于光磁电器件的安装板、用于集中磁场的软磁永磁体、带红外传输窗口的外壳和输出连接器所组成。在光磁电器件的安装板上可以安装散热器，用以带走由辐射吸收和载流子复合而在光磁电器件中产生的热量。

早期的 PME 红外探测器的核心材料是 InSb 单晶。这一类探测器的结构简单、坚固且易于制造，但是其截止波长相对较短（$\lambda_{CO} \approx 7.5\,\mu m$）。之后开发出的 InSb-NiSb PME 探测器，具有垂直于光磁电器件被照射表面的 NiSb 针，其在室温下对于辐射的敏感度是均匀 InSb 探测器的几倍（$\lambda_{CO} \approx 11\,\mu m$）。在非本征光吸收光谱区域

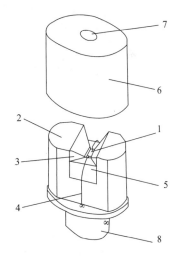

图 9.52　PME 红外探测器的结构
1—光磁电器件；2—永磁体；3—极靴；
4—导线；5—安装板；6—外壳；
7—窗口；8—输出连接器

工作的、基于杂质 PME 效应的探测器比其他类型的光磁电探测器性能相对要差。具有 PME 效应的半导体材料，如锗（Ge）、硅（Si）、碲镉汞（$Hg_{1-x}Cd_xTe$）、锑化铟（InSb）和砷化镓（GaAs）等均可应用于光子型的红外探测器。其中碲镉汞是应用最为广泛的红外探测器材料之一。$Hg_{1-x}Cd_xTe$ 用于制备 PME 探测器的优势在于其具有高载流子迁移率，并且通过对该半导体化合物的化学成分进行适当控制，能够相对简单地对能隙进行选择，进而制造出对不同波长辐射光敏感的光磁电器件。通过对组分 x 的控制，目前已经能够制备覆盖短波、中波、长波等多个红外波段的光磁电探测器件，并在空间遥感、遥测和军事领域得到了广泛应用。

以浸没透镜结构的单元光伏探测器为例，它是将二级热电致冷器、热敏电阻、浸没透镜

结构的单元光伏探测器封装为浸没透镜结构的 HgCdTe 红外探测器组件，该组件可在室温～－50℃下工作，并根据航天红外探测器的可靠性要求和工程需要，对红外探测器组件进行了环境适应性试验设计。光磁电性能测试结果表明，HgCdTe 红外探测器的零偏电阻（R_0）变化率、峰值电流响应率（$R_{\lambda,I}$）变化率和热电致冷器（TEC）的交流阻抗（R）的变化率均小于 5%。该类型红外探测器组件的组成包括：管座、管帽、宝石窗口、二级热电致冷器、热敏电阻、碲镉汞芯片、管脚。组件结构的剖面图如图 9.53 所示。碲镉汞芯片采用芯片浸没透镜结构的单元光伏器件，浸没透镜选用超半球结构，这种结构能够大大减少芯片的物理光敏面，提高结电阻和降低暗电流，所以浸没透镜结构的探测器可极大提高探测器的信噪比。

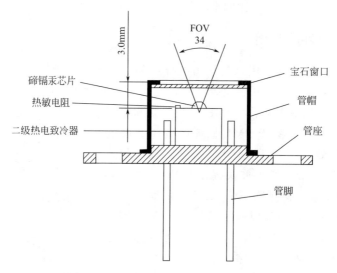

图 9.53　红外探测器组件封装内部结构

表征红外探测器主要性能的参数有：黑体响应率、噪声、光谱响应、量子效率、探测率等。通过这些参数能够对不同红外探测器的性能进行较为方便的比较。

（1）黑体响应率

黑体响应率是指探测器输出的电信号 S 与黑体入射辐射功率 P 的比值。用 R_{bb} 表示。

$$R_{bb}=\frac{S}{P}\quad(\text{A/W})\text{或}R_{bb}=\frac{S}{P}\quad(\text{V/W})\tag{9.26}$$

以电流信号为例，光电流 I_{PC}＝锁相放大器读数×电流前置放大器灵敏度，入射到光敏元上的能量 f_s 为：

$$f_s=\frac{\sigma(T_b^4-T_D^4)A_bA_D}{2\sqrt{2}\pi L^2}\tag{9.27}$$

式中，σ 为斯特潘-玻尔兹曼常数，T_b 为黑体温度，T_D 为环境温度，A_b 为黑体出射孔径，A_D 为探测器光敏元面积，L 为探测器到黑体的距离。则对应的黑体响应率为：

$$R_{bb}=\frac{I_{PC}}{f_s}\quad(\text{A/W})\tag{9.28}$$

（2）噪声

噪声属于一种随机信号，是一种不以人的意志为转移的输出信号的起伏，它实质上是一种统计学上的概念，是某一物理量围绕其平均值的涨落现象。研究噪声一般采用长周期测定电压（电流）均方值（噪声功率）的方法，噪声功率表示噪声电压（电流）消耗在 1Ω 电阻上的平均功率。整个探测系统的噪声如图 9.54 所示，可以分为三个部分：光子噪声、探测系统噪声和信号放大及处理电路噪声。从图中可以看出，光子噪声的来源包括两部分，一部分是背景光引起的噪声，另外一部分是信号辐射到探测器上所引起的探测器某些性质（如温度）发生变化而带来的噪声，可以概括为背景噪声和信号噪声。探测系统噪声主要包括热噪声、散粒噪声、产生-复合噪声、$1/f$ 噪声（闪烁噪声），其中热噪声、散粒噪声和产生-复合噪声属于白噪声，与探测器的工作频率无关。

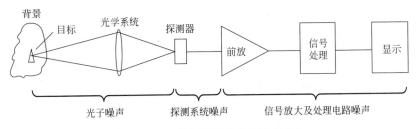

图 9.54 红外探测系统中的噪声来源

（3）光谱响应

单色响应率与波长的关系，称为光谱响应曲线。热红外探测器的响应率与波长无关，只与材料吸收的热量有关，光谱响应范围可以覆盖可见光到远红外的各种波长。光子型红外探测器有峰值波长 λ_p 和长波限 λ_c。通常，取响应率下降到 λ_p 一半所在的波长为 λ_c，光子型红外探测器只在小于 λ_c 时有响应，即只有当入射光子的能量大于探测器材料的特征能量时才能被吸收产生光生载流子，进而转化成可以被测量的物理量。光子型红外探测器响应率随波长的变化关系如图 9.55 所示。

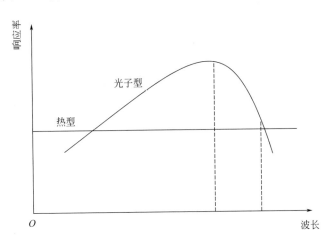

图 9.55 光子型红外探测器响应率随波长的变化关系

（4）量子效率

量子效率是波长的函数，由 $\eta(\lambda)$ 表示，指对于某一波长的入射光，单位时间内探测器材料产生的光生载流子与入射光子数之比。一般来说，不是所有的光子都可以被吸收，因此 $\eta(\lambda)<1$。量子效率随入射光频率 ν 变化可表示为：

$$\eta(\lambda) = \frac{I_s/e}{P/h\nu} \tag{9.29}$$

式中，h 为普朗克常数；e 为元电荷；I_s 为产生的光电流；P 为入射光功率。

（5）探测率

探测率表征红外探测器探测红外辐射能力的大小。探测率的大小等于探测器噪声等效功率的倒数。噪声等效功率指的是入射光信号与系统噪声相等时的入射光功率，也称为最小可探测功率。为便于比较具有不同面积以及不同工作带宽的探测器的探测性能，常采用归一化探测率，即比探测率 D^*，来描述探测器探测光信号的能力。

$$D^* = \frac{\sqrt{A\Delta f}}{P_{NEP}} = \frac{S/N}{P}\sqrt{A\Delta f} \tag{9.30}$$

式中，A 为探测器面积；Δf 为放大器工作带宽；P_{NEP} 为噪声等效功率；S/N 为信噪比。由上式可以看出，探测器的比探测率不是一个固有常量，它和响应率成正比，与各种影响响应率和噪声的因素都有关系，所以在给出探测器的比探测率时，一般需注明测量条件。

参 考 文 献

[1] 王巍，冯世娟，罗元. 现代电子材料与元器件 [M]. 北京：科学出版社，2012.

[2] 黄新友，高春华. 电子元器件及其材料概论 [M]. 北京：化学工业出版社，2009.

[3] NEAMEN D A. Semiconductor physics and device basic principles [M]. 北京：电子工业出版社，2010.

[4] JR A A B，O'lOUGHLIN M J，SIERGIEJ R R. SiC and GaN wide bandgap semiconductor materials and devices [J]. Solid-State Electronics，1999，43 (8)：1459-1464.

[5] BRISCOE J，DUNN S. Piezoelectric nanogenerators — a review of nanostructured piezoelectric energy harvesters [J]. Nano Energy，2015，14：15-29.

[6] DAMJANOVIC D. Ferroelectric，dielectric and piezoelectric properties of ferroelectric thin films and ceramics [J]. Reports on Progress in Physics，1998，61 (9)：1267-1324.

[7] TROLIER-MCKINSTRY S，ZHANG S，BELL A J，et al. High-performance piezoelectric crystals，ceramics，and films [J]. Annual Review of Materials Research，2018，48 (1)：191-217.

[8] ZHANG S，YU F. Piezoelectric materials for high temperature sensors [J]. Journal of the American Ceramic Society，2011，94 (10)：3153-3170.

[9] ZHANG S，LI F. High performance ferroelectric relaxor-$PbTiO_3$ single crystals：Status and perspective [J]. Journal of Applied Physics，2012，111 (3)：031301.

[10] BOKOV A A，LONG X，YE Z-G. Optically isotropic and monoclinic ferroelectric phases in Pb (Zr_{1-x} Ti_x) O_3 (PZT)single crystals near morphotropic phase boundary [J]. Physical Review B，2010，81 (17)：172103.

[11] PARk S-E，SHROUT T R. Ultrahigh strain and piezoelectric behavior in relaxor based ferroelectric single crystals [J]. Journal of Applied Physics，1997，82 (4)：1804-1811.

[12] ZHANG S，LUO J，HACKENBERGER W，et al. Characterization of Pb ($In_{1/2} Nb_{1/2}$) O_3-Pb ($Mg_{1/3} Nb_{2/3}$) O_3-$PbTiO_3$ ferroelectric crystal with enhanced phase transition temperatures [J]. Journal of Applied Physics，2008，104 (6)：064106.

[13] ZHANG S，JIANG W，JR. R J M，et al. Measurements of face shear properties in relaxor-$PbTiO_3$ single crystals [J]. Journal of Applied Physics，2011，110 (6)：064106.

[14] HUO X，ZHANG S，LIU G，et al. Complete set of elastic，dielectric，and piezoelectric constants of [011] C poled rhombohedral Pb ($In_{0.5}Nb_{0.5}$) O_3-Pb ($Mg_{1/3}Nb_{2/3}$) O_3-$PbTiO_3$：Mn single crystals [J]. Journal of Applied Physics，2013，113 (7)：074106.

[15] SUN E，CAO W. Relaxor-based ferroelectric single crystals：Growth，domain engineering，characterization and applications [J]. Progress in Materials Science，2014，65：124-210.

[16] ZHANG S，LI F，JIANG X，et al. Advantages and challenges of relaxor-$PbTiO_3$ ferroelectric crystals for electroacoustic transducers-A review [J]. Progress in Materials Science，2015，68：1-66.

[17] DAMJANOVIC D，BUDIMIR M，DAVIS M，et al. Monodomain versus polydomain piezoelectric response of 0.67Pb ($Mg_{1/3} Nb_{2/3}$) O_3-0.33$PbTiO_3$ single crystals along nonpolar directions [J]. Applied Physics Letters，2003，83 (3)：527-529.

[18] ZHANG S，LI F，JIANG W，et al. Face shear piezoelectric properties of relaxor-$PbTiO_3$ single crystals [J]. Applied Physics Letters，2011，98 (18)：182903.

[19] HAN P，YAN W，TIAN J，et al. Cut directions for the optimization of piezoelectric coefficients of lead magnesium niobate-lead titanate ferroelectric crystals [J]. Applied Physics Letters，2005，86 (5)：052902.

[20] ZHANG S，LEE S-M，KIM D-H，et al. Characterization of Mn-modified Pb ($Mg_{1/3} Nb_{2/3}$) O_3-$PbZrO_3$-$PbTiO_3$ single crystals for high power broad bandwidth transducers [J]. Applied Physics Letters，2008，93 (12)：122908.

[21] LI F，ZHANG S，YANG T，et al. The origin of ultrahigh piezoelectricity in relaxor-ferroelectric solid solution crystals[J]. Nature Communications，2016，7：13807.

[22] LI F，ZHANG S，XU Z，et al. The contributions of polar nanoregions to the dielectric and piezoelectric responses in domain-engineered relaxor-$PbTiO_3$ crystals [J]. Advanced Functional Materials，2017，27 (18)：1700310.

[23] ETSUROS. Ferroelectricity versus antiferroelectricity in the solid solutions of $PbZrO_3$ and $PbTiO_3$ [J]. Journal of the Physical Society of Japan, 1953, 8 (5): 615-629.

[24] EITEL R, RANDALL C A. Octahedral tilt-suppression of ferroelectric domain wall dynamics and the associated piezoelectric activity in Pb (Zr, Ti) O_3 [J]. Physical Review B, 2007, 75 (9): 094106.

[25] NOHEDA B, COX D E, SHIRANE G, et al. A monoclinic ferroelectric phase in the Pb $(Zr_{1-x}Ti_x)O_3$ solid solution [J]. Applied Physics Letters, 1999, 74 (14): 2059-2061.

[26] PANDEY D, SINGH A K, BAIK S. Stability of ferroic phases in the highly piezoelectric Pb (Zr_xTi_{1-x}) O_3 ceramics [J]. Acta Crystallographica Section A Foundations of Grystallography A, 2008, 64 (1): 192-203.

[27] WOODWARD D I, REANEY I M, KNUDSEN J. Review of crystal and domain structures in the $PbZr_xTi_{1-x}O_3$ solid solution [J]. Physical Review B, 2005, 72 (10): 104110.

[28] ZHANG N, YOKOTA H, GLAZER A M, et al. The missing boundary in the phase diagram of $PbZr_{1-x}Ti_xO_3$ [J]. Nature Communications, 2014, 5: 5231.

[29] JIN Y M, WANG Y U, KHACHATURYAN A G, et al. Conformal miniaturization of domains with low domain-wall energy: monoclinic ferroelectric states near the morphotropic phase boundaries [J]. Physical Review Letters, 2003, 91 (19): 197601.

[30] JONES J L, HOFFMAN M, DANIELS J E, et al. Direct measurement of the domain switching contribution to the dynamic piezoelectric response in ferroelectric ceramics [J]. Applied Physics Letters, 2006, 89 (9): 092901.

[31] KROGER F A, VINK H J. Relations between the concentrations of imperfections in crystalline solids [J]//Seitz F, Turnbull D. Solid State Physics. Academic Press. 1956: 307-435.

[32] KINGON A I, CLARK J B. Sintering of PZT ceramics: I, atmosphere control [J]. Journal of the American Ceramic Society, 1983, 66 (4): 253-256.

[33] CHANDASEKARAN A, DAMJANOVIC D, Setter N, et al. Defect ordering and defect-domain-wall interactions in $PbTiO_3$: A first-principles study [J]. Physical Review B, 2013, 88 (21): 214116.

[34] DANIELS J E, COZZAN C, UKRITNUKUN S, et al. Two-step polarization reversal in biased ferroelectrics [J]. Journal of Applied Physics, 2014, 115 (22): 224104.

[35] LAMBECK P V, JONKER G H. Ferroelectric domain stabilization in $BaTiO_3$ by bulk ordering of defects [J]. Ferroelectrics, 1978, 22 (1): 729-731.

[36] ARLT G, NeUMANN H. Internal bias in ferroelectric ceramics: origin and time dependence [J]. Ferroelectrics, 1988, 87 (1): 109-120.

[37] ROBELS U, ARLT G. Domain wall clamping in ferroelectrics by orientation of defects [J]. Journal of Applied Physics, 1993, 73 (7): 3454-3460.

[38] BOVE T, WOLNY W, RINGGAARD E, et al. New piezoceramic PZT-PNN material for medical diagnostics applications [J]. Journal of the European Ceramic Society, 2001, 21 (10): 1469-1472.

[39] DAMJANOVIC D. Stress and frequency dependence of the direct piezoelectric effect in ferroelectric ceramics [J]. Journal of Applied Physics, 1997, 82 (4): 1788-1797.

[40] GENENKO Y A, GLAUM J, HOFFMANN M J, et al. Mechanisms of aging and fatigue in ferroelectrics [J]. Materials Science and Engineering: B, 2015, 192: 52-82.

[41] MESSING G L, TROLIER-MCKINSTRY S, SABOLSKY E M, et al. Templated grain growth of textured piezoelectric ceramics [J]. Critical Reviews in Solid State and Materials Sciences, 2004, 29 (2): 45-96.

[42] POTERALA S F, MEYER J, RICHARD J, et al. Synthesis of high aspect ratio $PbBi_4Ti_4O_{15}$ and topochemical conversion to $PbTiO_3$-based microplatelets [J]. Journal of the American Ceramic Society, 2011, 94 (8): 2323-2329.

[43] POTERALA S F, TROLIER-MCKINSTRY S, JR. R J M, et al. Processing, texture quality, and piezoelectric properties of $<001>_C$ textured $(1-x)$ Pb $(Mg_{1/3}Nb_{2/3})$ TiO_3-$xPbTiO_3$ ceramics [J]. Journal of Applied Physics, 2011, 110 (1): 014105.

[44] AMORÍN H, URŠIČ H, RAMOS P, et al. Pb $(Mg_{1/3}Nb_{2/3})$ O_3-$PbTiO_3$ textured ceramics with high piezoelectric response by a novel templated grain growth approach [J]. Journal of the American Ceramic Society, 2014, 97 (2): 420-426.

[45] SAITO Y，TAKAO H，TANI T，et al. Lead-free piezoceramics [J]. Nature，2004，432：84-87.

[46] XU K，LI J，LV X，et al. Superior piezoelectric properties in potassium-sodium niobate lead-free ceramics [J]. Advanced Materials，2016，28（38）：8519-8523.

[47] RÖDEL J，WEBBER K G，Dittmer R，et al. Transferring lead-free piezoelectric ceramics into application [J]. Journal of the European Ceramic Society，2015，35（6）：1659-1681.

[48] WU J，XIAO D，ZHU J. Potassium-sodium niobate lead-free piezoelectric materials：past，present，and future of phase boundaries [J]. Chemical Reviews，2015，115（7）：2559-2595.

[49] HONG C-H，KIM H-P，CHOI B-Y，et al. Lead-free piezoceramics-where to move on? [J]. Journal of Materiomics，2016，2（1）：1-24.

[50] LIU X，TAN X. Giant strains in non-textured（$Bi_{1/2}Na_{1/2}$）TiO_3-based lead-free ceramics [J]. Advanced Materials，2016，28（3）：574-578.

[51] ZHANG S，XIA R，SHROUT T R. Modified（$K_{0.5}Na_{0.5}$）NbO_3 based lead-free piezoelectrics with broad temperature usage range [J]. Applied Physics Letters，2007，91（13）：132913.

[52] WADA S，TAKEDA K，MURAISHI T，et al. Preparation of [110] grain oriented barium titanate ceramics by templated grain growth method and their piezoelectric properties [J]. Japanese Journal of Applied Physics，2007，46（10B）：7039-7043.

[53] KARAKI T，YAN K，MIYAMOTO T，et al. Lead-free piezoelectric ceramics with large dielectric and piezoelectric constants manufactured from $BaTiO_3$ nano-powder [J]. Japanese Journal of Applied Physics，2007，46（4-7）：L97-L98.

[54] 王欢欢. Ba（$Ti_{0.8}Zr_{0.2}$）O_{3-x}（$Ba_{0.7}Ca_{0.3}$）TiO_3 压电材料的制备及减振与能量收集研究 [D]. 南京：东南大学，2016.

[55] NAHAS Y，AKBARZADEH A，PROKHORENKO S，et al. Microscopic origins of the large piezoelectricity of leadfree（Ba，Ca）（Zr，Ti）O_3 [J]. Nature Communications，2017，8：15944.

[56] GUO H，ZHOU C，REN X，et al. Unique single-domain state in a polycrystalline ferroelectric ceramic [J]. Physical Review B，2014，89（10）：100104.

[57] CHAIYO N，CANN D P，VITTAYAKORN N. Lead-free（Ba，Ca）（Ti，Zr）O_3 ceramics within the polymorphic phase region exhibiting large，fatigue-free piezoelectric strains [J]. Materials & Design，2017，133：109-121.

[58] LIU Y，CHANG Y，LI F，et al. Exceptionally high piezoelectric coefficient and low strain hysteresis in grain-oriented （Ba，Ca）（Ti，Zr）O_3 through integrating crystallographic texture and domain engineering [J]. Acs Applied Materials & Interfaces，2017，9（35）：29863-29871.

[59] WEBBER K G，VÖGLER M，KHANSUR N H，et al. Review of the mechanical and fracture behavior of perovskite lead-free ferroelectrics for actuator applications [J]. Smart Materials and Structures，2017，26（6）：063001.

[60] LEE M H，KIM D J，PARK J S，et al. High-performance lead-free piezoceramics with high curie temperatures [J]. Advanced Materials，2015，27（43）：6976-6982.

[61] WANG X，WU J，XIAO D，et al. Giant piezoelectricity in potassium-sodium niobate lead-free ceramics [J]. Journal of the American Chemical Society，2014，136（7）：2905-2910.

[62] WU B，WU H，WU J，et al. Giant piezoelectricity and high curie temperature in nanostructured alkali niobate lead-free piezoceramics through phase coexistence [J]. Journal of the American Chemical Society，2016，138（47）：15459-15464.

[63] SHROUT T R，ZHANG S J. Lead-free piezoelectric ceramics：alternatives for PZT? [J]. Journal of Electroceramics，2007，19（1）：113-126.

[64] GUO H，ZHANG S，BECKMAN S P，et al. Microstructural origin for the piezoelectricity evolution in（$K_{0.5}Na_{0.5}$）NbO_3-based lead-free ceramics [J]. Journal of Applied Physics，2013，114（15）：154102.

[65] KOBAYASHI K，DOSHIDA Y，MIZUNO Y，et al. A route forwards to narrow the performance gap between PZT and lead-free piezoelectric ceramic with low oxygen partial pressure processed（$Na_{0.5}K_{0.5}$）NbO_3 [J]. Journal of the American Ceramic Society，2012，95（9）：2928-2933.

[66] GAO L，KO S-W，GUO H，et al. Demonstration of copper Co-fired（Na，K）NbO_3 multilayer structures for piezoe-

lectric applications [J]. Journal of the American Ceramic Society，2016，99（6）：2017-2023.

[67] YAO F-Z，WANG K，JO W，et al. Diffused phase transition boosts thermal stability of high-performance lead-free pie-zoelectrics [J]. Advanced Functional Materials，2016，26（8）：1217-1224.

[68] HIRUMA Y，NAGATA H，TAKENAKA T. Thermal depoling process and piezoelectric properties of bismuth sodium titanate ceramics [J]. Journal of Applied Physics，2009，105（8）：084112.

[69] MA C，TAN X，DUL'KIN E，et al. Domain structure-dielectric property relationship in lead-free $(1-x)$ $(Bi_{1/2} Na_{1/2})$ TiO_3-$x$$BaTiO_3$ ceramics [J]. Journal of Applied Physics，2010，108（10）：104105.

[70] MA C，GUO H，BECKMAN S P，et al. Creation and destruction of morphotropic phase boundaries through electrical poling：a case study of lead-free $(Bi_{1/2} Na_{1/2})$ TiO_3-$BaTiO_3$ piezoelectrics [J]. Physical Review Letters，2012，109（10）：107602.

[71] MA C，GUO H，TAN X. A new phase boundary in $(Bi_{1/2} Na_{1/2})$ TiO_3-$BaTiO_3$ revealed via a novel method of electron diffraction analysis [J]. Advanced Functional Materials，2013，23（42）：5261-5266.

[72] ZHANG S T，KOUNGA A B，AULBACH E，et al. Giant strain in lead-free piezoceramics $Bi_{0.5} Na_{0.5} TiO_3$-$BaTiO_3$-$K_{0.5} Na_{0.5} NbO_3$ system [J]. Applied Physics Letters，2007，91（11）：112906.

[73] GROH C，FRANZBACH D J，JO W，et al. Relaxor/ferroelectric composites：A solution in the quest for practically viable lead-free incipient piezoceramics [J]. Advanced Functional Materials，2014，24（3）：356-362.

[74] MALIK R A，KANG J K，HUSSAIN A，et al. High strain in lead-free Nb-doped $Bi_{1/2}$ $(Na_{0.84} K_{0.16})_{1/2} TiO_3$-$Sr$-$TiO_3$ incipient piezoelectric ceramics [J]. Applied Physics Express，2014，7(6)：061502.

[75] ZHANG J，PAN Z，GUO F F，et al. Semiconductor/relaxor 0~3 type composites without thermal depolarization in $Bi_{0.5} Na_{0.5} TiO_3$-based lead-free piezoceramics [J]. Nature Communications，2015，6：6615.

[76] YU F，HOU S，ZHAO X，et al. High-temperature piezoelectric crystals $ReCa_4 O$ $(BO_3)_3$：a review [J]. IEEE Transactions on Ultrasonics，Ferroelectrics，and Frequency Control，2014，61（8）：1344-1356.

[77] YU F，ZHANG S，ZHAO X，et al. Investigation of the dielectric and piezoelectric properties of $ReCa_4 O$ $(BO_3)_3$ crystals [J]. Journal of Physics D：Applied Physics，2011，44（13）：135405.

[78] SHEN C，ZHANG H，CONG H，et al. Investigations on the thermal and piezoelectric properties of fresnoite $Ba_2 TiSi_2 O_8$ single crystals [J]. Journal of Applied Physics，2014，116（4）：044106.

[79] YU F，LU Q，ZHANG S，et al. High-performance，high-temperature piezoelectric $BiB_3 O_6$ crystals [J]. Journal of Materials Chemistry C，2015，3（2）：329-338.

[80] CHEN F，KONG L，YU F，et al. Investigation of the crystal growth，thickness and radial modes of α-$BiB_3 O_6$ piezoelectric crystals [J]. Crystengcomm，2017，19（3）：546-551.

[81] BEAURAIN M，ARMAND P，PAPET P. Synthesis and characterization of α-$GaPO_4$ single crystals grown by the flux method [J]. Journal of Crystal Growth，2006，294（2）：396-400.

[82] ZHANG S，ZHENG Y，KONG H，et al. Characterization of high temperature piezoelectric crystals with an ordered langasite structure [J]. Journal of Applied Physics，2009，105（11）：114107.

[83] YU F，ZHANG S，ZHAO X，et al. Investigation of $Ca_3 TaGa_3 Si_2 O_{14}$ piezoelectric crystals for high temperature sensors [J]. Journal of Applied Physics，2011，109（11）：114103.

[84] HOLGER F. High-temperature bulk acoustic wave sensors [J]. Measurement Science and Technology，2011，22（1）：012002.

[85] ZU H，WU H，WANG Q. High-temperature piezoelectric crystals for acoustic wave sensor applications [J]. IEEE Transactions on Ultrasonics，Ferroelectrics，and Frequency Control，2016，63（3）：486-505.

[86] JOHNSON J A，KIM K，ZHANG S，et al. High-temperature acoustic emission sensing tests using a Yttrium calcium oxyborate sensor [J]. IEEE Transactions on Ultrasonics，Ferroelectrics，and Frequency Control，2014，61（5）：805-814.

[87] PARKS D A，ZHANG S，TITTMANN B R. High-temperature（＞500℃）ultrasonic transducers：an experimental comparison among three candidate piezoelectric materials [J]. IEEE Transactions on Ultrasonics，Ferroelectrics，and Frequency Control，2013，60（5）：1010-1015.

[88] EITEL R E，RANDALL C A，SHROUT T R，et al. New high temperature morphotropic phase boundary piezoelec-

trics based on Bi（Me）O$_3$-PbTiO$_3$ ceramics［J］.Japanese Journal of Applied Physics，2001，40（10R）：5999-6002.

［89］ WOODWARD D I，REANEY I M，EITEL R E，et al. Crystal and domain structure of the BiFeO$_3$-PbTiO$_3$ solid solution［J］. Journal of Applied Physics，2003，94（5）：3313-3318.

［90］ SAI SUNDER V V S S，Halliyal A，Umarji A M. Investigation of tetragonal distortion in the PbTiO$_3$-BiFeO$_3$ system by high-temperature X-ray diffraction［J］. Journal of Materials Research，2011，10（5）：1301-1306.

［91］ FREITAS V F，SANTOS I A，BOTERO É，et al. Piezoelectric characterization of（0.6）BiFeO$_3$-（0.4）PbTiO$_3$ multiferroic ceramics［J］. Journal of the American Ceramic Society，2011，94（3）：754-758.

［92］ THORSTEN L，WOOK J，TIMOTHY C，et al. Shift in morphotropic phase boundary in La-Doped BiFeO$_3$-PbTiO$_3$ Piezoceramics［J］. Japanese Journal of Applied Physics，2009，48（12R）：120205.

［93］ BENNETT J，BELL A J，STEVENSON T J，et al. Tailoring the structure and piezoelectric properties of BiFeO$_3$-（K$_{0.5}$Bi$_{0.5}$）TiO$_3$-PbTiO$_3$ ceramics for high temperature applications［J］. Applied Physics Letters，2013，103（15）：152901.

［94］ MOROZOV M I，EINARSRUD M A，Grande T. Polarization and strain response in Bi$_{0.5}$K$_{0.5}$TiO$_3$-BiFeO$_3$ ceramics ［J］. Applied Physics Letters，2012，101（25）：252904.

［95］ BENNETT J，SHROUT T R，ZHANG S，et al. Variation of Piezoelectric properties and mechanisms across the relaxor-like/Ferroelectric continuum in BiFeO$_3$-（K$_{0.5}$Bi$_{0.5}$）TiO$_3$-PbTiO$_3$ ceramics［J］. IEEE Transactions on Ultrasonics，Ferroelectrics，and Frequency Control，2015，62（1）：33-45.

［96］ TAN Q，VIEHLAND D. Influence of thermal and electrical histories on domain structure and polarization switching in potassium-modified lead zirconate titanate ceramics［J］. Journal of the American Ceramic Society，1998，81（2）：328-336.

［97］ HONG S H，TROLIER-Mckinstry S，Messing G L. Dielectric and electromechanical properties of textured miobium-doped bismuth titanate ceramics［J］. Journal of the American Ceramic Society，2000，83（1）：113-118.

［98］ ZENG J，LI Y，WANG D，et al. Electrical properties of neodymium doped CaBi$_4$Ti$_4$O$_{15}$ ceramics［J］. Solid State Communications，2005，133（9）：553-557.

［99］ ZHANG Z，YAN H X，DONG X L，et al. Preparation and electrical properties of bismuth layer-structured ceramic Bi$_3$NbTiO$_9$ solid solution［J］. Materials Research Bulletin，2003，38（2）：241-248.

［100］ SHULMAN H S，TESTORF M，DAMJANOVIC D，et al. Microstructure，electrical conductivity，and piezoelectric properties of bismuth titanate［J］. Journal of the American Ceramic Society，1996，79（12）：3124-3128.

［101］ EOM C-B，TROLIER-MCKINSTRY S. Thin-film piezoelectric MEMS［J］. MRS Bulletin，2012，37（11）：1007-1017.

［102］ WEIGEL R，MORGAN D P，OWENS J M，et al. Microwave acoustic materials，devices，and applications［J］. IEEE Transactions on Microwave Theory and Techniques，2002，50（3）：738-749.

［103］ TROLIER-MCKINSTRY S，MURALT P. Thin film piezoelectrics for MEMS［J］. Journal of Electroceramics，2004，12（1）：7-17.

［104］ PIAZZA G，FELMETSGER V，MURALT P，et al. Piezoelectric aluminum nitride thin films for microelectromechanical systems［J］. MRS Bulletin，2012，37（11）：1051-1061.

［105］ KIM S-G，PRIYA S，KANNO I. Piezoelectric MEMS for energy harvesting［J］. MRS Bulletin，2012，37（11）：1039-1050.

［106］ AKIYAMA M，KAMOHARA T，KANO K，et al. Enhancement of piezoelectric response in scandium aluminum nitride alloy thin films prepared by dual reactive cosputtering［J］. Advanced Materials，2009，21（5）：593-596.

［107］ IWAZAKI Y，YOKOYAMA T，NISHIHARA T，et al. Highly enhanced piezoelectric property of co-doped AlN ［J］. Applied Physics Express，2015，8（6）：061501.

［108］ UEHARA M，SHIGEMOTO H，FUJIO Y，et al. Giant increase in piezoelectric coefficient of AlN by Mg-Nb simultaneous addition and multiple chemical states of Nb［J］. Applied Physics Letters，2017，111（11）：112901.

［109］ MURALT P，POLCAWICH R G，TROLIER-MCKINSTRY S. Piezoelectric thin films for sensors，actuators，and energy harvesting［J］. Mrs Bulletin，2011，34（9）：658-664.

[110] BASSIRI-GHARB N，FUJII I，HONG E，et al. Domain wall contributions to the properties of piezoelectric thin films [J]. Journal of Electroceramics，2007，19 (1)：49-67.

[111] KENJI S，FUMIHITO O，AKIO O，et al. Piezoelectric Properties of (K，Na) NbO₃ Films deposited by RF magnetron sputtering [J]. Applied Physics Express，2008，1 (1)：011501.

[112] KONG L B，ZHANG T S，MA J，et al. Progress in synthesis of ferroelectric ceramic materials via high-energy mechanochemical technique [J]. Progress in Materials Science，2008，53 (2)：207-322.

[113] BOWEN C R，TAYLOR J，Leboulbar E，et al. Pyroelectric materials and devices for energy harvesting applications [J]. Energy & Environmental Science，2014，7 (12)：3836-3856.

[114] LUBOMIRSKY I，STAFSUDD O. Invited review article：practical guide for pyroelectric measurements [J]. Review of Scientific Instruments，2012，83 (5)：051101.

[115] WANG S J，LU L，LAI M O. Pyroelectric materials for dielectric bolometers [J]. Science of Advanced Materials，2011，3 (5)：794-810.

[116] WHATMORE R W. Pyroelectric devices and materials [J]. Reports on Progress in Physics，1986，49 (12)：1335-1386.

[117] SEBALD G，LEFEUVRA E，GUYOMAR D. Pyroelectric energy conversion：optimization principles [J]. IEEE Transactions on Ultrasonics，Ferroelectrics，and Frequency Control，2008，55 (3)：538-551.

[118] JOSHI J C，DAWAR A L. Pyroelectric materials，their properties and applications [J]. physica status solidi (a)，1982，70 (2)：353-369.

[119] LIU S T，LONG D. Pyroelectric detectors and materials [J]. Proceedings of the IEEE，1978，66 (1)：14-26.

[120] KOSOROTOV V F，KREMENCHUGSKIJ L S，LEVASH L V，et al. Tertiary pyroelectric effect in lithium niobate and lithium tantalate crystals [J]. Ferroelectrics，1986，70 (1)：27-37.

[121] DEVONSHIRE A F. Theory of ferroelectrics [J]. Advances in Physics，1954，3 (10)：85-130.

[122] POPRAWSKI R. Investigation of phase transitions in NH₄HSeO₄ crystals by pyroelectric method [J]. Ferroelectrics，1981，33 (1)：23-24.

[123] PORTER S G. A brief guide to pyroelectric detectors [J]. Ferroelectrics，1981，33 (1)：193-206.

[124] 黄泽铣. 热电偶原理及其检定 [M]. 北京：中国计量出版社，1993.

[125] CIFTYUREK E，MCMILLEN C D，SABOLSKY K，et al. Platinum-zirconium composite thin film electrodes for high-temperature micro-chemical sensor applications [J]. Sensors & Actuators B，Chemical 2015，207：206-215.

[126] WHITE E A D，WOOD J D C，WOOD V M. The growth of large area，uniformly doped TGS crystals [J]. Journal of Crystal Growth，1976，32 (2)：149-156.

[127] ITOH K，MITSUI T. Studies of the crystal structure of triglycine sulfate in connection with its ferroelectric phase transition [J]. Ferroelectrics，1973，5 (1)：235-251.

[128] LOIACONO G M，OSBORNE W N，DELFINO M，et al. Single crystal growth and properties of deuterated triglycine fluoroberyllate [J]. Journal of Crystal Growth，1979，46 (1)：105-111.

[129] BHALLA A S，FANG C S，CROSS L E. Pyroelectric properties of alanine and deuterium substituted TGSP and TGSAs single crystals [J]. Materials Letters，1985，3 (12)：475-477.

[130] BHALLA A S. Pyroelectric properties of the alanine and arsenic-doped triglycine sulfate single crystals [J]. Applied Physics Letters，1983，43 (10)：932-934.

[131] FELIX P，GAMOT P，LACHEAU P，et al. Pyroelectric，dielectric and thermal properties of TGS，DTGS and TGFB [J]. Ferroelectrics，1977，17 (1)：543-551.

[132] SHAULOV A. Improved figure of merit in obliquely cut pyroelectric crystals [J]. Applied Physics Letters，1981，39 (2)：180-181.

[133] SHAULOV A，SMITH W A. Optimum cuts of monoclinic m crystals for pyroelectric detectors [J]. Ferroelectrics，1983，49 (1)：223-228.

[134] YAMAZAKI H，OHWAKI J，YAMADA T，et al. Temperature dependence of the pyroelectric response of vinylidene fluoride trifluoroethylene copolymer and the effect of its poling conditions [J]. Applied Physics Letters，1981，39 (9)：772-773.

[135] CHUNG K T. The pressure and temperature dependence of piezoelectric and pyroelectric response of poled unoriented phase I poly（vinylidene fluoride）[J]. Journal of Applied Physics，1982，53（10）：6557-6562.

[136] FUKADA E，FURUKAWA T. Piezoelectricity and ferroelectricity in polyvinylidene fluoride [J]. Ultrasonics，1981，19（1）：31-39.

[137] FURUKAWA T. Ferroelectric properties of vinylidene fluoride copolymers [J]. Phase Transitions，1989，18（3-4）：143-211.

[138] LIU S T，BHALLA A S. Some interesting properties of dislocation-free and La-modified $Sr_{0.5}Ba_{0.5}Nb_2O_6$ [J]. Ferroelectrics，1983，51（1）：47-51.

[139] WHATMORE R W，BELL A J. Pyroelectric ceramics in the lead zirconate-lead titanate-lead iron niobate system [J]. Ferroelectrics，1981，35（1）：155-160.

[140] WHATMORE R W. High performance，conducting pyroelectric ceramics [J]. Ferroelectrics，1983，49（1）：201-210.

[141] ICHINOSE N. Electronic ceramics for sensors [J]. American Ceramic Society Bulletin，1985，64（12）：1581-1585.

[142] OSBOND P C，WHATMORE R W. Improvements to pyroelectric ceramics via strontium doping of the lead zirconate-lead iron niobate-lead titanate system [J]. Ferroelectrics，1991，118（1）：93-101.

[143] PATEL S，CHAUHAN A，VAISH R. Large pyroelectric figure of merits for Sr-modified $Ba_{0.85}Ca_{0.15}Zr_{0.1}Ti_{0.9}O_3$ ceramics [J]. Solid State Sciences，2016，52：10-18.

[144] LIU X，WU D，CHEN Z，et al. Ferroelectric，dielectric and pyroelectric properties of Sr and Sn codoped BCZT lead free ceramics [J]. Advances in Applied Ceramics，2015，114（8）：436-441.

[145] GREGG E A，OTTO J G. Thin film thermocouples for advanced ceramic gas turbine engines [J]. Surface and Coatings Technology，1994，68/69：70-75.

[146] HACKMANN P A. A method for measuring rapid changing surface temperature and its application to gun barrels [J]. Theoretical Research Translation，1943，32（1）：44-45.

[147] LEI J F，WILL H A. Thin-film thermocouples and strain-gauge technologies for engine application [J]. Sensors and Actuators A，1998，65（2-3）：187-193.

[148] WRBANEK J D，FRALICK G C，ZHU D. Ceramic thin film thermocouples for SiC-based ceramic matrix composites [J]. Thin Solid Films，2012，520（17）：5801-5806.

[149] 范恩荣. 高温传感器材料——掺稀土氧化物的镁尖晶石陶瓷制备 [J]. 佛山陶瓷，1995，（3）：28-30.

[150] 丁水汀，丁凯，邱天. 基于双热电偶的瞬态流体温度测试方法研究 [J]. 中国测试，2017，43（9）：1-7.

[151] 张健康，刘毅，李伟，等. 贵金属铠装热电偶的发展及应用 [J]. 贵金属，2016，37（S1）：23-27.

[152] 孙道恒，崔在甫，周颖锋，等. 典型高温薄膜传感器的研究进展 [J]. 电子机械工程，2018，34（1）：1-7.

[153] 刘海啸. 基于薄膜热电偶及其阵列的新型局域热测量方法 [D]. 北京大学，2013.

[154] 陈寅之. 在镍基高温合金上制备薄膜热电偶及其相关技术研究 [D]. 电子科技大学，2014.

[155] CUI Y X，SUN B Y，Ding W Y，et al. Development of multilayer composition thin film thermocouple cutting temperature sensor based on magnetron sputtering [J]. Advanced Materials Research，2009，832（139）：515-519.

[156] 李振伟，董景龙，刘畅，等. 航天器表面瞬态测温用薄膜热电偶的研制 [J]. 航天器环境工程，2017，34（4）：393-397.

[157] 曾其勇，孙宝元，徐静，等. 化爆材料瞬态切削温度的 NiCr/NiSi 薄膜热电偶温度传感器的研制 [J]. 机械工程学报，2006，42（3）：206-211.

[158] BASTI A，OBIKAWA T，SHINOZUKA J. Tools with built-in thin film thermocouple sensors for monitoring cutting temperature [J]. International Journal of Machine Tools and Manufacture，2007，47（5）：793-798.

[159] ALBERT I M，MARZLUFF J M，SHULENBERGER E，et al. Integrating Humans into Ecology：Opportunities and Challenges for Studying Urban Ecosystems [J]. BioScience，2003，12（53）：1169-1179.

[160] BUENO P R，VARELA J A，LONGO E. SnO_2，ZnO and related polycrystalline compound semiconductors：An overview and review on the voltage-dependent resistance (non-ohmic) feature [J]. Journal of the European Ceramic Society，2008，28（3）：505-529.

[161] BUENO P R，CASSIA-SANTOS M R D，LEITE E R，et al. Nature of the Schottky-type barrier of highly dense

SnO$_2$ systems displaying nonohmic behavior [J]. Journal of Applied Physics, 2000, 88 (11): 6545-6548.

[162] CLARKE D R. Varistor Ceramics [J]. Journal of the American Ceramic Society, 1999, 82 (3): 485-502.

[163] BUENO P R, LEITE E R, OLIVEIRA M M, et al. Role of oxygen at the grain boundary of metal oxide varistors: A potential barrier formation mechanism [J]. Applied Physics Letters, 2001, 79 (1): 48-50.

[164] SONDER E, AUSTIN M M, KINSER D L. Effect of oxidizing and reducing atmospheres at elevated temperatures on the electrical properties of zinc oxide varistors [J]. Journal of Applied Physics, 1983, 54 (6): 3566-3572.

[165] STUCKI F, GREUTER F. Key role of oxygen at zinc oxide varistor grain boundaries [J]. Applied Physics Letters, 1990, 57 (5): 446-448.

[166] BUENO P R, CAMARGO E R, LONGO E, et al. Effect of Cr$_2$O$_3$ in the varistor behaviour of TiO$_2$ [J]. Journal of Materials Science Letters, 1996, 15 (23): 2048-2050.

[167] NAVALE S C, Murugan A V, Ravi V. Varistors based on Ta-doped TiO$_2$ [J]. Ceramics International, 2007, 33 (2): 301-303.

[168] SHIM Y, CORDARO J F. Admittance spectroscopy of polycrystalline ZnO-Bi$_2$O$_3$ and ZnO-BaO Systems [J]. Journal of the American Ceramic Society, 1988, 71 (3): 184-188.

[169] SHIM Y, CORDARO J F. Effects of dopants on the deep bulk levels in the ZnO-Bi$_2$O$_3$-MnO$_2$ system [J]. Journal of Applied Physics, 1988, 64 (8): 3994-3998.

[170] JONSCHER A K, ROBINSON M N. Dielectric spectroscopy of silicon barrier devices [J]. Solid-State Electronics, 1988, 31 (8): 1277-1288.

[171] JONSCHER A K. Dielectric response of p-n junctions [J]. Solid-State Electronics, 1993, 36 (8): 1121-1128.

[172] LEVINSON L M, PHILIPP H R. Ac properties of metal-oxide varistors [J]. Journal of Applied Physics, 1976, 47 (3): 1117-1122.

[173] ALIM M A, SEITZ M A, HIRTHE R W. Complex plane analysis of trapping phenomena in zinc oxide based varistor grain boundaries [J]. Journal of Applied Physics, 1988, 63 (7): 2337-2345.

[174] EZHILVALAVAN S, KUTTY T R N. High-frequency capacitance resonance of ZnO-based varistor ceramics [J]. Applied Physics Letters, 1996, 69 (23): 3540-3542.

[175] ALIM M A. Admittance-frequency response in zinc oxide varistor ceramics [J]. Journal of the American Ceramic Society, 1989, 72 (1): 28-32.

[176] BUENO P R, OLIVEIRA M M, BACELAR-JUNIOR W K, et al. Analysis of the admittance-frequency and capacitance-voltage of dense SnO$_2$ · CoO-based varistor ceramics [J]. Journal of Applied Physics, 2002, 91 (9): 6007-6014.

[177] GARCIA-BELMONTE G, BISQUERT J, FABREGAT-SANTIAGO F. Effect of trap density on the dielectric response of varistor ceramics [J]. Solid-State Electronics, 1999, 43 (12): 2123-2127.

[178] CHIOU B-S, CHUNG M-C. Admittance spectroscopy and trapping phenomena of ZnO based varistors [J]. Journal of Electronic Materials, 1991, 20 (7): 885-890.

[179] FAN J, FREER R. Deep level transient spectroscopy of SnO$_2$-based varistors [J]. Applied Physics Letters, 2007, 90 (9): 093511.

[180] ORLANDI M O, BOMIO M R D, LONGO E, et al. Nonohmic behavior of SnO$_2$-MnO polycrystalline ceramics. II. Analysis of admittance and dielectric spectroscopy [J]. Journal of Applied Physics, 2004, 96 (7): 3811-3817.

[181] MUKAE K, TSUDA K, NAGASAWA I. Capacitance-vs-voltage characteristics of ZnO varistors [J]. Journal of Applied Physics, 1979, 50 (6): 4475-4476.

[182] GREUTER F, BLATTER G. Electrical properties of grain boundaries in polycrystalline compound semiconductors [J]. Semiconductor Science and Technology, 1990, 5 (2): 111.

[183] SATO Y, BUBAN J P, MIZOGUCHI T, et al. Role of Pr segregation in acceptor-state formation at ZnO grain boundaries [J]. Physical Review Letters, 2006, 97 (10): 106802.

[184] EGASHIRA M, SHIMIZU Y, TAKAO Y, et al. Variations in I-V characteristics of oxide semiconductors induced by oxidizing gases [J]. Sensors and Actuators B: Chemical, 1996, 35 (1): 62-67.

[185] EGASHIRA M, SHIMIZU Y, TAKAO Y, et al. Hydrogen-sensitive breakdown voltage in the I-V characteristics of tin dioxide-based semiconductors [J]. Sensors and Actuators B: Chemical, 1996, 33 (1-3): 89-95.

[186] RADECKA M, PASIERB P, ZAKRZEWSKA K, et al. Transport properties of (Sn, Ti) O_2 polycrystalline ceramics and thin films [J]. Solid State Ionics Diffusion & Reactions, 1999, 119 (1): 43-48.

[187] BUENO P R, LEITE E R, BULHÕES L O S, et al. Sintering and mass transport features of (Sn, Ti) O_2 polycrystalline ceramics [J]. Journal of the European Ceramic Society, 2003, 23 (6): 887-896.

[188] BUENO P R, CASSIA-SANTOS M R, SIMÕES L G P, et al. Low-voltage varistor based on (Sn, Ti) O_2 ceramics [J]. Journal of the American Ceramic Society, 2002, 85 (1): 282-284.

[189] BUENO P R, VARELA J A. Electronic ceramics based on polycrystalline SnO_2, TiO_2 and $(Sn_x Ti_{1-x})$ O_2 solid solution [J]. Materials Research-ibero-american Journal of Materials, 2006, 9 (3): 293-300.

[190] ADAMS T B, SINCLAIR D C, WEST A R. Giant barrier layer capacitance effects in $CaCu_3 Ti_4 O_{12}$ ceramics [J]. Advanced Materials, 2002, 14 (18): 1321-1323.

[191] SINCLAIR D C, ADAMS T B, MORRISON F D, et al. $CaCu_3 Ti_4 O_{12}$: one-step internal barrier layer capacitor [J]. Applied Physics Letters, 2002, 80 (12): 2153-2155.

[192] CAPSONI D, BINI M, MASSAROTTI V, et al. Role of doping and CuO segregation in improving the giant permittivity of $CaCu_3 Ti_4 O_{12}$ [J]. Journal of Solid State Chemistry, 2004, 177 (12): 4494-4500.

[193] ADAMS T, SINCLAIR D C, WEST A R. Characterization of grain boundary impedances in fine- and coarse-grained $CaCu_3 Ti_4 O_{12}$ ceramics [J]. Physical Review B, 2006, 73: 094124.

[194] LIU T, ZHANG Q, ZHUANG S. Study on the electronic structures and absorption spectra for the $PbWO_4$ crystal with the defect $[V_{2+} OV_{2-} PbV_{2+} O]^{2+}$ [J]. Physics Letters A, 2005, 343 (1): 238-242.

[195] CHUNG S Y, KIM I D, KANG S J L. Strong nonlinear current-voltage behaviour in perovskite-derivative calcium copper titanate [J]. Nature Materials, 2004, 3 (11): 774-778.

[196] MARQUES V P B, BUENO P R, SIMÕES A Z, et al. Nature of potential barrier in $(Ca_{1/4}, Cu_{3/4})$ TiO_3 polycrystalline perovskite [J]. Solid State Communications, 2006, 138 (1): 1-4.

[197] LI W, SCHWARTZ R W. Ac conductivity relaxation processes in $CaCu_3 Ti_4 O_{12}$ ceramics: Grain boundary and domain boundary effects [J]. Applied Physics Letters, 2006, 89 (24): 242906.

[198] BENDER B A, PAN M J. The effect of processing on the giant dielectric properties of $CaCu_3 Ti_4 O_{12}$ [J]. Materials Science and Engineering: B, 2005, 117 (3): 339-347.

[199] KRETLY L C, ALMEIDA A F L, DE OLIVEIRA R S, et al. Electrical and optical properties of $CaCu_3 Ti_4 O_{12}$ (CCTO) substrates for microwave devices and antennas [J]. Microwave and Optical Technology Letters, 2003, 39 (2): 145-150.

[200] SUBRAMANIAN M A, LI D, DUAN N, et al. High Dielectric Constant in $ACu_3 Ti_4 O_{12}$ and $ACu_3 Ti_3 FeO_{12}$ Phases [J]. Journal of Solid State Chemistry, 2000, 151 (2): 323-325.

[201] WEST A R, ADAMS T B, MORRISON F D, et al. Novel high capacitance materials: -$BaTiO_3$: La and $CaCu_3 Ti_4 O_{12}$ [J]. Journal of the European Ceramic Society, 2004, 24 (6): 1439-1448.

[202] FANG L, SHEN M, YAO D. Microstructure and dielectric properties of pulsed-laser-deposited $CaCu_3 Ti_4 O_{12}$ thin films on $LaNiO_3$ buffered $Pt/Ti/SiO_2/Si$ substrates [J]. Applied Physics A, 2005, 80 (8): 1763-1767.

[203] FANG T T, SHIAU H K. Mechanism for developing the boundary barrier layers of $CaCu_3 Ti_4 O_{12}$ [J]. Journal of the American Ceramic Society, 2004, 87 (11): 2072-2079.

[204] CHUNG S Y, LEE S I, CHOI J H, et al. Initial cation stoichiometry and current-voltage behavior in Sc-doped calcium copper titanate [J]. Applied Physics Letters, 2006, 89 (19): 191907.

[205] LIN Y H, CAI J, LI M, et al. High dielectric and nonlinear electrical behaviors in TiO_2-rich $CaCu_3 Ti_4 O_{12}$ ceramics [J]. Applied Physics Letters, 2006, 88 (17): 172902.

[206] BUENO P R, RAMÍREZ M A, VARELA J A, et al. Dielectric spectroscopy analysis of $CaCu_3 Ti_4 O_{12}$ polycrystalline systems [J]. Applied Physics Letters, 2006, 89 (19): 191117.

[207] BUENO P R, RIBEIRO W C, RAMÍREZ M A, et al. Separation of dielectric and space charge polarizations in $CaCu_3 Ti_4 O_{12}/CaTiO_3$ composite polycrystalline systems [J]. Applied Physics Letters, 2007, 90 (14): 142912.

[208] 张丛春，周东祥，龚树萍. 低压 ZnO 压敏电阻材料研究及发展概况 [J]. 功能材料，2001，(04)：343-347.

[209] 郭汝丽，方亮，周焕福，等. 叠层片式 ZnO 压敏电阻器研究进展 [J]. 电子元件与材料，2012，31 (02)：64-67.

[210] FRANKEN PE C, VIEGERS M PA, GEHRING A P. Microstructure of $SrTiO_3$ boundary layer capacitor material [J]. Journal of the Americaan ceramic society, 1981, 64 (12): 687-690.

[211] 高睿超. TiO_2 基压敏电阻材料掺杂改性研究 [D]. 北京：中国地质大学，2015.

[212] YAN M F, RHODES W W. Preparation and Properties of TiO_2 Varistors [J]. 1982, 40 (6): 536-527.

[213] PIANARO S A, BUENO P R, LONGO E, et al. Microstructure and electric properties of a SnO_2 based varistor [J]. Ceramics International, 1999, 25 (1): 1-6.

[214] PIANARO S A, BUENO P R, LONGO E, et al. A new SnO_2-based varistor system [J]. Journal of Materials Science Letters, 1995, 14 (10): 692-694.

[215] RAMÍREZ M A, RUBIO-MARCOS F, FERNÁNDEZ J F, et al. Mechanical properties and dimensional effects of ZnO- and SnO_2-based varistors [J]. Journal of the American Ceramic Society, 2008, 91 (9): 3105-3108.

[216] BUENO P R, VARELA J A, BARRADO C M, et al. A comparative study of thermal conductivity in ZnO- and SnO_2-based varistor systems [J]. Journal of the American Ceramic Society, 2005, 88 (9): 2629-2631.

[217] CHEN Z, LU C. Humidity sensors: a review of materials and mechanisms [J]. Sensor Letters, 2005, 3 (4): 274-295.

[218] BLANK T A, EKSPERIANDOVA L P, BELIKOV K N. Recent trends of ceramic humidity sensors development: a review [J]. Sensors and Actuators B: Chemical, 2016, 228: 416-442.

[219] MORIMOTO T, NAGAO M, TOKUDA F. Relation between the amounts of chemisorbed and physisorbed water on metal oxides [J]. The Journal of Physical Chemistry, 1969, 73 (1): 243-248.

[220] BOYLE J F, JONES K A. The effects of CO, water vapor and surface temperature on the conductivity of a SnO_2 gas sensor [J]. Journal of Electronic Materials, 1977, 6 (6): 717-733.

[221] SHIMIZU Y, SHIMABUKURO M, ARAI H, et al. Humidity-sensitive characteristics of La^{3+}-doped and undoped $SrSnO_3$ [J]. Journal of the Electrochemical Society, 1989, 136 (4): 1206-1210.

[222] KHANNA V K, NAHAR R K. Carrier-transfer mechanisms and Al_2O_3 sensors for low and high humidities [J]. Journal of Physics D: Applied Physics, 1986, 19 (7): L141-L145.

[223] MUKODE S, FUTATA H. Semiconductive humidity sensor [J]. Sensors and Actuators, 1989, 16 (1): 1-11.

[224] NAHAR R K, KHANNA V K. Ionic doping and inversion of the characteristic of thin film porous Al_2O_3 humidity sensor [J]. Sensors and Actuators B: Chemical, 1998, 46 (1): 35-41.

[225] THOMPSON G E, FURNEAUX R C, WOOD G C, et al. Nucleation and growth of porous anodic films on aluminium [J]. Nature, 1978, 272 (5652): 433-435.

[226] MASUDA H, FUKUDA K. Ordered metal nanohole arrays made by a two-step peplication of honeycomb structures of anodic alumina [J]. Science, 1995, 268 (5216): 1466-1468.

[227] LIU L, LEE W, HUANG Z, et al. Fabrication and characterization of a flow-through nanoporous gold nanowire/AAO composite membrane [J]. Nanotechnology, 2008, 19 (33): 335604.

[228] DICKEY E C, VARGHESE O K, ONG K G, et al. Room temperature ammonia and humidity sensing using highly ordered nanoporous alumina films [J]. 2002, 2 (3): 91-110.

[229] MITCHELL P J, MORTIMER R J, WALLACE A. Evaluation of a cathodically precipitated aluminium hydroxide film at a hydrogen-sorbing palladium electrode as a humidity sensor [J]. Journal of the Chemical Society, Faraday Transactions, 1998, 94 (16): 2423-2428.

[230] CHEN Z, JIN MC. Effect of high substrate temperatures of crystalline growth of Al_2O_3 films deposited by reactive evaporation [J]. Journal of Materials Science Letters, 1992, 11 (15): 1023-1025.

[231] CHEN Z, JIN MC, ZHEN C. Humidity sensors with reactively evaporated Al_2O_3 films as porous dielectrics [J]. Sensors and Actuators B: Chemical, 1990, 2 (3): 167-171.

[232] BASU S, CHATTERJEE S, SAHA M, et al. Study of electrical characteristics of porous alumina sensors for detection of low moisture in gases [J]. Sensors and Actuators B: Chemical, 2001, 79 (2): 182-186.

[233] CHOW L L W, YUEN M M F, CHAN P C H, et al. Reactive sputtered TiO$_2$ thin film humidity sensor with negative substrate bias [J]. Sensors and Actuators B: Chemical, 2001, 76 (1): 310-315.

[234] LIU X, YIN J, LIU Z G, et al. Structural characterization of TiO$_2$ thin films prepared by pulsed laser deposition on GaAs (100) substrates [J]. Applied Surface Science, 2001, 174 (1): 35-39.

[235] ONG C K, WANG S J. In situ RHEED monitor of the growth of epitaxial anatase TiO$_2$ thin films [J]. Applied Surface Science, 2001, 185 (1): 47-51.

[236] YING J, WAN C, HE P. Sol-gel processed TiO$_2$-K$_2$O-LiZnVO$_4$ ceramic thin films as innovative humidity sensors [J]. Sensors and Actuators B: Chemical, 2000, 62 (3): 165-170.

[237] JAIN M K, Bhatnagar M C, Sharma G L. Effect of Li$^+$ doping on ZrO$_2$-TiO$_2$ humidity sensor [J]. Sensors and Actuators B: Chemical, 1999, 55 (2): 180-185.

[238] TAI W P, OH J H. Fabrication and humidity sensing properties of nanostructured TiO$_2$-SnO$_2$ thin films [J]. Sensors and Actuators B: Chemical, 2002, 85 (1): 154-157.

[239] TAI W P, KIM J G, OH J H. Humidity sensitive properties of nanostructured Al-doped ZnO: TiO$_2$ thin films [J]. Sensors and Actuators B: Chemical, 2003, 96 (3): 477-481.

[240] VU T T, FOUET M, GUE A M, et al. A new and easy surface functionalization technnology for monitoring wettability in heterogeneous nano- and microfluidic devices [J]. Sensors and Actuators B: Chemical, 2014, 196: 64-70.

[241] KRUTOVERTSEV S A, TARASOVA A E, KRUTOVERTSEVA L S, et al. Integrated multifunctional humidity sensor [J]. Sensors and Actuators A: Physical, 1997, 62 (1): 582-585.

[242] D'APUZZO M, ARONNE A, ESPOSITO S, et al. Sol-Gel Synthesis of Humidity-Sensitive P$_2$O$_5$-SiO$_2$ Amorphous Films [J]. Journal of Sol-Gel Science and Technology, 2000, 17 (3): 247-254.

[243] ROBBIE K, BRETT M J. Sculptured thin films and glancing angle deposition: Growth mechanics and applications [J]. Journal of Vacuum Science & Technology A, 1997, 15 (3): 1460-1465.

[244] NITTA T, TERADA Z, HAYAKAWA S. Humidity-sensitive electrical conduction of MgCr$_2$O$_4$-TiO$_2$ Porous Ceramics [J]. Journal of the American Ceramic Society, 1980, 63 (5-6): 295-300.

[245] MING T W, Hong T S, Ping L. CuO-doped ZnCr$_2$O$_4$-LiZnVO$_4$ thick-film humidity sensor [J]. Sensors and Actuators B: Chemical, 1994, 17 (2): 109-112.

[246] KONG L B, ZHANG L Y, YAO X. Preparation and properties of a humidity sensor based on LiCl-doped porous silica [J]. Journal of Materials Science Letters, 1997, 16 (10): 824-826.

[247] MAKITA K, NOGAMI M, ABE Y. Sol-gel synthesis of high-humidity-sensitive amorphous P$_2$O$_5$-TiO$_2$ films [J]. Journal of Materials Science Letters, 1997, 16 (7): 550-552.

[248] TRAVERSA E, GNAPPI G, MONTENERO A, et al. Ceramic thin films by sol-gel processing as novel materials for integrated humidity sensors [J]. Sensors and Actuators B: Chemical, 1996, 31 (1): 59-70.

[249] QU W, MEYER J U. A novel thick-film ceramic humidity sensor [J]. Sensors and Actuators B: Chemical, 1997, 40 (2): 175-182.

[250] MULLA I S, CHAUDHARY V A, VIJAYAMOHANAN K. Humidity sensing properties of boron phosphate [J]. Sensors and Actuators A: Physical, 1998, 69 (1): 72-76.

[251] KUSE T, TAKAHASHI S. Transitional behavior of tin oxide semiconductor under a step-like humidity change [J]. Sensors and Actuators B: Chemical, 2000, 67 (1): 36-42.

[252] GONG J, CHEN Q, LIAN M R, et al. Micromachined nanocrystalline silver doped SnO$_2$ H$_2$S sensor [J]. Sensors and Actuators B: Chemical, 2006, 114 (1): 32-39.

[253] IONESCU R, VANCU A, MOISE C, et al. Role of water vapour in the interaction of SnO$_2$ gas sensors with CO and CH$_4$ [J]. Sensors and Actuators B: Chemical, 1999, 61 (1): 39-42.

[254] YAWALE S P, YAWALE S S, LAMDHADE G T. Tin oxide and zinc oxide based doped humidity sensors [J]. Sensors and Actuators A: Physical, 2007, 135 (2): 388-393.

[255] WANG W, VIRKAR A V. A conductimetric humidity sensor based on proton conducting perovskite oxides [J]. Sensors and Actuators B: Chemical, 2004, 98 (2): 282-290.

[256] VIVIANI M，BUSCAGLIA M T，BUSCAGLIA V，et al. Barium perovskites as humidity sensing materials [J]. Journal of the European Ceramic Society，2001，21 (10)：1981-1984.

[257] KLEPERIS J，KUNDZINŠ M，VITINŠ G，et al. Gas-sensitive gap formation by laser ablation in In_2O_3 layer：application as humidity sensor [J]. Sensors and Actuators B：Chemical，1995，28 (2)：135-138.

[258] VAIVARS G，KLEPERIS J，ZUBKANS J，et al. Influence of thin film coatings on the gas sensitivity properties of narrow laser cut gap in In_2O_3 on glass substrate [J]. Sensors and Actuators B：Chemical，1996，33 (1)：173-177.

[259] TAHAR R B H，BAN T，OHYA Y，et al. Humidity-sensing characteristics of divalent-metal-doped indium oxide thin films [J]. Journal of the American Ceramic Society，1998，81 (2)：321-327.

[260] PELINO M，CANTALINI C，SUN H-T，et al. Silica effect on α-Fe_2O_3 humidity sensor [J]. Sensors and Actuators B：Chemical，1998，46 (3)：186-193.

[261] TRIBUTSCH H，BENNETT J C. Electrochemistry and photochemistry of MoS_2 layer crystals. I [J]. Journal of Electroanalytical Chemistry and Interfacial Electrochemistry，1977，81 (1)：97-111.

[262] ENNAOUI A，TRIBUTSCH H. Iron sulphide solar cells [J]. Solar Cells，1984，13 (2)：197-200.

[263] JAEGERMANN W，TRIBUTSCH H. Interfacial properties of semiconducting transition metal chalcogenides [J]. Progress in Surface Science，1988，29 (1-2)：1-167.

[264] ENNAOUI A，TROBUTSCH H. Energetic characterization of the photoactive FeS_2 (pyrite) interface [J]. Solar Energy Materials，1986，14 (6)：461-474.

[265] JERANKO T，TRIBUTSCH H，SARICIFTCI N S，et al. Patterns of efficiency and degradation of composite polymer solar cells [J]. Solar Energy Materials and Solar Cells，2004，83 (2-3)：247-262.

[266] ALTERMATT P P，KIESEWETTER T，ELLMER K，et al. Specifying targets of future research in photovoltaic devices containing pyrite (FeS_2) by numerical modelling [J]. Solar Energy Materials and Solar Cells，2002，71 (2)：181-195.

[267] FUJISHIMA A，HONDA K. Electrochemical photolysis of water at a semiconductor electrode [J]. Nature，1972，238：37-38.

[268] HAGEN A，BARKSCHAT A，Dohrmann J K，et al. Imaging UV photoactivity and photocatalysis of TiO_2-films [J]. Solar Energy Materials and Solar Cells，2003，77 (1)：1-13.

[269] SAKTHIVEL S，KISCH H. Tageslicht-photokatalyse durch kohlenstoff-modifiziertes titandioxid [J]. Angewandte Chemie，2003，115 (40)：5057-5060.

[270] ZHANG J，GUO J，XU H，et al. Reactive-template fabrication of porous SnO_2 nanotubes and their remarkable gas-sensing performance [J]. Acs Applied Materials & Interfaces，2013，5 (16)：7893-7898.

[271] KUMAR R R，PARMAR M，NARASIMHA Rao K，et al. Novel low-temperature growth of SnO_2 nanowires and their gas-sensing properties [J]. Scripta Materialia，2013，68 (6)：408-411.

[272] QI Q，ZHANG T，LIU L，et al. Synthesis and toluene sensing properties of SnO_2 nanofibers [J]. Sensors and Actuators B：Chemical，2009，137 (2)：471-475.

[273] LIU S，XIE M，LI Y，et al. Novel sea urchin-like hollow core-shell SnO_2 superstructures：Facile synthesis and excellent ethanol sensing performance [J]. Sensors and Actuators B：Chemical，2010，151 (1)：229-235.

[274] LIU Y，JIAO Y，ZHANG Z，et al. Hierarchical SnO_2 nanostructures made of Intermingled ultrathin nanosheets for environmental remediation，smart gas sensor，and supercapacitor applications [J]. Acs Applied Materials & Interfaces，2014，6 (3)：2174-2184.

[275] LIN Z，SONG W，YANG H. Highly sensitive gas sensor based on coral-like SnO_2 prepared with hydrothermal treatment [J]. Sensors and Actuators B：Chemical，2012，173：22-27.

[276] LIU B，ZHANG L，ZHAO H，et al. Synthesis and sensing properties of spherical flowerlike architectures assembled with SnO_2 submicron rods [J]. Sensors and Actuators B：Chemical，2012，173：643-651.

[277] CHIU H C，YEH C S. Hydrothermal synthesis of SnO_2 nanoparticles and their gas-sensing of alcohol [J]. The Journal of Physical Chemistry C，2007，111 (20)：7256-7259.

[278] ZHANG J，WANG S，WANG Y，et al. NO_2 sensing performance of SnO_2 hollow-sphere sensor [J]. Sensors and

Actuators B：Chemical，2009，135（2）：610-617.

[279] XIE Y，DU J，ZHAO R，et al. Facile synthesis of hexagonal brick-shaped SnO_2 and its gas sensing toward triethylamine [J]. Journal of Environmental Chemical Engineering，2013，1（4）：1380-1384.

[280] ZHANG J，LIU X，WU S，et al. Au nanoparticle-decorated porous SnO_2 hollow spheres：a new model for a chemical sensor [J]. Journal of Materials Chemistry，2010，20（31）：6453-6459.

[281] SONG P，WANG Q，YANG Z. Preparation，characterization and acetone sensing properties of Ce-doped SnO_2 hollow spheres [J]. Sensors and Actuators B：Chemical，2012，173：839-846.

[282] HUANG H，TIAN S，XU J，et al. Needle-like Zn-doped SnO_2 nanorods with enhanced photocatalytic and gas sensing properties [J]. Nanotechnology，2012，23（10）：105502.

[283] JIN W X，MA S Y，TIE Z Z，et al. One-step synthesis and highly gas-sensing properties of hierarchical Cu-doped SnO_2 nanoflowers [J]. Sensors and Actuators B：Chemical，2015，213：171-180.

[284] LOU Z，WANG L，FEI T，ZHANG T. Enhanced ethanol sensing properties of NiO-doped SnO_2 polyhedra [J]. New Journal of Chemistry，2012，36（4）：1003-1007.

[285] MA X，SONG H，GUAN C. Enhanced ethanol sensing properties of ZnO-doped porous SnO_2 hollow nanospheres [J]. Sensors and Actuators B：Chemical，2013，188：193-199.

[286] 牛新书，杜卫平，杜卫民，等. 掺杂稀土氧化物的 ZnO 材料的制备及气敏性能 [J]. 稀土，2003，24（6）：44-47.

[287] FRANCO V，BLÁZQUEZ J S，IPUS J J，et al. Magnetocaloric effect：from materials research to refrigeration devices [J]. Prog ress in Mater ials Science，2017，93：112-232.

[288] 王贵，张世亮，赵仑，等. 磁致冷材料研究进展 [J]. 稀有金属材料与工程，2004，33（9）：897-901.

[289] WARBURG E. Magnetische untersuchungen I uber einige wirkungen der coercitivkraft [J]. Annalen der Physik，1881，13：141-164.

[290] 卢晓飞，刘永生，王玟茢，等. 磁制冷材料的研究进展 [J]. 材料科学与工程学报，2017，35（5）：848-854.

[291] 鲍雨梅，张康达. 磁制冷技术 [M]. 北京：化学工业出版社，2004.

[292] GSCHNEIDNER JR K A，PECHARSKY V K，GAILLOUX M J，et al. Utilization of the magnetic entropy in active magnetic regenerator materials [M]. Boston：Springer，1996.

[293] Nowak M. Photoelectromagnetic effect in semiconductors and its applications [J]. Progress in Quantum Electronics，1987，11（3-4）：205-346.

[294] 赵连城. 红外光电薄膜材料的界面结构与光电性能 [J]. 中国表面工程，2009，22（3）：1-6.

[295] 黄敏敏. GaAs PHEMT 器件电学特性与器件仿真的研究 [D]. 广州：暨南大学，2017.

[296] ROGALSKI A. Infrared detectors：an overview [J]. Infrared Physics ＆ Technology，2002，43（3-5）：187-210.

[297] 王庆学，杨建荣，魏彦锋. HgCdTe 外延薄膜临界厚度的理论分析 [J]. 物理学报，2005，54（12）：5814-5819.

[298] 彭新村. 中红外 InAsSb 材料的 MOCVD 生长特性研究 [D]. 长春：吉林大学，2007.

[299] 王金义，常米，陈万熙，等. 相平衡形成母液法生长碲镉汞液相外延膜 [J]. 半导体杂志，1999，24（4）：12-14.

[300] FEI X，HAN Z，YEN T C，et al. Effect of indium concentration on InGaAs channel metal-oxide-semiconductor field-effect transistors with atomic layer deposited gate dielectric [J]. journal of xian shiyou university，2015，29（4）：040601-040601-4.

[301] MANASEVIT H M. The use of metalorganics in the preparation of semiconductor materials：Growth on insulating substrates [J]. Journal of Crystal Growth，1972，13-14.

[302] 宁振动. 锑化物红外探测材料的 MOCVD 生长及光电性能研究 [D]. 哈尔滨：哈尔滨工业大学，2016.

[303] STRINGFELLOW G B，CHERNG M J. OMVPE growth of GaAs1-xSbx：solid composition [J]. Journal of Crystal Growth，1983，64（2）：413-415.

[304] FANG Z M，MA K Y，COHEN R M，et al. Effect of growth temperature on photoluminescence of InAs grown by organometallic vapor phase epitaxy [J]. Applied Physics Letters，1991，59（12）：1446.

[305] 贺香荣，陆华杰，张亚妮，等. 一种浸没透镜结构 HgCdTe 红外探测器组件环境适应性研究 [J]. 光学与光电技术，2016，14（5）：89-92.

［306］ HAO L C，HUANG A，XIE X H，LI HUI，et al. 32×32 very long wave infrared HgCdTe FPAs ［J］. Infrared and Laser Engineering，2017，46（5）：504001.

［307］ 刘晓明 . InAsSb 红外光电薄膜制备和表征与单元器件研究 ［D］. 哈尔滨：哈尔滨工业大学，2010.

［308］ 张舒惠 . InAsSb/InAlSb 异质结红外光敏薄膜结构与性能研究 ［D］. 哈尔滨：哈尔滨工业大学，2008.

［309］ 孙令 . InAsSb/GaSb 带间跃迁量子阱红外探测器研究 ［D］. 北京：中国科学院大学，2018.

［310］ 韩智明 . InGaAs/GaAs 异质结材料的 MOCVD 生长及性质研究 ［D］. 合肥：中国科技大学，2014.

［311］ LEE K K，HONG G K，HYUNG J L. The optimum condition of $Ga_x In_{1-x}P/GaAs_{1-y}Py$ strain compensation for excessive strained $In_{0.15}$ GaAs MQWs in 1000nm Infrared Light-Emitting Diode ［J］. Infrared Physics & Technology，93：310-315.

［312］ 王旭，李兆杰，程娟，等 . 旋转式室温磁制冷机的调试 ［J］. 能源工程，2015，1（1）：48-53.

［313］ 张隽，丁仁杰 . 一种基于 DSP 和 AD7865 数据采集卡的设计与实现 ［J］. 电测与仪表，2004（06）：37-40.

［314］ HILSUM C，BARRIE R，Properties of p-type Indium Antimonide：I. Electrical Properties ［J］. Proceedings of the Physical Society，1958，71（4）：676-685.